Aufgaben zur Festigkeitslehre
– ausführlich gelöst

G. Knappstein

Aufgaben zur Festigkeitslehre
– ausführlich gelöst

Mit Grundbegriffen, Formeln, Fragen, Antworten

Verlag
Harri
Deutsch
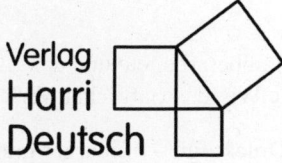

Der Autor

Dipl.-Ing. Gerhard Knappstein war nach seiner Ausbildung zum Werkzeugmacher und dem Maschinenbaustudium als Konstrukteur und Berechnungsingenieur in der Industrie tätig. Er ist Mitarbeiter im Fachbereich Maschinenbau – Fachgebiet Technische Mechanik – an der Universität Siegen.

Die Webseite zum Buch

http://www.harri-deutsch.de/1871.html

Der Verlag

Wissenschaftlicher Verlag Harri Deutsch GmbH
Gräfstraße 47
60486 Frankfurt am Main
verlag@harri-deutsch.de
www.harri-deutsch.de

Bibliografische Information der Deutschen Nationalbibliothek

Die Deutsche Nationalbibliothek verzeichnet diese Publikation in der Deutschen Nationalbibliografie; detaillierte bibliografische Daten sind im Internet über http://dnb.d-nb.de abrufbar.

ISBN 978-3-8171-1871-7

5., überarbeitete und erweiterte Auflage 2010
©Wissenschaftlicher Verlag Harri Deutsch GmbH, Frankfurt am Main, 2010

Druck: fgb – freiburger graphische betriebe <www.fgb.de>
Printed in Germany

Vorwort

Zum richtigen Verstehen und Einordnen der theoretischen Grundlagen des Mechanikfachs *Festigkeitslehre (Elastostatik)* ist das selbständige Lösen von entsprechenden Aufgaben unverzichtbar. Dieser Grund und die immer wiederkehrende Frage der Studierenden nach Aufgaben mit vollständigen Lösungen waren unter anderem Anlass, dieses Buch zu schreiben.

Das Buch, dessen Inhalt sich am Stoff der Vorlesungen in Festigkeitslehre an Universitäten und Fachhochschulen orientiert, bietet

- *zahlreiche ausführlich und lehrbeispielhaft gelöste Aufgaben,*
- *die notwendigen Grundbegriffe und Formeln zum schnellen Nachschlagen in überschaubarer Form,*
- *Verständnisfragen und Antworten zum Überprüfen der Kenntnisse,*
- *computerunterstütztes Lösen von Aufgaben aus dem Gebiet der Festigkeitslehre und*
- *Leitlinien zum Lösen von Mechanik-Aufgaben.*

Es ergänzt außerdem die vielfältigen Mechanik-Lehrbücher.

Die Aufgaben sind so ausgewählt, dass alle wichtigen Teilgebiete der Festigkeitslehre behandelt werden.

Bei den Lösungen habe ich versucht, den Lösungsweg so zu gestalten, dass er für jeden verständlich ist. Die Lösungen sind nicht nur stichwortartig dargestellt, sondern sehr ausführlich gelöst, wobei vor allem der "rote Faden" des Lösungswegs gut erkennbar ist, was in erster Linie durch eine umfangreiche und sinnvolle Bebilderung unterstützt wird. Durch Zeichnungen sind Studierende oftmals viel schneller über schwierige Sachverhalte **"im Bilde"**, als das je mit Text geschehen könnte.

Bei einigen Aufgaben werden mehrere Lösungswege dargestellt sowie Ergebniserläuterungen vorgenommen.

Leitlinien zum Lösen von Mechanik-Aufgaben als grundsätzliches Lösungsverfahren werden angegeben, da erfahrungsgemäß viele Studienanfänger den Weg von der Problemstellung zur Lösung verlieren, wenn er nicht systematisch angelegt wird.

Um den größten Nutzen aus dem Buch zu ziehen, empfehle ich den Studierenden, die Lösungen nicht nur durchzulesen, sondern auch zu versuchen, die Aufgaben selbständig zu lösen und nachzuvollziehen. Unbedingt erforderlich ist, dass Aufgabenlösungen – nicht nach *„Schema F"*, sondern mit *Verstand* und den Grundgesetzen der Mechanik – durchzuführen sind. Hilfreich ist oft, die Aufgaben und Verständnisfragen zu zweit oder zu dritt durchzuarbeiten, zu vergleichen und die Lösungen und Antworten zu diskutieren.

In der vorliegenden 5. Auflage habe ich weitere ausführlich gelöste Aufgaben eingefügt sowie eine Formelsammlung zur Statik aufgenommen, da die Festigkeitslehre aufs engste mit der Statik verknüpft ist. Außerdem habe ich eine Zusammenstellung der häufig benutzten Formelzeichen angegeben.

Die vollständigen MATLAB-Programme stehen auf der Homepage zum Buch, erreichbar über die des Harri Deutsch Verlages *www.harri-deutsch.de*, zur Verfügung.

Dem Verlag Harri Deutsch danke ich für die gute Zusammenarbeit.

Siegen, im Sommer 2010   *Gerhard Knappstein*

Inhalt

1 Zug und Druck in Stäben;
Dehnungen und
Verschiebungen

Aufgabe 1.1:

Für das Stahlförderseil einer Schachtförderanlage (Bild 1.1), welches durch sein Eigengewicht und die Kraft F am Seilende belastet ist, sind zu berechnen:

1. der metallische Querschnitt des Seiles für die zulässige Spannung σ_{zul},
2. die Verschiebung des Seilendes mit dem unter 1. berechneten Querschnitt (nur den vertikal hängenden Teil des Seiles berücksichtigen),
3. die Länge $l_{Reiß}$ (Reißlänge) des Seiles für die Zugfestigkeit R_m, bei der das Seil nur unter der Wirkung seines Eigengewichtes reißt. An welcher Stelle reißt das Seil?

Gegeben: $F = 110$ kN; Erdbeschleunigung $g = 9{,}81$ m/s^2;

         Dichte $\rho = 7850$ kg/m^3; $l = 1150$ m;

         $\sigma_{zul} = 200$ N/mm^2; $R_m = 1600$ N/mm^2;

         $E = 21 \cdot 10^4$ N/mm^2

(Lösung erst mit allgemeinen Größen herbeiführen, dann Zahlenwerte einsetzen!)

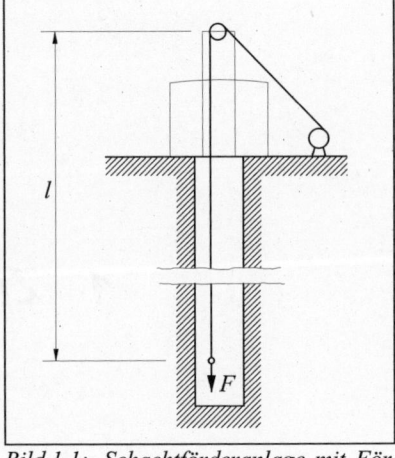

Bild 1.1: Schachtförderanlage mit Förderseil

Lösung:

zu 1.

Den metallischen Querschnitt des Seiles erhalten wir aus der Bedingung, dass die zulässige Normalspannung σ_{zul} nicht überschritten werden darf.

$$\sigma_{zul} = \frac{N_{max}}{A} \quad ; \quad A = \frac{N_{max}}{\sigma_{zul}}$$

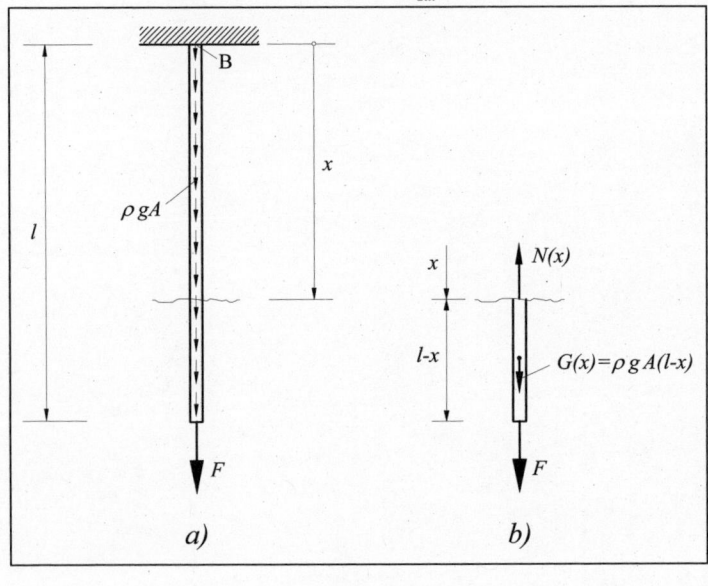

Bild 1.1.1:
a) Seil durch Eigengewicht und Fremdlast F belastet
b) Freikörperbild des abgeschnittenen unteren Seilstücks

$\Sigma \uparrow = 0:$ (Bild 1.1.1b)

$$N(x) - F - G(x) = 0$$
$$N(x) = F + \rho g A(l - x) \tag{1}$$

Die maximale Normalkraft N_{max} tritt bei $x = 0$ an der Stelle B (Bild 1.1.1a) im Seil auf:

$$N_{max} = N(x = 0) = F + \rho g A l$$
$$A = \frac{N_{max}}{\sigma_{zul}} = \frac{F}{\sigma_{zul}} + \frac{\rho g A l}{\sigma_{zul}} \ .$$

Nach A aufgelöst:

$$A = \frac{F}{\sigma_{zul} - \rho g l}$$

Mit den Zahlenwerten ergibt sich für den metallischen Querschnitt:

$$A = \frac{110 \cdot 10^3}{200 - 7850 \cdot 9{,}81 \cdot 1150 / 10^6} \, \text{mm}^2 = \underline{\underline{987 \, \text{mm}^2}} \qquad \textbf{Merke:} \ \ 1 \, \text{N} = 1 \, \text{kg} \frac{\text{m}}{\text{s}^2}$$

zu 2.

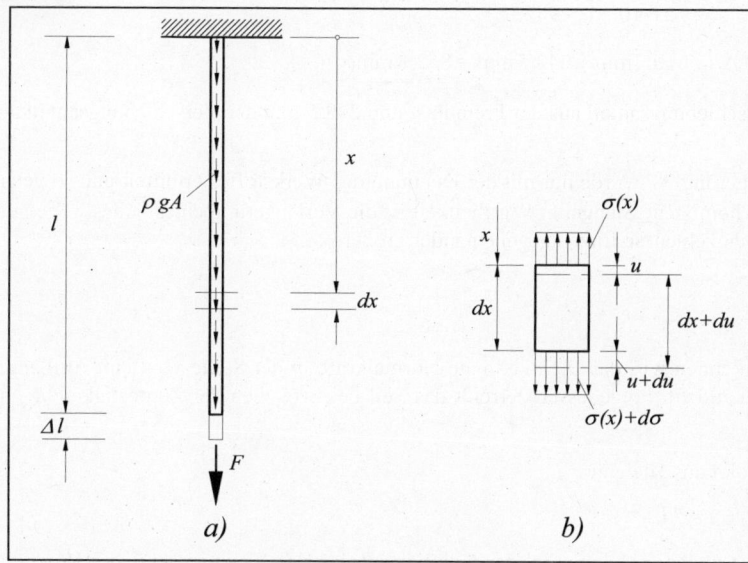

Bild 1.1.2:
a) Verschiebung des Seilendes
b) Verlängerung eines herausge-schnittenen Elements

Verformung eines Elements (Bild 1.1.2b):

$$\varepsilon = \frac{(dx + du) - dx}{dx} = \frac{du}{dx}$$

Elastizitätsgesetz: $\quad \varepsilon = \dfrac{\sigma(x)}{E}$

Es gilt also: $\qquad \dfrac{du}{dx} = \dfrac{\sigma(x)}{E} \tag{2}$

$\sigma(x)$ ergibt sich mit Gleichung (1) zu:

$$\sigma(x) = \frac{N(x)}{A} = \frac{F + \rho g A(l - x)}{A} \ .$$

Aus (2) folgt die Verlängerung du:

$$du = \frac{1}{E}\left[\frac{F}{A} + \rho g(l-x)\right]dx \; .$$

Die Summe aller Verlängerungen du muß die Verschiebung Δl des Seilendes (Bild 1.1.2a) ergeben.

$$\int_{x=0}^{l} du = \frac{1}{E}\int_{x=0}^{l}\left[\frac{F}{A} + \rho g(l-x)\right]dx$$

$$u(l) - u(0) = \frac{1}{E}\left[\frac{F}{A}x + \rho g(lx - \frac{x^2}{2})\right]_0^l$$

$$\underline{\underline{\Delta l = u(l) = \frac{l}{E}\left(\frac{F}{A} + \frac{1}{2}\rho g l\right)}}.$$

Dabei ist $\dfrac{F\,l}{E\,A}$ der Verschiebungsanteil aus der Fremdlast F und $\dfrac{\rho g l^2}{2E}$ der Verschiebungsanteil aus dem Eigengewicht.

Mit Zahlenwerten: $\Delta l = \dfrac{1150\cdot 10^3}{21\cdot 10^4}\left(\dfrac{110\cdot 10^3}{987} + \dfrac{1}{2}7850\cdot 9,81\cdot 1150/10^6\right)\text{mm}$

$$\Delta l = 610,3\,\text{mm} + 242,5\,\text{mm} = \underline{\underline{852,8\,\text{mm}}}.$$

610,3 mm ist der Verschiebungsanteil aus der Fremdlast und 242,5 mm der Verschiebungsanteil aus dem Eigengewicht.

Hinweis: Die Verlängerung Δl wurde nur mit der Dehnung des Werkstoffes ermittelt und so getan, als wäre ein Seil eine homogene Stange. In Wirklichkeit ist die Verlängerung eines Seiles wegen der Verschiebbarkeit der einzelnen Seillitzen gegeneinander größer.

zu 3.

Aus Gleichung (1) erkennen wir, daß die maximale Normalkraft an der Stelle $x = 0$ am Aufhängepunkt B (Bild 1.1.1a) auftritt. Folgedessen zerreißt das Seil bei Erreichen der Zugfestigkeit R_m an der Stelle B.

Mit $F = 0$ und $x = 0$ folgt aus Gleichung (1):

$$N_{\max Eig} = \rho g A\, l \; .$$

Die Reißlänge, daß ist diejenige Länge, bei der lediglich infolge des Eigengewichts der Bruch am oberen Aufhängepunkt (Stelle B, Bild 1.1.1a) eintreten würde, erhalten wir aus der folgenden Gleichung:

$$R_\text{m} = \frac{N_{\max Eig}}{A} = \frac{\rho g A\, l_\text{Reiß}}{A} \; . \text{ (Die Querschnittsfläche } A \text{ verliert ihren Einfluß.)}$$

Reißlänge: $\underline{\underline{l_\text{Reiß} = \dfrac{R_\text{m}}{\rho g}}}$

Mit Zahlenwerten:

$$l_\text{Reiß} = \frac{1600}{7850\cdot 9,81\cdot 10^{-9}}\,\text{mm} = 20,777\cdot 10^6\,\text{mm} = \underline{\underline{20,777\,\text{km}}} \; .$$

Aufgabe 1.2:

Ein *starrer* Balken ist an zwei parallelen Stäben aufgehängt und mit einer Kraft F belastet (Bild 1.2). Die beiden Stäbe sind aus unterschiedlichem Material (E_1 und E_2) gefertigt und haben den gleichen Querschnitt A.

1. In welchem Abstand e von der Mitte aus muss die Kraft F angreifen, damit der starre Balken in horizontaler Lage hängt?
2. Wie groß sind dann die Spannungen in den Stäben?

(Anmerkung: Annahme $E_1 > E_2$).

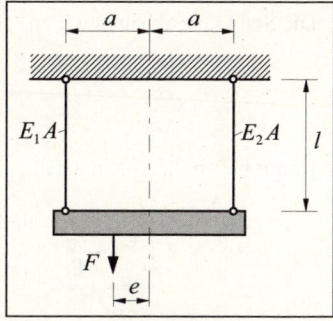

Bild 1.2: *Starrer Balken, aufgehängt an zwei Stäben aus unterschiedlichem Material*

Lösung:

zu 1.

Wir schneiden die beiden Stäbe durch, zeichnen ein Freikörperbild für den starren Balken (Bild 1.2.1) und bearbeiten die Gleichgewichtsbedingungen:

Statik (Gleichgewicht, Bild 1.2.1):

$\sum \uparrow = 0$: $\qquad S_1 + S_2 - F = 0$

$$F = S_1 + S_2 \qquad (1)$$

$(\sum M)_B = 0$: $\quad S_1\, a - S_2\, a - F\, e = 0$

$$e = \frac{a}{F}(S_1 - S_2) \qquad (2)$$

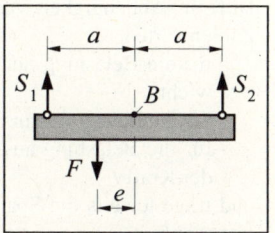

Bild 1.2.1: *Freiköperbild des Balkens; Schnitt durch die Stäbe*

Da keine horizontalen Kräfte vorhanden sind, ist die Gleichgewichtsbedingung $\sum \rightarrow = 0$ sowieso erfüllt.

Zur Berechnung der drei Unbekannten S_1, S_2 und e benötigen wir drei Gleichungen. Die dritte noch fehlende Gleichung erhalten wir aus der Verträglichkeitsbedingung und den Stabverlängerungen.

Geometrische Verträglichkeitsbedingung: $\qquad \Delta l_1 = \Delta l_2$

Stabverlängerung:

$$\Delta l_1 = \frac{S_1\, l}{E_1 A} \quad \text{und} \quad \Delta l_2 = \frac{S_2\, l}{E_2 A}$$

Mit den Stabverlängerungen folgt aus der Verträglichkeitsbedingung:

$$\frac{S_1\, l}{E_1 A} = \frac{S_2\, l}{E_2 A} \quad \Rightarrow \quad S_1 = \frac{E_1}{E_2} S_2 \qquad (3)$$

Das gesuchte Maß e erhalten wir dann mit (1) und (3) aus (2):

$$e = a\frac{E_1 - E_2}{E_1 + E_2}$$

zu 2.

Die Stabkräfte erhalten wir aus (1) und (3):

$$S_1 = \frac{F}{1+\dfrac{E_2}{E_1}} \quad \text{und} \quad S_2 = \frac{F}{1+\dfrac{E_1}{E_2}} \ .$$

Damit liegen die Spannungen vor:

$$\sigma_1 = \frac{S_1}{A} = \frac{F}{A}\,\frac{1}{1+\dfrac{E_2}{E_1}} \quad \text{und} \quad \sigma_2 = \frac{S_2}{A} = \frac{F}{A}\,\frac{1}{1+\dfrac{E_1}{E_2}} \ .$$

Aufgabe 1.3:

Ein Maschinenteil (Bild 1.3) mit konstanter Dicke t wird durch sein Eigengewicht und eine Kraft F belastet.

Man ermittle den Spannungsverlauf $\sigma(x)$.

Außerdem berechne man die Spannungsverläufe in Abhängigkeit von x mit folgenden Zahlenwerten

- für die Belastung nur aus dem Eigengewicht
- für die Belastung nur aus der Kraft F
- für die Belastung aus Eigengewicht und der Kraft F

und trage jeweils die Spannungsverläufe getrennt auf:

$F = 150\,\text{kN}$, $\gamma = 0{,}077\,\text{Ncm}^{-3}$ (spez. Gewicht), $a = 250\,\text{mm}$, $h = 4000\,\text{mm}$, $t = 160\,\text{mm}$.

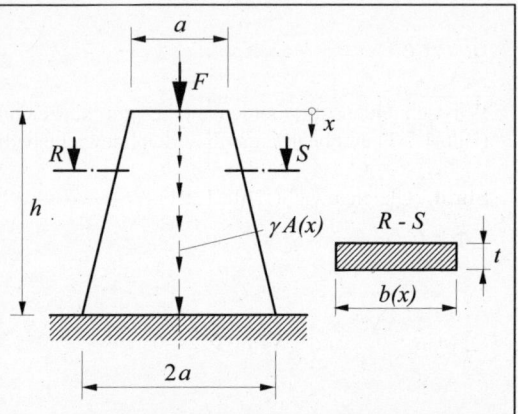

Bild 1.3: *Maschinenteil durch Eigengewicht und Kraft F belastet*

Lösung:

Normalspannung $\qquad \sigma(x) = \dfrac{N(x)}{A(x)}$

Für die Querschnittsfläche $A(x) = b(x)\,t$ folgt mit Hilfe des Strahlensatzes (Bild 1.3.1):

$$b(x) = a + 2e \quad ; \quad \frac{e}{x} = \frac{\dfrac{2a-a}{2}}{h}$$

$$b(x) = a + \frac{a}{h}x$$

$$A(x) = b(x)\,t$$

$$A(x) = a\,t\left(1 + \frac{x}{h}\right)$$

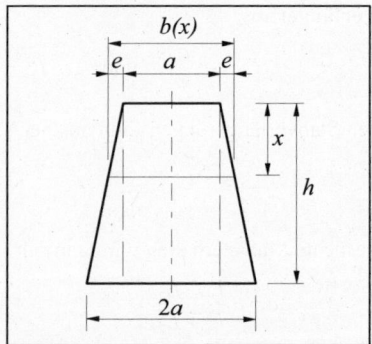

Bild 1.3.1: *Zur Ermittlung der Breite b(x)*

Die Normalkraft $N(x)$ erhalten wir aus einer Gleichgewichtsbetrachtung an einem herausgeschnittenen Element der Höhe dx (Bild 1.3.2).

Gleichgewichtsbedingung (Bild 1.3.2):

$$\sum\uparrow = 0: \quad N(x) - [N(x) + dN(x)] - \gamma A(x)dx = 0$$

$$dN(x) = -\gamma A(x)dx$$

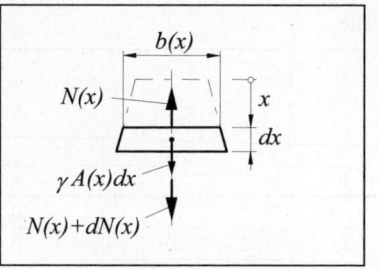

Bild 1.3.2: *Freikörperbild eines herausgeschnittenen Elements*

Mit $A(x) = at(1+\dfrac{x}{h})$ folgt:

$$dN(x) = -\gamma at(1+\frac{x}{h})dx$$

$$N(x) = -\gamma at \int(1+\frac{x}{h})dx + C$$

$$N(x) = -\gamma at(x+\frac{x^2}{2h}) + C \qquad (1)$$

Die Integrationskonstante C erhalten wir mit der Randbedingung
$$x = 0 \quad ; \quad N(x=0) = -F$$
aus der Gleichung (1):
$$N(x=0) = -F = C \ .$$

Somit folgt für die Normalkraft: $\quad N(x) = -\gamma atx(1+\dfrac{x}{2h}) - F$.

Für den Spannungsverlauf ergibt sich dann:

$$\sigma(x) = \frac{N(x)}{A(x)} = -\gamma x \frac{1+\dfrac{x}{2h}}{1+\dfrac{x}{h}} - \frac{F}{at(1+\dfrac{x}{h})}\ .$$

Dabei ist $-\gamma x\dfrac{1+\dfrac{x}{2h}}{1+\dfrac{x}{h}} = \sigma(x)_{Eig}$ der Spannungsverlauf aus dem Eigengewicht und

$-\dfrac{F}{at(1+\dfrac{x}{h})} = \sigma(x)_F$ der Spannungsverlauf aus der Kraft F, so dass $\sigma(x) = \sigma(x)_{Eig} + \sigma(x)_F$ ist.

Mit den gegebenen Zahlenwerten ergibt sich:

$$\sigma(x) = -0,077\cdot 10^{-3}\ \frac{\text{N}}{\text{mm}^3}\cdot x\frac{1+\dfrac{x}{2\cdot 4000\text{mm}}}{1+\dfrac{x}{4000\text{mm}}} - \frac{150000\text{N}}{250\text{mm}\cdot 160\text{mm}(1+\dfrac{x}{4000\text{mm}})}\ .$$

Zur Auftragung der Spannungsverläufe werden für verschiedene x-Werte die Spannungswerte berechnet (siehe folgende Tabelle).

Tabelle

x	$\dfrac{x}{h}$	$\dfrac{x}{2h}$	$-\gamma x \dfrac{1+\dfrac{x}{2h}}{1+\dfrac{x}{h}} = \sigma(x)_{Eig}$	$-\dfrac{F}{at(1+\dfrac{x}{h})} = \sigma(x)_F$	$\sigma(x)$
mm	-	-	N/mm^2	N/mm^2	N/mm^2
0	0	0	0	-3,75	-3,75
1000	0,25	0,125	-0,0693	-3	-3,0693
2000	0,5	0,25	-0,1283	-2,5	-2,6283
3000	0,75	0,375	-0,1815	-2,143	-2,3245
4000	1	0,5	-0,231	-1,875	-2,106

Die Auftragung liefert dann folgende Spannungsverläufe (Bild 1.3.3):

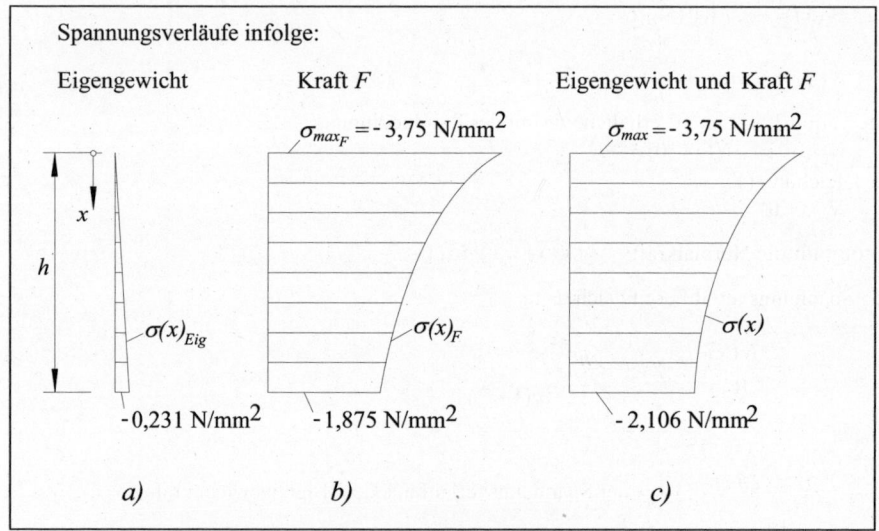

Bild 1.3.3: Normalspannungsverläufe σ in Abhängigkeit von x
a) Spannungsverlauf $\sigma(x)_{Eig}$ für die Belastung aus dem Eigengewicht
b) Spannungsverlauf $\sigma(x)_F$ für die Belastung aus der Kraft F
c) Spannungsverlauf $\sigma(x) = \sigma(x)_{Eig} + \sigma(x)_F$ für die Belastung aus Eigengewicht und der Kraft F

Aufgabe 1.4:

Der abgesetzte Stahlzylinder (Bild 1.4) ist in A und B gelenkig gelagert. Bei $\vartheta_0 = 293\,\text{K}$ sind die Lagerkräfte bei A und B Null, das heißt der Stahlzylinder ist spannungsfrei.

Gegeben sind: Elastizitätsmoduln: $E_1 = E_2 = E = 21 \cdot 10^4\,\text{N} / \text{mm}^2$

                        Wärmeausdehnungs-
                        koeffizienten: $\alpha_1 = \alpha_2 = \alpha = 12 \cdot 10^{-6}\,\text{K}^{-1}$

                        Querschnittsflächen: $A_1 = 400\,\text{mm}^2$; $A_2 = 600\,\text{mm}^2$

                        Zylinderlängen: $l_1 - 300\,\text{mm}$; $l_2 = 350\,\text{mm}$.

Gesucht: 1. Wie groß sind die horizontalen Auflagerkräfte in A und B bei Erwärmung des gesamten Stahlzylinders um $\Delta\vartheta = \vartheta_1 - \vartheta_0 = 50\,\text{K}$?

2. Wie verschiebt sich Punkt C bei der Erwärmung? (Richtungssinn angeben).

(Lösung erst mit den allgemeinen Größen herbeiführen; dann Zahlenwerte einsetzen!)

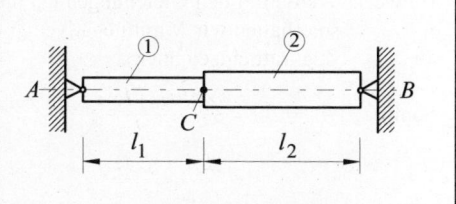

Bild 1.4: Abgesetzter Stahlzylinder

Lösung:

zu 1.

Statik: (Gleichgewicht, Bilder 1.4.1 und 1.4.2)

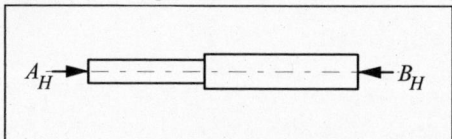

$$\Sigma \rightarrow = 0 : \quad A_H - B_H = 0$$
$$A_H = B_H$$

Bild 1.4.1: Freigemachter Stahlzylinder (nach der Erwärmung)

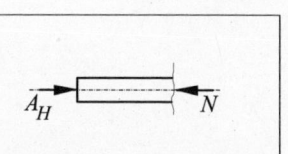

Bild 1.4.2: Freikörperbild des geschnittenen Stahlzylinders

$$\Sigma \rightarrow = 0 : \quad A_H - N = 0$$
$$A_H = N$$

Da der Stahlzylinder erwärmt wird, können wir uns gut vorstellen, dass vom Stahlzylinder Druck auf die Lagerpunkte A und B ausgeübt wird. Folglich wird die Kraft N als Druckkraft in dem Bild 1.4.2 eingezeichnet. Wenn wir diese Tatsache sofort berücksichtigen, setzen wir die Längenänderung aus der Erwärmung positiv und die Längenänderung aus der Spannung negativ in die folgenden Gleichungen (1) und (2) ein.

Verformung:

$$\Delta l_1 = \Delta l_{1_{th}} - \Delta l_{1_{el}} = \alpha l_1 \Delta\vartheta - \frac{N l_1}{E A_1} \tag{1}$$

$$\Delta l_2 = \Delta l_{2_{th}} - \Delta l_{2_{el}} = \alpha l_2 \Delta\vartheta - \frac{N l_2}{E A_2} \tag{2}$$

Geometrische Verträglichkeitsbedingung:

$$\Delta l = \Delta l_1 + \Delta l_2 = 0 \tag{3}$$

Mit (1) und (2) folgt aus (3):

$$\alpha\, l_1 \Delta\vartheta - \frac{N l_1}{E A_1} + \alpha\, l_2 \Delta\vartheta - \frac{N l_2}{E A_2} = 0$$

$$N = \frac{\alpha\,\Delta\vartheta\,(l_1 + l_2)}{\dfrac{l_1}{E A_1} + \dfrac{l_2}{E A_2}} \; .$$

Hinweis: Werden in den Gleichungen (1) und (2) beide Längenänderungsanteile positiv angesetzt, so erhalten wir N mit negativem Vorzeichen (müssen dann aber auch im Bild 1.4.2 N als Zugkraft einzeichnen).

Somit $A_H = B_H = \dfrac{\alpha\Delta\vartheta\,(l_1 + l_2)}{\dfrac{l_1}{E A_1} + \dfrac{l_2}{E A_2}} \; .$

Mit Zahlenwerten:

$$A_H = B_H = \frac{12 \cdot 10^{-6}\,\mathrm{K}^{-1} \cdot 50\,\mathrm{K}\,(300 + 350)\,\mathrm{mm}}{\left(\dfrac{300}{21 \cdot 10^4 \cdot 400} + \dfrac{350}{21 \cdot 10^4 \cdot 600}\right)\dfrac{\mathrm{mm} \cdot \mathrm{mm}^2}{\mathrm{N} \cdot \mathrm{mm}^2}} = \underline{\underline{61425\,\mathrm{N}}} \; .$$

zu 2.

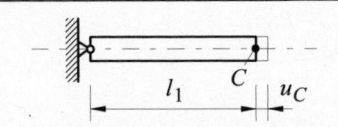

Bild 1.4.3:
Zur Verschiebung des Punktes C

Nach (1) folgt:

$$u_C = \Delta l_1 = \alpha l_1 \Delta\vartheta - \frac{N l_1}{E A_1} = \alpha l_1 \Delta\vartheta - \frac{\alpha\Delta\vartheta\,(l_1 + l_2)}{\dfrac{l_1}{E A_1} + \dfrac{l_2}{E A_2}} \cdot \frac{l_1}{E A_1}$$

$$u_C = \alpha l_1 l_2 \Delta\vartheta\,\frac{A_1 - A_2}{l_1 A_2 + l_2 A_1} \; .$$

Ist $A_1 < A_2$, so wird u_C negativ, das heißt: Punkt C verschiebt sich nach links.

Mit Zahlenwerten:

$$u_C = 12 \cdot 10^{-6} \cdot 300 \cdot 350 \cdot 50 \cdot \frac{400 - 600}{300 \cdot 600 + 350 \cdot 400}\,\mathrm{mm} = \underline{\underline{-0,0394\,\mathrm{mm}}}$$

(Punkt C verschiebt sich um 0,0394 mm nach links).

Aufgabe 1.5:

Für das Stabwerk (Bild 1.5) sind bekannt:

$F = 10\,\text{kN}$,

$E = 21\cdot 10^4\,\text{N}\,/\,\text{mm}^2$,

$A_1 = 10\,\text{cm}^2$,

$A_2 = 22\,\text{cm}^2$ und

$a = 0,8\,\text{m}$.

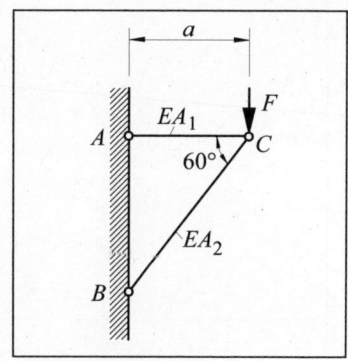

Gesucht sind die Verschiebungen des Punktes C in horizontaler und vertikaler Richtung.

Bild 1.5: Stabwerk

Lösung:

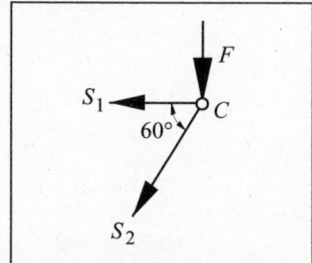

Bild 1.5.1: Freikörperbild des Knotens C

Aus den Gleichgewichtsbedingungen für den freigeschnittenen Knoten C (Bild 1.5.1) erhalten wir die Stabkräfte:

$\Sigma \uparrow = 0:$ $\qquad S_2 \sin 60° + F = 0$

$$S_2 = -\frac{F}{\sin 60°} = -\frac{10000\,\text{N}}{0,866} = -11547\,\text{N}$$

$\Sigma \rightarrow = 0:$ $\qquad S_1 + S_2 \cos 60° = 0$

$$S_1 = -S_2 \cos 60° = -(-11547\,\text{N})\cos 60°$$

$$S_1 = 5773,5\,\text{N} \ .$$

Für die Längenänderungen der Stäbe folgt:

$$\Delta l_1 = \frac{S_1 a}{E A_1} = \frac{5773,5\,\text{N}\cdot 800\,\text{mm}}{210000\,\dfrac{\text{N}}{\text{mm}^2}\cdot 1000\,\text{mm}^2} = 0,022\,\text{mm} \qquad \text{(Stabverlängerung)}$$

$$\Delta l_2 = \frac{S_2\,\dfrac{a}{\cos 60°}}{E A_2} = \frac{-11547\,\text{N}\cdot 800\,\text{mm}}{210000\,\dfrac{\text{N}}{\text{mm}^2}\cdot 2200\,\text{mm}^2\cdot\cos 60°} = -0,04\,\text{mm} \quad \text{(Stabverkürzung)}$$

Zur Ermittlung der Verschiebung des Knotens C zeichnen wir einen Verschiebungsplan (Bild 1.5.2). Dabei ist darauf zu achten, dass der Zusammenhalt des Knotens C erhalten bleibt. Wir zeichnen die Längenänderungen der Stäbe ausgehend von Knoten C in Richtung der Stabachsen (auf Stabverkürzung oder -verlängerung achten), und errichten am Ende der Längenänderung jeweils eine Senkrechte (da $\Delta l \ll l$, können wir anstelle eines Kreisbogens (die Stäbe können sich nur um ihre Lagerpunkte drehen) eine Senkrechte annehmen). Diese beiden Senkrechten schneiden sich im Punkt C*, und das bedeutet, dass sich der Knoten C unter der Belastung von *F* von C nach C* verschiebt.

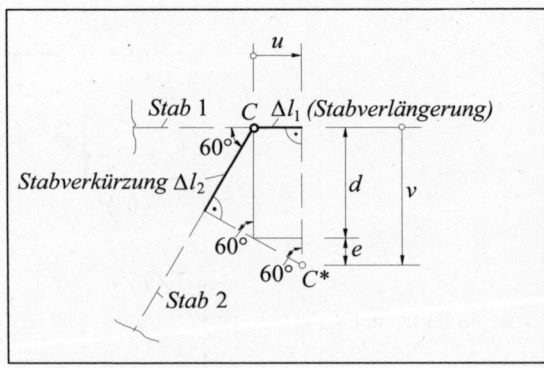

Bild 1.5.2:
Verschiebungsplan des Knotens C;
Horizontal- und Vertikalverschiebung

Horizontalverschiebung u (Bild 1.5.2):

$$u = \Delta l_1 = 0,022\,\text{mm}.$$

Vertikalverschiebung v (Bild 1.5.2):

$$v = d + e = \frac{|\Delta l_2|}{\sin 60°} + \frac{\Delta l_1}{\tan 60°}$$

$$v = \frac{0,04\,\text{mm}}{\sin 60°} + \frac{0,022\,\text{mm}}{\tan 60°} = 0,0462\,\text{mm} + 0,0127\,\text{mm}$$

$$v = 0,0589\,\text{mm}.$$

Eine **andere Lösungsmöglichkeit** ist, wenn wir die Längenänderungen der Stäbe grundsätzlich als *Stabverlängerungen* in dem Verschiebungsplan (Bild 1.5.3) darstellen, das heißt, einer *Stabverlängerung* wird eine *Zugkraft* zugrunde gelegt und das setzt wiederum voraus, dass im Freikörperbild (Bild 1.5.1) Zugkräfte in den Stäben angenommen werden müssen.

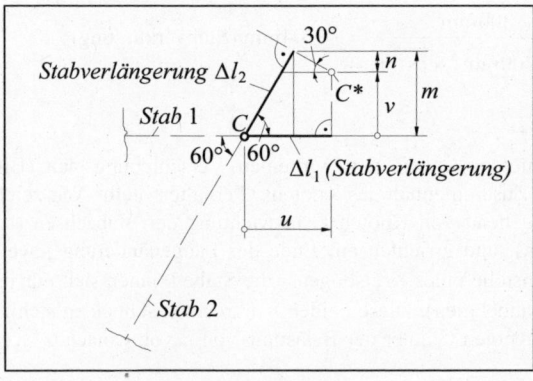

Bild 1.5.3:
Verschiebungsplan des Knotens C mit grundsätzlicher Annahme von Stabverlängerungen (Zugkräfte)

Mit $\Delta l_1 = 0,022$ mm und $\Delta l_2 = -0,04$ mm folgt dann:

Horizontalverschiebung u (Bild 1.5.3)

$$u = \Delta l_1 = 0,022 \text{mm} \text{ und die}$$

Vertikalverschiebung v (Bild 1.5.3)

$$v = m - n \quad ; \qquad m = \Delta l_2 \sin 60°$$

$$\tan 30° = \frac{n}{\Delta l_1 - \Delta l_2 \cos 60°}$$

$$n = \left(\Delta l_1 - \Delta l_2 \cos 60°\right)\tan 30°$$

$$v = \Delta l_2 \sin 60° - \left(\Delta l_1 - \Delta l_2 \cos 60°\right)\tan 30°$$

$$v = -0,04 \text{mm} \cdot 0,866 - \left[0,022 \text{mm} - \left(-0,04 \text{mm}\right) \cdot 0,5\right] \cdot 0,57735$$

$$v = -0,0589 \text{mm}.$$

Das Minuszeichen bei der vertikalen Verschiebung v sagt aus, dass sich der Punkt C entgegen der Annahme im Verschiebungsplan (Bild 1.5.3) nach unten verschiebt.

Aufgabe 1.6:

An einem völlig *starren* Träger (Bild 1.6) greift die Kraft F an. Er ist bei A drehbar gelagert und durch zwei Stäbe gehalten.

Es sollen bestimmt werden:

1. die Kräfte S_1 und S_2 in den Stäben infolge der Kraft F,
2. das Verhältnis der Spannungen σ_1/σ_2 in den Stäben und
3. die vertikale Verschiebung des Punktes B.

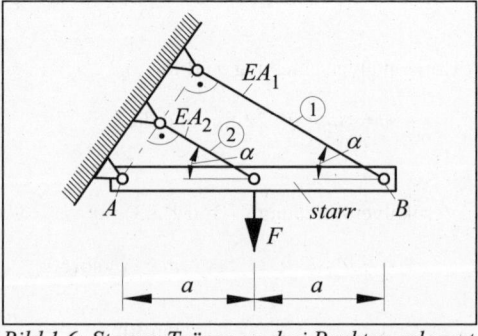

Bild 1.6: Starrer Träger an drei Punkten gelagert

Lösung:

zu 1.

Wir machen den starren Träger frei (Schnitt durch Lager A und die beiden Stäbe) und zeichnen das Freikörperbild (Bild 1.6.1).

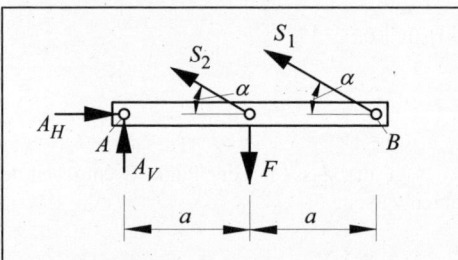

Bild 1.6.1: Freikörperbild des starren Trägers

Am Freikörperbild erkennen wir, dass das System einfach statisch unbestimmt ist, denn es stehen den 4 Unbekannten (A_H, A_V, S_1 und S_2) nur die 3 Gleichgewichtsbedingungen für das ebene Kräftesystem gegenüber. Um die Aufgabe zu lösen, muss zusätzlich zu dem statischen Gleichgewicht eine Verformungsbetrachtung gemacht werden.

Statik (Gleichgewicht, Bild 1.6.1):

$(\Sigma\, M)_A = 0$:

$$Fa - S_2 \sin\alpha \cdot a - S_1 \sin\alpha \cdot 2a = 0$$

$$S_2 \sin\alpha + 2 S_1 \sin\alpha = F \tag{1}$$

Geometrische Verformungsbetrachtung:

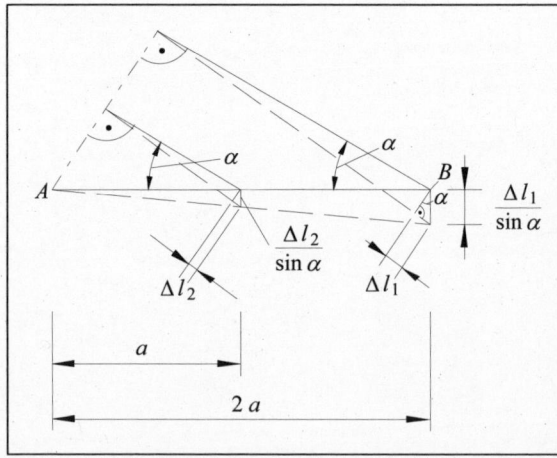

Bild 1.6.2: Verformungsbetrachtung für kleine Verformungen

Aus Bild 1.6.2 folgt mit Hilfe des Strahlensatzes:

$$\frac{\dfrac{\Delta l_1}{\sin\alpha}}{2a} = \frac{\dfrac{\Delta l_2}{\sin\alpha}}{a}$$

$$\Delta l_1 = 2 \Delta l_2 \tag{2}$$

Stabverlängerung:

$$\Delta l_1 = \frac{S_1 l_1}{EA_1} = \frac{S_1 2a\cos\alpha}{EA_1}, \tag{3}$$

$$\Delta l_2 = \frac{S_2 l_2}{EA_2} = \frac{S_2 a\cos\alpha}{EA_2}. \tag{4}$$

Mit den Gleichungen (3) und (4) erhalten wir aus den Gleichungen (1) und (2) die gesuchten Stabkräfte S_1 und S_2.
Gleichung (3) und (4) in (2) eingesetzt:

$$\frac{S_1 2a\cos\alpha}{EA_1} = 2\frac{S_2\, a\cos\alpha}{EA_2} \quad\Rightarrow\quad \frac{S_1}{A_1} = \frac{S_2}{A_2} \quad\Rightarrow\quad S_1 = \frac{A_1}{A_2}S_2. \tag{5}$$

aus (1) folgt: $\quad S_2\sin\alpha + 2\dfrac{A_1}{A_2}S_2\sin\alpha = F \qquad\Rightarrow\qquad \underline{\underline{S_2 = \dfrac{F}{\sin\alpha(1+2\dfrac{A_1}{A_2})}}}.$

aus (5) folgt: $\quad S_1 = \dfrac{A_1}{A_2}\cdot\dfrac{F}{\sin\alpha(1+2\dfrac{A_1}{A_2})} \qquad\Rightarrow\qquad \underline{\underline{S_1 = \dfrac{F}{\sin\alpha(\dfrac{A_2}{A_1}+2)}}}.$

zu 2.

$$\frac{\sigma_1}{\sigma_2} = \frac{\dfrac{S_1}{A_1}}{\dfrac{S_2}{A_2}} \quad\Rightarrow\quad \frac{\sigma_1}{\sigma_2} = \frac{F}{A_1\sin\alpha(\dfrac{A_2}{A_1}+2)}\cdot\frac{A_2\sin\alpha(1+2\dfrac{A_1}{A_2})}{F}$$

$$\frac{\sigma_1}{\sigma_2} = \frac{A_2+2A_1}{A_2+2A_1} \underline{\underline{= 1}}$$

zu 3.

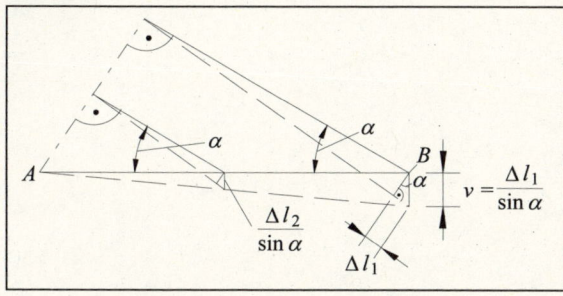

Bild 1.6.3:
Zur Verschiebung des Punktes B

Vertikale Verschiebung v des Punktes B (Bilder 1.6.2 und 1.6.3):

$$v = \frac{\Delta l_1}{\sin\alpha} = \frac{S_1 2a\cos\alpha}{\sin\alpha EA_1} = \frac{F}{\sin\alpha(\dfrac{A_2}{A_1}+2)}\cdot\frac{2a\cos\alpha}{\sin\alpha EA_1},$$

$$\underline{\underline{v = \frac{2Fa\cos\alpha}{E\sin^2\alpha(A_2+2A_1)}}}.$$

Aufgabe 1.7:

Für das statisch unbestimmmte Fachwerk (Bild 1.7) sollen
die Stabkräfte und die Verschiebungen des Punktes K in
vertikaler und horizontaler Richtung bestimmt werden.

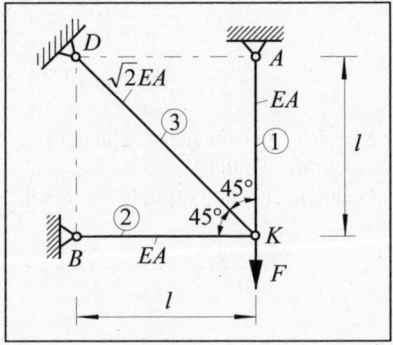

Bild 1.7:
Statisch unbestimmtes Fachwerk

Lösung:

Mit einem Schnitt durch die Stäbe machen wir den Knoten K frei und zeichnen das Freikörperbild
(Bild 1.7.1).

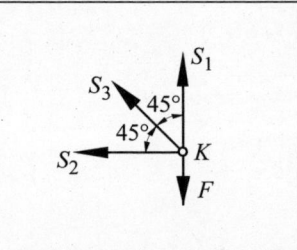

Die einfache statische Unbestimmtheit des Systems erkennen
wir daran, dass den 3 Unbekannten S_1, S_2 und S_3 die folgenden 2 Gleichgewichtsbedingungen gegenüber stehen.

Statik (Gleichgewicht, Bild 1.7.1):

$$\Sigma\uparrow = 0: \qquad S_1 + \frac{\sqrt{2}}{2}S_3 - F = 0 \qquad\qquad (1)$$

Bild 1.7.1: Freikörperbild des
Knotens K

$$\Sigma\rightarrow = 0: \qquad S_2 + \frac{\sqrt{2}}{2}S_3 = 0 \qquad\qquad (2)$$

Verformung:

$$\text{Stab 1:}\qquad \Delta l_1 = \frac{S_1 l}{EA}$$

$$\text{Stab 2:}\qquad \Delta l_2 = \frac{S_2 l}{EA}$$

$$\text{Stab 3:}\qquad \Delta l_3 = \frac{S_3\sqrt{2}\,l}{\sqrt{2}\,EA} = \frac{S_3 l}{EA}$$

aus (1) folgt: $\qquad S_3 = \sqrt{2}\,(F - S_1)$ $\qquad\qquad\qquad\qquad\qquad\qquad\qquad$ (4)

aus (2) folgt: $\qquad S_2 = -\dfrac{\sqrt{2}}{2}S_3 = -(F - S_1)$ $\qquad\qquad\qquad\qquad\qquad$ (5)

Somit folgt mit (4) und (5) für die Längenänderungen der Stäbe:

$$\Delta l_1 = \frac{l}{EA}S_1$$

$$\Delta l_2 = -\frac{l}{EA}(F - S_1) = \frac{l}{EA}(S_1 - F) \quad\Rightarrow\;\text{(siehe folgende Anmerkung)} \qquad (6)$$

$$\Delta l_3 = \sqrt{2}\,\frac{l}{EA}(F - S_1)\,.$$

Anmerkung:
Unter der Annahme, dass sich Punkt K bei der Belastung durch die Kraft F nach links unten verschiebt und der Bedingung, dass der Zusammenhalt des Punktes K erhalten bleibt (siehe Verschiebungsplan, Bild 1.7.3), folgt:

- Stäbe ① und ③ sind Zugstäbe
- Stab ② ist ein Druckstab.

Mit dieser Kenntnis zeichnen wir qualitativ den Kräftezug der Kräfte am Knoten K (Bild 1.7.2), welcher bei Gleichgewicht gleichsinnig geschlossen sein muss, und erhalten daraus die Aussage:

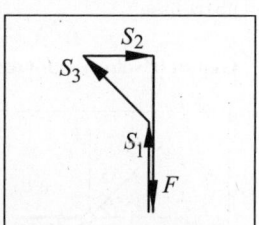

Kraft S_1 ist kleiner als die Kraft F !

Aus dem Verschiebungsplan (Bild 1.7.3) erkennen wir, dass sich die Verschiebung v aus $\sqrt{2}\,\Delta l_3$ und dem Betrag der Längenänderung des Stabes ② ($|\Delta l_2|$) zusammensetzt. Hieraus und das $F > S_1$ ist, folgt, dass wir in Gleichung (7) für $|\Delta l_2|$ den Ausdruck $\dfrac{l}{EA}(F - S_1)$ einsetzen

Bild 1.7.2: Geschlossener Kräftezug für Knoten K (Knoten K im Gleichgewicht

müssen und nicht etwa $\dfrac{l}{EA}(S_1 - F)$, was wir zunächst nur aus der Gleichung (6) auch annehmen konnten.

Geometrische Verformungsbetrachtung:

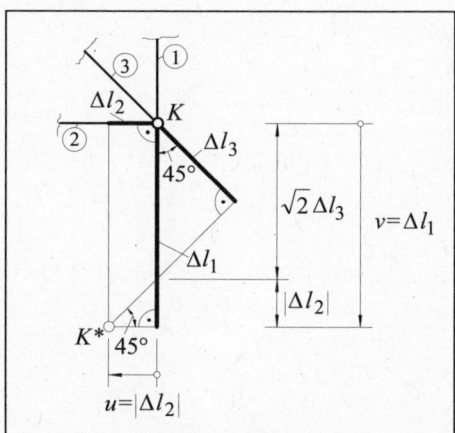

Bild 1.7.3: Verschiebungsplan für Knoten K (K verschiebt sich nach K*)

Aus dem Verschiebungsplan (Bild 1.7.3) ergibt sich:

$$\Delta l_1 = \sqrt{2}\,\Delta l_3 + |\Delta l_2| \qquad (7)$$

$$\frac{l}{EA}S_1 = \sqrt{2}\,\sqrt{2}\,\frac{l}{EA}(F - S_1) + \frac{l}{EA}(F - S_1)$$

$$S_1 = 2F - 2S_1 + F - S_1$$

$$4S_1 = 3F \quad \Rightarrow \quad S_1 = \frac{3}{4}F$$

aus (5) folgt: $\quad S_2 = -(F - S_1) = -F + \dfrac{3}{4}F = -\dfrac{1}{4}F$

aus (4) folgt:

$$S_3 = \sqrt{2}(F - S_1) = \sqrt{2}\left(F - \frac{3}{4}F\right) = \frac{\sqrt{2}}{4}F$$

Horizontale Verschiebung u des Knotens K:

$$u = |\Delta l_2| = \frac{l}{EA}(F - S_1) = \frac{l}{EA}\left(F - \frac{3}{4}F\right) = \frac{Fl}{4EA}\ .$$

Vertikale Verschiebung v des Knotens K:

$$v = \Delta l_1 = \frac{l}{EA}S_1 = \frac{3}{4}\cdot\frac{Fl}{EA}\ .$$

Weitere Lösungsmöglichkeit:

Ein anderer Lösungsweg besteht darin, die Längenänderungen der Stäbe grundsätzlich als *Stabverlängerungen* in dem Verschiebungsplan (Bild 1.7.4) darzustellen, das heißt, einer *Stabverlängerung* wird eine *Zugkraft* zugrunde gelegt und das setzt wiederum voraus, dass im Freikörperbild (Bild 1.7.1) Zugkräfte in den Stäben angenommen werden müssen. Die obige Anmerkung wird hierbei überflüssig.

Geometrische Verformungsbetrachtung:

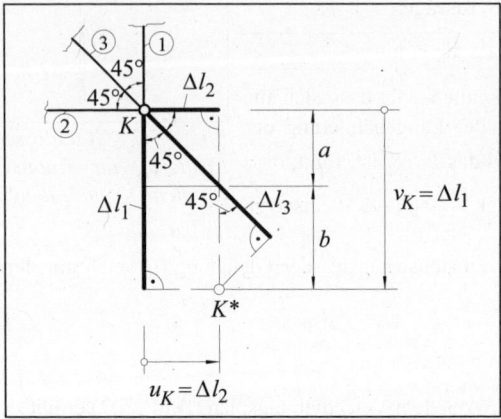

Aus dem Verschiebungsplan (Bild 1.7.4) lesen wir ab:

$$\Delta l_1 = a + b$$

$$a = \Delta l_2$$

$$b = \left(\Delta l_3 - \Delta l_2 \sqrt{2}\right)\sqrt{2}$$

$$\Delta l_1 = \Delta l_2 + \left(\Delta l_3 - \Delta l_2 \sqrt{2}\right)\sqrt{2}$$

$$\Delta l_1 = \Delta l_3 \sqrt{2} - \Delta l_2.$$

Bild 1.7.4: Verschiebungsplan des Knotens K mit der Annahme von Stabverlängerungen (Zugkräfte)

Mit $\Delta l_1 = \dfrac{l}{EA} S_1$, $\Delta l_2 = -\dfrac{l}{EA}(F - S_1)$ und $\Delta l_3 = \sqrt{2}\dfrac{l}{EA}(F - S_1)$ folgt:

$$\frac{l}{EA} S_1 = \sqrt{2}\frac{l}{EA}(F - S_1)\sqrt{2} - \left[-\frac{l}{EA}(F - S_1)\right]$$

$$S_1 = 3F - 3S_1 \quad \Rightarrow \quad S_1 = \frac{3}{4}F.$$

Aus (5) folgt $S_2 = -\dfrac{1}{4}F$ und aus (4) folgt $S_3 = \dfrac{\sqrt{2}}{4}F$.

Horizontale Verschiebung u_K des Knotens K (Bild 1.7.4):

$$u_K = \Delta l_2 = \frac{S_2 l}{EA} = -\frac{Fl}{4EA}.$$

Das Minuszeichen bei der horizontalen Verschiebung u_K bedeutet, dass sich der Knoten K entgegen der Annahme im Bild 1.7.4 nach links verschiebt.

Vertikale Verschiebung v_K des Knotens K (Bild 1.7.4):

$$v = \Delta l_1 = \frac{S_1 l}{EA} = \frac{3}{4} \cdot \frac{Fl}{EA}.$$

Aufgabe 1.8:

Ein ebenes Fachwerk (Bild 1.8), dessen äußere Stäbe ein regelmäßiges Sechseck bilden, sei bei der Temperatur ϑ spannungslos. Alle inneren Stäbe haben den Wärmeausdehnungskoeffizienten α_I und alle äußeren Stäbe haben den Wärmeausdehnungskoeffizienten α_A. Sämtliche Stäbe besitzen die gleiche Dehnsteifigkeit EA.

Welche Kräfte stellen sich in den Stäben ①, ② und ③ in Abhängigkeit von EA, α_I, α_A und $\Delta\vartheta$ ein, wenn alle Stäbe des Fachwerks eine gleichmäßige Temperaturerhöhung von $\Delta\vartheta$ erfahren.

Gegeben: EA, $\Delta\vartheta$, α_I, α_A, b

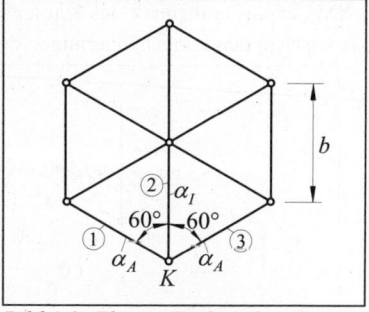

Bild 1.8: Ebenes Fachwerk

Lösung:

1. Statik:

Im erwärmten Zustand des Fachwerks machen wir durch einen Schnitt den Knoten K frei und zeichnen das Freikörperbild (Bild 1.8.1).

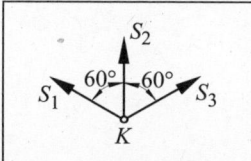

Bild 1.8.1: Freikörperbild des Knotens K (nach der Erwärmung)

Gleichgewicht, Bild 1.8.1:

$\Sigma \rightarrow = 0:$ $S_1 \sin 60° - S_3 \sin 60° = 0$

$$S_1 = S_3 \qquad (1)$$

$\Sigma \uparrow = 0:$ $S_1 \cos 60° + S_3 \cos 60° + S_2 = 0$

$$S_1 \frac{1}{2} + S_1 \frac{1}{2} + S_2 = 0$$

$$S_1 = -S_2 \qquad (2)$$

Zur richtigen Beurteilung des Verformungsverhaltens des Fachwerks bei gleichmäßiger Erwärmung können wir es in sechs gleichmäßige Systemteile aufteilen (Bild 1.8.2). Für die weitere Berechnung genügt es nun, nur noch ein Systemteil (Bild 1.8.2) zu betrachten.

2. Verformung:

$l_1 = l_3 = \dfrac{b}{2}$ (Es wird nur die halbe Stablänge je Ecke wirksam! (Bild 1.8.2))

$$\Delta l_1 = \Delta l_3 = \frac{S_1 l_1}{EA} + \alpha_A l_1 \Delta\vartheta$$

$$\Delta l_1 = \Delta l_3 = \frac{S_1 b}{2EA} + \alpha_A \frac{b}{2} \Delta\vartheta \qquad (3)$$

$$\Delta l_2 = \frac{S_2 l_2}{EA} + \alpha_I l_2 \Delta\vartheta$$

$$\Delta l_2 = \frac{S_2 b}{EA} + \alpha_I b \Delta\vartheta \qquad (4)$$

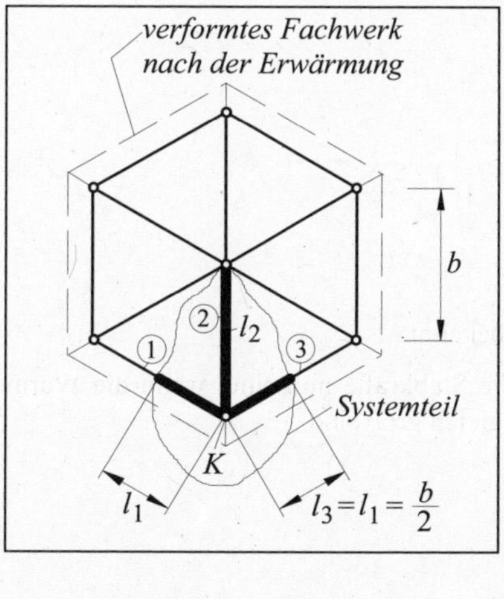

Bild 1.8.2:
Verformungsverhalten bei der Erwärmung

3. Geometrische Verträglichkeit:

Da der Zusammenhalt des Knotens K erhalten bleiben muss, ergibt sich folgender Zusammenhang zwischen den Längenänderungen der Stäbe ① und ② bzw. ③ (Bild 1.8.3).

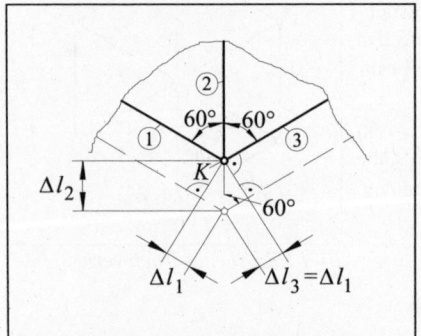

Aus Bild 1.8.3 folgt:

$$\frac{\Delta l_1}{\Delta l_2} = \cos 60° = \frac{1}{2}$$

$$\Delta l_1 = \frac{1}{2}\Delta l_2$$

Bild 1.8.3: Verschiebungsplan für Knoten K bei Erwärmung

Substitution von (3) und (4) liefert:

$$\frac{S_1 b}{2EA} + \alpha_A \frac{b}{2}\Delta\vartheta = \frac{1}{2}\cdot\frac{S_2 b}{EA} + \frac{1}{2}\alpha_I b\Delta\vartheta$$

$$\frac{1}{EA}(S_1 - S_2) = (\alpha_I - \alpha_A)\Delta\vartheta$$

Substitition von (2) liefert:

$$\frac{1}{EA}(S_1 + S_2) = (\alpha_I - \alpha_A)\Delta\vartheta$$

$$\underline{\underline{S_1 = \frac{1}{2}EA(\alpha_I - \alpha_A)\Delta\vartheta}}$$

aus (1) folgt:

$$\underline{\underline{S_3 = \frac{1}{2}EA(\alpha_I - \alpha_A)\Delta\vartheta}}$$

aus (2) folgt:

$$\underline{\underline{S_2 = -\frac{1}{2}EA(\alpha_I - \alpha_A)\Delta\vartheta}}$$

Damit sind die Kräfte in den inneren und äußeren Stäben bekannt.

An den Ergebnissen erkennen wir unter anderem, dass die Stabkräfte null sind, wenn die Wärmeausdehnungskoeffizienten der inneren und äußeren Stäbe gleich groß sind.

Aufgabe 1.9:

Die Scheibe und die Schaufeln einer Dampfturbine (Bild 1.9) rotieren mit der Winkelgeschwindigkeit ω.
Zu berechnen sind die Verlängerung der Schaufel sowie die Spannung im Schaufelfuß infolge der Fliehkräfte für
1., dass der Schaufelquerschnitt $A(x) = A_0 = $ konstant ist und für

2., dass eine vom Radius x abhängige Schaufelquerschnittsfläche $A(x) = A_0 \dfrac{r}{x}$ vorliegt.

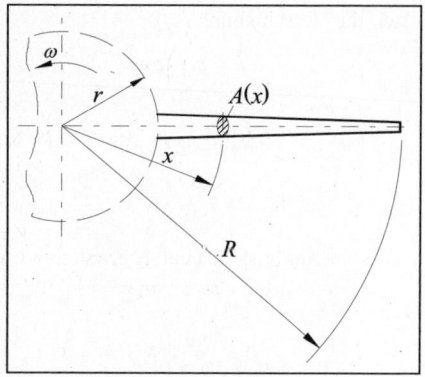

Zahlenwerte:
$r = 200\,\text{mm}$, $R = 550\,\text{mm}$, $E = 21 \cdot 10^4\,\text{N}/\text{mm}^2$,
Dichte $\rho = 7850\,\text{kg}/\text{m}^3$, $\omega = 366{,}52\,\text{s}^{-1}$ (entspricht einer Drehzahl von 3500 min^{-1})

Bild 1.9: Turbinenschaufel

Lösung:

Zur Berechnung der Normalkraft $N(x)$ in der Schaufel schneiden wir ein Element heraus (Bild 1.9.1). Bei Rotation wirkt unter anderem auf das Element mit der Masse dm eine Fliehkraft der Größe $dm \cdot x \cdot \omega^2$. Aus der *Gleichgewichtsbetrachtung* folgt:
Gleichgewichtsbedingung (Bild 1.9.1):

$\Sigma \rightarrow = 0$: $N(x) + dN(x) + dm \cdot x \cdot \omega^2 - N(x) = 0$

$$dN(x) = -dm \cdot x \cdot \omega^2 .$$

Mit $dm = \rho dV = \rho A(x) dx$ folgt:

$$dN(x) = -\rho A(x) \omega^2 x dx \qquad (1)$$

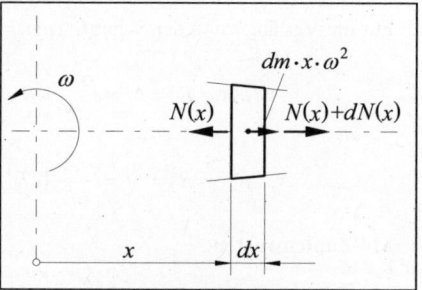

Bild 1.9.1: Freikörperbild eines herausgeschnittenen Schaufelelements

zu 1.

Schaufelquerschnittsfläche $A(x) = A_0 = $ konstant

Die Integration von (1) liefert:

$$\int dN(x) = -\rho A_0 \omega^2 \int x dx \quad \Rightarrow \quad N(x) = -\frac{\rho A_0 \omega^2 x^2}{2} + C .$$

Die Integrationskonstante C erhalten wir mit der Randbedingung:

$$x = R \quad ; \quad N(x = R) = 0$$

$$0 = -\frac{\rho A_0 \omega^2 R^2}{2} + C \quad \Rightarrow \quad C = \frac{\rho A_0 \omega^2 R^2}{2} .$$

Somit folgt für die Normalkraft: $N(x) = \dfrac{\rho A_0 \omega^2}{2} \left(R^2 - x^2 \right) .$

Für die Spannung ergibt sich dann: $\sigma(x) = \dfrac{N(x)}{A(x)} = \dfrac{N(x)}{A_0} = \dfrac{\rho \omega^2}{2} \left(R^2 - x^2 \right) .$

Spannung im Schaufelfuß $(x = r)$: $\sigma(x = r) = \underline{\underline{\dfrac{\rho \omega^2}{2} \left(R^2 - r^2 \right)}} .$

Aus dem *Elastizitätsgesetz* $\varepsilon(x) = \dfrac{\sigma(x)}{E}$ und aus der Definition der *Dehnung* $\varepsilon(x) = \dfrac{du}{dx}$ berechnen wir die Verschiebung u:

$$du = \varepsilon(x)\,dx = \frac{\sigma(x)}{E}\,dx$$

$$\int du = \frac{\rho\omega^2}{2E}\int\left(R^2 - x^2\right)dx$$

$$u = \frac{\rho\omega^2}{2E}\left(R^2 x - \frac{x^3}{3}\right) + C\ .$$

Die Integrationskonstante C erhalten wir mit der Randbedingung:

$$x = r\quad;\quad u(x = r) = 0$$

$$0 = \frac{\rho\omega^2}{2E}\left(R^2 r - \frac{r^3}{3}\right) + C \quad\Rightarrow\quad C = \frac{\rho\omega^2}{2E}\left(\frac{r^3}{3} - R^2 r\right).$$

Somit folgt für die Verschiebung: $\quad u = \dfrac{\rho\omega^2}{2E}\left(R^2 x - \dfrac{x^3}{3} + \dfrac{r^3}{3} - R^2 r\right).$

Für die Verlängerung der Schaufel $u(x = R)$ ergibt sich dann:

$$u(x = R) = \Delta l = \frac{\rho\omega^2}{2E}\left(R^3 - \frac{R^3}{3} + \frac{r^3}{3} - R^2 r\right)$$

$$u(x = R) = \Delta l = \frac{\rho\omega^2}{6E}\left(2R^3 + r^3 - 3R^2 r\right).$$

Mit **Zahlenwerten**:

$$\sigma(x = r) = \frac{\rho\omega^2}{2}\left(R^2 - r^2\right) = \frac{7850\,\dfrac{\text{kg}}{10^9\,\text{mm}^3}\left(366{,}52\,\text{s}^{-1}\right)^2}{2}\left(550^2 - 200^2\right)\text{mm}^2\,\frac{1\,\text{m}}{1000\,\text{mm}}\ .$$

Es ergibt sich mit $1\,\text{N} = 1\,\text{kg}\,\dfrac{\text{m}}{\text{s}^2}$: $\qquad \sigma(x = r) = 138{,}41\,\dfrac{\text{N}}{\text{mm}^2}\ .$

$$u(x = R) = \Delta l = \frac{\rho\omega^2}{6E}\left(2R^3 + r^3 - 3R^2 r\right)$$

$$u(x = 550\,\text{mm}) = \Delta l = \frac{7850\,\dfrac{\text{kg}}{10^9\,\text{mm}^3}\left(366{,}52\,\text{s}^{-1}\right)^2}{6\cdot 21\cdot 10^4\,\dfrac{\text{N}}{\text{mm}^2}}\left(2\cdot 550^3 + 200^3 - 3\cdot 550^2\cdot 200\right)\text{mm}^3\,\frac{1\,\text{m}}{1000\,\text{mm}}$$

$$u(x = 550\,\text{mm}) = \Delta l = \underline{\underline{0{,}1333\,\text{mm}}}$$

zu 2.

Es liegt eine vom Radius x ***abhängige Schaufelquerschnittsfläche*** $\quad A(x) = A_0\,\dfrac{r}{x}\quad$ vor.

Aus (1) folgt: $\quad dN(x) = -\rho A(x)\omega^2 x\,dx = -\rho A_0\,\dfrac{r}{x}\,\omega^2 x\,dx$

$$dN(x) = -\rho A_0 r\omega^2\,dx\ .$$

Die Integration liefert:

$$\int dN(x) = -\rho A_0 r \omega^2 \int dx \quad \Rightarrow \quad N(x) = -\rho A_0 r \omega^2 x + C.$$

Die Integrationskonstante C erhalten wir mit der Randbedingung:

$$x = R \quad ; \quad N(x = R) = 0$$

$$0 = -\rho A_0 r R \omega^2 + C \quad \Rightarrow \quad C = \rho A_0 r R \omega^2.$$

Somit folgt für die Normalkraft: $\quad N(x) = \rho A_0 r \omega^2 (R - x).$

Für die Spannung ergibt sich dann: $\quad \sigma(x) = \dfrac{N(x)}{A(x)} = \dfrac{\rho A_0 r \omega^2 (R - x)}{A_0 \dfrac{r}{x}} = \rho \omega^2 x (R - x).$

Spannung im Schaufelfuß $(x = r)$: $\quad \sigma(x = r) = \underline{\underline{\rho \omega^2 r (R - r)}}.$

Aus dem *Elastizitätsgesetz* $\varepsilon(x) = \dfrac{\sigma(x)}{E}$ und aus der Definition der *Dehnung* $\varepsilon(x) = \dfrac{du}{dx}$ berechnen wir die Verschiebung u:

$$du = \varepsilon(x) dx = \frac{\sigma(x)}{E} dx$$

$$\int du = \frac{\rho \omega^2}{E} \int (Rx - x^2) dx$$

$$u = \frac{\rho \omega^2}{E} \left(\frac{Rx^2}{2} - \frac{x^3}{3} \right) + C.$$

Die Integrationskonstante C erhalten wir mit der Randbedingung:

$$x = r \quad ; \quad u(x = r) = 0$$

$$0 = \frac{\rho \omega^2}{E} \left(\frac{Rr^2}{2} - \frac{r^3}{3} \right) + C \quad \Rightarrow \quad C = \frac{\rho \omega^2}{E} \left(\frac{r^3}{3} - \frac{Rr^2}{2} \right).$$

Somit folgt für die Verschiebung: $\quad u = \dfrac{\rho \omega^2}{E} \left(\dfrac{Rx^2}{2} - \dfrac{x^3}{3} + \dfrac{r^3}{3} - \dfrac{Rr^2}{2} \right).$

Für die Verlängerung der Schaufel $u(x = R)$ ergibt sich dann:

$$u(x = R) = \Delta l = \frac{\rho \omega^2}{6E} \left(3R^3 - 2R^3 + 2r^3 - 3Rr^2 \right)$$

$$u(x = R) = \Delta l = \underline{\underline{\frac{\rho \omega^2}{6E} \left(R^3 + 2r^3 - 3Rr^2 \right)}}.$$

Mit **Zahlenwerten**:

$$\sigma(x = r) = \rho \omega^2 r (R - r) = 7850 \frac{\text{kg}}{10^9 \text{mm}^3} \left(366{,}52 \text{s}^{-1} \right)^2 200\text{mm}(550 - 200)\text{mm} \frac{1\text{m}}{1000\text{mm}}.$$

Es ergibt sich mit $1\,\text{N} = 1\,\text{kg} \dfrac{\text{m}}{\text{s}^2}$: $\quad \sigma(x = r) = \underline{\underline{73{,}82 \frac{\text{N}}{\text{mm}^2}}}.$

$$\Delta l = \frac{\rho \omega^2}{6E} \left(R^3 + 2r^3 - 3Rr^2 \right)$$

$$\Delta l = \frac{7850 \dfrac{\text{kg}}{10^9 \text{mm}^3} \left(366{,}52 \text{s}^{-1} \right)^2}{6 \cdot 21 \cdot 10^4 \dfrac{\text{N}}{\text{mm}^2}} \left(550^3 + 2 \cdot 200^3 - 3 \cdot 550 \cdot 200^2 \right) \text{mm}^3 \frac{1\text{m}}{1000\text{mm}} = \underline{\underline{0{,}0974\text{mm}}}$$

Aufgabe 1.10:

Ein *starrer* Körper (Gewicht G) soll an drei Seilen aufgehangen werden (Bild 1.10). Es sollen zwei Fälle untersucht werden. **Fall 1** und **Fall 2** unterscheiden sich dadurch, daß bei **Fall 2** das mittlere Seil vor Anhängen des Körpers um ein sehr kleines Stück δ (Fehlmaß) zu lang ist $(\delta \ll l)$. Die Querschnittsflächen A und Elastizitätsmoduln E der drei Seile sind gleich groß.

Wie groß sind jeweils die Spannungen in den Seilen für die beiden Fälle? **Fall 2** ist für die Annahme zu berechnen, dass außer den beiden äußeren Seilen auch das mittlere Seil belastet wird, also auch unter Zug steht.

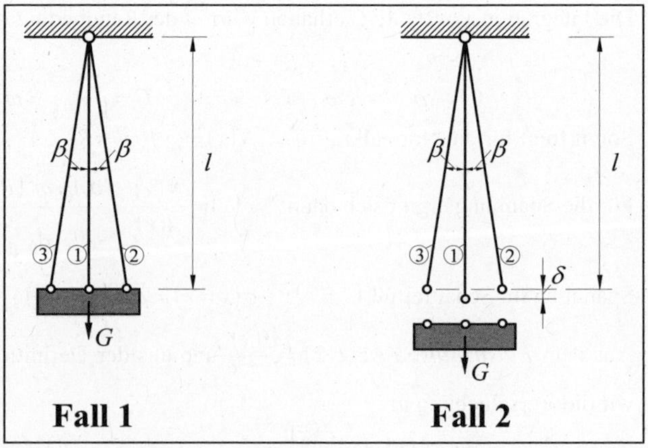

Fall 1   **Fall 2**

*Bild 1.10: Aufhängung eines Körpers an drei Seilen (bei Fall 2: ein Seil mit **Fehlmaß** δ)*

Nach der Lösung mit allgemeinen Größen sind anschließend für folgende Zahlenwerte die Spannungen in den Seilen zu berechnen:

$G = 1800\,\text{N};\quad l = 3\,\text{m};\quad \delta = 2\,\text{mm};\quad \beta = 5°;\quad A = 10\,\text{mm}^2;\quad E = 12{,}5 \cdot 10^4\,\text{N}/\text{mm}^2.$

Lösung:

Fall 1:

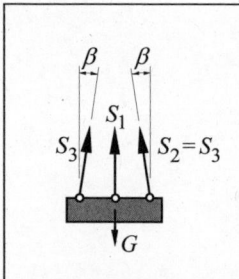

Bild 1.10.1:
Freikörperbild; Schnitt durch die Seile

Nach der Schnittmethode gelten die **Gleichgewichtsbedingungen der Statik** für den abgeschnittenen starren Körper (Schnitt durch die Seile, Bild 1.10.1).

Wegen Symmetrie (Bild 1.10.1) gilt:

$$S_2 = S_3.$$

Dadurch sind die beiden Gleichgewichtsbedingungen "Summe aller Kraftkomponenten in horizontaler Richtung gleich Null" und "Summe aller Momente gleich null" sowieso erfüllt.

Die verbleibende Gleichgewichtsbedingung lautet:

$$\Sigma \uparrow = 0: \qquad 2\,S_2 \cos\beta + S_1 - G = 0. \tag{1}$$

Das bedeutet, dass nur noch eine Gleichgewichtsbedingung für die beiden unbekannten Seilkräfte S_1 und S_2 zur Verfügung steht und somit das System *einfach* statisch unbestimmt ist.

Um nun diese Aufgabe zu lösen, müssen wir zusätzlich zu den Gleichgewichtsbedingungen die geometrischen Verformungsbedingungen und das Verformungsgesetz betrachten.

Geometrische Verformungsbedingungen:

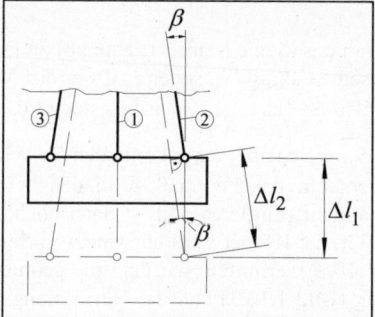

Dazu zeichnen wir einen Verschiebungsplan (Bild 1.10.2) und können daraus ablesen:

$$\cos\beta = \frac{\Delta l_2}{\Delta l_1},$$

$$\Delta l_2 = \Delta l_1 \cdot \cos\beta. \qquad (2)$$

Bild 1.10.2:
Verschiebungsplan (Geometrie der Verformung)

Aus dem **Verformungsgesetz (Elastizitätsgesetz)** folgt für die Verlängerung der Seile (hierbei werden die Seile als homogene Stäbe aufgefasst):

$$\Delta l_1 = \frac{S_1\, l}{E\, A} \quad ; \qquad \Delta l_2 = \frac{S_2\, \dfrac{l}{\cos\beta}}{E\, A}\ .$$

Gleichgewichtsbedingungen, geometrische Verformungsbedingungen und Elastizitätsgesetz sind nun formuliert, so dass alles weitere aus der Verknüpfung dieser Aussagen folgt.

Setzen wir die Verlängerung der Seile in (2) ein, so ergibt sich:

$$\frac{S_2\,\dfrac{l}{\cos\beta}}{E\, A} = \frac{S_1\, l}{E\, A}\cos\beta \qquad \Rightarrow \qquad S_2 = S_1 \cos^2\beta\ .$$

Aus (1) folgt nun:

$$2\,S_1 \cos^2\beta\cos\beta + S_1 - G = 0$$

$$S_1 = \frac{G}{1 + 2\cos^3\beta}\ .$$

$$S_2 = S_3 = \frac{G\cos^2\beta}{1 + 2\cos^3\beta}$$

Für die Spannungen in den Seilen gilt:

$$\sigma_1 = \frac{S_1}{A} = \underline{\frac{G}{A\left(1 + 2\cos^3\beta\right)}} \quad ; \qquad \sigma_2 = \sigma_3 = \frac{S_2}{A} = \frac{S_3}{A} = \underline{\frac{G\cos^2\beta}{A\left(1 + 2\cos^3\beta\right)}}\ .$$

Für kleine Winkel β folgt mit $\cos\beta \approx 1$: $\qquad \sigma_1 \approx \underline{\frac{G}{3A}} \quad ; \qquad \sigma_2 = \sigma_3 \approx \underline{\frac{G}{3A}}\ .$

Mit **Zahlenwerten**:

$$\sigma_1 = \frac{1800\,\text{N}}{10\,\text{mm}^2\left(1 + 2\cos^3 5°\right)} = 60{,}46\,\underline{\frac{\text{N}}{\text{mm}^2}}\ ,$$

$$\sigma_2 = \sigma_3 = \frac{1800\,\text{N}\cdot\cos^2 5°}{10\,\text{mm}^2\left(1 + 2\cos^3 5°\right)} = 59{,}999\,\underline{\frac{\text{N}}{\text{mm}^2}}\ ,$$

$$\sigma_1 \approx \frac{G}{3A} = \frac{1800\,\text{N}}{3\cdot 10\,\text{mm}^2} = 60\,\underline{\frac{\text{N}}{\text{mm}^2}} \quad ; \qquad \sigma_2 = \sigma_3 \approx \frac{G}{3A} = \frac{1800\,\text{N}}{3\cdot 10\,\text{mm}^2} = 60\,\underline{\frac{\text{N}}{\text{mm}^2}}\ .$$

Fall 2:

Bei Fall 2 ist das mittlere Seil vor Anhängen des Körpers um das kleine Maß δ (Fehlmaß) zu lang. Dadurch müssen sich die äußeren Seile unter einer gewissen Seilkraft S_0 ersteinmal um das Maß $\Delta l_{2_0} = \delta \cdot \cos\beta$ (Bild 1.10.3) verlängern, damit das mittlere Seil überhaupt erstmals belastet wird.

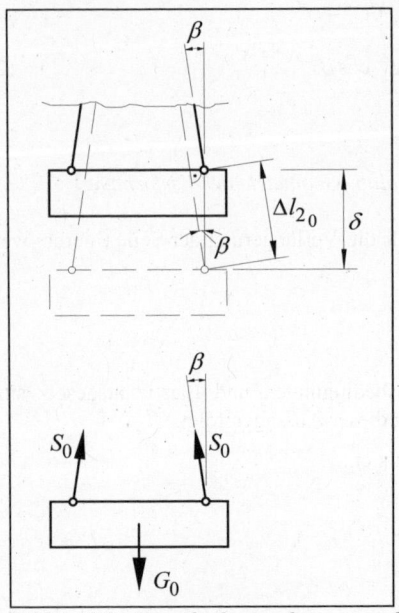

Diese Seilkraft S_0, welche bei einer vertikalen Verschiebung des Körpers um das Fehlmaß δ in den beiden äußeren Seilen auftritt (mittleres Seil ist dann noch unbelastet - das heißt, der Körper wird nur von zwei Seilen getragen (Bild 1.10.3)), ermitteln wir über die geometrische Verformung (Bild 1.10.3) und das Verformungsgesetz:

$$\cos\beta = \frac{\Delta l_{2_0}}{\delta} \quad \text{(geom. Verformung, Bild 1.10.3)}$$

$$\Delta l_{2_0} = \delta \cdot \cos\beta$$

$$\Delta l_{2_0} = \frac{S_0 \dfrac{l}{\cos\beta}}{E\,A} \quad \text{(Verformungsgesetz)}$$

$$\delta \cdot \cos\beta = \frac{S_0\, l}{E\,A\,\cos\beta}$$

$$S_0 = \frac{\delta}{l}\,E\,A\,\cos^2\beta$$

Bild 1.10.3: Verschiebungsplan und Freikörperbild für eine Verschiebung des Körpers um das Fehlmaß δ

Erst bei Überschreiten der Seilkraft S_0 in den äußeren Seilen erhält auch das mittlere Seil eine Belastung, so dass das System nun *einfach* statisch unbestimmt ist (Bild 1.10.4).

Durch Betrachtung der Gleichgewichtsbedingungen, der geometrischen Verformungsbedingungen und des Verformungsgesetzes sowie aus deren Verknüpfung untereinander erfolgt die weitere Lösung.

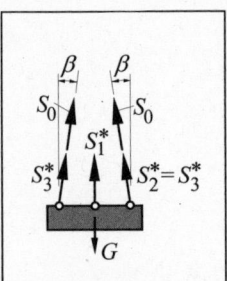

Gleichgewichtsbedingungen (Bild 1.10.4):

$$2\,S_2^* \cos\beta + 2\,S_0 \cos\beta + S_1^* - G = 0 \tag{3}$$

Bild 1.10.4:
Freikörperbild (alle drei Seile sind belastet)

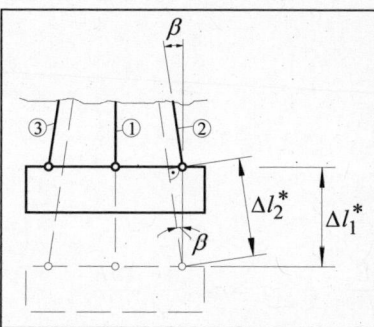

Geometrische Verformungsbedingungen (Bild 1.10.5):

Aus Bild 1.10.5 lesen wir ab:

$$\cos\beta = \frac{\Delta l_2^*}{\Delta l_1^*}$$

$$\Delta l_2^* = \Delta l_1^* \cdot \cos\beta. \tag{4}$$

Bild 1.10.5:
Verschiebungsplan (Geometrie der Verformung)

Verformungsgesetz (Elastizitätsgesetz):

Für die Verlängerungen der Seile (werden als homogene Stäbe aufgefasst) Δl_1^* und Δl_2^* sind die Kräfte S_1^* und S_2^* maßgebend.

$$\Delta l_1^* = \frac{S_1^* \, l}{E \, A} \quad ; \qquad \Delta l_2^* = \frac{S_2^* \dfrac{l}{\cos\beta}}{E \, A}$$

In (4) eingesetzt folgt:

$$\frac{S_2^* \dfrac{l}{\cos\beta}}{E \, A} = \frac{S_1^* \, l}{E \, A}\cos\beta \quad \Rightarrow \quad S_2^* = S_1^* \cos^2\beta .$$

Aus (3) folgt nun:

$$2\, S_1^* \cos^2\beta \cos\beta + 2\, S_0 \cos\beta + S_1^* - G = 0$$

$$S_1^*\left(1 + 2\cos^3\beta\right) + 2\frac{\delta}{l} E A \cos^3\beta = G$$

$$S_1^* = \left(G - 2\frac{\delta}{l} E A \cos^3\beta\right)\frac{1}{1 + 2\cos^3\beta} \; .$$

$$S_2^* = \left(G - 2\frac{\delta}{l} E A \cos^3\beta\right)\frac{\cos^2\beta}{1 + 2\cos^3\beta}$$

Für die Gesamtkraft S_2 in den äußeren Seilen erhalten wir nach Bild 1.10.4:

$$S_2 = S_0 + S_2^* = \frac{\delta}{l} E A \cos^2\beta + \left(G - 2\frac{\delta}{l} E A \cos^3\beta\right)\frac{\cos^2\beta}{1 + 2\cos^3\beta}$$

$$S_2 = S_0 + S_2^* = \frac{\cos^2\beta}{1 + 2\cos^3\beta}\left(\frac{\delta}{l} E A\left(1 + 2\cos^3\beta\right) + G - 2\frac{\delta}{l} E A \cos^3\beta\right)$$

$$S_2 = S_0 + S_2^* = \frac{\cos^2\beta}{1 + 2\cos^3\beta}\left(\frac{\delta}{l} E A + 2\frac{\delta}{l} E A \cos^3\beta + G - 2\frac{\delta}{l} E A \cos^3\beta\right)$$

$$S_2 = \left(G + \frac{\delta}{l} E A\right)\frac{\cos^2\beta}{1 + 2\cos^3\beta}$$

Für die Spannungen in den Seilen gilt (nur gültig ab der Grenze, bei dem die Zugbelastung im mittleren Seil beginnt; also $\sigma_1 \geq 0$):

$$\sigma_1 = \frac{S_1^*}{A} = \left(\frac{G}{A} - 2\frac{\delta}{l}E\cos^3\beta\right)\frac{1}{1+2\cos^3\beta},$$

$$\sigma_2 = \sigma_3 = \frac{S_2}{A} = \left(\frac{G}{A} + \frac{\delta}{l}E\right)\frac{\cos^2\beta}{1+2\cos^3\beta}.$$

Für kleine Winkel β folgt mit $\cos\beta \approx 1$: $\sigma_1 \approx \dfrac{G}{3A} - \dfrac{2\,\delta E}{3l}$; $\sigma_2 = \sigma_3 \approx \dfrac{G}{3A} + \dfrac{\delta E}{3l}$.

Mit **Zahlenwerten**:

$$\sigma_1 = \left(\frac{1800\,\text{N}}{10\,\text{mm}^2} - 2\frac{2\,\text{mm}}{3000\,\text{mm}}12{,}5\cdot10^4\,\frac{\text{N}}{\text{mm}^2}\cos^3 5°\right)\frac{1}{\left(1+2\cos^3 5°\right)} = 5{,}12\,\frac{\text{N}}{\text{mm}^2},$$

$$\sigma_2 = \sigma_3 = \left(\frac{1800\,\text{N}}{10\,\text{mm}^2} - \frac{2\,\text{mm}}{3000\,\text{mm}}12{,}5\cdot10^4\,\frac{\text{N}}{\text{mm}^2}\right)\frac{\cos^2 5°}{\left(1+2\cos^3 5°\right)} = 87{,}78\,\frac{\text{N}}{\text{mm}^2},$$

$$\sigma_1 \approx \frac{1800\,\text{N}}{3\cdot10\,\text{mm}^2} - \frac{2\cdot 2\,\text{mm}\cdot12{,}5\cdot10^4\,\dfrac{\text{N}}{\text{mm}^2}}{3\cdot3000\,\text{mm}} = 4{,}44\,\frac{\text{N}}{\text{mm}^2},$$

$$\sigma_2 = \sigma_3 \approx \frac{1800\,\text{N}}{3\cdot10\,\text{mm}^2} + \frac{2\,\text{mm}\cdot12{,}5\cdot10^4\,\dfrac{\text{N}}{\text{mm}^2}}{3\cdot3000\,\text{mm}} = 87{,}78\,\frac{\text{N}}{\text{mm}^2}.$$

Die Ergebnisse der Fälle 1 und 2 **zeigen** und **lehren**, dass schon geringe Fertigungsungenauigkeiten (ein Seil etwas zu kurz oder zu lang) zu erheblichen Spannungsänderungen führen können (Spannung im mittleren Seil geht von $60{,}46\,\text{N}/\text{mm}^2$ (Fall 1) auf $5{,}12\,\text{N}/\text{mm}^2$ zurück). Dies bedeutet, wenn die Seillängen nicht exakt stimmen, dass eines der drei Seile fast überhaupt nicht belastet ist, so dass man es auch einsparen könnte.

Deshalb merken: Keine Lasten nach Art des Bildes 1.10 **an mehr als zwei** Seilen aufhängen!

Das Maß δ_0, welches das Seil ① mindestens zu lang sein muss, damit beim Anhängen des Körpers (Gewicht G) die Spannung im Seil ① null ist, berechnet sich wie folgt:

$$\sigma_1 = 0 = \left(\frac{G}{A} - 2\frac{\delta_0}{l}E\cos^3\beta\right)\frac{1}{1+2\cos^3\beta},$$

$$0 = \frac{G}{A} - 2\frac{\delta_0}{l}E\cos^3\beta \quad\Rightarrow\quad \delta_0 = \frac{Gl}{2EA\cos^3\beta}.$$

Mit Zahlenwerten:

$$\delta_0 = \frac{1800\,\text{N}\cdot3000\,\text{mm}}{2\cdot12{,}5\cdot10^4\,\dfrac{\text{N}}{\text{mm}^2}10\,\text{mm}^2\cos^3 5°} = 2{,}185\,\text{mm} .$$

Aufgabe 1.11:

Eine Betonsäule (Bild 1.11) mit quadratischem Querschnitt von 30 cm Seitenlänge und einer Eisenarmierung, bestehend aus vier Rundstählen ($\varnothing$ 20 mm) , ist mit $F = 500\,\text{kN}$ belastet. Wie verteilt sich diese Belastung auf den Beton und auf den Stahl und wie groß ist die Spannung in den Rundstählen? Es ist:

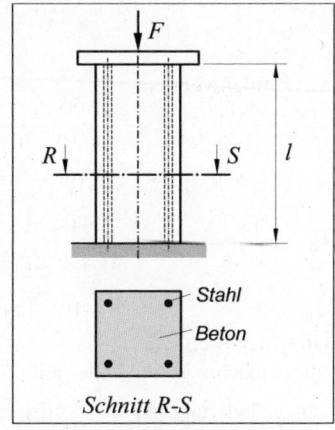

Elastizitätsmodul für Stahl:　$E_{St} = 21 \cdot 10^6\,\text{N} / \text{cm}^2$

Elastizitätsmodul für Beton:　$E_B = 1,4 \cdot 10^6\,\text{N} / \text{cm}^2$

Bild 1.11: Betonsäule mit Eisenarmierung

Lösung:

Lösungsweg 1:

Geometrische Verformungsbedingung:

Beton und Eisenarmierung der Säule werden um den gleichen Betrag zusammengedrückt.

Somit folgt:　$\Delta l_{St} = \Delta l_B$.　　　　　　　　　　　　　　　　(1)

Aus dem *Verformungsgesetz* folgt für die Längenänderungen:

$$\Delta l_{St} = \frac{F_{St}\, l}{E_{St}\, A_{St}} \text{ (für vier Rundstähle)}; \quad \Delta l_B = \frac{F_B\, l}{E_B\, A_B} \text{ (für Säule nur aus Beton).} \quad (2)$$

Gleichgewichtsbedingung für die geschnittene Säule (Bild 1.11.1):

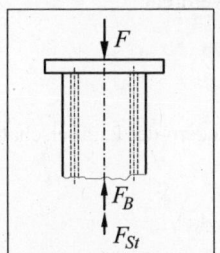

$\Sigma \uparrow = 0:$　　$F - F_B - F_{St} = 0,$

$$F = F_B + F_{St}. \quad (3)$$

Darin bedeuten:　F_B -Lastaufnahme des Betons;

　　　　　　　　F_{St} -Lastaufnahme der vier Rundstähle.

Aus dieser Gleichgewichtsbedingung erkennen wir, dass das System *einfach* statisch unbestimmt ist, weil für die beiden unbekannten Kräfte F_B und F_{St} nur eine Gleichgewichtsbedingung zur Verfügung steht.

Bild 1.11.1: Geschnittene Säule

Durch Verknüpfung der Gleichungen (1), (2) und (3) läßt sich die Aufgabe lösen.

Mit (2) in (1) folgt:

$$\frac{F_{St}\, l}{E_{St}\, A_{St}} = \frac{F_B\, l}{E_B\, A_B} \quad \Rightarrow \quad F_B = F_{St} \frac{E_B\, A_B}{E_{St}\, A_{St}}. \quad (4)$$

Dies in (3) eingesetzt:

$$F = F_{St} \frac{E_B\, A_B}{E_{St}\, A_{St}} + F_{St} \quad \Rightarrow \quad F_{St} = \frac{F}{1 + \dfrac{E_B\, A_B}{E_{St}\, A_{St}}} .$$

Dies in (4) eingesetzt:

$$F_B = F_{St} \frac{E_B A_B}{E_{St} A_{St}} = \frac{F}{1 + \dfrac{E_B A_B}{E_{St} A_{St}}} \cdot \frac{E_B A_B}{E_{St} A_{St}} \quad \Rightarrow \quad F_B = \frac{F}{1 + \dfrac{E_{St} A_{St}}{E_B A_B}} \;.$$

Mit **Zahlenwerten**:

$$F_{St} = \frac{F}{1 + \dfrac{E_B A_B}{E_{St} A_{St}}} = \frac{500\,\text{kN}}{1 + \dfrac{1,4 \cdot 10^6 \cdot 30 \cdot 30}{21 \cdot 10^6 \cdot 4 \cdot 2^2 \dfrac{\pi}{4}}} = \underline{\underline{86,6\,\text{kN}}}$$

$$F_B = \frac{F}{1 + \dfrac{E_{St} A_{St}}{E_B A_B}} = \frac{500\,\text{kN}}{1 + \dfrac{21 \cdot 10^6 \cdot 4 \cdot 2^2 \dfrac{\pi}{4}}{1,4 \cdot 10^6 \cdot 30 \cdot 30}} = \underline{\underline{413,4\,\text{kN}}} \quad ; \qquad \sigma_{St} = \frac{F_{St}}{A_{St}} = \frac{86,6\,\text{kN}}{4 \cdot 2^2 \dfrac{\pi}{4}\,\text{cm}^2} = \underline{\underline{6,89\,\frac{\text{kN}}{\text{cm}^2}}} \;.$$

Lösungsweg 2:

Vergleichen wir eine Feder mit einem zug- oder druckbeanspruchten Stab, so können wir wegen der Längenänderung $\Delta l = \dfrac{N\,l}{E\,A}$ den Stab durch eine Feder ersetzen, wenn sie die Federkonstante

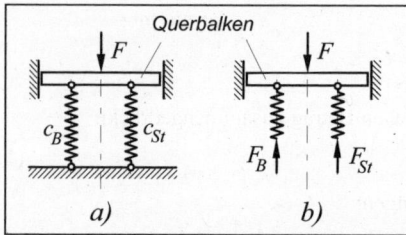

$$c = \frac{N}{\Delta l} = \frac{N}{f} = \frac{E\,A}{l} \text{ besitzt } (\,f: \text{ Federweg}).$$

Angewandt auf unsere Aufgabe, bedeutet das: Beton und Eisenarmierung werden jeweils als eine Feder aufgefasst. Da Beton und Eisenarmierung fest miteinander verbunden sind, werden beide Teile (Federn) um den gleichen Betrag f zusammengedrückt. Das heißt: Hier liegt Parallelschaltung (gleiche Federwege) (Bild 1.11.2) vor. Der Querbalken (Bild 1.11.2) dient hier als symbolisches Verbindungselement und es wird stets angenommen, dass er sich nur quer zur Balkenlängsachse verschiebt und sich nicht verdreht.

Bild 1.11.2: Parallelschaltung von Federn
a) Symbolbild für Parallelschaltung
b) Kräfte an Federn und Querbalken

Aus der Gleichgewichtsbedingung (Bild 1.11.2b) folgt:

$$F = F_B + F_{St} = c_B f + c_{St} f = (c_B + c_{St})f = c * f \;.$$

Darin ist $c*$ die Steifigkeit (Federkonstante) der Ersatzfeder für die beiden Federn der Parallelschaltung:

$$c* = c_B + c_{St} \;.$$

$$c_B = \frac{E_B A_B}{l} \quad ; \qquad c_{St} = \frac{E_{St} A_{St}}{l} \quad ; \qquad c* = \frac{1}{l}\left(E_B A_B + E_{St} A_{St}\right)$$

$$f = \frac{F}{c*} = \frac{F\,l}{E_B A_B + E_{St} A_{St}}$$

$$F_B = c_B f = \frac{E_B A_B}{l} \cdot \frac{F\,l}{E_B A_B + E_{St} A_{St}} = \frac{F}{1 + \dfrac{E_{St} A_{St}}{E_B A_B}}$$

$$F_{St} = c_{St} f = \frac{E_{St} A_{St}}{l} \cdot \frac{F\,l}{E_B A_B + E_{St} A_{St}} = \frac{F}{1 + \dfrac{E_B A_B}{E_{St} A_{St}}}$$

Weitere Lösung mit Zahlenwerten und Berechnung der Spannung in den Rundstählen wie bei Lösungsweg 1.

Aufgabe 1.12:

Ein Gleitstück aus Stahl passt im spannungslosen Zustand genau spielfrei in ein völlig *starres* Führungsstück (Bild 1.12).

Wie groß sind die Spannungen im Gleitstück in x-, y- und z-Richtung sowie die Dehnung des Gleitstücks in z-Richtung, wenn das Gleitstück um $\Delta\vartheta = 25°\,\mathrm{C}$ erwärmt wird?

Es wird angenommen, dass das Gleitstück reibungsfrei in dem Führungsstück gleiten kann.

Für das Gleitstück gilt:

$E = 20,6 \cdot 10^4 \, \mathrm{N/mm^2}$;

$\nu = 0,3$; $\alpha_T = 12 \cdot 10^{-6} \dfrac{1}{°\mathrm{C}}$.

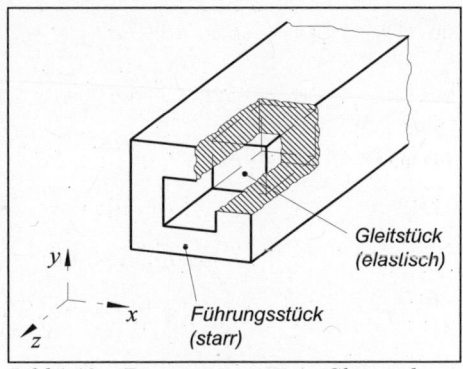

Bild 1.12: *Erwärmung eines Gleitstücks in einer starren Führung*

Lösung:

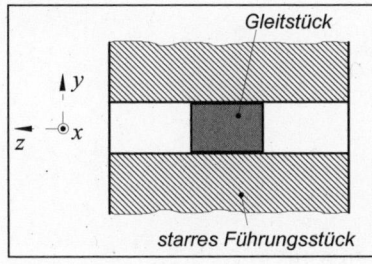

Da die Reibungseinflüsse vernachlässigt werden, ist das Gleitstück in dem starren Führungsstück frei verschiebbar (Bild 1.12.1). Dadurch kann sich in z-Richtung keine Spannung aufbauen; folglich ist $\sigma_z = \underline{\underline{0}}$.

Bild 1.12.1:
In z-Richtung frei verschiebbares Gleitstück

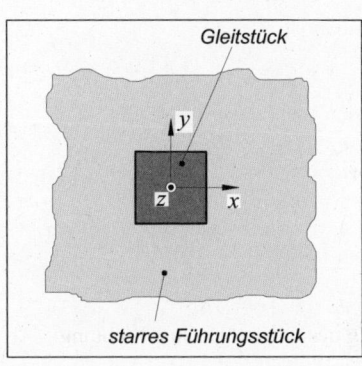

Infolge des völlig starren Führungsstücks (Bild 1.12.2), können sich in x- und y-Richtung keine Formänderungen (Dehnungen) ausbilden.
Folglich ist

$$\varepsilon_x = \varepsilon_y = 0.$$

Bild 1.12.2:
Keine Formänderungen in x- und y-Richtung möglich

Mit diesen geometrischen Zwangsbedingungen folgt mit dem verallgemeinerten **HOOKE**schen Gesetz:

$$\varepsilon_x = \frac{1}{E}\left(\sigma_x - \nu\sigma_y\right) + \alpha_T \Delta\vartheta = 0 \tag{1}$$

$$\varepsilon_y = \frac{1}{E}\left(\sigma_y - \nu\sigma_x\right) + \alpha_T \Delta\vartheta = 0. \tag{2}$$

Die beiden noch unbekannten Spannungen ermitteln wir aus den beiden Gleichungen (1) und (2).

aus (1): $\sigma_x = -E\,\alpha_T\,\Delta\vartheta + \nu\sigma_y$ (3)

aus (2): $\sigma_y = -E\,\alpha_T\,\Delta\vartheta + \nu\sigma_x$ (4)

(4) in (3): $\sigma_x = -E\alpha_T\Delta\vartheta + \nu\left(-E\alpha_T\Delta\vartheta + \nu\sigma_x\right)$

$$\sigma_x = -E\alpha_T\Delta\vartheta\left(1+\nu\right) + \nu^2\sigma_x$$

$$\sigma_x\left(1-\nu^2\right) = -E\alpha_T\Delta\vartheta\left(1+\nu\right)$$

$$\sigma_x = -E\alpha_T\Delta\vartheta\frac{1+\nu}{1-\nu^2} = -E\alpha_T\Delta\vartheta\frac{1+\nu}{\left(1+\nu\right)\left(1-\nu\right)}$$

$$\underline{\underline{\sigma_x = -\alpha_T\Delta\vartheta\frac{E}{1-\nu}}}$$

in (4): $\sigma_y = -E\alpha_T\Delta\vartheta + \nu\left(-\alpha_T\Delta\vartheta\frac{E}{1-\nu}\right)$

$$\sigma_y = -E\alpha_T\Delta\vartheta\left(1+\frac{\nu}{1-\nu}\right) = \underline{\underline{-\alpha_T\Delta\vartheta\frac{E}{1-\nu}}} = \sigma_x$$

Mit **Zahlenwerten**:

$$\sigma_x = \sigma_y = -\alpha_T\Delta\vartheta\frac{E}{1-\nu} = -12\cdot10^{-6}\,\frac{1}{^\circ C}\,25^\circ C\,\frac{20{,}6\cdot10^4\,\dfrac{N}{mm^2}}{1-0{,}3},$$

$$\underline{\underline{\sigma_x = \sigma_y = -88{,}3\,\frac{N}{mm^2}}}\ .$$

Aus dem verallgemeinerten **HOOKE**schen Gesetz folgt weiter:

$$\varepsilon_z = -\frac{\nu}{E}\left(\sigma_x + \sigma_y\right) + \alpha_T\Delta\vartheta\ .$$

Mit $\sigma_x = \sigma_y = -\alpha_T\Delta\vartheta\dfrac{E}{1-\nu}$ ergibt sich dann für die Dehnung des Gleitstücks in z-Richtung:

$$\varepsilon_z = -\frac{\nu}{E}\left(-2\alpha_T\Delta\vartheta\frac{E}{1-\nu}\right) + \alpha_T\Delta\vartheta,$$

$$\varepsilon_z = \alpha_T\Delta\vartheta\left(\frac{2\nu}{1-\nu}+1\right) = \underline{\underline{\alpha_T\Delta\vartheta\frac{1+\nu}{1-\nu}}}\ .$$

Mit **Zahlenwerten**:

$$\varepsilon_z = 12\cdot10^{-6}\,\frac{1}{^\circ C}\,25^\circ C\,\frac{1+0{,}3}{1-0{,}3} = \underline{\underline{5{,}57\cdot10^{-4}}}\ .$$

Aufgabe 1.13:

Das Bild 1.13 zeigt den Deckel eines Motorzylinders mit Dichtung und zwei von insgesamt n Dehnschrauben. Der starre Deckel, das starre Gehäuse und die dazwischenliegende Dichtung (Elastizitätsmodul E_D) werden mit Hilfe der Dehnschrauben (E_S, A_S) zusammengepresst. Die dann vorhandene resultierende Zugkraft aller n Schrauben sei durch die Größe F gegeben.

Nun wird im abgeschlossenen Zylinder ein Druck p aufgegeben.

Gegeben: $d_i, d_a, l, a, F, p, n,$

$\qquad E_D, E_S$ (E-Modul der Schrauben),

$\qquad A_S$ (Querschnittsfläche einer Schraube)

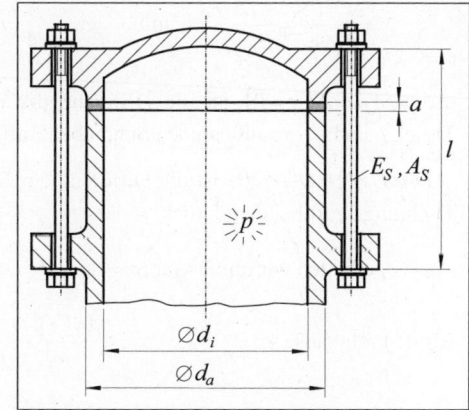

Bild 1.13: Deckel eines Motorzylinders (Zylinder, Deckel, Dichtung, Dehnschrauben)

Gesucht:

1. Wie groß ist die durch den Innendruck p im Zylinder auf den Deckel wirkende Kraft F_p?

2. Wie groß ist die resultierende Zugkraft $S(p)$ aller Schrauben in Abhängigkeit des Überdrucks p?

3. Wie groß darf der Überdruck p maximal sein, ohne dass der Deckel abhebt?

4. Warum erhöht sich die resultierende Kraft $S(p)$ in den Schrauben nicht um die Größe der Kraft F_p (siehe 1. Frage)? Wie muss tendenziell die Dehnsteifigkeit $E_S A_S$ einer Schraube gegenüber der der Dichtung sein, damit die Konstruktion möglichst weitgehend unabhängig von dem Druck p ist?

Lösung:

zu 1.

Am Deckel angreifende Druckkraft: $\qquad F_p = p \cdot A \quad$ mit $\quad A = \dfrac{\pi}{4} d_i^2; \qquad F_p = \dfrac{\pi}{4} p \, d_i^2 .$

zu 2.

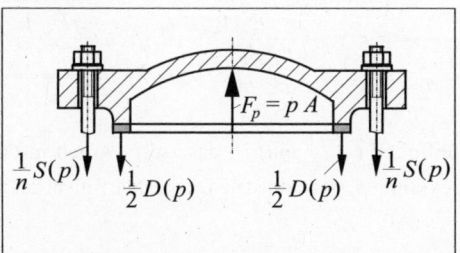

Bild 1.13.1: Freikörperbild von Deckel, Dichtung und Dehnschrauben)

Nach der Montage (Druck $p = 0$) liegt die bekannte resultierende Zugkraft aller Schrauben

$$S(p=0) = F \qquad (1)$$

vor.

Im Freikörperbild (Bild 1.13.1) sind $\dfrac{1}{n} S(p)$ die Kraft *einer* Schraube und $D(p)$ die an der Dichtung wirkende Kraft. Die Kraft auf die Dichtung wird als Zugkraft eingezeichnet, da bei Druckaufbringung der Deckel angehoben wird, so dass sich die Dichtung ausdehnen kann.

Das Kräftegleichgewicht (Bild 1.13.1) liefert für n Schrauben:

$$\Sigma \uparrow = 0: \qquad n \frac{1}{n} S(p) + D(p) - p A = 0,$$

$$D(p) = p A - S(p). \qquad (2)$$

Wird nun durch den Druck p der Deckel angehoben, so werden die Schrauben und die Dichtung um dieses selbe Stück länger (Zug). Also ergibt sich aus der geometrischen Verträglichkeit:

$$\Delta l_S(p) = \Delta l_D(p), \tag{3}$$

$$\frac{\Delta S \cdot l}{n\, E_S\, A_S} = \frac{\Delta D \cdot a}{E_D\, A_D} \qquad \text{mit} \qquad A_D = \frac{\pi}{4}\left(d_a^2 - d_i^2\right). \tag{4}$$

$\Delta S = S(p) - S(p=0)$ ist die Differenz der resultierenden Schraubenkraft bei einem beliebigen Druck p und der resultierenden Schraubenkraft bei dem Druck $p = 0$.

$\Delta D = D(p) - D(p=0)$ ist die Differenz der Dichtungskraft bei einem beliebigen Druck p und der Dichtungskraft bei dem Druck $p = 0$.

Aus (2) erhalten wir mit (1) für $p = 0$: $\qquad D(p=0) = -S(p=0) = -F$. $\hfill (5)$

Mit (5) folgt aus (4): $\qquad \dfrac{(S(p) - F)\cdot l}{n\, E_S\, A_S} = \dfrac{(D(p) + F)\cdot a}{E_D\, A_D}$.

Daraus erhalten wir mit (2): $\qquad (S(p) - F)\dfrac{l}{n\, E_S\, A_S} = \left(p\, A - S(p) + F\right)\dfrac{a}{E_D\, A_D}$,

$$S(p)\left(\frac{l}{n\, E_S\, A_S} + \frac{a}{E_D\, A_D}\right) = F\left(\frac{l}{n\, E_S\, A_S} + \frac{a}{E_D\, A_D}\right) + p\, A\, \frac{a}{E_D\, A_D},$$

$$S(p) = F + p\, A\, \frac{1}{1 + \dfrac{l\, E_D\, A_D}{n\, a\, E_S\, A_S}}. \tag{6}$$

zu 3.

Im Grenzfall (Deckel hebt gerade noch nicht ab) ist bei dem Überdruck $p_{\max}$ die Kraft $D(p_{\max})$ an der Dichtung Null.

Aus (2) mit (6) folgt: $\qquad D(p_{\max}) = 0 = p_{\max} A - F - p_{\max} A \dfrac{1}{1 + \dfrac{l\, E_D\, A_D}{n\, a\, E_S\, A_S}} \qquad \text{mit} \qquad A = \dfrac{\pi}{4} d_i^2$,

$$p_{\max}\, A = F\, \frac{1}{1 - \dfrac{1}{1 + \dfrac{l\, E_D\, A_D}{n\, a\, E_S\, A_S}}} = F\, \frac{1 + \dfrac{l\, E_D\, A_D}{n\, a\, E_S\, A_S}}{1 + \dfrac{l\, E_D\, A_D}{n\, a\, E_S\, A_S} - 1} = F\left(1 + \frac{n\, a\, E_S\, A_S}{l\, E_D\, A_D}\right).$$

Bei langen Schrauben (l groß) mit geringer Dehnsteifigkeit (A_S klein) ist das zweite Glied in der Klammer klein gegenüber eins. Die maximale Druckkraft $p_{\max}\, A$ auf den Deckel darf also kaum größer als die Vorspannkraft F der Schrauben sein.

zu 4.

$S(p)$ erhöht sich nicht um die Größe $F_p = p\, A$, sondern nach (6) um $p\, A\, \dfrac{1}{1 + \dfrac{l\, E_D\, A_D}{n\, a\, E_S\, A_S}}$. Ursache

hierfür ist die Dehnung der Schrauben, bei der gleichzeitig eine Entlastung der Dichtung stattfindet. Damit die Kraft $S(p)$ in den Schrauben möglichst weitgehend unabhängig von p ist, muss in der Gleichung (6) das zweite Glied im Nenner groß gegenüber eins sein.

Das erreichen wir dadurch, dass die Dehnsteifigkeit der Schrauben $E_S A_S \ll E_D A_D$ und die Länge l der Schrauben groß sind.

2 Der ein- und zweiachsige Spannungszustand

Aufgabe 2.1:

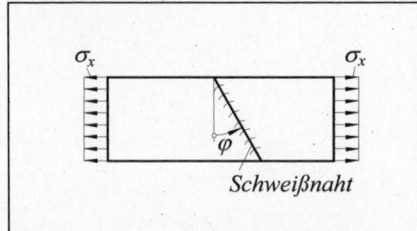

Bei einem zusammengeschweißten Blechstreifen ist entsprechend Bild 2.1 die Spannung σ_x gegeben.

Wie groß sind die Normalspannung $\sigma(\varphi)$ und die Schubspannung $\tau(\varphi)$ in der Schweißnaht?

1. Rechnerische Lösung.
2. Darstellung im MOHRschen Spannungskreis.

Bild 2.1:   Zusammengeschweißter Blechstreifen

Lösung:

zu 1.

Um die Spannungen (einachsiger Spannungszustand) in der Schweißnaht zu berechnen, schneiden wir den Blechstreifen in der Schweißnaht durch. Die Schnittfläche in der Schweißnaht bezeichnen wir mit A_φ (Bild 2.1.1).

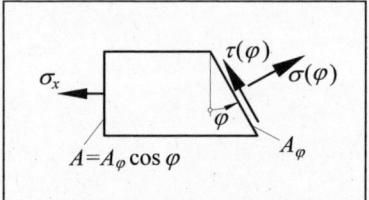

Bild 2.1.1:   Spannungen am geschnittenen Blechstreifen

Aus dem Kräftegleichgewicht am abgeschnittenen Blechstreifenteil (Bild 2.1.1) folgt:

$$\Sigma\!\nearrow = 0: \qquad \sigma(\varphi)\,A_\varphi - \sigma_x\,A_\varphi \cos\varphi\cos\varphi = 0$$
$$\sigma(\varphi) = \sigma_x \cos^2\varphi$$

mit $\cos^2\varphi = \dfrac{1}{2}(1 + \cos 2\varphi)$ folgt:

$$\underline{\underline{\sigma(\varphi) = \frac{\sigma_x}{2} + \frac{\sigma_x}{2}\cos 2\varphi}}$$

$$\Sigma\!\searrow = 0: \qquad \tau(\varphi)\,A_\varphi + \sigma_x\,A_\varphi \cos\varphi \sin\varphi = 0$$
$$\tau(\varphi) = -\sigma_x \sin\varphi\cos\varphi$$

mit $\sin\varphi\cos\varphi = \dfrac{1}{2}\sin 2\varphi$ folgt:

$$\underline{\underline{\tau(\varphi) = -\frac{\sigma_x}{2}\sin 2\varphi}}$$

Die Spannungen sind im Bild 2.1.2 mit ihren wirklichen Richtungssinnen dargestellt.

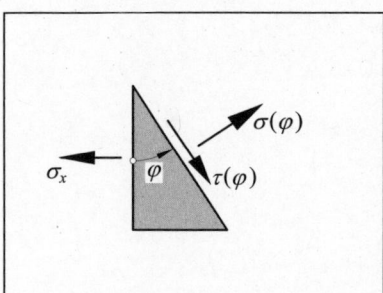

Bild 2.1.2:   Spannungen mit ihren wirklichen Richtungssinnen am herausgeschnittenen Blechstreifenelement

zu 2.

Mit der gegebenen Größe σ_x lässt sich der MOHRsche Spannungskreis (Bild 2.1.3) konstruieren.

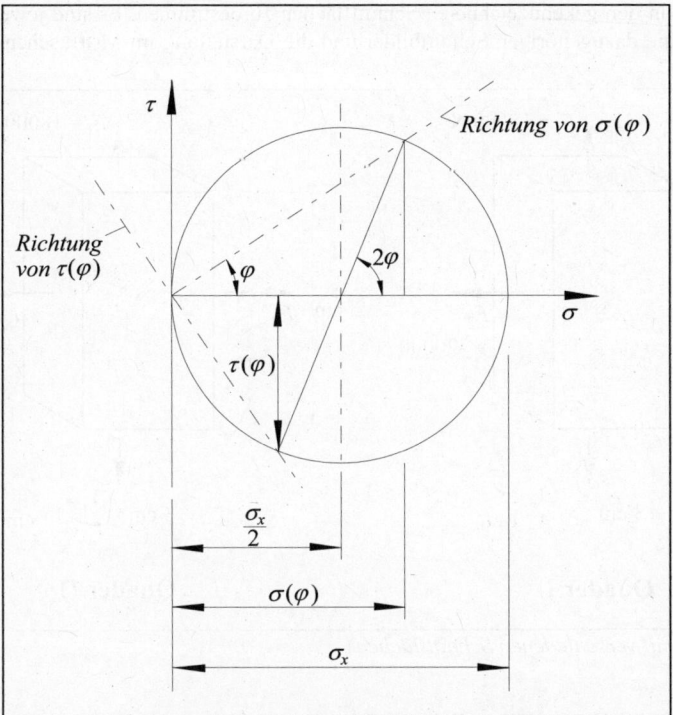

Bild 2.1.3: Darstellung im MOHRschen Spannungskreis

Aufgabe 2.2:

Für die Quader (Bild 2.2) sind für eine Belastung von $F_1 = 18000\,\text{N}$ (Zug) und $F_2 = -20000\,\text{N}$ (Druck) (F_1 und F_2 wirken jeweils senkrecht auf die Außenflächen der Quader) die Normal- und Schubspannungen in den gekennzeichneten Schnittflächen zu bestimmen. Es sind jeweils die rechnerische Lösung, die dazugehörigen Schnittbilder und die Darstellung im MOHRschen Spannungskreis anzugeben.

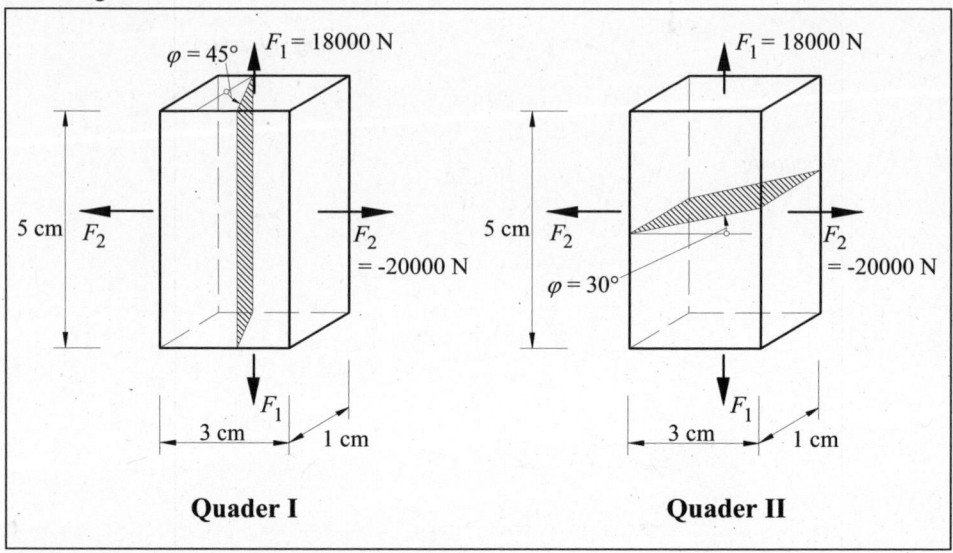

Quader I   **Quader II**

Bild 2.2: Quader mit verschiedenen Schnittflächen

Lösung:

Infolge der angreifenden Kräfte F_1 und F_2 liegen folgende Hauptnormalspannungen vor:

$$\sigma_1 = \frac{18000\,\text{N}}{30 \cdot 10\,\text{mm}^2} = 60\,\text{N}/\text{mm}^2$$

$$\sigma_2 = \frac{-20000\,\text{N}}{50 \cdot 10\,\text{mm}^2} = -40\,\text{N}/\text{mm}^2$$

Quader I

Es liegt ein einachsiger Spannungszustand vor (folgende Gleichungen (1) und (2) sind in Aufgabe 2.1 abgeleitet).

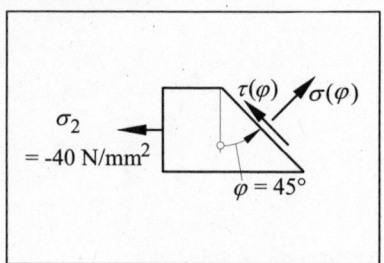

Bild 2.2.1: Spannungen am geschnitte-nen Quader I

$$\sigma(\varphi) = \frac{\sigma_2}{2} + \frac{\sigma_2}{2}\cos 2\varphi \qquad (1)$$

$$\sigma(\varphi = 45°) = (\frac{-40}{2} + \frac{-40}{2}\cos 2 \cdot 45°)\,\text{N}/\text{mm}^2$$

$$\sigma(45°) = \underline{\underline{-20\,\text{N}/\text{mm}^2}}$$

$$\tau(\varphi) = -\frac{\sigma_2}{2}\sin 2\varphi \qquad (2)$$

$$\tau(45°) = -\frac{-40\,\text{N}/\text{mm}^2}{2}\sin 2 \cdot 45°$$

$$\tau(45°) = \underline{\underline{20\,\text{N}/\text{mm}^2}}$$

Bild 2.2.2 zeigt die Spannungen am geschnittenen Quader I mit den wirklichen Richtungssinnen.

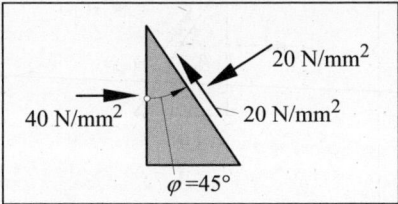

Bild 2.2.2: Schnittbild;
Spannungen mit ihren wirklichen Richtungssinnen

Mit σ_2 und einem Maßstab wird der MOHRsche Spannungskreis gezeichnet (Bild 2.2.3).

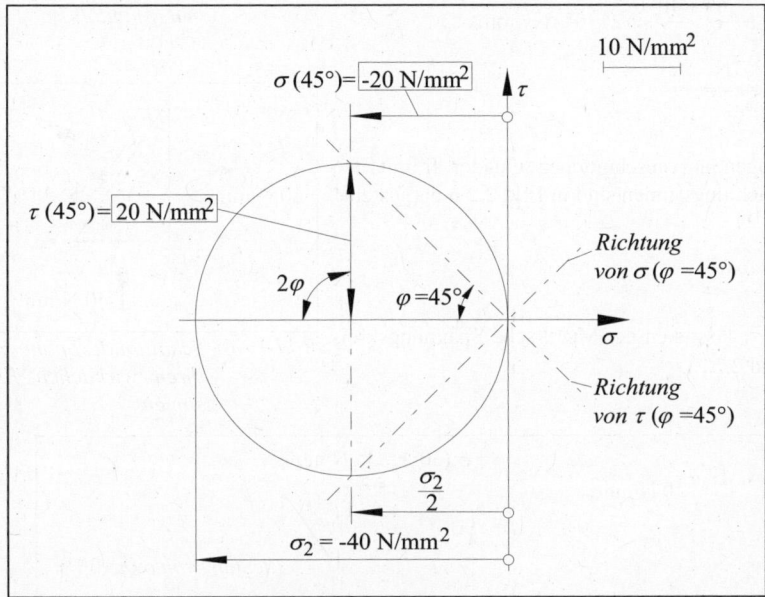

Bild 2.2.3: MOHRscher Spannungskreis (Quader I)

Quader II

Es liegt ein zweiachsiger Hauptnormalspannungszustand vor, Bild 2.2.4 (d. h. in den Schnittebenen der Hauptnormalspannungen σ_1 und σ_2 sind die Schubspannungen null).

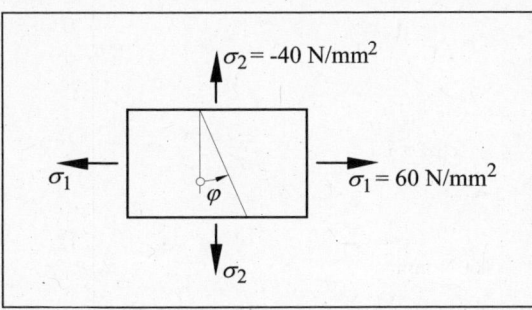

Bild 2.2.4:
Angreifende Spannungen (Hauptnor-
malspannungen) am herausgeschnit-
tenen Element des Quaders II

Die folgenden Gleichungen (3) und (4) sind aus dem Kräftegleichgewicht am Element nach Bild 2.2.5 abgeleitet.

$$\sigma(\varphi) = \frac{\sigma_1 + \sigma_2}{2} + \frac{\sigma_1 - \sigma_2}{2}\cos 2\varphi \qquad (3)$$

$$\sigma(\varphi = 30°) = (\frac{60 - 40}{2} + \frac{60 + 40}{2}\cos 2 \cdot 30°)\,\mathrm{N/mm^2}$$

$$\underline{\underline{\sigma(30°) = 35\,\mathrm{N/mm^2}}}$$

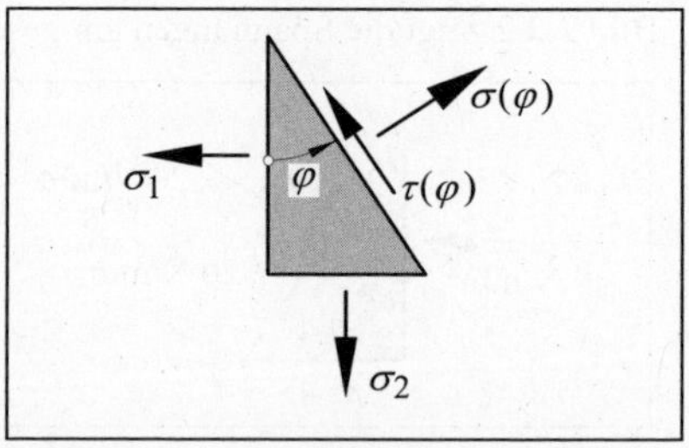

$$\tau(\varphi) = -\frac{\sigma_1 - \sigma_2}{2}\sin 2\varphi \qquad (4)$$

$$\tau(\varphi = 30°) = (-\frac{60 + 40}{2}\sin 2 \cdot 30°)\,\mathrm{N/mm^2}$$

$$\underline{\underline{\tau(30°) = -43,3\,\mathrm{N/mm^2}}}$$

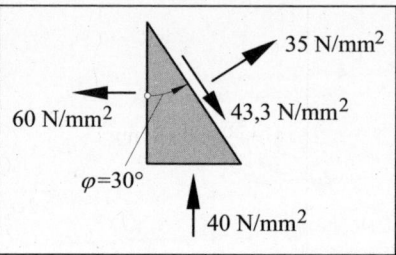

Bild 2.2.5: Zugrundeliegendes Element für nebenstehende Gleichungen (3) und (4)

Die Spannungen am geschnittenen Quader II mit den wirklichen Richtungssinnen sind in Bild 2.2.6 dargestellt.

Mit σ_1 und σ_2 lässt sich der MOHRsche Spannungskreis zeichnen (Bild 2.2.7).

Bild 2.2.6: Schnittbild; Spannungen mit ihren wirklichen Richtungssinnen

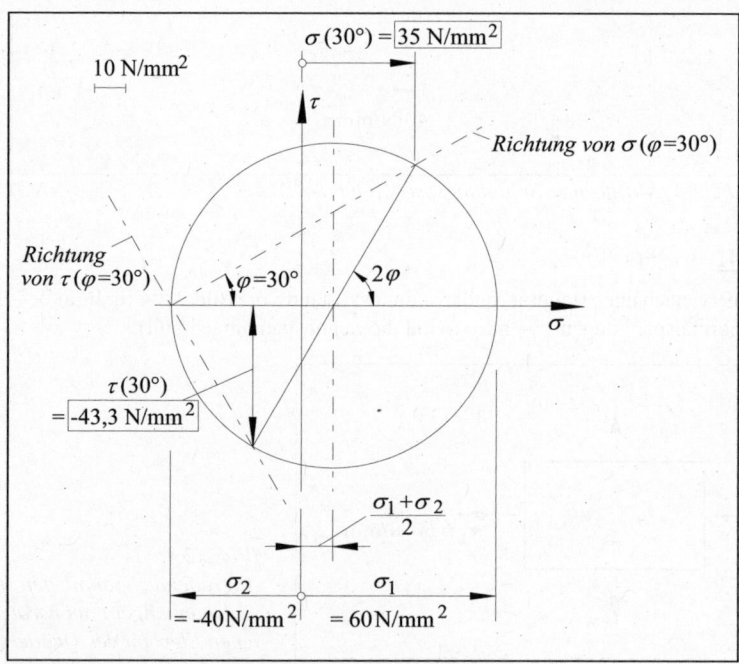

Bild 2.2.7: MOHRscher Spannungskreis (Quader II)

Aufgabe 2.3:

In einem Bauteil liegt ein allgemeiner ebener Spannungszustand (Bild 2.3) mit

$$\sigma_x = 77,5\,\text{N}\,/\,\text{mm}^2,$$
$$\sigma_y = -22,5\,\text{N}\,/\,\text{mm}^2,$$
$$\tau_{xy} = -37,5\,\text{N}\,/\,\text{mm}^2 \text{ vor.}$$

Gesucht sind:

1. Hauptnormalspannungen,
2. Hauptschubspannung,
3. Lage der Hauptnormalspannungsebenen,
4. Lage der Hauptschubspannungsebene.

Außerdem ist der MOHRsche Spannungskreis zu zeichnen.

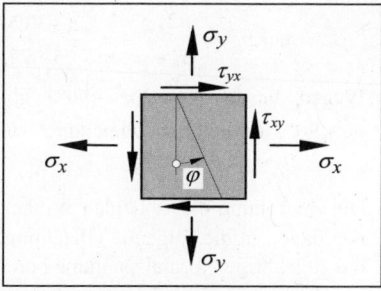

Bild 2.3: *Bauteil mit einem ebenen Spannungszustand*

Lösung:

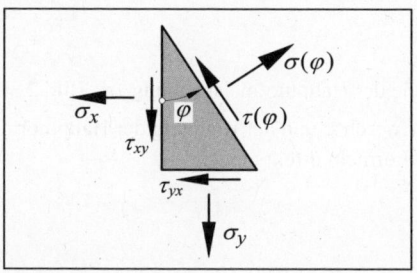

Bild 2.3.1:
Den folgenden allgemeinen Formeln zugrundelie-gendes Element

Die folgenden allgemeinen Formeln sind aus dem Kräftegleichgewicht am Element nach Bild 2.3.1
abgeleitet.

zu 1.

Hauptnormalspannungen:

$$\sigma_{1,2} = \frac{\sigma_x + \sigma_y}{2} \pm \sqrt{\left(\frac{\sigma_x - \sigma_y}{2}\right)^2 + \tau_{xy}^2}$$

$$\sigma_1 = \left(\frac{77,5 - 22,5}{2} + \sqrt{\left(\frac{77,5 + 22,5}{2}\right)^2 + (-37,5)^2}\right) \text{N/mm}^2 = (27,5 + 62,5)\,\text{N/mm}^2$$

$$\sigma_1 = \underline{90\,\text{N}\,/\,\text{mm}^2}$$

$$\sigma_2 = (27,5 - 62,5)\,\text{N/mm}^2$$
$$\sigma_2 = \underline{-35\,\text{N}\,/\,\text{mm}^2}$$

zu 2.

Hauptschubspannung:

$$\tau_{max} = \pm\frac{\sigma_1 - \sigma_2}{2} = \pm\sqrt{\left(\frac{\sigma_x - \sigma_y}{2}\right)^2 + \tau_{xy}^2}$$

$$\tau_{max} = \pm\frac{90 + 35}{2}\,\text{N}\,/\,\text{mm}^2$$

$$\tau_{max} = \underline{\pm 62,5\,\text{N}\,/\,\text{mm}^2}$$

zu 3.

Lage der Hauptnormalspannungsebenen:

$$\tan 2\varphi^* = \frac{2\tau_{xy}}{\sigma_x - \sigma_y} = \frac{2(-37,5)}{77,5 + 22,5} = -0,75$$

Wegen $\tan 2\varphi^* = \tan 2(\varphi^* + 90°)$ gibt es zwei senkrecht aufeinanderstehende Ebenen φ^* und $\varphi^* + 90°$, für die obige Gleichung erfüllt ist.

$$2\varphi^* = -36,87° \; ; \qquad \varphi^* = \underline{-18,435°} \quad \text{und} \quad \varphi^* + 90° = -18,435° + 90° = \underline{71,565°}$$

Die Zuordnung dieser beiden Winkel zu den Spannungen σ_1 und σ_2 stellen wir fest, indem wir einen davon in die folgende Gleichung (Normalspannung in einem beliebigen Schnitt) einsetzen und die zugehörige Normalspannung berechnen.

$$\sigma(\varphi) = \frac{\sigma_x + \sigma_y}{2} + \frac{\sigma_x - \sigma_y}{2}\cos 2\varphi + \tau_{xy}\sin 2\varphi$$

$$\sigma_{(\varphi=-18,435°)} = \left(\frac{77,5 - 22,5}{2} + \frac{77,5 + 22,5}{2}\cos 2(-18,435°) - 37,5\sin 2(-18,435°)\right) \text{N/mm}^2$$

$$\sigma_{(\varphi=-18,435°)} = \underline{90 \text{N/mm}^2} \quad (\text{und das ist ja } \sigma_1),$$

demnach gilt: $\varphi_1 = \varphi_1^* = \underline{-18,435°}$ (Winkel für die Ebene der Hauptnormalspannung σ_1, Bild 2.3.2). Vorteilhafter läßt sich der Winkel φ_1, der zwischen der *x*-Achse und der Richtung der Hauptnormalspannung σ_1 liegt (Bild 2.3.2), mit einer der folgenden Formeln direkt berechnen.

$$\tan \varphi_1 = \frac{\sigma_1 - \sigma_x}{\tau_{xy}} = \frac{\sigma_y - \sigma_2}{\tau_{xy}} = \frac{\tau_{xy}}{\sigma_1 - \sigma_y} = \frac{\tau_{xy}}{\sigma_x - \sigma_2}$$

$$\tan \varphi_1 = \frac{\sigma_y - \sigma_2}{\tau_{xy}} = \frac{-22,5 - (-35)}{-37,5} = -0,33\overline{3} \; ; \qquad \varphi_1 = \underline{-18,435°}$$

Folglich ist $\varphi_2 = \varphi_2^* = \varphi_1^* + 90° = -18,435° + 90° = \underline{71,565°}$ (Winkel für die Ebene der Hauptnormalspannung σ_2, Bild 2.3.2).

Probe: $\sigma_{(\varphi=71,565°)} = \left(\frac{77,5 - 22,5}{2} + \frac{77,5 + 22,5}{2}\cos 2(71,565°) - 37,5\sin 2(71,565°)\right) \text{N/mm}^2$

$$\sigma_{(\varphi=71,565°)} = \underline{-35 \text{N} / \text{mm}^2} = \sigma_2.$$

Setzen wir zur Kontrolle einen dieser Winkel in die folgende allgemeine Gleichung für die Schubspannung ein, so folgt:

$$\tau(\varphi) = -\frac{\sigma_x - \sigma_y}{2}\sin 2\varphi + \tau_{xy}\cos 2\varphi$$

$$\tau_{(\varphi=-18,435°)} = \left(-\frac{77,5 + 22,5}{2}\sin 2(-18,435°) - 37,5\cos 2(-18,435°)\right) \text{N/mm}^2 = 0.$$

Dies muss auch so sein, da die Hauptnormalspannungsebenen schubspannungsfrei sind!

zu 4.

Lage der Hauptschubspannungsebene:

Die Ebenen maximaler Schubspannung (Hauptschubspannung) τ_{max} sind zu den Ebenen maximaler Normalspannung (Hauptnormalspannung) unter 45° geneigt.

$$\varphi_{\tau_{\text{max}}} = \varphi_1 + 45° = -18,435° + 45° = \underline{26,565°} \text{ (Bild 2.3.3)}$$

Die Spannungen und ihre wirklichen Richtungssinne, sowie die dazugehörigen Schnitte sind in den Bildern 2.3.2 und 2.3.3 dargestellt.

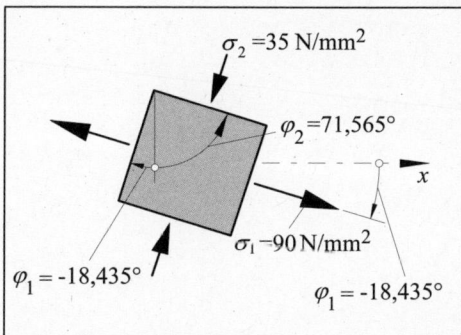

Bild 2.3.2: In den Hauptnormalspannungsebenen (schubspannungsfrei) heraus-
geschnittenes Element (Spannungen
mit ihren wirklichen Richtungssinnen)

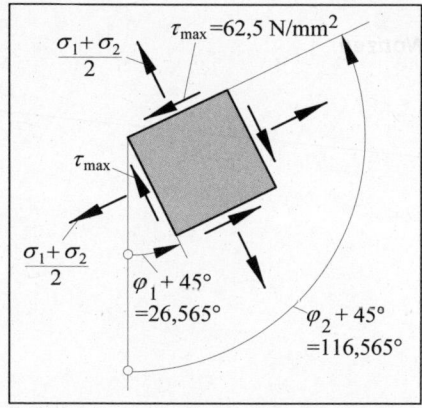

Bild 2.3.3: In den Hauptschubspan-
nungsebenen herausgeschnit-
tenes Element (Spannungen
mit ihren wirklichen Richtungssinnen)

Mit den drei Bestimmungsstücken σ_x, σ_y und τ_{xy} und einem Maßstab lässt sich der MOHRsche Spannungskreis (Bild 2.3.4) konstruieren.

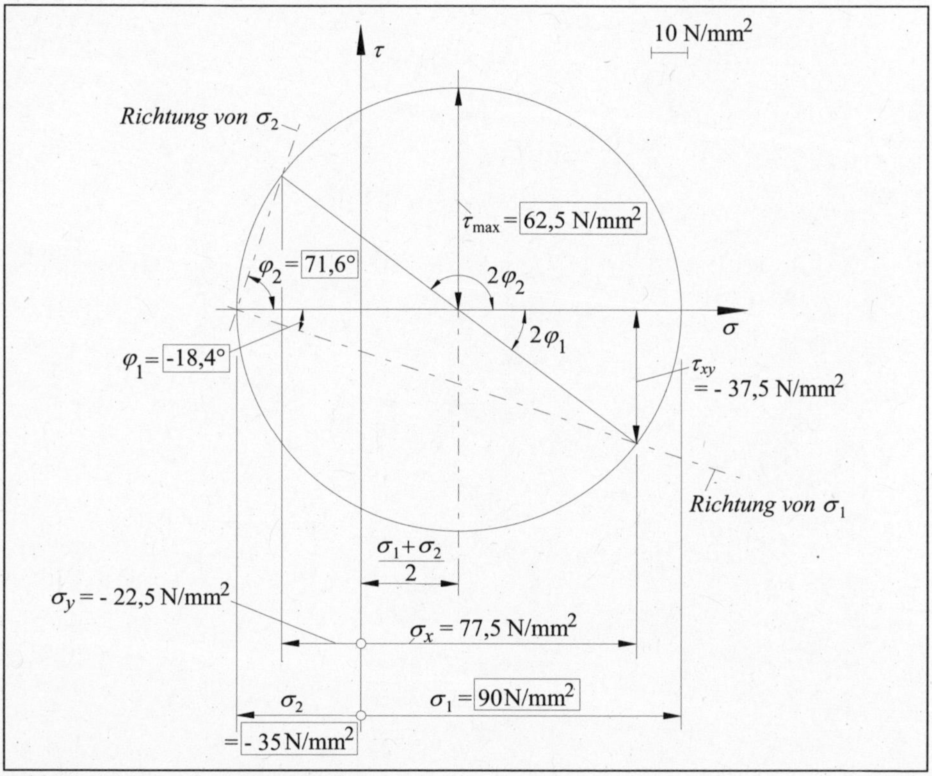

Bild 2.3.4: MOHRscher Spannungskreis

Notizen

3 Flächenträgheitsmomente;

Lage der Hauptachsen;

Widerstandsmomente

Aufgabe 3.1:

Ein Träger wird aus vier Teilen zusammengeschweißt. Je nach Anordnung der Teile, entstehen die drei in Bild 3.1 gezeigten Trägerquerschnitte mit gleichem Flächeninhalt der Querschnittsfläche.

Für jeden Querschnitt sind die axialen Flächenträgheitsmomente und Widerstandsmomente für die Achsen y und z durch die Flächenschwerpunkte zu berechnen. Wie groß sind die Deviationsmomente (Zentrifugalmomente) I_{yz}?

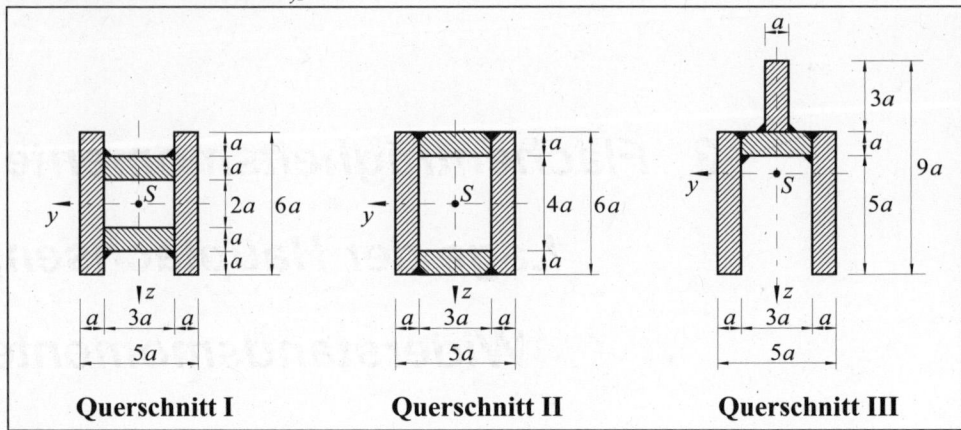

Querschnitt I   **Querschnitt II**   **Querschnitt III**

Bild 3.1: Drei verschiedene Querschnittflächen mit gleichem Querschnittsflächeninhalt

Lösung:

Querschnitt I:

Da der Querschnitt zur y- und z-Achse symmetrisch ist, sind y und z Schwerpunktachsen (Bild 3.1.1).

Zur Berechnung der Flächenträgheitsmomente wird der Querschnitt in vier Teilflächen aufgeteilt (Bild 3.1.1).

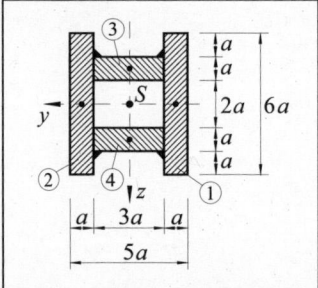

Bild 3.1.1: Querschnitt I in Teilflächen aufgeteilt

Es gilt:

$$I_y = \sum_{i=1}^{4} I_{y_i} + \sum_{i=1}^{4} A_i \cdot z_{S_i}^{\;2}$$

mit I_{y_i}:   Flächenträgheitsmoment der Teilfläche i bezogen auf deren Schwerpunktachse y_i

A_i: Flächeninhalt der Teilfläche i

z_{S_i}:   Abstand zwischen den parallelen Schwerpunktachsen y_i der Teilfläche i und y der Gesamtquerschnittsfläche

$A_i \cdot z_{S_i}^{\;2}$ wird als STEINER-Anteil der Teilfläche i bezeichnet.

$$I_y = 2\,\frac{a\,(6a)^3}{12} + 2\,\frac{3a\,a^3}{12} + 2 \cdot 3a\,a\left(\frac{3}{2}a\right)^2$$

(Da die Schwerpunkte der Teilflächen ① und ② auf der y-Achse des Gesamtschwerpunktes liegen, sind ihre STEINER-Anteile null.)

$\underbrace{\qquad}_{I_{y_1} = I_{y_2}}$ $\underbrace{\qquad}_{I_{y_3} = I_{y_4}}$ $\underbrace{\qquad}_{\text{STEINER-Anteil}}$

$$I_y = 36\,a^4 + \frac{a^4}{2} + \frac{27}{2}\,a^4 = \underline{\underline{50\,a^4}}$$

$$I_z = \sum_{i=1}^{4} I_{z_i} + \sum_{i=1}^{4} A_i \cdot y_{S_i}^{2} \qquad \text{mit } y_{S_i}: \quad \text{Abstand zwischen den parallelen Achsen } z_i \text{ und } z$$

$$I_z = 2\frac{a(3a)^3}{12} + 2\frac{6aa^3}{12} + 2\cdot 6aa(2a)^2 , \qquad\qquad I_z = \frac{9}{2}a^4 + a^4 + 48a^4 = 53{,}5a^4 .$$

Widerstandsmomente: $\qquad W_y = \dfrac{I_y}{|z_{max}|}$; $\qquad\qquad W_z = \dfrac{I_z}{|y_{max}|}$

mit z_{max}: größter Abstand eines Randpunktes von der Schwerpunktachse y

$\qquad y_{max}$: größter Abstand eines Randpunktes von der Schwerpunktachse z

$$W_y = \frac{50\,a^4}{3a} = 16{,}67a^3 , \qquad\qquad W_z = \frac{53{,}5\,a^4}{2{,}5a} = 21{,}4a^3 .$$

Deviationsmoment: $\qquad$ Allgemein gilt $\qquad I_{yz} = -\displaystyle\int_A yz\,dA .$

$\qquad I_{yz} = \underline{\underline{0}}$, $\qquad$ weil mindestens eine der beiden Schwerpunktachsen y und z eine Symmetrieachse der Fläche ist (hier sind beide Symmetrieachse).

I_{yz} wird immer dann null, wenn zu jedem Flächenelement bei x, y ein entsprechendes mit einem negativen Produkt $x \cdot y$ existiert.

Querschnitt II:

Lösungsweg analog zu Querschnitt I.

$$I_y = 2\frac{a(6a)^3}{12} + 2\frac{3aa^3}{12} + 2\cdot 3aa\left(\frac{5}{2}a\right)^2 , \qquad I_y = 36a^4 + \frac{a^4}{2} + \frac{75}{2}a^4 = 74\,a^4 .$$

$$I_z = 2\frac{a(3a)^3}{12} + 2\frac{6aa^3}{12} + 2\cdot 6aa(2a)^2 , \qquad I_z = \frac{9}{2}a^4 + a^4 + 48a^4 = 53{,}5a^4 .$$

$$W_y = \frac{74\,a^4}{3a} = 24{,}67a^3 , \qquad W_z = \frac{53{,}5\,a^4}{2{,}5a} = 21{,}4a^3 , \qquad I_{yz} = \underline{\underline{0}} .$$

Querschnitt III:

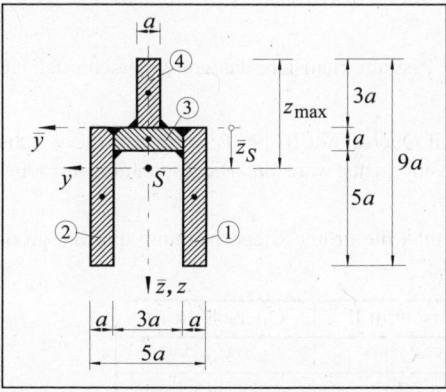

Bild 3.1.2: *Aufgeteilter Querschnitt III mit Bezugskoordinatensystem* $\bar{y}, \bar{z}$

Der Querschnitt ist zur z-Achse symmetrisch. Zur Berechnung wird der Querschnitt in Teilflächen zerlegt und ein Bezugskoordinatensystem $\bar{y}, \bar{z}$ eingeführt (Bild 3.1.2).

Lage des Schwerpunkts:

$$\bar{z}_S \cdot A = \sum_{i=1}^{4} \bar{z}_{S_i} \cdot A_i$$

$$\bar{z}_S = \frac{2\cdot 3a\,6a^2 + \frac{a}{2}3a^2 + \left(-\frac{3}{2}a\right)3a^2}{18a^2}$$

$$\bar{z}_S = \frac{33}{18}a = 1{,}8\overline{3}a$$

$$I_y = \sum_{i=1}^{4} I_{y_i} + \sum_{i=1}^{4} A_i \cdot \left(\overline{z}_{S_i} - \overline{z}_S\right)^2$$

mit $\overline{z}_{S_i}$: Abstand der Schwerpunktachse y_i der Teilfläche i zur Bezugsachse $\overline{y}$

$\overline{z}_S$: Abstand der Schwerpunktachse y zur Bezugsachse $\overline{y}$

$\left(\overline{z}_{S_i} - \overline{z}_S\right)$: Abstand zwischen den Achsen y_i und y (Bild 3.1.2).

$A_i \cdot \left(\overline{z}_{S_i} - \overline{z}_S\right)^2$ wird als STEINER-Anteil der Teilfläche i bezeichnet.

$$I_y = 2\left(\frac{a(6a)^3}{12} + 6aa\left(3a - 1,8\overline{3}a\right)^2\right) \qquad \rightarrow \text{Teilfläche ① und ②}$$

$$+\frac{3aa^3}{12} + 3aa\left(\frac{a}{2} - 1,8\overline{3}a\right)^2 \qquad \rightarrow \text{Teilfläche ③}$$

$$+\frac{a(3a)^3}{12} + 3aa\left(-\frac{3}{2}a - 1,8\overline{3}a\right)^2 \qquad \rightarrow \text{Teilfläche ④}$$

$$I_y = \underline{\underline{93,5\,a^4}}$$

$$I_z = 2\frac{6aa^3}{12} + 2 \cdot 6aa(2a)^2 + \frac{a(3a)^3}{12} + \frac{3aa^3}{12} = \underline{\underline{51,5a^4}}$$

$$W_y = \frac{I_y}{|z_{max}|} \quad ; \qquad |z_{max}| = |\overline{z}_S| + 3a = 1,8\overline{3}a + 3a = 4,8\overline{3}a \qquad \text{(siehe Bild 3.1.2)}$$

$$W_y = \frac{93,5a^4}{4,8\overline{3}a} = \underline{\underline{19,345a^3}}, \qquad\qquad W_z = \frac{51,5a^4}{2,5a} = \underline{\underline{20,6a^3}}.$$

$I_{yz} = \underline{\underline{0}}$, weil eine der beiden Schwerpunktachsen eine Symmetrieachse ist (hier ist es die z-Achse).

Anmerkungen:

1. Bei den Querschnitten I, II und III sind die Deviationsmomente $I_{yz} = 0$. Dies bedeutet, daß die Schwerpunktachsen y und z auch Hauptträgheitsachsen sind.

2. Beim Vergleich der Querschnitte I,II und III (gleicher Flächeninhalt) bezüglich der Flächenträgheitsmomente und Widerstandsmomente um die jeweilige horizontale Schwerpunktachse y ergibt sich (siehe untenstehende Tabelle):

   Das Flächenträgheitsmoment I_y vom Querschnitt I ist am kleinsten, das von Querschnittsfläche III am größten.

   Folglich wäre die Durchbiegung eines Trägers mit Querschnitt III bei Biegung um die y-Achse am geringsten. Wegen des kleineren Widerstandsmoments wäre die Biegespannung im Querschnitt III allerdings größer als im Querschnitt II.

   Bei Biegung um die y-Achse würde im Querschnitt I die größte Biegespannung und die größte Durchbiegung entstehen.

	Querschnitt I	Querschnitt II	Querschnitt III
I_y	$50a^4$	$74a^4$	$93,5a^4$
W_y	$16,67a^3$	$24,67a^3$	$19,345a^3$

Tabelle: Zum Vergleich der Querschnitte

Aufgabe 3.2:

Für einen rechtwinkligen Dreiecksquerschnitt (Bild 3.2) sind bezüglich der Schwerpunktachsen y und z zu berechnen:

1. die axialen Flächenträgheitsmomente I_y und I_z und das Deviationsmoment I_{yz},

2. die Hauptträgheitsmomente I_1 und I_2 und die Lage der Hauptachsen für das Seitenverhältnis $h/b = 2$.

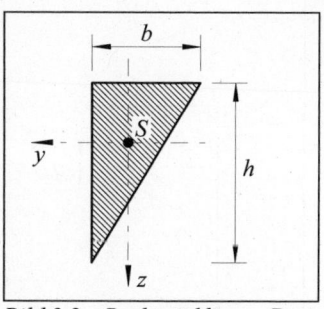

Bild 3.2: Rechtwinkliger Dreiecksquerschnitt

Lösung:

zu 1.

Zuerst werden die Flächenträgheitsmomente und das Deviationsmoment auf ein Bezugskoordinatensystem $\bar{y}, \bar{z}$ berechnet, um sie anschließend auf das parallel verschobene Koordinatensystem y, z durch die Schwerachsen umzurechnen.

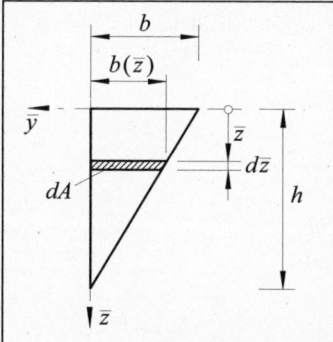

Bild 3.2.1: Querschnitt mit Bezugskoordinatensystem $\bar{y}, \bar{z}$ und Flächenelement dA

Dazu legen wir das Bezugskoordinatensystem $\bar{y}, \bar{z}$ fest und zeichnen ein Flächenelement dA (Breite $b(\bar{z})$, Höhe $d\bar{z}$) im Abstand $\bar{z}$ von der $\bar{y}$-Achse ein (Bild 3.2.1).

$$\frac{b}{h} = \frac{b(\bar{z})}{h - \bar{z}}$$

$$b(\bar{z}) = b\left(1 - \frac{\bar{z}}{h}\right)$$

$$dA = b(\bar{z})\,d\bar{z}$$

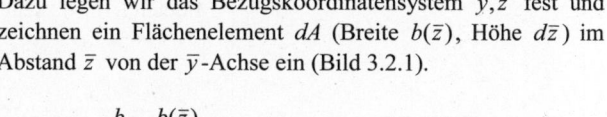

$$I_{\bar{y}} = \int_A \bar{z}^2\,dA = b\int_{\bar{z}=0}^{\bar{z}=h} \bar{z}^2\left(1 - \frac{\bar{z}}{h}\right)d\bar{z} = b\int_{\bar{z}=0}^{\bar{z}=h}\left(\bar{z}^2 - \frac{\bar{z}^3}{h}\right)d\bar{z}$$

$$I_{\bar{y}} = b\left(\frac{\bar{z}^3}{3} - \frac{\bar{z}^4}{4h}\right)\Bigg|_0^h = \frac{bh^3}{12}$$

Für die Berechnung von $I_{\bar{z}}$ gehen wir analog vor, allerdings benutzen wir das Flächenelement $dA = h(\bar{y})\,d\bar{y}$ nach Bild 3.2.2.

$$I_{\bar{z}} = \int_A \bar{y}^2\,dA = \int_A \bar{y}^2 h(\bar{y})\,d\bar{y}$$

$$\frac{h}{b} = \frac{h(\bar{y})}{b + \bar{y}} \quad \rightarrow \quad (\bar{y} \text{ ist vorzeichengerecht einzusetzen})$$

$$h(\bar{y}) = h\left(1 + \frac{\bar{y}}{b}\right)$$

$$I_{\bar{z}} = h\int_{\bar{y}=-b}^{\bar{y}=0} \bar{y}^2\left(1 + \frac{\bar{y}}{b}\right)d\bar{y} = h\int_{-b}^0\left(\bar{y}^2 + \frac{\bar{y}^3}{b}\right)d\bar{y}$$

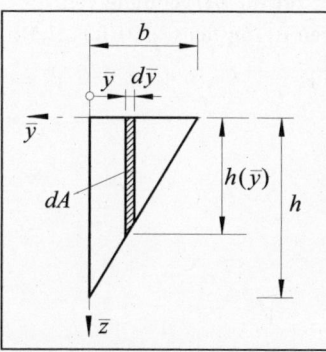

Bild 3.2.2: Für die Berechnung des Flächenträgheitsmoments bezüglich der $\bar{z}$-Achse

$$I_{\bar{z}} = h\left(\frac{\bar{y}^3}{3} + \frac{\bar{y}^4}{4b}\right)\Bigg|_{-b}^0 = -h\left(\frac{(-b^3)}{3} + \frac{(-b^4)}{4b}\right) = \frac{hb^3}{12}$$

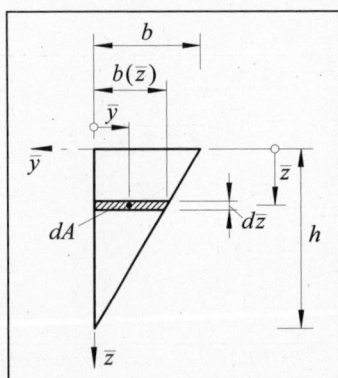

Bild 3.2.3: *Zur Berechnung des Deviationsmoments $I_{\bar{y}\bar{z}}$*

Deviationsmoment:

$$I_{\bar{y}\bar{z}} = -\int_A \bar{y}\bar{z}\,dA \qquad (\bar{y}\text{ und }\bar{z}\text{ vorzeichengerecht einsetzen;}$$
$$\text{Bild 3.2.3)}$$

$$\bar{y} = -\frac{b(\bar{z})}{2} \quad ; \quad \frac{b}{h} = \frac{b(\bar{z})}{h-\bar{z}} \quad ; \quad b(\bar{z}) = b\left(1-\frac{\bar{z}}{h}\right)$$

$$\bar{y} = -\frac{b(\bar{z})}{2} = -\frac{b}{2}\left(1-\frac{\bar{z}}{h}\right) \quad ; \quad dA = b(\bar{z})\,d\bar{z}$$

$$I_{\bar{y}\bar{z}} = -\int_A \left(-\frac{b}{2}\left(1-\frac{\bar{z}}{h}\right)\right)\bar{z}\,b\left(1-\frac{\bar{z}}{h}\right)d\bar{z}$$

$$I_{\bar{y}\bar{z}} = \frac{b^2}{2}\int_{\bar{z}=0}^{\bar{z}=h}\left(\bar{z}-2\frac{\bar{z}^2}{h}+\frac{\bar{z}^3}{h^2}\right)d\bar{z} = \frac{b^2}{2}\left(\frac{h^2}{2}-\frac{2}{3}h^2+\frac{1}{4}h^2\right)$$

$$I_{\bar{y}\bar{z}} = \frac{b^2 h^2}{24}$$

Umrechnung auf die Schwerpunktachsen y und z :

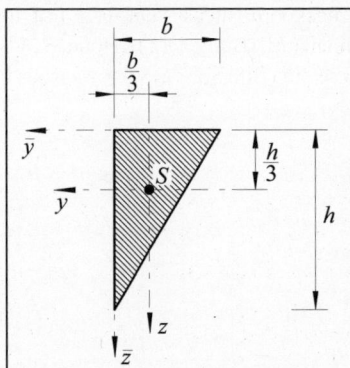
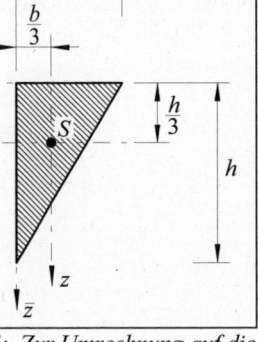

Bild 3.2.4: *Zur Umrechnung auf die Schwerpunktsachsen y und z*

Mit dem STEINERschen Satz folgt (Bild 3.2.4):
$$I_{\bar{y}} = I_y + \bar{z}_S^2 A \qquad \Rightarrow \qquad I_y = I_{\bar{y}} - \bar{z}_S^2 A$$

$$I_y = \frac{bh^3}{12} - \left(\frac{h}{3}\right)^2\frac{1}{2}bh = \underline{\underline{\frac{bh^3}{36}}}$$

Analog folgt:

$$I_z = \frac{hb^3}{12} - \left(-\frac{b}{3}\right)^2\frac{1}{2}bh = \underline{\underline{\frac{hb^3}{36}}}$$

$$I_{\bar{y}\bar{z}} = I_{yz} - \bar{y}_S\bar{z}_S A \qquad \Rightarrow \qquad I_{yz} = I_{\bar{y}\bar{z}} + \bar{y}_S\bar{z}_S A$$

$$I_{yz} = \frac{b^2 h^2}{24} + \left(-\frac{b}{3}\right)\left(\frac{h}{3}\right)\frac{1}{2}bh = \underline{\underline{-\frac{b^2 h^2}{72}}}$$

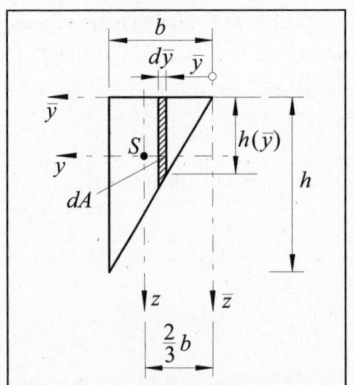

Bild 3.2.5: *Zur Berechnung von I_z (andere Bezugsachse $\bar{z}$)*

Alternativer Lösungsweg für die Berechnung von I_z durch Wahl einer anderen Bezugsachse $\bar{z}$ (Bild 3.2.5):

$$\frac{h}{b} = \frac{h(\bar{y})}{\bar{y}} \quad ; \quad h(\bar{y}) = \frac{h}{b}\bar{y} \qquad \text{(Bild 3.2.5)}$$

$$I_{\bar{z}} = \int_{\bar{y}=0}^{\bar{y}=b}\bar{y}^2\,dA = \int_0^b \bar{y}^2\frac{h}{b}\bar{y}\,d\bar{y}$$

$$I_{\bar{z}} = \frac{h}{b}\frac{\bar{y}^4}{4}\Big|_0^b = \frac{hb^3}{4}$$

$$I_z = I_{\bar{z}} - \bar{y}_S^2 A = \frac{hb^3}{4} - \left(\frac{2}{3}b\right)^2\frac{1}{2}bh$$

$$I_z = \underline{\underline{\frac{hb^3}{36}}}$$

zu 2.

Hauptträgheitsmomente und Lage der Hauptachsen für das Seitenverhältnis h/b=2:

Für das Seitenverhältnis h/b=2 gilt: $I_y = \dfrac{h^4}{72}$; $I_z = \dfrac{h^4}{288}$, $I_{yz} = -\dfrac{h^4}{288}$

$$I_{1,2} = \frac{I_y + I_z}{2} \pm \sqrt{\left(\frac{I_y - I_z}{2}\right)^2 + I_{yz}^2} = \frac{1}{2}\left(\frac{h^4}{72} + \frac{h^4}{288}\right) \pm \sqrt{\frac{1}{4}\left(\frac{h^4}{72} - \frac{h^4}{288}\right)^2 + \left(-\frac{h^4}{288}\right)^2}$$

$$I_{1,2} = h^4\left(\frac{5}{576} \pm \sqrt{\frac{3^2}{4\cdot 288^2} + \frac{4}{4}\cdot\frac{1}{288^2}}\right) = h^4\left(\frac{5}{576} \pm \frac{1}{576}\sqrt{13}\right)$$

$$I_{1,2} = \frac{5 \pm \sqrt{13}}{576}h^4 \quad\Rightarrow\quad I_1 = \frac{5 + \sqrt{13}}{576}h^4 = 0,01494\,h^4 \quad;\quad I_2 = \frac{5 - \sqrt{13}}{576}h^4 = 0,002421\,h^4$$

$$\tan 2\varphi^* = \frac{2\,I_{yz}}{I_y - I_z} \qquad \text{(Richtung der Hauptachsen)}$$

$$\tan 2\varphi^* = \frac{2\left(-\dfrac{h^4}{288}\right)}{\dfrac{h^4}{72} - \dfrac{h^4}{288}} = -\frac{2}{3} \quad;\quad 2\varphi^* = -33,7° \quad\Rightarrow\quad \varphi_1^* = -16,85° \;;\quad \varphi_2^* = \varphi_1^* + 90° = 73,15°$$

Die Zuordnung der Winkel φ_1^* und φ_2^* zu den Hauptträgheitsmomenten (Bild 3.2.6) erhält man durch Einsetzen eines Winkels in die folgende Transformationsbeziehung für gedrehte Achsensysteme:

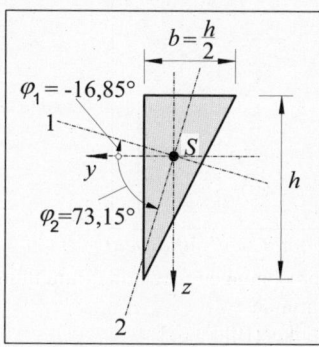

$$I_\eta = \frac{I_y + I_z}{2} + \frac{I_y - I_z}{2}\cos 2\varphi + I_{yz}\sin 2\varphi$$

mit $2\varphi = 2\varphi_1^* = 2(-16,85°) = -33,7°$

$$I_\eta = \frac{1}{2}\left(\frac{h^4}{72} + \frac{h^4}{288}\right) + \frac{1}{2}\left(\frac{h^4}{72} - \frac{h^4}{288}\right)\cos(-33,7°)$$

$$+ \left(-\frac{h^4}{288}\right)\sin(-33,7°)$$

$$I_\eta = \left(\frac{5}{576} + \frac{3}{576}0,832 - \frac{1}{288}(-0,555)\right)h^4 = 0,01494h^4 = I_1 \;;$$

Bild 3.2.6: Lage der Hauptachsen 1 und 2

also gehört zu diesem Hauptträgheitsmoment der Winkel $\varphi_1^* = -16,85°$.

Somit $\varphi_1 = \varphi_1^* = -16,85°$ und $\varphi_2 = \varphi_2^* = 73,15°$ (Bild 3.2.6).

Vorteilhafter lässt sich der Winkel φ_1, der zwischen der y-Achse und der Hauptachse 1 liegt (Bild 3.2.6), mit einer der folgenden Formeln direkt berechnen:

$$\tan \varphi_1 = \frac{I_1 - I_y}{I_{yz}} = \frac{I_z - I_2}{I_{yz}} = \frac{I_{yz}}{I_1 - I_z} = \frac{I_{yz}}{I_y - I_2}$$

$$\tan \varphi_1 = \frac{I_z - I_2}{I_{yz}} = \frac{\dfrac{h^4}{288} - 0,002421\,h^4}{-\dfrac{h^4}{288}} = -0,3028 \quad;\quad \varphi_1 = -16,85°\;.$$

Bei diesem Beispiel ist auch recht anschaulich zu sehen (Bild 3.2.6), dass zu φ_1 das größte Flächenträgheitsmoment I_1 gehört, da die Produkte (Fläche *mal* "Abstand zum Quadrat") bezüglich der Hauptachse 1 (φ_1) größer sind als um die Hauptachse 2 (φ_2).

Aufgabe 3.3:

Für den Querschnitt (Bild 3.3) sind zu berechnen:
1. die axialen Flächenträgheitsmomente I_y und I_z sowie das Deviationsmoment I_{yz} bezüglich der Schwerpunktachsen y und z,
2. die Hauptträgheitsmomente I_1 und I_2 und die Lage der Hauptachsen.

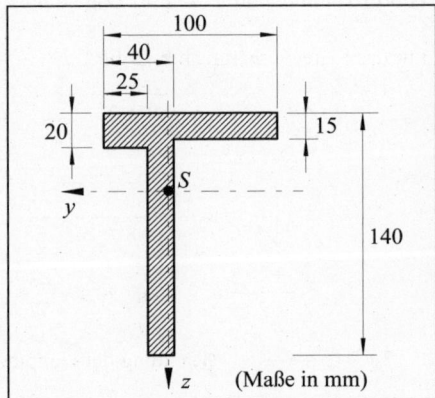

Bild 3.3:   *Unsymmetrischer T-förmiger Querschnitt*   (Maße in mm)

Lösung:

zu 1.

Die Lösung erfolgt mit der Summation über Teilflächen. Dazu wird der Querschnitt in drei Teilflächen zerlegt (Bild 3.3.1). Die Ausschnittfläche ③ (Fehlfläche) geht in die Berechnungen für die Fläche und die Flächenträgheitsmommente *negativ* ein. Selbstverständlich kann auch eine andere Zerlegung gewählt werden.

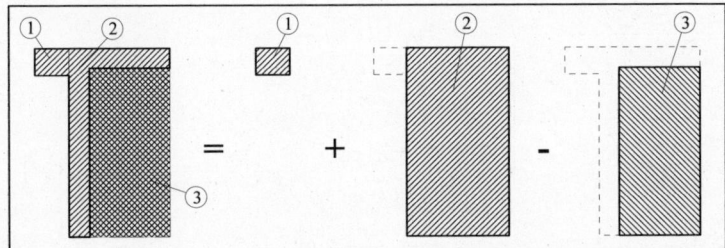

Bild 3.3.1: Querschnitt in Teilflächen zerlegt (Summation über Teilflächen)

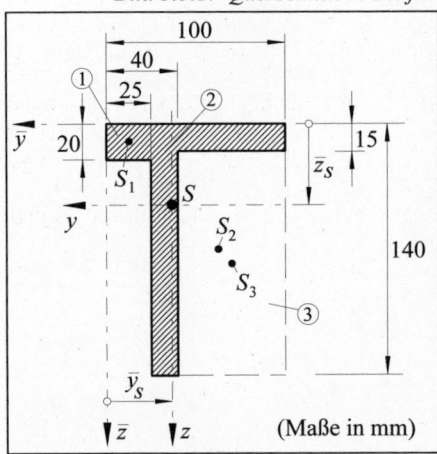

Bild 3.3.2: Querschnitt mit Einteilung und Bezugskoordinatensystem $\bar{y}, \bar{z}$

Den folgenden Berechnungen liegt die Einteilung nach Bild 3.3.1 zugrunde.

Lage des Schwerpunkts (Bild 3.3.2):

$$\bar{y}_S = \frac{\sum\limits_{i=1}^{n} \bar{y}_{S_i} A_i}{A}$$

$$\bar{y}_S = \frac{(-1,25)2,5 \cdot 2 + (-6,25)7,5 \cdot 14 - (-7)6 \cdot 12,5}{2,5 \cdot 2 + 7,5 \cdot 14 - 6 \cdot 12,5} \text{cm}$$

$$\bar{y}_S = \frac{-137,5}{35} \text{cm} = -3,93 \text{ cm}$$

$$\bar{z}_S = \frac{\sum\limits_{i=1}^{n} \bar{z}_{S_i} A_i}{A}$$

$$\bar{z}_S = \frac{1 \cdot 2,5 \cdot 2 + 7 \cdot 7,5 \cdot 14 - 7,75 \cdot 6 \cdot 12,5}{2,5 \cdot 2 + 7,5 \cdot 14 - 6 \cdot 12,5} \text{cm}$$

$$\bar{z}_S = \frac{158,75}{35} \text{cm} = 4,54 \text{ cm}$$

alternativ: Tabellenrechnung

i	A_i	$\bar{y}_{S_i}$	$\bar{z}_{S_i}$	$\bar{y}_{S_i} A_i$	$\bar{z}_{S_i} A_i$
Dim.	cm^2	cm	cm	cm^3	cm^3
1	5	-1,25	1	-6,25	5
2	105	-6,25	7	-656,25	735
3	-75	-7	7,75	525	-581,25
Σ	35 $= \Sigma A_i = A$			-137,5 $= \Sigma \bar{y}_{S_i} A_i$	158,75 $= \Sigma \bar{z}_{S_i} A_i$

$$\bar{y}_S = \frac{\sum_{i=1}^{n} \bar{y}_{S_i} A_i}{A} = \frac{-137,5}{35}\,\text{cm} = -3,93\,\text{cm}$$

$$\bar{z}_S = \frac{\sum_{i=1}^{n} \bar{z}_{S_i} A_i}{A} = \frac{158,75}{35}\,\text{cm} = 4,54\,\text{cm}$$

Flächenträgheitsmomente:

$$I_y = \sum_{i=1}^{n} I_{y_i} + \sum_{i=1}^{n} A_i \left(\bar{z}_{S_i} - \bar{z}_S\right)^2 \qquad \text{(Bild 3.3.2)}$$

$$
\begin{aligned}
\frac{I_y}{\text{cm}^4} &= \frac{2,5 \cdot 2^3}{12} & \Rightarrow\quad & 1,67 & \rightarrow & \quad \text{Teilfläche ①, Eigenträgheitsmoment} \\
&+ 2,5 \cdot 2 \cdot (1 - 4,54)^2 & \Rightarrow\quad & 62,66 & \rightarrow & \quad \text{Teilfläche ①, STEINER-Anteil} \\
&+ \frac{7,5 \cdot 14^3}{12} & \Rightarrow\quad & 1715 & \rightarrow & \quad \text{Teilfläche ②, Eigenträgheitsmoment} \\
&+ 7,5 \cdot 14 \cdot (7 - 4,54)^2 & \Rightarrow\quad & 635,42 & \rightarrow & \quad \text{Teilfläche ②, STEINER-Anteil} \\
&- \frac{6 \cdot 12,5^3}{12} & \Rightarrow\quad & -976,56 & \rightarrow & \quad \text{Teilfläche ③, Eigenträgheitsmoment} \\
&- 6 \cdot 12,5 \cdot (7,75 - 4,54)^2 & \Rightarrow\quad & \underline{-772,81} & \rightarrow & \quad \text{Teilfläche ③, STEINER-Anteil} \\
& & & 665,38 & &
\end{aligned}
$$

$$I_y = \underline{\underline{665,38\,\text{cm}^4}}$$

alternativ: Tabellenrechnung

i	A_i	$\bar{z}_{S_i}$	$\bar{z}_{S_i} - \bar{z}_S$	$A_i\left(\bar{z}_{S_i} - \bar{z}_S\right)^2$	I_{y_i}	$I_{y_i} + A_i\left(\bar{z}_{S_i} - \bar{z}_S\right)^2$
Dim.	cm^2	cm	cm	cm^4	cm^4	cm^4
1	5	1	-3,54	62,66	1,67	64,33
2	105	7	2,46	635,42	1715	2350,42
3	-75	7,75	3,21	-772,81	-976,56	-1749,37
Σ						665,38 $= I_y$

$$I_z = \sum_{i=1}^{n} I_{z_i} + \sum_{i=1}^{n} A_i \left(\bar{y}_{S_i} - \bar{y}_S \right)^2 \qquad \text{(Bild 3.3.2)}$$

$$\frac{I_z}{\text{cm}^4} = \frac{2 \cdot 2{,}5^3}{12} \qquad\qquad\qquad \Rightarrow \quad 2{,}60 \quad \rightarrow \quad \text{Teilfläche } \textcircled{1}, \text{ Eigenträgheitsmoment}$$

$$+ \, 2{,}5 \cdot 2 \cdot \left(-1{,}25 - (-3{,}93)\right)^2 \Rightarrow \quad 35{,}91 \quad \rightarrow \quad \text{Teilfläche } \textcircled{1}, \text{ STEINER-Anteil}$$

$$+ \frac{14 \cdot 7{,}5^3}{12} \qquad\qquad\qquad \Rightarrow \quad 492{,}19 \quad \rightarrow \quad \text{Teilfläche } \textcircled{2}, \text{ Eigenträgheitsmoment}$$

$$+ \, 7{,}5 \cdot 14 \cdot \left(-6{,}25 - (-3{,}93)\right)^2 \Rightarrow \quad 565{,}15 \quad \rightarrow \quad \text{Teilfläche } \textcircled{2}, \text{ STEINER-Anteil}$$

$$- \frac{12{,}5 \cdot 6^3}{12} \qquad\qquad\qquad \Rightarrow \quad -225 \quad \rightarrow \quad \text{Teilfläche } \textcircled{3}, \text{ Eigenträgheitsmoment}$$

$$- \, 6 \cdot 12{,}5 \cdot \left(-7 - (-3{,}93)\right)^2 \Rightarrow \quad \underline{-706{,}87} \;\; \rightarrow \quad \text{Teilfläche } \textcircled{3}, \text{ STEINER-Anteil}$$

$$163{,}98$$

$$\underline{\underline{I_z = 163{,}98 \text{ cm}^4}}$$

alternativ: Tabellenrechnung

	i	A_i	$\bar{y}_{S_i}$	$\bar{y}_{S_i} - \bar{y}_S$	$A_i\left(\bar{y}_{S_i} - \bar{y}_S\right)^2$	I_{z_i}	$I_{z_i} + A_i\left(\bar{y}_{S_i} - \bar{y}_S\right)^2$
Dim.	-	cm^2	cm	cm	cm^4	cm^4	cm^4
	1	5	-1,25	2,68	35,91	2,60	38,51
	2	105	-6,25	-2,32	565,15	492,19	1057,34
	3	-75	-7	-3,07	-706,87	-225	-931,87
Σ							163,98 $= I_z$

$$I_{yz} = \sum_{i=1}^{n} I_{yz_i} - \sum_{i=1}^{n} A_i \left(\bar{y}_{S_i} - \bar{y}_S \right)\left(\bar{z}_{S_i} - \bar{z}_S \right) \qquad \text{(Bild 3.3.2)}$$

Das Deviationsmoment I_{yz} ergibt sich ausschließlich aus STEINER-Anteilen, da die Deviationsmomente der Rechtecke bezüglich ihrer *eigenen* Schwerpunktachsen (Symmetrieachsen) null sind.

$$\frac{I_{yz}}{\text{cm}^4} = -2{,}5 \cdot 2 \cdot \left(-1{,}25 - (-3{,}93)\right)(1 - 4{,}54) \qquad \Rightarrow \quad 47{,}44 \quad \rightarrow \text{Teilfläche } \textcircled{1}, \text{ STEINER-Anteil}$$

$$- \, 7{,}5 \cdot 14 \cdot \left(-6{,}25 - (-3{,}93)\right)(7 - 4{,}54) \qquad \Rightarrow \quad 599{,}26 \quad \rightarrow \text{Teilfläche } \textcircled{2}, \text{ STEINER-Anteil}$$

$$- \left(-6 \cdot 12{,}5 \cdot \left(-7 - (-3{,}93)\right)(7{,}75 - 4{,}54)\right) \Rightarrow \underline{-739{,}10} \;\; \rightarrow \text{Teilfläche } \textcircled{3}, \text{ STEINER-Anteil}$$

$$-92{,}40$$

$$\underline{\underline{I_{yz} = -92{,}40 \text{ cm}^4}}$$

alternativ: Tabellenrechnung

	i	A_i	$\bar{y}_{S_i} - \bar{y}_S$	$\bar{z}_{S_i} - \bar{z}_S$	$A_i\left(\bar{y}_{S_i} - \bar{y}_S\right)\left(\bar{z}_{S_i} - \bar{z}_S\right)$	I_{yz_i}	$I_{yz_i} - A_i\left(\bar{y}_{S_i} - \bar{y}_S\right)\left(\bar{z}_{S_i} - \bar{z}_S\right)$
Dim.	-	cm^2	cm	cm	cm^4	cm^4	cm^4
	1	5	2,68	-3,54	-47,44	0	47,44
	2	105	-2,32	2,46	-599,26	0	599,26
	3	-75	-3,07	3,21	739,10	0	-739,10
Σ							-92,40 $= I_{yz}$

zu 2.

Hauptträgheitsmomente und Lage der Hauptachsen:

$$I_{1,2} = \frac{I_y + I_z}{2} \pm \sqrt{\left(\frac{I_y - I_z}{2}\right)^2 + I_{yz}^2}$$

$$I_{1,2} = \left(\frac{665{,}38 + 163{,}98}{2} \pm \sqrt{\left(\frac{665{,}38 - 163{,}98}{2}\right)^2 + (-92{,}40)^2}\right) \text{cm}^4$$

$$I_{1,2} = (414{,}68 \pm 267{,}19)\,\text{cm}^4$$

$$\underline{\underline{I_1 = 681{,}87\,\text{cm}^4}}$$

$$\underline{\underline{I_2 = 147{,}49\,\text{cm}^4}}$$

$$\tan 2\varphi^* = \frac{2\,I_{yz}}{I_y - I_z} \qquad \text{(Richtung der Hauptachsen)}$$

$$\tan 2\varphi^* = \frac{2(-92{,}40)}{665{,}38 - 163{,}98} = -0{,}3686 \; ; \quad 2\varphi^* = -20{,}2° \Rightarrow \varphi_1^* = -10{,}1° \; ; \quad \varphi_2^* = \varphi_1^* + 90° = 79{,}9°$$

Die Zuordnung der Winkel φ_1^* und φ_2^* zu den Hauptträgheitsmomenten (Bild 3.3.3) erhält man durch Einsetzen eines Winkels in die folgende Transformationsbeziehung für gedrehte Achsensysteme:

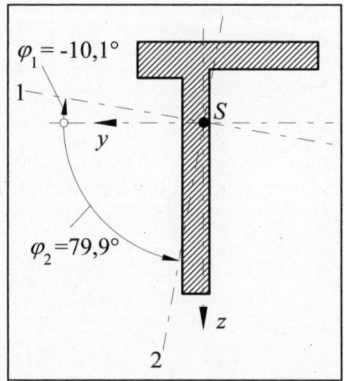

$$I_\eta = \frac{I_y + I_z}{2} + \frac{I_y - I_z}{2}\cos 2\varphi + I_{yz}\sin 2\varphi$$

mit $2\varphi = 2\varphi_1^* = 2(-10{,}1°) = -20{,}2°$

$$I_\eta = \frac{665{,}38 + 163{,}98}{2}\,\text{cm}^4 + \frac{665{,}38 - 163{,}98}{2}\,\text{cm}^4 \cos(-20{,}2°)$$
$$+ (-92{,}40\,\text{cm}^4)\sin(-20{,}2°)$$

$$I_\eta = (414{,}68 + 235{,}28 + 31{,}9)\,\text{cm}^4 = 681{,}86\,\text{cm}^4 = I_1 \; ;$$

also gehört zu diesem Hauptträgheitsmoment der Winkel $\varphi_1^* = -10{,}1°$.

Bild 3.3.3: Lage der Hauptachsen 1 und 2   Somit $\varphi_1 = \varphi_1^* = \underline{\underline{-10{,}1°}}$ und $\varphi_2 = \varphi_2^* = \underline{\underline{79{,}9°}}$ (Bild 3.3.3).

Vorteilhafter lässt sich der Winkel φ_1, der zwischen der y-Achse und der Hauptachse 1 liegt (Bild 3.3.3), mit einer der folgenden Formeln direkt berechnen:

$$\tan \varphi_1 = \frac{I_1 - I_y}{I_{yz}} = \frac{I_z - I_2}{I_{yz}} = \frac{I_{yz}}{I_1 - I_z} = \frac{I_{yz}}{I_y - I_2}$$

$$\tan \varphi_1 = \frac{I_{yz}}{I_y - I_2} = \frac{-92{,}40}{665{,}38 - 147{,}49} = -0{,}1784 \quad ; \qquad \varphi_1 = \underline{\underline{-10{,}1°}} \; .$$

Aufgabe 3.4:

Für den gegebenen Rechteckquerschnitt (Bild 3.4) sollen die Flächenträgheitsmomente bezüglich der horizontalen η-Achse und der vertikalen ς-Achse sowie das Deviationsmoment $I_{\eta\varsigma}$ berechnet werden.

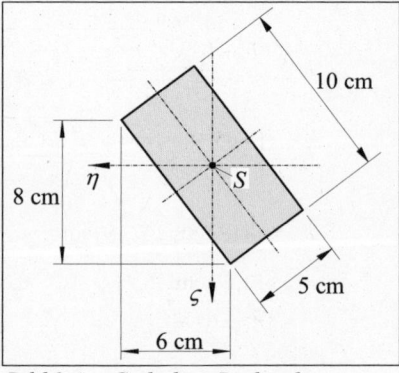

Bild 3.4:   Gedrehter Rechteckquer-schnitt

Lösung:

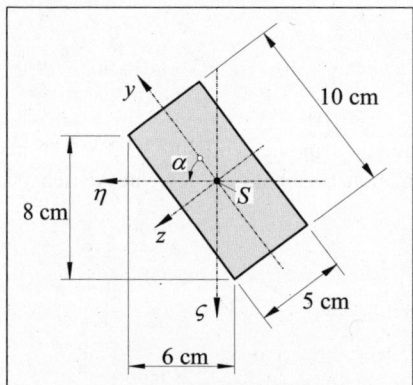

Bild 3.4.1: Zur Umrechnung der Flächen-trägheitsmomente auf das ge-drehte η, ς-Koordinatensystem

Zunächst berechnen wir für das gewählte y,z-Koordinatensystem (Bild 3.4.1) nach den bekannten Formeln für ein Rechteck die Trägheitsmomente I_y und I_z.

$$I_y = \frac{10 \cdot 5^3}{12}\,cm^4 = 104,17\,cm^4$$

$$I_z = \frac{5 \cdot 10^3}{12}\,cm^4 = 416,7\,cm^4$$

$$I_{yz} = 0 \qquad \text{(wegen Symmetrie)}$$

$$\alpha = \arctan\frac{8}{6} = 53,13°$$

Es gilt folgende Transformation der Flächenträgheitsmomente auf ein gedrehtes Koordinatensystem (Bild 3.4.1):

$$I_\eta = \frac{I_y + I_z}{2} + \frac{I_y - I_z}{2}\cos 2\alpha + I_{yz}\sin 2\alpha$$

$$I_\varsigma = \frac{I_y + I_z}{2} - \frac{I_y - I_z}{2}\cos 2\alpha - I_{yz}\sin 2\alpha$$

$$I_{\eta\varsigma} = -\frac{I_y - I_z}{2}\sin 2\alpha + I_{yz}\cos 2\alpha$$

Mit den oben ausgerechneten Werten folgt:

$$I_\eta = \left(\frac{104,17 + 416,7}{2} + \frac{104,17 - 416,7}{2}\cos 2 \cdot 53,13° + 0\right)cm^4 = \underline{\underline{304,2\,cm^4}}$$

$$I_\varsigma = \left(\frac{104,17 + 416,7}{2} - \frac{104,17 - 416,7}{2}\cos 2 \cdot 53,13° - 0\right)cm^4 = \underline{\underline{216,7\,cm^4}}$$

$$I_{\eta\varsigma} = \left(-\frac{104,17 - 416,7}{2}\sin 2 \cdot 53,13° + 0\right)cm^4 = \underline{\underline{150\,cm^4}}$$

Aufgabe 3.5:

Der Querschnitt nach Bild 3.5 ist aus einem ⌐350 (DIN 1026), einem ⌐300 (DIN 1026) und einem ungleichschenkligen Winkelstahl ∟150×100×10 (DIN 1029) zusammengesetzt (geschweißt).

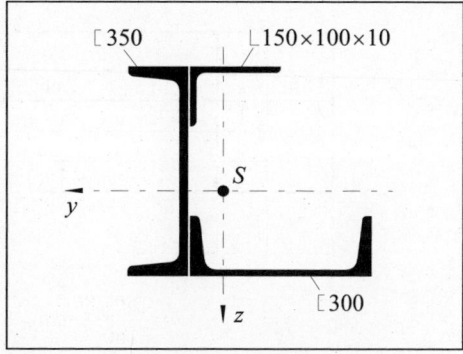

Zu berechnen sind:

1. die axialen Flächenträgheitsmomente I_y und I_z sowie das Deviationsmoment I_{yz} bezüglich der Schwerpunktachsen y und z,
2. die Hauptträgheitsmomente I_1 und I_2 und die Lage der Hauptachsen.

Hinweis: Die benötigten Angaben für die Profile sind aus geeigneten Handbüchern (z.B. Stahlbau-Taschenkalender) zu entnehmen.

Bild 3.5: Aus Stahlbau-Profilen zusammengesetzter Querschnitt

Lösung:

zu 1.

Die Lösung erfolgt mit der Summation über Teilflächen. Teilflächen sind in diesem Falle die drei Profilquerschnitte (Bild 3.5.1). Zuerst schreiben wir uns die erforderlichen Kenndaten für die Profile aus entsprechenden Profiltafeln heraus (Tabellen 1 und 2):

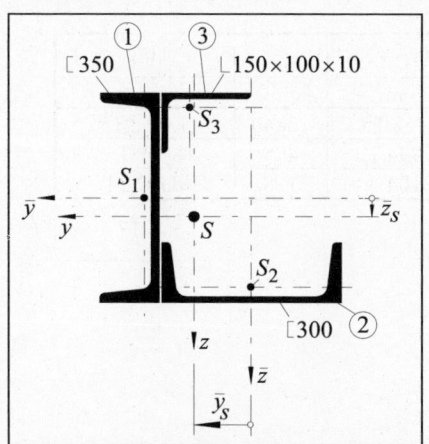

Bild 3.5.1: Einteilung des Querschnitts und Festlegung eines Bezugs-koordinatensystems $\bar{y}, \bar{z}$

Tabelle 1; Teilflächen ① und ② :

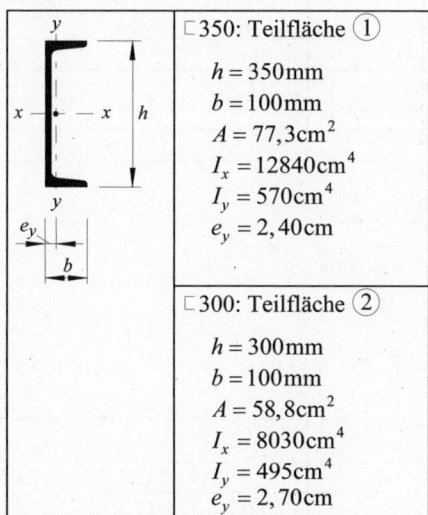

⌐350: Teilfläche ①
$h = 350\,\text{mm}$
$b = 100\,\text{mm}$
$A = 77,3\,\text{cm}^2$
$I_x = 12840\,\text{cm}^4$
$I_y = 570\,\text{cm}^4$
$e_y = 2,40\,\text{cm}$

⌐300: Teilfläche ②
$h = 300\,\text{mm}$
$b = 100\,\text{mm}$
$A = 58,8\,\text{cm}^2$
$I_x = 8030\,\text{cm}^4$
$I_y = 495\,\text{cm}^4$
$e_y = 2,70\,\text{cm}$

Tabelle 2; Teilfläche ③ :

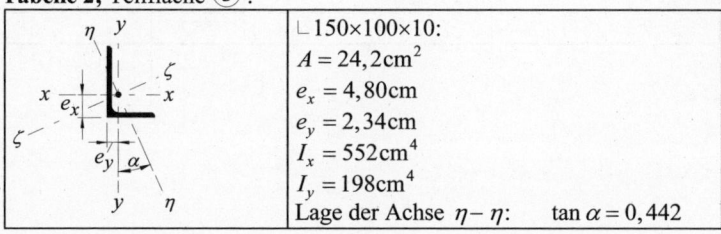

∟150×100×10:
$A = 24,2\,\text{cm}^2$
$e_x = 4,80\,\text{cm}$
$e_y = 2,34\,\text{cm}$
$I_x = 552\,\text{cm}^4$
$I_y = 198\,\text{cm}^4$
Lage der Achse $\eta-\eta$: $\tan\alpha = 0,442$

Für die Berechnung der Schwerpunktlage legen wir zweckmäßig die Bezugsachsen $\bar{y}$ und $\bar{z}$ so, dass sie mit jeweils einer Schwerachse der beiden $\llcorner$-Profile zusammenfallen (Bild 3.5.1).

i	A_i	$\bar{y}_{S_i}$	$\bar{z}_{S_i}$	$\bar{y}_{S_i} A_i$	$\bar{z}_{S_i} A_i$
Dim.	-	cm^2	cm	cm	cm^3	cm^3
1	77,3	17,4	0	1345,02	0
2	58,8	0	14,8	0	870,24
3	24,2	10,2	-15,16	246,84	-366,87
Σ	160,3 $= \Sigma A_i = A$			1591,86 $= \Sigma \bar{y}_{S_i} A_i$	503,37 $= \Sigma \bar{z}_{S_i} A_i$

$$\bar{y}_S = \frac{\sum\limits_{i=1}^{n} \bar{y}_{S_i} A_i}{A} = \frac{1591,86}{160,3}\,\text{cm} = 9,93\,\text{cm}$$

$$\bar{z}_S = \frac{\sum\limits_{i=1}^{n} \bar{z}_{S_i} A_i}{A} = \frac{503,37}{160,3}\,\text{cm} = 3,14\,\text{cm}$$

Flächenträgheitsmomente:

$$I_y = \sum_{i=1}^{n} I_{y_i} + \sum_{i=1}^{n} A_i\left(\bar{z}_{S_i} - \bar{z}_S\right)^2 \qquad \text{(Bild 3.5.1)}$$

i	A_i	$\bar{z}_{S_i}$	$\bar{z}_{S_i} - \bar{z}_S$	$A_i\left(\bar{z}_{S_i} - \bar{z}_S\right)^2$	I_{y_i}	$I_{y_i} + A_i\left(\bar{z}_{S_i} - \bar{z}_S\right)^2$
Dim.	-	cm^2	cm	cm	cm^4	cm^4	cm^4
1	77,3	0	-3,14	762,15	12840	13602,15
2	58,8	14,8	11,66	7994,19	495	8489,19
3	24,2	-15,16	-18,30	8104,34	198	8302,34
Σ						30393,68 $= I_y$

$$I_y = \underline{\underline{30393,68\,\text{cm}^4}}$$

$$I_z = \sum_{i=1}^{n} I_{z_i} + \sum_{i=1}^{n} A_i\left(\bar{y}_{S_i} - \bar{y}_S\right)^2 \qquad \text{(Bild 3.5.1)}$$

i	A_i	$\bar{y}_{S_i}$	$\bar{y}_{S_i} - \bar{y}_S$	$A_i\left(\bar{y}_{S_i} - \bar{y}_S\right)^2$	I_{z_i}	$I_{z_i} + A_i\left(\bar{y}_{S_i} - \bar{y}_S\right)^2$
Dim.	-	cm^2	cm	cm	cm^4	cm^4	cm^4
1	77,3	17,4	7,47	4313,41	570	4883,41
2	58,8	0	-9,93	5797,97	8030	13827,97
3	24,2	10,2	0,27	1,76	552	553,76
Σ						19265,14 $= I_z$

$$I_z = \underline{\underline{19265,14\,\text{cm}^4}}$$

$$I_{yz} = \sum_{i=1}^{n} I_{yz_i} - \sum_{i=1}^{n} A_i\left(\bar{y}_{S_i} - \bar{y}_S\right)\left(\bar{z}_{S_i} - \bar{z}_S\right) \qquad \text{(Bild 3.5.1)}$$

Für den ungleichschenkligen Winkelstahl (Teilfläche ③) ist in der Profiltafel kein Deviationsmoment angegeben, statt dessen wird der Tangens der Winkeldrehung des Hauptachsensystems gegenüber dem Ausgangssystem angegeben (Tabelle 2, Seite 57). Mit dem Additionstheorem

$$\tan 2\alpha = \frac{2\tan\alpha}{1-\tan^2\alpha} \qquad \text{folgt aus}$$

$$\tan 2\alpha = \frac{2I_{yz}}{I_y - I_z} \qquad \text{(Richtung der Hauptachsen) für das Deviationsmoment}$$

$$I_{yz} = (\underset{\downarrow}{I_y} - \underset{\downarrow}{I_z})\frac{\tan\alpha}{1-\tan^2\alpha} \qquad (1)$$
$$\;\;I_x \quad\; I_y \;\leftarrow\; \text{Bezeichnungen in der verwendeten Profiltafel (Tabelle 2, Seite 57)}$$

Da diese Gleichung (1) stets positive Werte liefert, das Vorzeichen des Deviationsmoments aber von der Lage des Profilquerschnitts im Bezugskoordinatensystem abhängt, ist die folgende Überlegung notwendig.

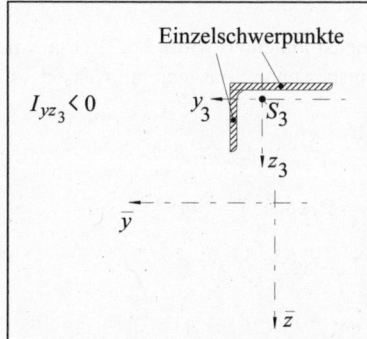

Bild 3.5.2: Zur Erläuterung des Vorzeichens von I_{yz_i} (Teilfläche ③)

Die allgemeine Definition des Deviationsmoments lautet:

$$I_{yz} = -\int_A yz\,dA . \qquad (2)$$

Wenn wir nun den ungleichschenkligen Winkelstahlquerschnitt (Teilfläche ③) in zwei Rechteckflächen zerlegen und die Lage ihrer Einzelschwerpunkte (Bild 3.5.2) im y_3, z_3-Koordinatensystem betrachten, sehen wir, dass die $y_3 \cdot z_3$-Produkte jeweils bezüglich der Einzelschwerpunkte im y_3, z_3-Koordinatensystem ein positives Vorzeichen haben. Unter Berücksichtigung der obigen allgemeinen Definition (Gleichung (2)) ergibt sich also ein negatives Vorzeichen von I_{yz_3}.

Aus dieser Überlegung und der obigen Gleichung (1) folgt nun für die Teilfläche ③ :

$$I_{yz_3} = -(552 - 198)\,\text{cm}^4\,\frac{0{,}442}{1 - 0{,}442^2} = -194{,}5\,\text{cm}^4 .$$

Dim.	i	A_i	$\bar{y}_{S_i} - \bar{y}_S$	$\bar{z}_{S_i} - \bar{z}_S$	$A_i\left(\bar{y}_{S_i} - \bar{y}_S\right)\left(\bar{z}_{S_i} - \bar{z}_S\right)$	I_{yz_i}	$I_{yz_i} - A_i\left(\bar{y}_{S_i} - \bar{y}_S\right)\left(\bar{z}_{S_i} - \bar{z}_S\right)$
Dim.	-	cm^2	cm	cm	cm^4	cm^4	cm^4
	1	77,3	7,47	-3,14	-1813,13	0	1813,13
	2	58,8	-9,93	11,66	-6808,09	0	6808,09
	3	24,2	0,27	-18,30	-119,57	-194,5	-74,93
Σ							8546,29 $= I_{yz}$

$$\underline{\underline{I_{yz} = 8546{,}29\,\text{cm}^4}}$$

zu 2.

Hauptträgheitsmomente und Lage der Hauptachsen:

$$I_{1,2} = \frac{I_y + I_z}{2} \pm \sqrt{\left(\frac{I_y - I_z}{2}\right)^2 + I_{yz}^2}$$

$$I_{1,2} = \left(\frac{30393{,}68 + 19265{,}14}{2} \pm \sqrt{\left(\frac{30393{,}68 - 19265{,}14}{2}\right)^2 + 8546{,}29^2}\right) cm^4$$

$$I_{1,2} = (24829{,}41 \pm 10198{,}05) cm^4$$

$$I_1 = \underline{\underline{35027{,}46 \ cm^4}}$$

$$I_2 = \underline{\underline{14631{,}36 \ cm^4}}$$

$$\tan 2\varphi^* = \frac{2 I_{yz}}{I_y - I_z} \qquad \text{(Richtung der Hauptachsen)}$$

$$\tan 2\varphi^* = \frac{2 \cdot 8546{,}29}{30393{,}68 - 19265{,}14} = 1{,}536$$

$$2\varphi^* = 56{,}93° \implies \varphi_1^* = 28{,}465° ; \quad \varphi_2^* = \varphi_1^* + 90° = 118{,}465°$$

Die Zuordnung der Winkel φ_1^* und φ_2^* zu den Hauptträgheitsmomenten (Bild 3.5.3) erhält man durch Einsetzen eines Winkels in die folgende Transformationsbeziehung für gedrehte Achsensysteme:

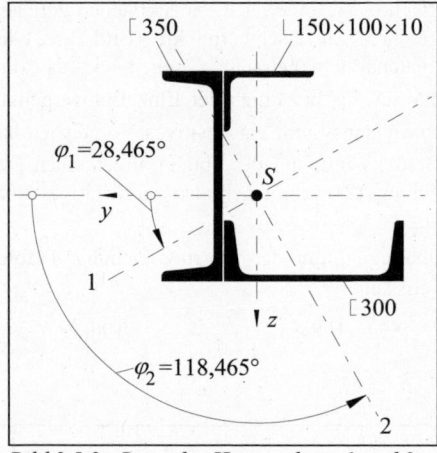

Bild 3.5.3: Lage der Hauptachsen 1 und 2

$$I_\eta = \frac{I_y + I_z}{2} + \frac{I_y - I_z}{2} \cos 2\varphi + I_{yz} \sin 2\varphi$$

$$\text{mit } 2\varphi = 2\varphi_1^* = 2 \cdot 28{,}465° = 56{,}93°$$

$$I_\eta = \frac{30393{,}68 + 19265{,}14}{2} cm^4$$

$$+ \frac{30393{,}68 - 19265{,}14}{2} cm^4 \cos 56{,}93°$$

$$+ 8546{,}29 cm^4 \sin 56{,}93°$$

$$I_\eta = (24829{,}41 + 3036{,}22 + 7161{,}83) cm^4$$

$$I_\eta = \underline{\underline{35027{,}46 \ cm^4}} = I_1 ;$$

also gehört zu diesem Hauptträgheitsmoment der Winkel $\varphi_1^* = 28{,}465°$.

Somit $\varphi_1 = \varphi_1^* = \underline{\underline{28{,}465°}}$ und $\varphi_2 = \varphi_2^* = \underline{\underline{118{,}465°}}$ (Bild 3.5.3).

Vorteilhafter lässt sich der Winkel φ_1, der zwischen der y-Achse und der Hauptachse 1 liegt (Bild 3.5.3), mit einer der folgenden Formeln direkt berechnen:

$$\tan \varphi_1 = \frac{I_1 - I_y}{I_{yz}} = \frac{I_z - I_2}{I_{yz}} = \frac{I_{yz}}{I_1 - I_z} = \frac{I_{yz}}{I_y - I_2}$$

$$\tan \varphi_1 = \frac{I_{yz}}{I_1 - I_z} = \frac{8546{,}29}{35027{,}46 - 19265{,}14} = 0{,}5422 \quad ; \qquad \varphi_1 = \underline{\underline{28{,}46°}} .$$

Aufgabe 3.6:

Für den Querschnitt (Bild 3.6) sind zu berechnen:

1. die axialen Flächenträgheitsmomente I_y und I_z sowie das Deviationsmoment I_{yz} bezüglich der Schwerpunktachsen y und z,

2. die Hauptträgheitsmomente I_1 und I_2 und die Lage der Hauptachsen.

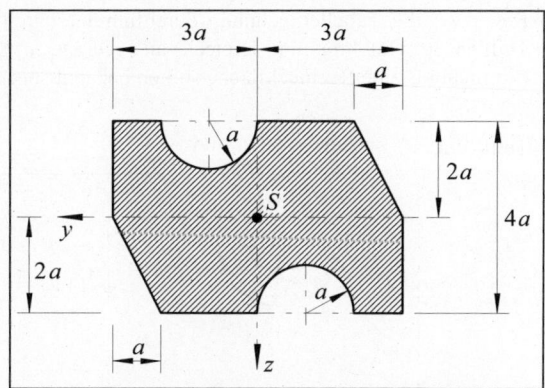

Bild 3.6: *Aus Grundflächen (Rechteck, Dreieck, Halbkreis) zusammengesetzter Querschnitt*

Lösung:

zu 1.

Die Lösung erfolgt mit der Summation über Teilflächen. Dazu wird der Querschnitt in fünf Teilflächen zerlegt (Bild 3.6.1). Die Ausschnittflächen (Fehlflächen) ②, ③, ④ und ⑤ gehen in die Berechnungen *negativ* ein.

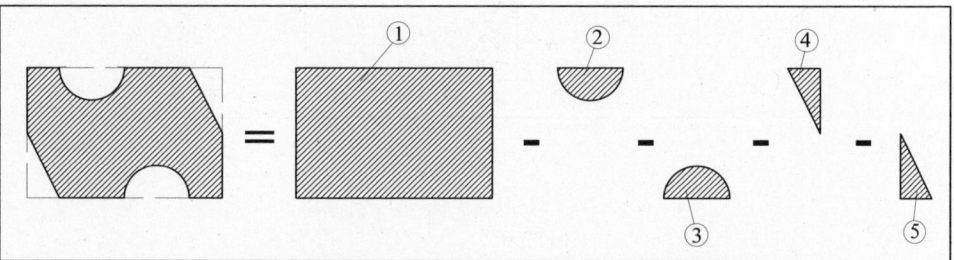

Bild 3.6.1: *Querschnitt in fünf Teilflächen zerlegt (Summation über Teilflächen)*

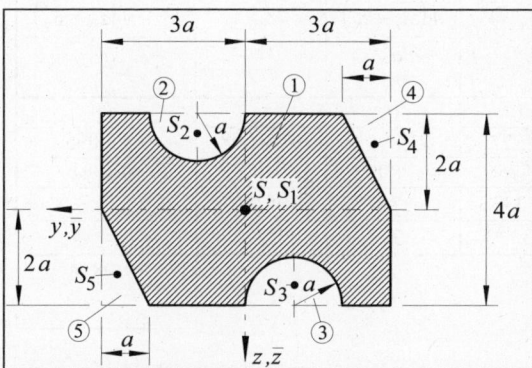

Bild 3.6.2: *Querschnitt mit Einteilung und Bezugsachsensystem $\bar{y}, \bar{z}$*

Für die Ermittlung der Schwerpunktlage legen wir die Bezugsachsen $\bar{y}$ und $\bar{z}$ durch den Schwerpunkt der Teilfläche ① (Rechteck) (Bild 3.6.2). Da die statischen Momente der übrigen Teilflächen auf beiden Seiten der Bezugsachsen $\bar{y}$ und $\bar{z}$ die gleichen Beträge haben, liegt der Gesamtschwerpunkt auf diesen Bezugsachsen.

Somit $\bar{y}_S = 0$ und $\bar{z}_S = 0$.

Flächenträgheitsmomente:

Bevor wir die Tabellenrechnung durchführen, schreiben wir uns die wichtigsten Formeln für die Teilflächen (Halbkreis und Dreieck) aus geeigneten Handbüchern oder Formelsammlungen heraus (Formeln für eine Rechteckfläche sollten bekannt sein).

Teilfläche ② und ③ (Halbkreis):

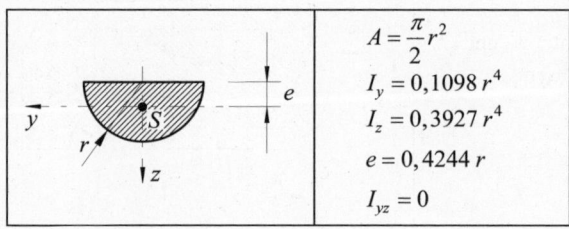

$$A = \frac{\pi}{2} r^2$$
$$I_y = 0,1098 \, r^4$$
$$I_z = 0,3927 \, r^4$$
$$e = 0,4244 \, r$$
$$I_{yz} = 0$$

Teilfläche ④ und ⑤ (Dreieck):

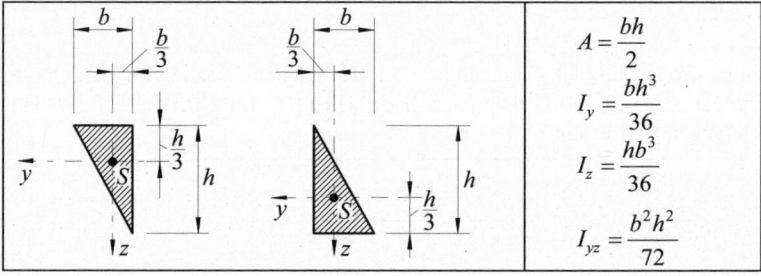

$$A = \frac{bh}{2}$$
$$I_y = \frac{bh^3}{36}$$
$$I_z = \frac{hb^3}{36}$$
$$I_{yz} = \frac{b^2 h^2}{72}$$

$$I_y = \sum_{i=1}^{n} I_{y_i} + \sum_{i=1}^{n} A_i \left(\bar{z}_{S_i} - \bar{z}_S \right)^2 \qquad \text{(Bild 3.6.2)}$$

i	$\dfrac{A_i}{a^2}$	$\dfrac{\bar{z}_{S_i}}{a}$	$\dfrac{\bar{z}_{S_i} - \bar{z}_S}{a}$	$\dfrac{A_i \left(\bar{z}_{S_i} - \bar{z}_S \right)^2}{a^4}$	$\dfrac{I_{y_i}}{a^4}$	$\dfrac{I_{y_i} + A_i \left(\bar{z}_{S_i} - \bar{z}_S \right)^2}{a^4}$
1	24	0	0	0	32	32
2	$-1,5708$	$-1,5756$	$-1,5756$	$-3,8995$	$-0,1098$	$-4,0093$
3	$-1,5708$	$1,5756$	$1,5756$	$-3,8995$	$-0,1098$	$-4,0093$
4	-1	$-1,333\overline{3}$	$-1,333\overline{3}$	$-1,777\overline{7}$	$-0,222\overline{2}$	-2
5	-1	$1,333\overline{3}$	$1,333\overline{3}$	$-1,777\overline{7}$	$-0,222\overline{2}$	-2
Σ						$19,9814$ $= I_y / a^4$

$$I_y = \underline{\underline{19,9814 \, a^4}}$$

$$I_z = \sum_{i=1}^{n} I_{z_i} + \sum_{i=1}^{n} A_i \left(\bar{y}_{S_i} - \bar{y}_S \right)^2 \qquad \text{(Bild 3.6.2)}$$

	i	$\dfrac{A_i}{a^2}$	$\dfrac{\bar{y}_{S_i}}{a}$	$\dfrac{\bar{y}_{S_i} - \bar{y}_S}{a}$	$\dfrac{A_i\left(\bar{y}_{S_i} - \bar{y}_S\right)^2}{a^4}$	$\dfrac{I_{z_i}}{a^4}$	$\dfrac{I_{z_i} + A_i\left(\bar{y}_{S_i} - \bar{y}_S\right)^2}{a^4}$
	1	24	0	0	0	72	72
	2	$-1,5708$	1	1	$-1,5708$	$-0,3927$	$-1,9635$
	3	$-1,5708$	-1	-1	$-1,5708$	$-0,3927$	$-1,9635$
	4	-1	$-2,666\overline{6}$	$-2,666\overline{6}$	$-7,1111$	$-0,055\overline{5}$	$-7,1667$
	5	-1	$2,666\overline{6}$	$2,666\overline{6}$	$-7,1111$	$-0,055\overline{5}$	$-7,1667$
Σ							$53,7396$ $= I_z / a^4$

$$I_z = \underline{\underline{53,7396\,a^4}}$$

$$I_{yz} = \sum_{i=1}^{n} I_{yz_i} - \sum_{i=1}^{n} A_i \left(\bar{y}_{S_i} - \bar{y}_S \right)\left(\bar{z}_{S_i} - \bar{z}_S \right) \qquad \text{(Bild 3.6.2)}$$

	i	$\dfrac{A_i}{a^2}$	$\dfrac{\bar{y}_{S_i} - \bar{y}_S}{a}$	$\dfrac{\bar{z}_{S_i} - \bar{z}_S}{a}$	$\dfrac{A_i\left(\bar{y}_{S_i} - \bar{y}_S\right)\left(\bar{z}_{S_i} - \bar{z}_S\right)}{a^4}$	$\dfrac{I_{yz_i}}{a^4}$	$\dfrac{I_{yz_i} - A_i\left(\bar{y}_{S_i} - \bar{y}_S\right)\left(\bar{z}_{S_i} - \bar{z}_S\right)}{a^4}$
	1	24	0	0	0	0	0
	2	$-1,5708$	1	$-1,5756$	$2,4750$	0	$-2,4750$
	3	$-1,5708$	-1	$1,5756$	$2,4750$	0	$-2,4750$
	4	-1	$-2,666\overline{6}$	$-1,333\overline{3}$	$-3,5556$	$-0,055\overline{5}$	$3,5$
	5	-1	$2,666\overline{6}$	$1,333\overline{3}$	$-3,5556$	$-0,055\overline{5}$	$3,5$
Σ							$2,05$ $= I_{yz} / a^4$

$$I_{yz} = \underline{\underline{2,05\,a^4}}$$

---

zu 2.

Hauptträgheitsmomente und Lage der Hauptachsen:

$$I_{1,2} = \frac{I_y + I_z}{2} \pm \sqrt{\left(\frac{I_y - I_z}{2} \right)^2 + I_{yz}^2}$$

$$I_{1,2} = \frac{19,9814a^4 + 53,7396a^4}{2} \pm \sqrt{\left(\frac{19,9814a^4 - 53,7396a^4}{2} \right)^2 + \left(2,05a^4\right)^2}$$

$$I_{1,2} = 36,8605a^4 \pm 17,0031a^4$$

$$I_1 = \underline{\underline{53,8636a^4}}$$
$$I_2 = \underline{\underline{19,8574a^4}}$$

$$\tan 2\varphi^* = \frac{2\,I_{yz}}{I_y - I_z} \qquad \text{(Richtung der Hauptachsen)}$$

$$\tan 2\varphi^* = \frac{2 \cdot 2,05a^4}{19,9814a^4 - 53,7396a^4} = -0,12145$$

$$2\varphi^* = -6,92° \;\Rightarrow\; \varphi_1^* = -3,46° \;;\quad \varphi_2^* = \varphi_1^* + 90° = 86,54°$$

Die Zuordnung der Winkel φ_1^* und φ_2^* zu den Hauptträgheitsmomenten (Bild 3.6.3) erhält man durch Einsetzen eines Winkels in die folgende Transformationsbeziehung für gedrehte Achsensysteme:

$$I_\eta = \frac{I_y + I_z}{2} + \frac{I_y - I_z}{2}\cos 2\varphi + I_{yz}\sin 2\varphi$$

mit $2\varphi = 2\varphi_1^* = 2(-3,46°) = -6,92°$

$$I_\eta = \frac{19,9814a^4 + 53,7396a^4}{2} + \frac{19,9814a^4 - 53,7396a^4}{2}\cos(-6,92°) + 2,05a^4\sin(-6,92°)$$

$$I_\eta = 36,8605a^4 - 16,7561a^4 - 0,2470a^4 = \underline{\underline{19,8574a^4}} = I_2 \;;$$

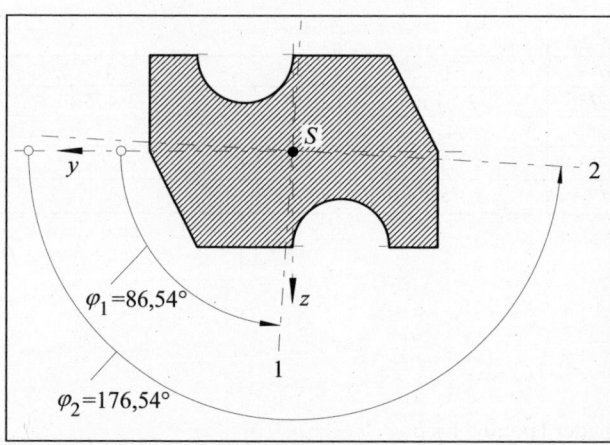

Bild 3.6.3: Lage der Hauptachsen 1 und 2

also gehört zu diesem Hauptträgheitsmoment der Winkel $\varphi_1^* = -3,46°$.

Folglich gehört der andere Winkel (86,54°) zu I_1; somit $\varphi_1 = \varphi_2^* = \underline{\underline{86,54°}}$ (Bild 3.6.3).

Da die Hauptachse 2 der Hauptachse 1 in einem Rechts-Koordinatensystem vorauseilen muss (Bild 3.6.3), ist:

$$\varphi_2 = \varphi_1^* + 180° = -3,46° + 180°$$

$$\varphi_2 = \underline{\underline{176,54°}}.$$

Vorteilhafter lässt sich der Winkel φ_1, der zwischen der y-Achse und der Hauptachse 1 liegt (Bild 3.6.3), mit einer der folgenden Formeln direkt berechnen:

$$\tan\varphi_1 = \frac{I_1 - I_y}{I_{yz}} = \frac{I_z - I_2}{I_{yz}} = \frac{I_{yz}}{I_1 - I_z} = \frac{I_{yz}}{I_y - I_2}$$

$$\tan\varphi_1 = \frac{I_1 - I_y}{I_{yz}} = \frac{53,8636\,a^4 - 19,9814\,a^4}{2,05\,a^4} = 16,5279 \;;\quad \varphi_1 = \underline{\underline{86,54°}}\;.$$

Aufgabe 3.7:

Für den Querschnitt (Bild 3.7) sind zu berechnen:
1. die Schwerpunktlage,
2. die axialen Flächenträgheitsmomente I_y und I_z sowie das Deviationsmoment I_{yz} bezüglich der Schwerpunktachsen y und z,
3. die Hauptträgheitsmomente I_1 und I_2 und die Lage der Hauptachsen.

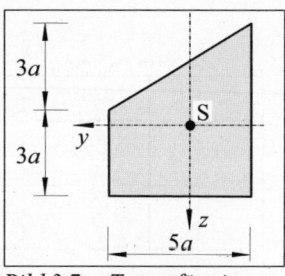

Bild 3.7: Trapezförmiger Querschnitt

Lösung:

zu 1.

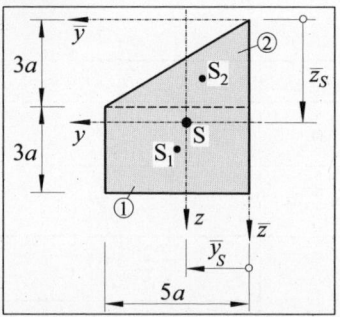

Bild 3.7.1: Querschnitt mit Einteilung und Bezugsachsensystem $\bar{y},\bar{z}$

Die Lösung erfolgt mit der Summation zweier Teilflächen (Rechteck ① und Dreieck ②) (Bild 3.7.1).
Für die Berechnung der Schwerpunktlage legen wir Bezugsachsen $\bar{y}$ und $\bar{z}$ fest (Bild 3.7.1).

$$\bar{y}_S = \frac{\sum \bar{y}_{S_i} A_i}{\sum A_i} = \frac{\frac{5}{2}a\,15a^2 + \frac{5}{3}a\,\frac{15}{2}a^2}{15a^2 + \frac{15}{2}a^2} = \frac{20}{9}a = 2,2\bar{2}a$$

$$\bar{z}_S = \frac{\sum \bar{z}_{S_i} A_i}{\sum A_i} = \frac{\frac{9}{2}a\,15a^2 + \frac{2}{3}3a\,\frac{15}{2}a^2}{15a^2 + \frac{15}{2}a^2} = \frac{11}{3}a = 3,66\bar{6}a$$

zu 2.

Flächenträgheitsmomente

Teilfläche ① (Rechteck)

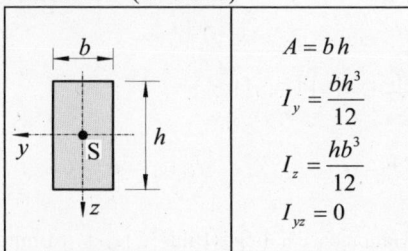

$A = bh$

$I_y = \dfrac{bh^3}{12}$

$I_z = \dfrac{hb^3}{12}$

$I_{yz} = 0$

Teilfläche ② (Dreieck)

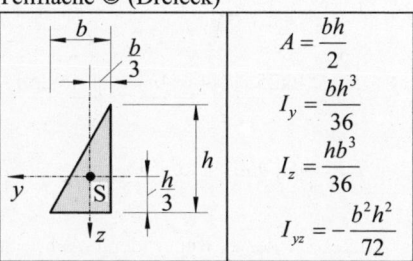

$A = \dfrac{bh}{2}$

$I_y = \dfrac{bh^3}{36}$

$I_z = \dfrac{hb^3}{36}$

$I_{yz} = -\dfrac{b^2 h^2}{72}$

$$I_y = \sum I_{y_i} + \sum A_i \left(\bar{z}_{S_i} - \bar{z}_S\right)^2$$

	i	A_i	$\bar{z}_{S_i}$	$\bar{z}_{S_i} - \bar{z}_S$	$A_i\left(\bar{z}_{S_i} - \bar{z}_S\right)^2$	I_{y_i}	$I_{y_i} + A_i\left(\bar{z}_{S_i} - \bar{z}_S\right)^2$
	1	$15a^2$	$\dfrac{9}{2}a$	$\dfrac{5}{6}a$	$\dfrac{375}{36}a^4$	$\dfrac{135}{12}a^4$	$\dfrac{780}{36}a^4$
	2	$\dfrac{15}{2}a^2$	$2a$	$-\dfrac{5}{3}a$	$\dfrac{125}{6}a^4$	$\dfrac{135}{36}a^4$	$\dfrac{885}{36}a^4$
$\sum$							$\dfrac{1665}{36}a^4 = I_y$

$$I_y = \frac{1665}{36}a^4 = \frac{185}{4}a^4 = \underline{\underline{46{,}25\,a^4}}$$

$$I_z = \sum I_{z_i} + \sum A_i\left(\bar{y}_{S_i} - \bar{y}_S\right)^2$$

	i	A_i	$\bar{y}_{S_i}$	$\bar{y}_{S_i} - \bar{y}_S$	$A_i\left(\bar{y}_{S_i} - \bar{y}_S\right)^2$	I_{z_i}	$I_{z_i} + A_i\left(\bar{y}_{S_i} - \bar{y}_S\right)^2$
	1	$15a^2$	$\frac{5}{2}a$	$\frac{5}{18}a$	$\frac{375}{324}a^4$	$\frac{375}{12}a^4$	$\frac{10500}{324}a^4$
	2	$\frac{15}{2}a^2$	$\frac{5}{3}a$	$-\frac{5}{9}a$	$\frac{375}{162}a^4$	$\frac{375}{36}a^4$	$\frac{4125}{324}a^4$
$\sum$							$\frac{14625}{324}a^4 = I_z$

$$I_z = \frac{14625}{324}a^4 = \frac{1625}{36}a^4 = \underline{\underline{45{,}14\,a^4}}$$

$$I_{yz} = \sum I_{yz_i} - \sum A_i\left(\bar{y}_{S_i} - \bar{y}_S\right)\left(\bar{z}_{S_i} - \bar{z}_S\right)$$

	i	A_i	$\bar{y}_{S_i} - \bar{y}_S$	$\bar{z}_{S_i} - \bar{z}_S$	$A_i\left(\bar{y}_{S_i} - \bar{y}_S\right)\left(\bar{z}_{S_i} - \bar{z}_S\right)$	I_{yz_i}	$I_{yz_i} - A_i\left(\bar{y}_{S_i} - \bar{y}_S\right)\left(\bar{z}_{S_i} - \bar{z}_S\right)$
	1	$15a^2$	$\frac{5}{18}a$	$\frac{5}{6}a$	$\frac{375}{108}a^4$	0	$-\frac{375}{108}a^4$
	2	$\frac{15}{2}a^2$	$-\frac{5}{9}a$	$-\frac{5}{3}a$	$\frac{375}{54}a^4$	$-\frac{225}{72}a^4$	$-\frac{2175}{216}a^4$
$\sum$							$-\frac{2925}{216}a^4 = I_{yz}$

$$I_{yz} = -\frac{2925}{216}a^4 = -\frac{325}{24}a^4 = \underline{\underline{-13{,}54\,a^4}}$$

zu 3.

Hauptträgheitsmomente und Lage der Hauptachsen:

$$I_{1,2} = \frac{I_y + I_z}{2} \pm \sqrt{\left(\frac{I_y - I_z}{2}\right)^2 + I_{yz}^2}\,,$$

$$I_{1,2} = \frac{46{,}25a^4 + 45{,}14a^4}{2} \pm \sqrt{\left(\frac{46{,}25a^4 - 45{,}14a^4}{2}\right)^2 + \left(-13{,}54a^4\right)^2}\,,$$

$$I_{1,2} = 45{,}695a^4 \pm 13{,}551a^4\,, \qquad I_1 = \underline{\underline{59{,}246a^4}}\,, \qquad I_2 = \underline{\underline{32{,}144a^4}}\,.$$

Der Winkel φ_1, der zwischen der y-Achse und der Hauptachse 1 liegt (Bild 3.7.2), wird mit einer der folgenden Formeln direkt berechnet:

$$\tan\varphi_1 = \frac{I_1 - I_y}{I_{yz}} = \frac{I_z - I_2}{I_{yz}} = \frac{I_{yz}}{I_1 - I_z} = \frac{I_{yz}}{I_y - I_2}\,,$$

$$\tan\varphi_1 = \frac{I_1 - I_y}{I_{yz}} = \frac{59{,}246\,a^4 - 46{,}25\,a^4}{-13{,}54\,a^4} = -0{,}9598\,,$$

$$\varphi_1 = \underline{\underline{-43{,}825°}}\,.$$

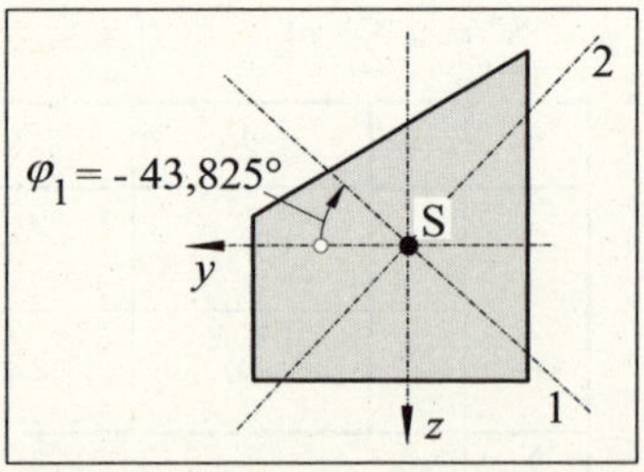

Bild 3.7.2: Lage der Hauptachsen 1 und 2

4 Biegung: Normalspannungen durch Biegemomente und Normalkraft; Schiefe Biegung; Verformungen durch Biegemomente

Zu den Normalspannungen durch Biegemomente und Normalkraft

Unter den allgemein üblichen Voraussetzungen der technischen Biegelehre gilt für die Normalspannung σ in einem beliebigen Punkt P (Koordinaten y und z) des Querschnitts (Bild 4.0):

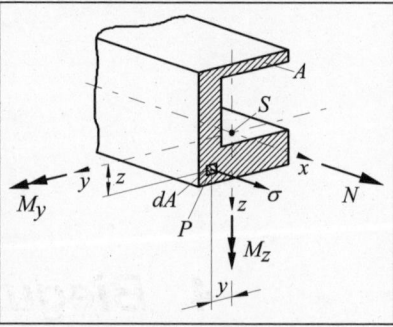

$$\sigma = \frac{N}{A} + \frac{M_y I_z - M_z I_{yz}}{I_y I_z - I_{yz}^2} z - \frac{M_z I_y - M_y I_{yz}}{I_y I_z - I_{yz}^2} y \qquad (1)$$

Die Achsen x, y und z sind Schwerachsen. Alle in Bild 4.0 für die Momente, die Koordinaten, die Kraft und die Spannung eingezeichneten Richtungen sind positiv, entgegengesetzte Richtungen sind negativ.

Bild 4.0: Zur Normalspannungsberechnung bei Biegung und Normalkraftbeanspruchung

---

Aufgabe 4.1:

Für einen einseitig eingespannten Träger mit kastenförmigem Querschnitt (Bild 4.1) sind:
1. die Schnittgrößenverläufe zu berechnen und darzustellen,
2. die absolut größte Biegespannung mit den Zahlenwerten $q = 2\,\text{kN}/\text{m}$ und $l = 2\,\text{m}$ zu berechnen und die Biegespannungsverteilung im am stärksten beanspruchten Querschnitt aufzuzeichnen.

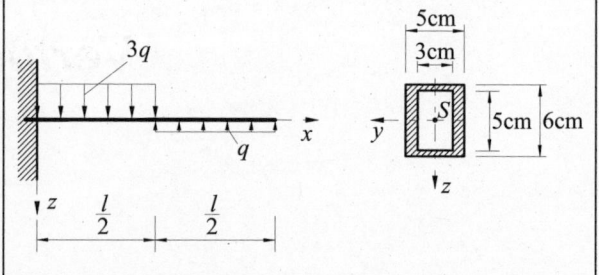

Bild 4.1: Einseitig eingespannter Träger mit kastenförmigem Querschnitt

Lösung:

zu 1.

Bereich: $0 \le x \le \dfrac{l}{2}$ (Feld I)

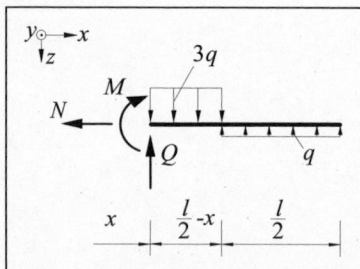

Bild 4.1.1: Freikörperbild des rechten Teils; Schnitt im Feld I

$N = \underline{\underline{0}}$

$\left(\sum M \right)_x = 0:$

$$M + 3q\left(\frac{l}{2} - x\right)^2 \cdot \frac{1}{2} - q\frac{l}{2}\left(\frac{l}{2} - x + \frac{l}{4}\right) = 0$$

$$\underline{M = -\frac{3}{2}q\left(\frac{l}{2} - x\right)^2 + q\frac{l}{2}\left(\frac{3l}{4} - x\right)}$$

$\sum \uparrow = 0:$

$$Q - 3q\left(\frac{l}{2} - x\right) + q\frac{l}{2} = 0$$

$$\underline{Q = ql - 3qx}$$

Maximales Biegemoment ist dort, wo die Querkraft ihr Vorzeichen wechselt:

$$Q = 0 \quad \Rightarrow \quad 0 = ql - 3qx \quad \Rightarrow \quad x = \frac{l}{3},$$

$$M_{\max} = -\frac{3}{2}q\left(\frac{l}{2} - \frac{l}{3}\right)^2 + q\frac{l}{2}\left(\frac{3l}{4} - \frac{l}{3}\right) = \frac{ql^2}{6}.$$

Bereich: $\dfrac{l}{2} \le x \le l$ (Feld II)

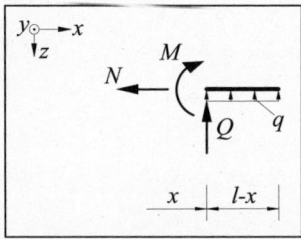

$$N = \underline{\underline{0}}$$

$$\left(\sum M\right)_x = 0:$$

$$M - q\frac{(l-x)^2}{2} = 0,$$

$$M = \frac{q}{2}(l-x)^2 .$$

$$\sum \uparrow = 0:$$

$$Q + q(l-x) = 0,$$

$$Q = \underline{\underline{-q(l-x)}}.$$

Bild 4.1.2: Freikörperbild des
rechten Teils;
Schnitt im Feld II

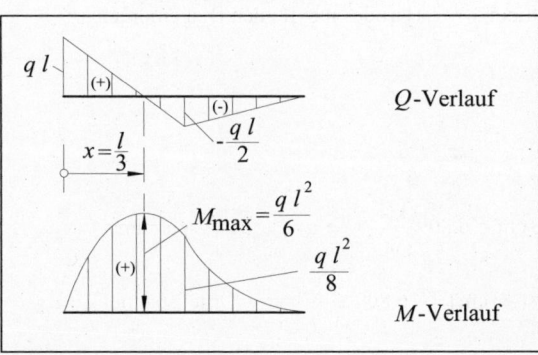

In Bild 4.1.3 sind die Schnittgrößen über die Balkenachse aufgetragen.

Q-Verlauf

M-Verlauf

Bild 4.1.3:
Schnittgrößenverläufe (Querkraft und
Biegemoment)

zu 2.

Der am stärksten beanspruchte Querschnitt ist dort, wo das maximale Biegemoment auftritt, also bei $x = \dfrac{l}{3}$. Da der vorhandene Biegemomentenvektor M in Richtung der y-Achse liegt und diese eine Hauptachse ist, haben wir es hier mit *einachsiger Biegung* zu tun.

Für die Biegespannung folgt aus Gleichung (1) (Seite 68) mit $M_y = M$, $N = 0$, $M_z = 0$ und $I_{yz} = 0$: $\sigma = \dfrac{M}{I_y} \cdot z$.

Absolut größte Biegespannung: $|\sigma_{\max}| = \dfrac{|M_{\max}|}{I_y} \cdot |z_{\max}|$ oder

$$|\sigma_{\max}| = \frac{|M_{\max}|}{W_y} , \text{ wobei } W_y = \frac{I_y}{|z_{\max}|} \text{ das Widerstandsmoment ist (Bild 4.1.4).}$$

Die Biegespannung ist im Querschnitt in z-Richtung linear veränderlich und nimmt an den Rändern (Bild 4.1.4) bei $z = 3\,\text{cm}$ bzw. $z = -3\,\text{cm}$ die größten Werte an, wobei jeweils ein Wert positiv (Zugspannung) und der andere negativ (Druckspannung) ist (Bild 4.1.5).

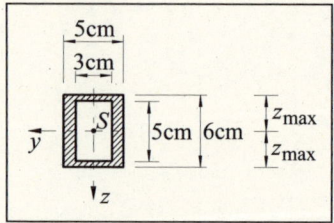

Bild 4.1.4: *Kastenförmiger Querschnitt*

Weil Widerstandsmomente *nicht* addiert bzw. subtrahiert werden dürfen, berechnen wir zuerst das Flächenträgheitsmoment aus der Differenz zweier Rechtecke, um dann das Widerstandsmoment zu ermitteln.

$$I_y = \frac{5 \cdot 6^3}{12}\,\text{cm}^4 - \frac{3 \cdot 5^3}{12}\,\text{cm}^4 = 58,75\,\text{cm}^4$$

$$W_y = \frac{I_y}{|z_{max}|} = \frac{58,75\,\text{cm}^4}{3\,\text{cm}} = 19,58\overline{3}\,\text{cm}^3$$

$$M_{max} = \frac{q\,l^2}{6} = \frac{2\,\text{kN/m} \cdot (2\text{m})^2}{6} = 1,\overline{3}\,\text{kNm}$$

$$|\sigma_{max}| = \frac{|M_{max}|}{W_y} = \frac{133,\overline{3}\,\text{kN\,cm}}{19,58\overline{3}\,\text{cm}^3} = \underline{\underline{6,809\,\frac{\text{kN}}{\text{cm}^2}}} \ .$$

Biegespannungsverteilung im Querschnitt bei $x = \dfrac{l}{3}$ (Ort des maximalen Biegemoments):

Es gilt hier $\qquad \sigma = \dfrac{M}{I_y} \cdot z \ .$

$$\sigma = \frac{133,\overline{3}\,\text{kN\,cm}}{58,75\,\text{cm}^4} \cdot z = 2,2695\,\frac{\text{kN}}{\text{cm}^3} \cdot z$$

$$\sigma(z = 3\,\text{cm}) = 2,2695\,\frac{\text{kN}}{\text{cm}^3} \cdot 3\,\text{cm} = 6,809\,\frac{\text{kN}}{\text{cm}^2} \quad \Rightarrow \qquad \text{Zugspannung}$$

$$\sigma(z = -3\,\text{cm}) = 2,2695\,\frac{\text{kN}}{\text{cm}^3} \cdot (-3\,\text{cm}) = -6,809\,\frac{\text{kN}}{\text{cm}^2} \quad \Rightarrow \qquad \text{Druckspannung}$$

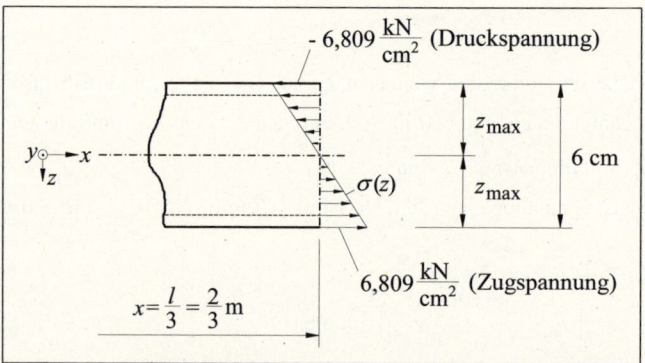

Bild 4.1.5: *Biegespannungsverteilung* $\sigma(z)$ *im am stärksten beanspruchten Querschnitt bei* $x = \dfrac{l}{3}$ *(Ort des maximalen Biegemoments)*

Aufgabe 4.2:

Ein auf zwei Stützen gelagerter Träger hat einen dreieckförmigen Querschnitt (Bild 4.2) und ist durch zwei Einzelkräfte belastet (Wirkungslinien der Kräfte liegen in der *x*,*z*-Ebene).

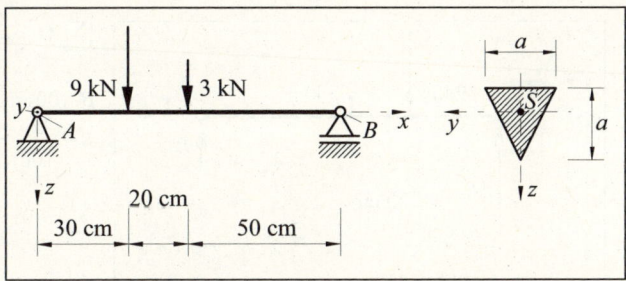

Für die maximal zulässige Biegespannung $\sigma_{zul} = \pm 14\,\text{kN} / \text{cm}^2$ ist das Querschnittsmaß *a* zu berechnen. Mit dem berechneten Maß *a* ist dann die Biegespannungsverteilung im am stärksten beanspruchten Querschnitt aufzuzeichnen.

Bild 4.2: *Träger auf zwei Stützen mit dreieckförmigem Querschnitt*

Lösung:

Da die Biegemomente um die *y*-Achse wirken, $M_z = 0$, $N = 0$ und $I_{yz} = 0$ (*z*-Achse ist Symmetrieachse; *y*- und *z*-Achse sind Hauptachsen) sind, liegt hier *einachsige Biegung* vor und es folgt aus Gleichung (1) (Seite 68): $\sigma = \dfrac{M}{I_y} z$.

1. Flächenträgheitsmoment I_y und Schwerpunktlage:

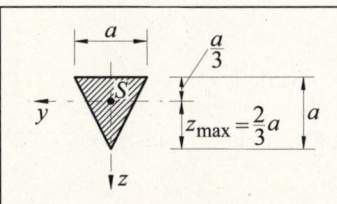

Die Formeln für das Flächenträgheitsmoment I_y und die Schwerpunktlage (Bild 4.2.1) des Dreiecksquerschnitts erhalten wir aus entsprechenden Handbüchern:

$$z_{max} = \frac{2}{3} a \quad ; \quad I_y = \frac{a^4}{36}$$

Bild 4.2.1: *Dreieckförmiger Querschnitt*

2. Widerstandsmoment W_y :

$$W_y = \frac{I_y}{|z_{max}|} = \frac{\dfrac{a^4}{36}}{\dfrac{2}{3} a} \qquad \text{(siehe Bild 4.2.1)}$$

$$W_y = \frac{a^3}{24}$$

3. Für die maximale Beanspruchung maßgebendes maximales Biegemoment:

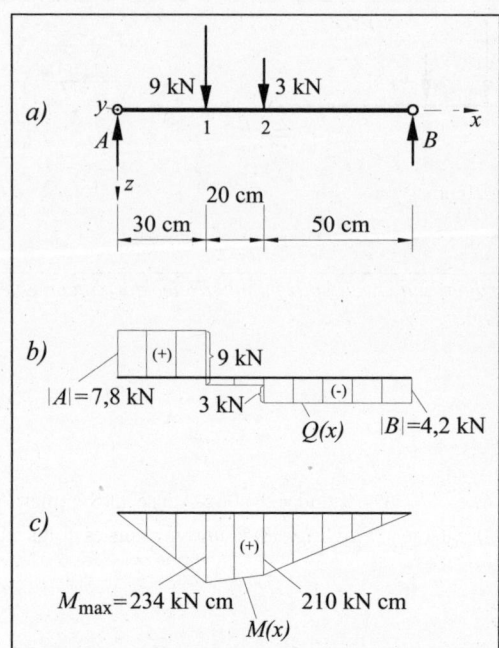

$$\left(\sum M\right)_A = 0: \quad \text{(Bild 4.2.2a)}$$

$$B \cdot 100\,\text{cm} - 9\,\text{kN} \cdot 30\,\text{cm} - 3\,\text{kN} \cdot 50\,\text{cm} = 0$$

$$B = \frac{420}{100}\,\text{kN} = 4,2\,\text{kN}$$

$$\sum \uparrow = 0: \quad \text{(Bild 4.2.2a)}$$

$$A + B - 9\,\text{kN} - 3\,\text{kN} = 0$$

$$A = 12\,\text{kN} - 4,2\,\text{kN} = 7,8\,\text{kN}$$

Das maximale Biegemoment tritt dort auf, wo die Querkraft das Vorzeichen wechselt (Bild 4.2.2b); das ist die Stelle 1.

Bild 4.2.2:
Zur Ermittlung von M_{max}
a) freigemachter Träger
b) Querkraftverlauf
c) Biegemomentenverlauf

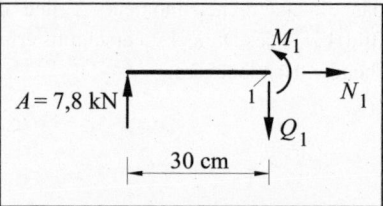

Somit M_{max} an der Stelle 1:

$$M_1 = M_{max} = 7,8\,\text{kN} \cdot 30\,\text{cm} \quad \text{(Bild 4.2.3 u. 4.2.2c)}$$

$$M_{max} = 234\,\text{kNcm}$$

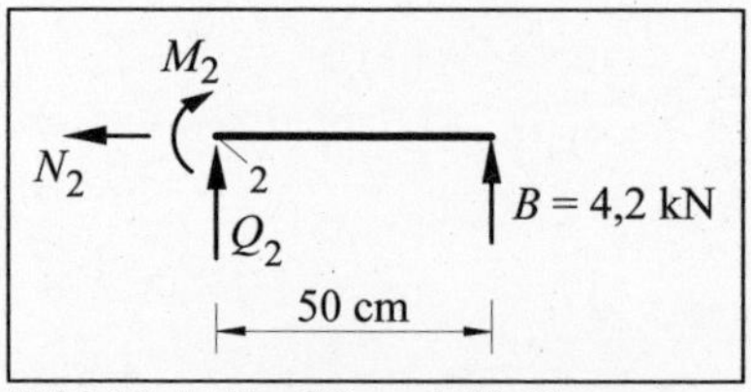

Bild 4.2.3: Freikörperbild; Biegemoment M_1 an der Stelle 1

$$M_2 = 4,2\,\text{kN} \cdot 50\,\text{cm} \quad \text{(Bild 4.2.4 und 4.2.2c)}$$

$$M_2 = 210\,\text{kNcm}$$

Bild 4.2.4: Freikörperbild; Biegemoment M_2 an der Stelle 2

4. Erforderliches Maß a:

$$|\sigma_{zul}| = \frac{|M_{max}|}{\frac{I_y}{|z_{max}|}} = \frac{|M_{max}|}{W_y} \qquad \text{(siehe Bild 4.2.1)}$$

$$14\,\frac{kN}{cm^2} = \frac{234\,kN\,cm}{\frac{a^3}{24}} \quad \Rightarrow \quad a^3 = \frac{24 \cdot 234\,kN\,cm}{14\,\frac{kN}{cm^2}} = 401,143\,cm^3$$

$$a = \sqrt[3]{401,143\,cm^3} = \underline{\underline{7,375\,cm}}$$

5. Biegespannungsverteilung im am stärksten beanspruchten Querschnitt:

Die Stelle 1 des Trägers (Bild 4.2.2) ist am stärksten beansprucht.

$$I_y = \frac{a^4}{36} = \frac{(7,375\,cm)^4}{36} = 82,176\,cm^4$$

$$\sigma = \frac{M_{max}}{I_y}z$$

Spannung am oberen Rand ($z = -\frac{a}{3} = -\frac{7,375\,cm}{3} = -2,458\overline{3}$ cm):

$$\sigma\big(z = -2,458\overline{3}cm\big) = \frac{234}{82,176}\big(-2,458\overline{3}\big)\frac{kN}{cm^2} = -7\,\frac{kN}{cm^2} \quad \Rightarrow \quad \text{Druckspannung}$$

Spannung am unteren Rand ($z = \frac{2}{3}a = \frac{2}{3}7,375\,cm = 4,91\overline{6}$ cm):

$$\sigma\big(z = 4,91\overline{6}\,cm\big) = \frac{234}{82,176}4,91\overline{6}\,\frac{kN}{cm^2} = 14\,\frac{kN}{cm^2} \quad \Rightarrow \quad \text{Zugspannung}$$

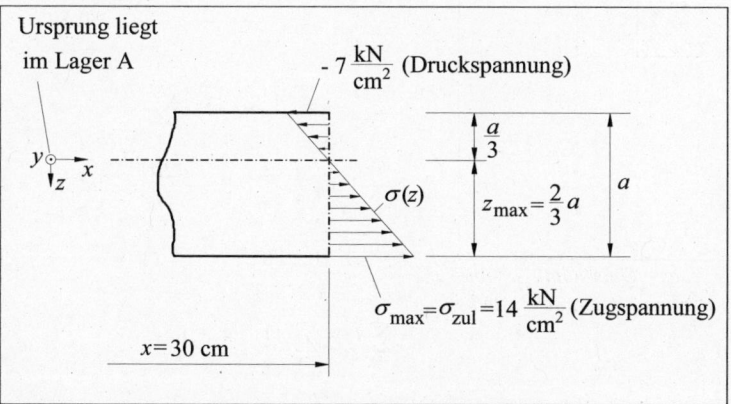

Bild 4.2.5: Biegespannungsverteilung $\sigma(z)$ bei $x = 30$ cm

Aufgabe 4.3:

Ein einseitig eingespannter Träger mit dem gegebenen Querschnittsmaß a (Bild 4.3) ist durch ein im Schwerlinienpunkt B angreifendes Moment M_B belastet.

Wie groß darf M_B höchstens werden, wenn die maximale Spannung $\sigma_{max} = \pm\sigma_{zul}$ nicht überschritten werden soll?

Die Spannungsverteilung im Querschnitt ist aufzuzeichnen.

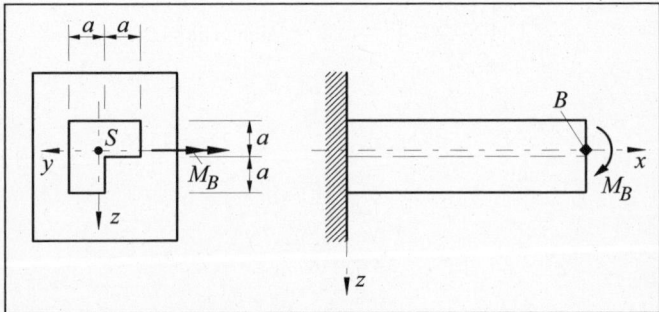

Bild 4.3: Einseitig eingespannter Träger

Lösung:

Im vorliegenden Fall liegt *schiefe Biegung* vor, weil die y-Achse (Biegeachse), um welche das Biegemoment M_B dreht, keine Hauptachse ist.

Schiefe Biegung tritt z. B. immer dann auf, wenn ein Träger durch die beiden Biegemomente M_y und M_z (siehe Bild 4.0; Seite 68) beansprucht ist, oder wenn die Biegeachse (Achse, um die das Biegemoment dreht) keine Hauptachse ist.

Mit $N = 0$ und $M_z = 0$ folgt aus Gleichung (1) (Seite 68):

$$\sigma = \frac{M_y I_z}{I_y I_z - I_{yz}^2} z - \frac{-M_y I_{yz}}{I_y I_z - I_{yz}^2} y \;.$$

1. Schwerpunktlage und Flächenträgheitsmomente

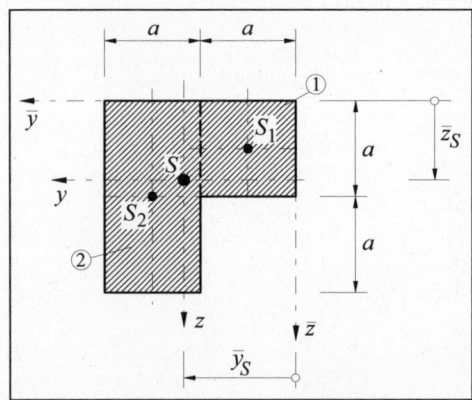

Bild 4.3.1: Einteilung des Querschnitts und Lage des Bezugskoordinatensystems $\bar{y}, \bar{z}$

$$\bar{y}_S = \frac{\sum_{i=1}^{n} \bar{y}_{S_i} A_i}{A} = \frac{\frac{a}{2}a^2 + \frac{3}{2}a\,2a^2}{3a^2} = \frac{7}{6}a = 1,1\overline{6}a$$

$$\bar{z}_S = \frac{\sum_{i=1}^{n} \bar{z}_{S_i} A_i}{A} = \frac{\frac{a}{2}a^2 + a\,2a^2}{3a^2} = \frac{5}{6}a = 0,8\overline{3}a$$

$$I_y = \sum_{i=1}^{n} I_{y_i} + \sum_{i=1}^{n} A_i\left(\bar{z}_{S_i} - \bar{z}_S\right)^2$$

$$I_y = \frac{a^4}{12} + a^2\left(\frac{a}{2} - \frac{5}{6}a\right)^2 + \frac{a(2a)^3}{12} + 2a^2\left(a - \frac{5}{6}a\right)^2$$

$$I_y = \frac{11}{12}a^4 = 0,91\overline{6}\,a^4$$

$$I_z = \sum_{i=1}^{n} I_{z_i} + \sum_{i=1}^{n} A_i\left(\bar{y}_{S_i} - \bar{y}_S\right)^2$$

$$I_z = \frac{a^4}{12} + a^2\left(\frac{a}{2} - \frac{7}{6}a\right)^2 + \frac{2a a^3}{12} + 2a^2\left(\frac{3}{2}a - \frac{7}{6}a\right)^2 = \frac{11}{12}a^4 = 0,91\overline{6}\,a^4$$

$$I_{yz} = \sum_{i=1}^{n} I_{yz_i} - \sum_{i=1}^{n} A_i \left(\overline{y}_{S_i} - \overline{y}_S \right) \left(\overline{z}_{S_i} - \overline{z}_S \right)$$

$$I_{yz} = 0 - a^2 \left(\frac{a}{2} - \frac{7}{6}a \right) \left(\frac{a}{2} - \frac{5}{6}a \right) + 0 - 2a^2 \left(\frac{3}{2}a - \frac{7}{6}a \right) \left(a - \frac{5}{6}a \right)$$

$$I_{yz} = -\frac{1}{3}a^4 = -0,3\overline{3}\,a^4$$

2. Für die maximale Beanspruchung maßgebendes maximales Biegemoment

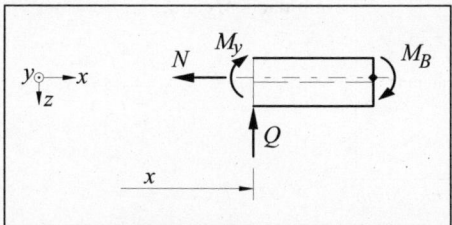

$$\left(\sum M \right)_x = 0 :$$

$$M_y + M_B = 0$$
$$M_y = -M_B$$

Das maximale Biegemoment beträgt $M_{\mathrm{max}} = M_y = -M_B$ und tritt an jeder Stelle x des Trägers auf.

Bild 4.3.2: *Freikörperbild des durchgeschnittenen Trägers; Biegemoment M_y an der Stelle x*

3. Spannungsgleichung

Mit $M_y = -M_B$ folgt:

$$\sigma = \frac{-M_B\,I_z}{I_y I_z - I_{yz}{}^2} z - \frac{M_B\,I_{yz}}{I_y I_z - I_{yz}{}^2} y$$

$$\sigma = -\frac{M_B}{I_y I_z - I_{yz}{}^2} \left(I_z z + I_{yz} y \right)$$

Da der Ort der maximalen Spannung im Querschnitt noch nicht bekannt ist, müssen wir alle äußeren Eckpunkte in Betracht ziehen - es sei denn, wir berechnen zuerst die Lage der Spannungs-Null-Linie. Die größten Spannungen treten an den von der Spannungs-Null-Linie am weitesten entfernten Querschnittsstellen auf (der senkrechte Abstand zur Spannungs-Null-Linie ist maßgebend) (Bild 4.3.3).

Für die Spannungs-Null-Linie folgt mit $\sigma = 0$:

$$0 = -\frac{M_B}{I_y I_z - I_{yz}{}^2} \left(I_z z + I_{yz} y \right)$$

$$0 = I_z z + I_{yz} y \quad ; \quad z = -\frac{I_{yz}}{I_z} y \qquad \text{Funktion der Spannungs-Null-Linie}$$

Steigung der Spannungs-Null-Linie (Bild 4.3.3):

$$\frac{dz}{dy} = \tan \beta = -\frac{I_{yz}}{I_z} = -\frac{-\dfrac{1}{3}a^4}{\dfrac{11}{12}a^4} = \frac{12}{33} = 0,36\overline{36},$$

$$\beta = 19,98°.$$

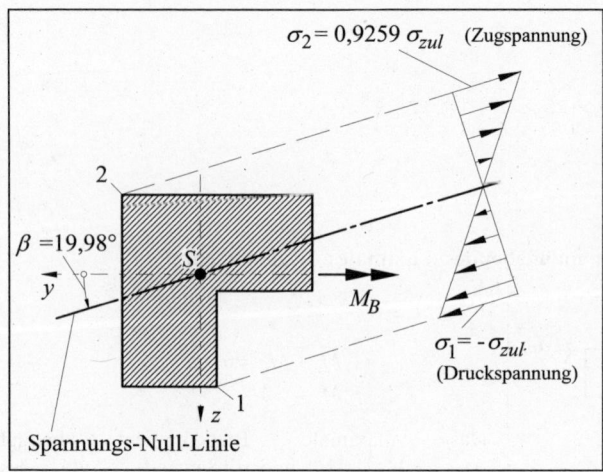

Nach Einzeichnen der Spannungs-Null-Linie in den Querschnitt (Bild 4.3.3) erkennen wir, dass der Punkt 1 am weitesten von der Spannungs-Null-Linie (senkrechter Abstand) entfernt ist. Das bedeutet: Im Punkt 1 tritt die größte Spannung auf, so dass dieser Punkt für die Bemessung maßgebend ist.

Die Spannungsgleichung stellen wir nun nach M_B um:

$$M_B = -\frac{I_y I_z - I_{yz}^2}{I_z z + I_{yz} y}\sigma$$

Bild 4.3.3: Querschnitt mit Spannungs-Null-Linie und Spannungsverteilung

Für Punkt 1 (Bild 4.3.3 und 4.3.1) gilt: $\quad y_1 = a - \frac{7}{6}a = -\frac{1}{6}a \quad ; \quad z_1 = 2a - \frac{5}{6}a = \frac{7}{6}a$

$$M_B = -\frac{\frac{11}{12}a^4 \frac{11}{12}a^4 - \left(-\frac{1}{3}a^4\right)^2}{\frac{11}{12}a^4 \frac{7}{6}a + \left(-\frac{1}{3}a^4\right)\left(-\frac{1}{6}a\right)}\sigma = -\frac{169}{162}a^3\sigma = -1,04321\,a^3\sigma$$

Für das höchst zulässige Biegemoment M_B folgt mit $\sigma = \sigma_{max} = -\sigma_{zul}$:

$$\underline{M_B = 1,04321\,a^3 \sigma_{zul}} \ .$$

Nun rechnen wir die Spannungen mit $M_B = 1,04321\,a^3 \sigma_{zul}$ in den Punkten 1 und 2 aus und zeichnen die Spannungsverteilung im Querschnitt auf (Bild 4.3.3).

Punkt 1: $\quad y_1 = a - \frac{7}{6}a = -\frac{1}{6}a \quad ; \quad z_1 = 2a - \frac{5}{6}a = \frac{7}{6}a$

$$\sigma_1 = -\frac{1,04321a^3 \sigma_{zul}}{\frac{11}{12}a^4 \frac{11}{12}a^4 - \left(-\frac{1}{3}a^4\right)^2}\left(\frac{11}{12}a^4 \frac{7}{6}a + \left(-\frac{1}{3}a^4\right)\left(-\frac{1}{6}a\right)\right)$$

$$\sigma_1 = -\sigma_{zul} \quad \text{(Druckspannung)}$$

Punkt 2: $\quad y_2 = 2a - \frac{7}{6}a = \frac{5}{6}a \quad ; \quad z_2 = -\frac{5}{6}a$

$$\sigma_2 = -\frac{1,04321a^3 \sigma_{zul}}{\frac{11}{12}a^4 \frac{11}{12}a^4 - \left(-\frac{1}{3}a^4\right)^2}\left(\frac{11}{12}a^4\left(-\frac{5}{6}a\right) + \left(-\frac{1}{3}a^4\right)\frac{5}{6}a\right)$$

$$\sigma_2 = 0,9259\,\sigma_{zul} \quad \text{(Zugspannung)}$$

Aufgabe 4.4:

An einem eingespannten Träger (Bild 4.4) greifen zwei Einzelkräfte an. Der ⌐-Querschnitt hat die Maße $a = 50\,\text{mm}$ und $t = 4\,\text{mm}$.

Die Kräfte F sind für den Fall zu berechnen, dass die zulässige Spannung $\sigma_{zul} = \pm 120\,\text{N}/\text{mm}^2$ nirgends überschritten wird. Anschließend ist die Spannungsverteilung im Querschnitt aufzuzeichnen.

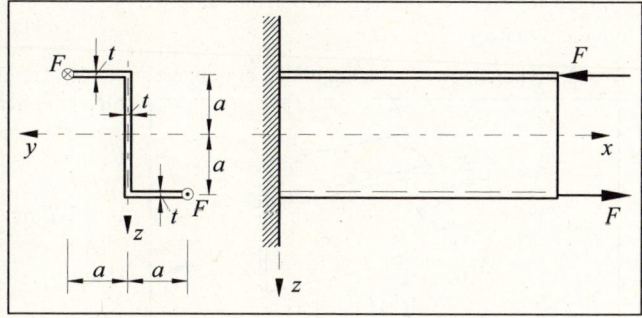

Bild 4.4: *Eingespannter Träger mit ⌐-Querschnitt*

Lösung:

1. Schwerpunktlage und Flächenträgheitsmomente

Der Gesamtschwerpunkt S liegt im Schwerpunkt der Fläche ② (Bild 4.4.1), da die statischen Momente der Teilflächen ① und ③ auf beiden Seiten der Schwerpunktsachsen von Teilfläche ② die gleichen Beträge haben.

Da die Wandstärke t des Profils sehr viel kleiner als das Maß a ist ($t \ll a$), wird auf *Wandstärkenmitte* gerechnet (Bild 4.4.1), und Eigenträgheitsmomente, in denen die dritte Potenz der Wandstärke auftreten, werden vernachlässigt!

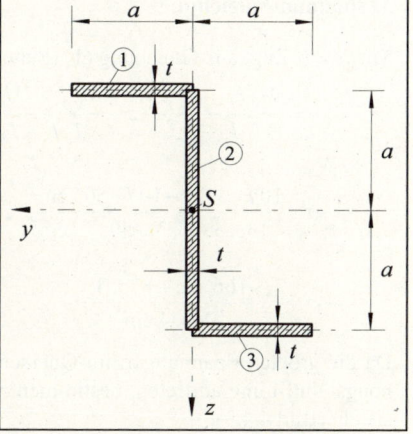

$$I_y = 2 \cdot a \cdot t \cdot a^2 + \frac{1}{12} \cdot t \cdot (2a)^3$$

$$I_y = \frac{8}{3} t\, a^3 = \frac{8}{3} \cdot 4 \cdot 50^3 \,\text{mm}^4$$

$$I_y = 1333333,\overline{3}\,\text{mm}^4 = 133,\overline{3}\,\text{cm}^4$$

Bild 4.4.1: *Einteilung des Querschnitts*

$$I_z = \frac{1}{12} \cdot t \cdot (2a)^3 = \frac{2}{3} t\, a^3 = \frac{2}{3} \cdot 4 \cdot 50^3 \,\text{mm}^4$$

$$I_z = 333333,\overline{3}\,\text{mm}^4 = 33,\overline{3}\,\text{cm}^4$$

$$I_{yz} = -\left(t \cdot a \cdot \frac{a}{2} \cdot (-a) + t \cdot a \cdot \left(-\frac{a}{2}\right) \cdot a\right) = t\, a^3 = 4 \cdot 50^3 \,\text{mm}^4$$

$$I_{yz} = 500000\,\text{mm}^4 = 50\,\text{cm}^4$$

2. Schnittreaktionen

Es liegt *schiefe Biegung* vor, da Biegung um zwei Achsen vorhanden ist (M_y um die y-Achse; M_z um die z-Achse).

Aus den Gleichgewichtsbedingungen am abgeschnittenen Trägerteil (Schnittmethode) (Bild 4.4.2)

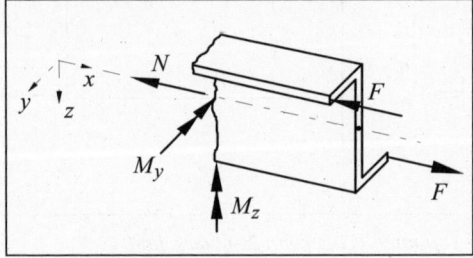

folgen die Schnittreaktionen:

$$N = 0$$

$$M_y = 2\,F\,a = 2 \cdot F \cdot 50\,\text{mm} = 10\,F\,\text{cm}$$

$$M_z = 2\,F\,a = 2 \cdot F \cdot 50\,\text{mm} = 10\,F\,\text{cm}$$

Die Biegemomente M_y und M_z sind konstant im Träger.

Bild 4.4.2: Freikörperbild des geschnittenen Trägers; Schnittreaktionen

3. Spannungsgleichung

Mit $N = 0$ folgt aus Gleichung (1) (Seite 68):

$$\sigma = \frac{M_y I_z - M_z I_{yz}}{I_y I_z - I_{yz}^2}\, z - \frac{M_z I_y - M_y I_{yz}}{I_y I_z - I_{yz}^2}\, y$$

$$\sigma = \frac{10\,F \cdot 33,\overline{3} - 10\,F \cdot 50}{133,\overline{3} \cdot 33,\overline{3} - 50^2}\cdot\frac{\text{cm}^5}{\text{cm}^8}\cdot z - \frac{10\,F \cdot 133,\overline{3} - 10\,F \cdot 50}{133,\overline{3} \cdot 33,\overline{3} - 50^2}\cdot\frac{\text{cm}^5}{\text{cm}^8}\cdot y$$

$$\sigma = F\,\frac{-166,\overline{6}\,z - 833,\overline{3}\,y}{1944,4\,\text{cm}^3}$$

Da die größten Spannungen im Querschnitt an den am weitesten entfernten Stellen von der Spannungs-Null-Linie auftreten, bestimmen wir zuerst die Lage der Spannungs-Null-Linie und zeichnen sie ein (Bild 4.4.3).

Für die Spannungs-Null-Linie folgt mit $\sigma = 0$:

$$0 = F\,\frac{-166,\overline{6}\,z - 833,\overline{3}\,y}{1944,4\,\text{cm}^3}$$

$$0 = 166,\overline{6}\,z + 833,\overline{3}\,y \quad \Rightarrow \quad z = -\frac{833,\overline{3}}{166,\overline{6}}\,y = -5\,y \quad \text{(Funktion der Spannungs-Null-Linie)}$$

Steigung der Spannungs-Null-Linie (Bild 4.4.3):

$$\frac{dz}{dy} = \tan\beta = -5 \quad \Rightarrow \quad \beta = -78,69°\ .$$

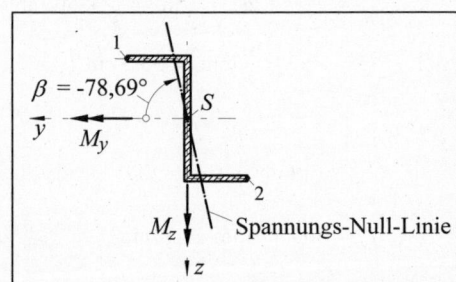

Bild 4.4.3: Querschnitt mit Spannungs-Null-Linie

Aus Bild 4.4.3 erkennen wir, dass die Punkte 1 und 2 am weitesten von der Spannungs-Null-Linie entfernt sind (der senkrechte Abstand von der Spannungs-Null-Linie ist maßgebend). Das bedeutet unter Zuhilfenahme der bekannten Richtungen der Biegemomente M_y und M_z:

Im Punkt 1 tritt die größte Druckspannung und im Punkt 2 die größte Zugspannung auf.

Stellen wir nun die Spannungsgleichung nach F um, so folgt:

$$F = \frac{1944,4\,\text{cm}^3\;\sigma_{zul}}{-166,\overline{6}\,z - 833,\overline{3}\,y}$$

Für Punkt 1 (Bild 4.4.3) gilt: $y_1 = 5\,\text{cm}$; $z_1 = -5\,\text{cm}$; $\sigma_{zul} = -120\,\text{N}\,/\,\text{mm}^2$

$$F_1 = \frac{1944,4\text{cm}^3\left(-12000\text{N/cm}^2\right)}{-166,\overline{6}\left(-5\text{cm}\right) - 833,\overline{3} \cdot 5\text{cm}} = 7000\text{N}$$

Für Punkt 2 (Bild 4.4.3) gilt: $y_2 = -5\,\text{cm}$; $z_2 = 5\,\text{cm}$; $\sigma_{zul} = 120\,\text{N}\,/\,\text{mm}^2$

$$F_2 = \frac{1944,4\text{cm}^3\left(12000\text{N/cm}^2\right)}{-166,\overline{6} \cdot 5\text{cm} - 833,\overline{3} \cdot \left(-5\text{cm}\right)} = 7000\text{N}$$

Somit $F = 7000\,\text{N}$.

Nun rechnen wir die Spannungen mit $F = 7000\,\text{N}$ in den Punkten 1, 2, 3 und 4 (Bild 4.4.4) aus und zeichnen die Spannungsverteilung im Querschnitt auf (Bild 4.4.4).

Für die Spannung σ_i in dem Querschnittspunkt i ergibt sich:

$$\sigma_i = F\frac{-166,\overline{6}\,z_i - 833,\overline{3}\,y_i}{1944,4\,\text{cm}^3} = 7000\,\text{N}\frac{-166,\overline{6}\,z_i - 833,\overline{3}\,y_i}{1944,4\,\text{cm}^3}$$

	Punkt			
	i	y_i	z_i	σ_i
Dim	-	cm	cm	N / cm^2
	1	5	-5	-12000
	2	-5	5	12000
	3	0	5	-3000
	4	0	-5	3000

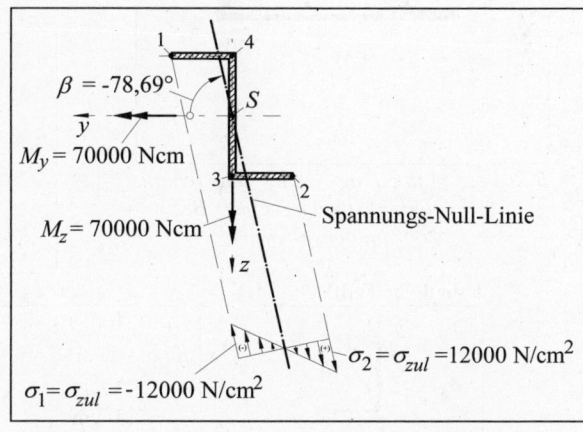

Bild 4.4.4: Querschnitt mit Spannungsverteilung

Aufgabe 4.5:

Der dargestellte Querschnitt (Bild 4.5) aus Aufgabe 3.5 (Seite 57) wird durch die Schnittreaktionen
$N = -700\,\text{kN}$,
$M_y = 4300\,\text{kN cm}$ und
$M_z = -3500\,\text{kN cm}$
belastet (y- und z-Achse sind Schwerpunktsachsen).
Es ist die Spannungsverteilung im Querschnitt zu berechnen und aufzuzeichnen.

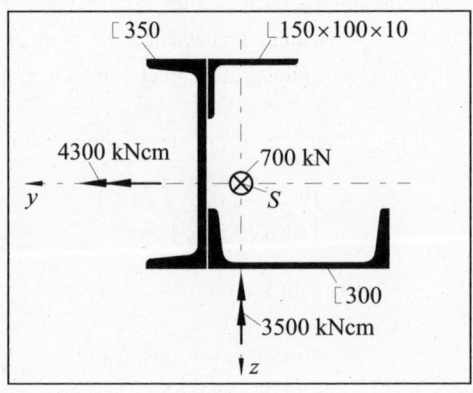

Bild 4.5: Zusammengesetzter Querschnitt mit Schnittreaktionen

Lösung:

Zur Berechnung der Schwerpunktlage und der Querschnittswerte wird der Querschnitt in Teilflächen eingeteilt und ein Bezugskoordinatensystem festgelegt (Bild 4.5.1). Weiterhin werden die erforderlichen Kenndaten der Teilflächen (Profile) aus entsprechenden Profiltafeln entnommen (Tabellen 1 und 2).

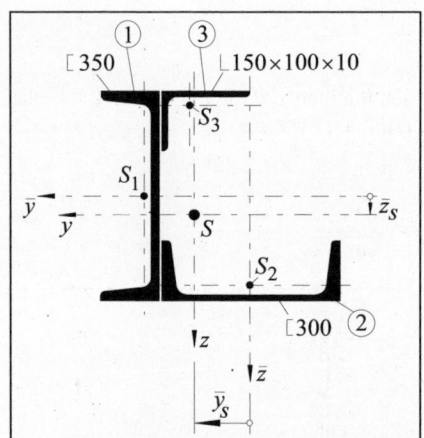

Bild 4.5.1: Einteilung des Querschnitts und Festlegung eines Bezugskoordinatensystems $\bar{y}, \bar{z}$

Tabelle 1; Teilflächen ① und ② :

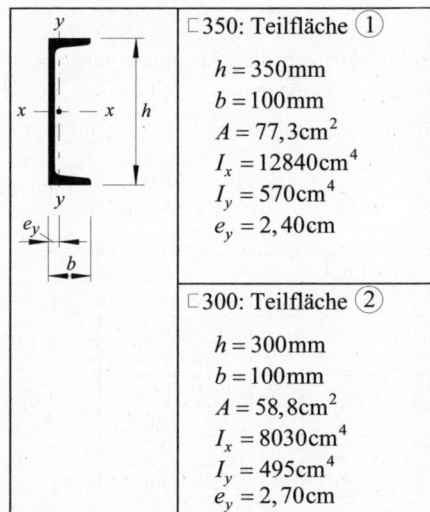

⊏350: Teilfläche ①
$h = 350\,\text{mm}$
$b = 100\,\text{mm}$
$A = 77,3\,\text{cm}^2$
$I_x = 12840\,\text{cm}^4$
$I_y = 570\,\text{cm}^4$
$e_y = 2,40\,\text{cm}$

⊏300: Teilfläche ②
$h = 300\,\text{mm}$
$b = 100\,\text{mm}$
$A = 58,8\,\text{cm}^2$
$I_x = 8030\,\text{cm}^4$
$I_y = 495\,\text{cm}^4$
$e_y = 2,70\,\text{cm}$

Tabelle 2; Teilfläche ③ :

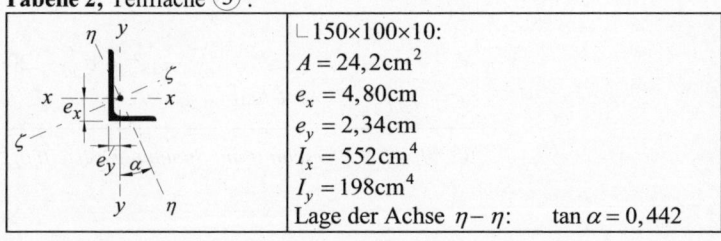

∟150×100×10:
$A = 24,2\,\text{cm}^2$
$e_x = 4,80\,\text{cm}$
$e_y = 2,34\,\text{cm}$
$I_x = 552\,\text{cm}^4$
$I_y = 198\,\text{cm}^4$
Lage der Achse $\eta - \eta$: $\tan \alpha = 0,442$

Für den Querschnitt wurden in der Aufgabe 3.5 (Seite 57) folgende Werte ermittelt:

$A = 160,3 \, \text{cm}^2$; $\bar{y}_S = 9,93 \, \text{cm}$; $\bar{z}_S = 3,14 \, \text{cm}$;

$I_y = 30393,68 \, \text{cm}^4$; $I_z = 19265,14 \, \text{cm}^4$; $I_{yz} = 8546,29 \, \text{cm}^4$.

Spannungsgleichung

Der Querschnitt ist durch Biegung und Normalkraft beansprucht. Die Normalspannung σ wird nach Gleichung (1) (Seite 68) berechnet.

$$\sigma = \frac{N}{A} + \frac{M_y I_z - M_z I_{yz}}{I_y I_z - I_{yz}^2} z - \frac{M_z I_y - M_y I_{yz}}{I_y I_z - I_{yz}^2} y$$

Setzen wir die bekannten Größen ein, so folgt:

$$\sigma = \frac{-700 \, \text{kN}}{160,3 \, \text{cm}^2} + \frac{4300 \cdot 19265,14 - (-3500) \cdot 8546,29}{30393,68 \cdot 19265,14 - 8546,29^2} \cdot \frac{\text{kN}}{\text{cm}^3} \cdot z - \frac{(-3500) \cdot 30393,68 - 4300 \cdot 8546,29}{30393,68 \cdot 19265,14 - 8546,29^2} \cdot \frac{\text{kN}}{\text{cm}^3} \cdot y$$

$$\sigma = -4,3668 \, \frac{\text{kN}}{\text{cm}^2} + 0,220 \, \frac{\text{kN}}{\text{cm}^3} \cdot z + 0,279272 \, \frac{\text{kN}}{\text{cm}^3} \cdot y \quad \Rightarrow \quad \text{Spannungsfunktion}$$

Da die größten Spannungen im Querschnitt an den am weitesten entfernten Stellen von der Spannungs-Null-Linie auftreten (der senkrechte Abstand von der Spannungs-Null-Linie ist maßgebend), bestimmen wir zuerst die Lage der Spannungs-Null-Linie und zeichnen sie ein (Bild 4.5.2).

Die Spannungs-Null-Linie ist der geometrische Ort aller derjenigen Punkte, für die σ verschwindet.

Somit folgt mit $\sigma = 0$:

$$0 = -4,3668 \, \frac{\text{kN}}{\text{cm}^2} + 0,220 \, \frac{\text{kN}}{\text{cm}^3} \cdot z + 0,279272 \, \frac{\text{kN}}{\text{cm}^3} \cdot y$$

$$z = -\frac{0,279272}{0,220} y + \frac{4,3668}{0,220} \, \text{cm} = -1,269 \, y + 19,85 \, \text{cm} \quad \Rightarrow \quad \text{Funktion der Spannungs-Null-Linie}$$

$$\frac{dz}{dy} = \tan \beta = -1,269 \quad \Rightarrow \quad \beta = -51,76° \quad \Rightarrow \quad \text{Steigung der Spannungs-Null-Linie (Bild 4.5.2).}$$

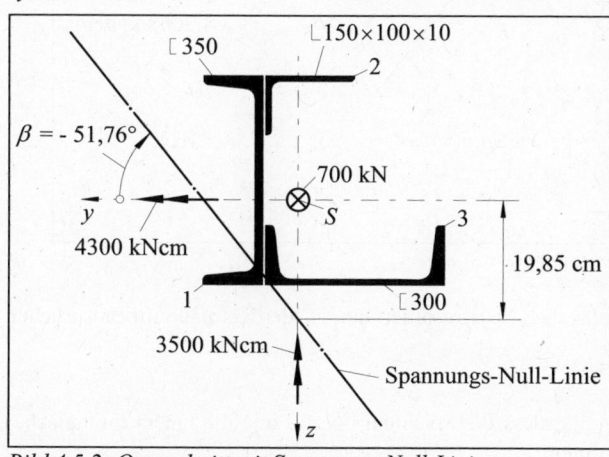

Bild 4.5.2: Querschnitt mit Spannungs-Null-Linie

Der Summand 19,85 cm in der Funktion der Spannungs-Null-Linie gibt den Schnittpunkt der Spannungs-Null-Linie mit der z-Achse an (Bild 4.5.2).

Aus Bild 4.5.2 erkennen wir, dass Punkt 2 am weitesten von der Spannungs-Null-Linie entfernt ist. Es tritt dort die größte Spannung auf.

Wir berechnen nun die Spannungen in den Punkten 1, 2, 3 und im Schwerpunkt $S \left(y_S = 0, \, z_S = 0 \right)$ (Bild 4.5.2) und zeichnen die Spannungsverteilung im Querschnitt auf (Bild 4.5.3).

Für die Spannung σ_i in dem Querschnittspunkt i gilt:

$$\sigma_i = -4,3668\frac{kN}{cm^2} + 0,220\frac{kN}{cm^3}\cdot z_i + 0,279272\frac{kN}{cm^3}\cdot y_i$$

Die Koordinaten (y_i, z_i) des Punktes i werden mit den Gleichungen $y_i = \overline{y}_i - \overline{y}_S$ und $z_i = \overline{z}_i - \overline{z}_S$ berechnet (Bezugskoordinatensystem $\overline{y}, \overline{z}$ siehe Bild 4.5.1).

	Punkt i	$\overline{y}_i$	$\overline{z}_i$	$y_i = \overline{y}_i - \overline{y}_S$	$z_i = \overline{z}_i - \overline{z}_S$	σ_i
Dim.	-	cm	cm	cm	cm	kN / cm^2
	1	25	17,5	15,07	14,36	3
	2	0	-17,5	-9,93	-20,64	-11,68
	3	-15	7,5	-24,93	4,36	-10,37
	S	9,93	3,14	0	0	-4,3668

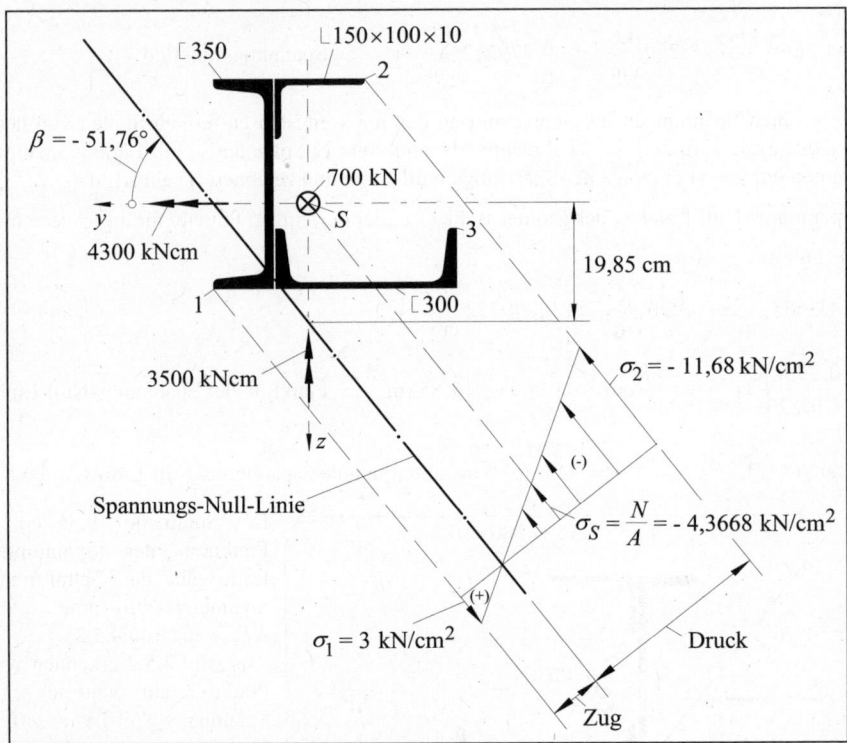

Bild 4.5.3: Querschnitt mit Spannungsverteilung

Die Spannung im Schwerpunkt $S(y_S = 0, z_S = 0)$ resultiert nur aus der Normalkraftbeanspruchung:

$$\sigma_S = \frac{N}{A} = \frac{-700\,kN}{160,3\,cm^2} = -4,3668\frac{kN}{cm^2} \text{ (Bild 4.5.3).}$$

Außerdem erkennen wir aus Bild 4.5.3, dass die Spannungs-Null-Linie die Querschnittsfläche in einen Zug- und einen Druckbereich trennt.

Aufgabe 4.6:

Für einen Kragträger mit konstanter Biegesteifigkeit *EI* sind jeweils für Fall 1 (endseitige Kraft) (Bild 4.6) und für Fall 2 (endseitiges Biegemoment) (Bild 4.6) zu ermitteln:

1. Gleichung der Biegelinie,
2. Gleichung der Neigungswinkel der Biegelinie,
3. größte Durchbiegung,
4. größter Neigungswinkel.

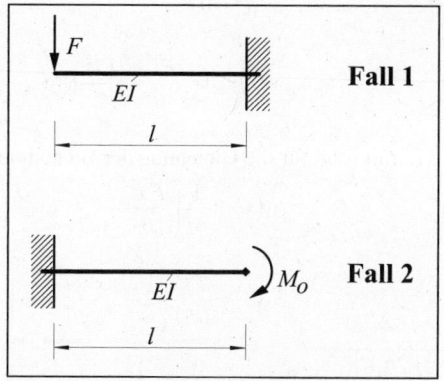

Bild 4.6: *Kragträger mit Einzellast (Fall 1); Kragträger mit endseitigem Moment (Fall 2)*

Lösung:

Fall 1

zu 1.

Die Differentialgleichung der Biegelinie lautet:

$$w''(x) = -\frac{M(x)}{EI} \ .$$

Zuerst legen wir ein x,y,z-Koordinatensystem fest, zählen die Koordinate x vom freien Ende des Kragträgers aus und schneiden den Träger an der Stelle x durch (Schnittmethode) (Bild 4.6.1).

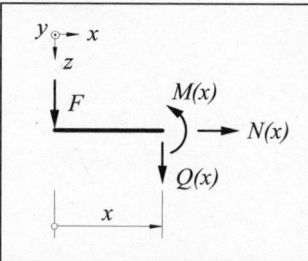

Bild 4.6.1: *Freikörperbild des geschnittenen Trägers*

Aus der Momenten-Gleichgewichtsbedingung am geschnittenen Träger folgt:

$$(\Sigma M)_x = 0:$$

$$M(x) + Fx = 0$$

$$M(x) = -Fx \qquad \text{gültig im Bereich } 0 \leq x \leq l.$$

Bedient man damit die obige Differentialgleichung und integriert zweimal, so folgt:

$$w''(x)EI = -M(x) = Fx \ ,$$

$$w'(x)EI = \frac{Fx^2}{2} + C_1 \ ,$$

$$w(x)EI = \frac{Fx^3}{6} + C_1 x + C_2 \ .$$

Die Integrationskonstanten C_1 und C_2 berechnen wir mit Hilfe der Randbedingungen

$$x = l \quad ; \quad w'(l) = 0$$
$$x = l \quad ; \quad w(l) = 0 \ ,$$

das heißt, sowohl der Neigungswinkel als auch die Durchbiegung sind in der Einspannstelle null!

Aus den Randbedingungen folgt:

$$w'(l) = 0 = \frac{Fl^2}{2} + C_1 \quad \Rightarrow \quad C_1 = -\frac{Fl^2}{2}$$

$$w(l) = 0 = \frac{Fl^3}{6} - \frac{Fl^2}{2}l + C_2 \quad \Rightarrow \quad C_2 = \frac{Fl^3}{3} \ .$$

Damit folgt für die Gleichung der Biegelinie:

$$w(x) = \frac{1}{EI}\left(\frac{Fx^3}{6} - \frac{Fl^2}{2}x + \frac{Fl^3}{3} \right)$$

$$w(x) = \frac{Fl^3}{6EI}\left(2 - 3\frac{x}{l} + \left(\frac{x}{l}\right)^3 \right) \ .$$

zu 2.

Für die Gleichung der Neigungswinkel ergibt sich:

$$w'(x) = \frac{1}{EI}\left(\frac{Fx^2}{2} - \frac{Fl^2}{2} \right)$$

$$w'(x) = \frac{Fl^2}{2EI}\left(-1 + \left(\frac{x}{l}\right)^2 \right) \ .$$

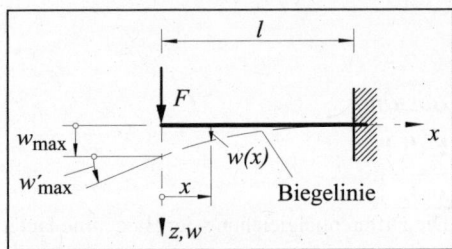

Bild 4.6.2: Kragträger mit Biegelinie

zu 3.

Mit $x = 0$ erhalten wir die größte Durchbiegung an der Lastangriffsstelle:

$$w(0) = w_{max} = \frac{Fl^3}{3EI} \qquad \text{(Bild 4.6.2)}.$$

zu 4.

Ebenso folgt für den größten Neigungswinkel:

$$w'(0) = w'_{max} = -\frac{Fl^2}{2EI} \qquad \text{(Bild 4.6.2)}.$$

Fall 2

zu 1.

Wir legen den Anfang der x-Koordinate in die Einspannstelle und schneiden den Träger durch (Schnittmethode) (Bild 4.6.3).

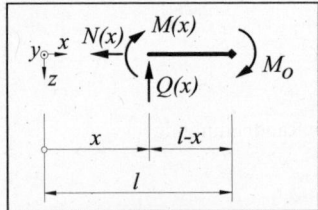

Bild 4.6.3: Freikörperbild des geschnittenen Trägers

Aus der Momenten-Gleichgewichtsbedingung am geschnittenen Träger folgt:

$$(\Sigma M)_x = 0:$$

$$M(x) + M_o = 0$$

$$M(x) = -M_o \qquad \text{gültig im Bereich } 0 \leq x \leq l.$$

Bedient man damit die Differentialgleichung und integriert zweimal, so folgt:

$$w''(x)EI = -M(x) = M_o \ ,$$

$$w'(x)EI = M_o x + C_1 \ ,$$

$$w(x)EI = \frac{1}{2} M_o x^2 + C_1 x + C_2 \ .$$

Die Integrationskonstanten C_1 und C_2 berechnen wir mit Hilfe der Randbedingungen

$$x = 0 \quad ; \quad w'(0) = 0$$
$$x = 0 \quad ; \quad w(0) = 0 \ .$$

Aus den Randbedingungen folgt:

$$C_1 = 0 \quad \text{und} \quad C_2 = 0 \ .$$

Dann folgt für die Gleichung der Biegelinie:

$$w(x) = \frac{M_o}{2EI} x^2 \ .$$

zu 2.

Für die Gleichung der Neigungswinkel ergibt sich:

$$w'(x) = \frac{M_o}{EI} x \ .$$

zu 3.

Mit $x = l$ erhalten wir die größte Durchbiegung:

$$w(l) = w_{\max} = \frac{M_o l^2}{2EI} \qquad \text{(Bild 4.6.4).}$$

zu 4.

An der Stelle $x = l$ folgt für den größten Neigungswinkel:

$$w'(l) = w'_{\max} = \frac{M_o l}{EI} \ . \qquad \text{(Bild 4.6.4).}$$

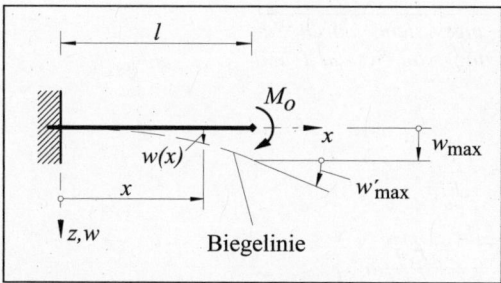

Bild 4.6.4: Kragträger mit Biegelinie

Aufgabe 4.7:

Ein Kragträger (Bild 4.7), bestehend aus zwei Bereichen mit unterschiedlicher Biegesteifigkeit, ist durch zwei Einzelkräfte belastet.
Die Durchbiegung am freien Ende ist zu ermitteln.

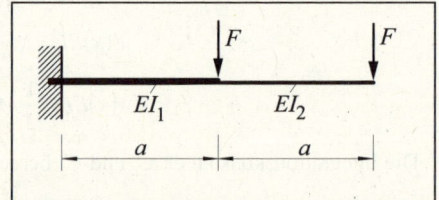

Bild 4.7: Kragträger mit unterschiedlicher Biegesteifigkeit

Lösung:

Zur Lösung bietet sich hier vorteilhaft die Superposition (Überlagerung) an. Das heißt, es werden einfache Standardfälle superpositioniert (überlagert) (Bild 4.7.1).

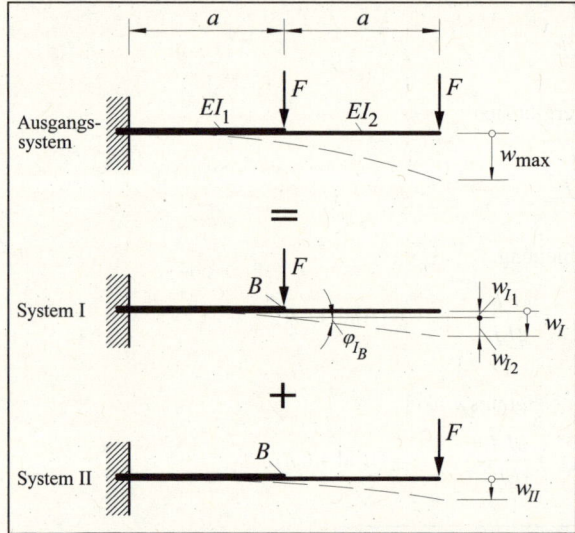

Bild 4.7.1: Realisierung des Ausgangssystems durch Superposition (Überlagerung) von System I und System II

Entsprechend Bild 4.7.1 gilt:

$$w_{max} = w_I + w_{II} \qquad (1).$$

Bei System I setzt sich w_I wiederum aus zwei Anteilen zusammen.

$$w_I = w_{I_1} + w_{I_2}$$
$$w_I = w_{I_1} + \varphi_{I_B} \cdot a$$

$w_{I_1} \Rightarrow$ Eigendurchbiegung des lin ken Teils von System I (Standardfall)

$w_{I_2} = \varphi_{I_B} \cdot a \Rightarrow$ Verschiebungsanteil; hervorgerufen aus Winkel drehung in Punkt B des Systems I (Standardfall)

Somit gilt mit $w_{I_1} = \dfrac{F\,a^3}{3EI_1}$ und $\varphi_{I_B} = \dfrac{F\,a^2}{2EI_1}$:

$$w_I = \frac{F\,a^3}{3EI_1} + \frac{F\,a^2}{2EI_1}\,a$$

$$w_I = \frac{5}{6} \cdot \frac{F\,a^3}{EI_1}\;.$$

Die Durchbiegung w_{II} von System II (Bild 4.7.1) lässt sich ebenfalls mit dem Überlagerungsprinzip ermitteln (Bild 4.7.2).

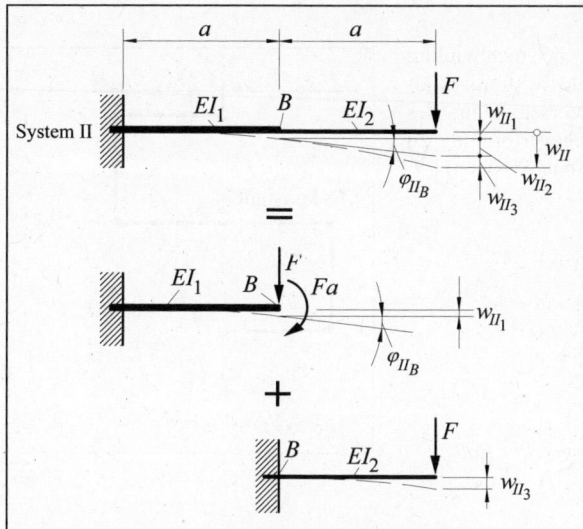

Schneiden wir das System II in Punkt B durch, so ist der linke Teil von System II durch die Kraft F und das Moment $F \cdot a$ an der Stelle B belastet. Folgende Verformungen ergeben sich (Standardfälle) (Bild 4.7.2):

$$w_{II_1} = \frac{F\,a^3}{3EI_1} + \frac{Fa \cdot a^2}{2EI_1} = \frac{5}{6} \cdot \frac{F\,a^3}{EI_1}$$

$$\varphi_{II_B} = \frac{F\,a^2}{2EI_1} + \frac{Fa \cdot a}{EI_1} = \frac{3}{2} \cdot \frac{F\,a^2}{EI_1} \ .$$

Der an der Stelle B abgetrennte rechte Teil entspricht einem eingespannten Träger mit endseitiger Einzelkraft.
Die Durchbiegung w_{II_3} ist:

$$w_{II_3} = \frac{F\,a^3}{3EI_2} \ .$$

Bild 4.7.2: Superpositionsprinzip für System II

Der am Ende des linken Teils auftretende Neigungswinkel φ_{II_B} bewirkt am Ende des Systems II einen zusätzlichen Verschiebungsanteil $w_{II_2} = \varphi_{II_B} \cdot a = \frac{3}{2} \cdot \frac{F\,a^2}{EI_1} a$.

Nach Bild 4.7.2 ist:

$$w_{II} = w_{II_1} + w_{II_2} + w_{II_3} = \frac{5}{6} \cdot \frac{F\,a^3}{EI_1} + \frac{3}{2} \cdot \frac{F\,a^3}{EI_1} + \frac{F\,a^3}{3EI_2}$$

$$w_{II} = \frac{Fa^3}{3EI_1} \left(7 + \frac{EI_1}{EI_2} \right) \ .$$

Eingesetzt in Gleichung (1) ergibt sich:

$$w_{max} = w_I + w_{II} = \frac{5}{6} \cdot \frac{F a^3}{EI_1} + \frac{F a^3}{3EI_1} \left(7 + \frac{EI_1}{EI_2} \right)$$

$$w_{max} = \frac{F a^3}{6EI_1} \left[5 + 2 \left(7 + \frac{EI_1}{EI_2} \right) \right]$$

$$w_{max} = \frac{F a^3}{6EI_1} \left(19 + 2 \frac{EI_1}{EI_2} \right) \ .$$

Aufgabe 4.8:

Für den mehrfach in derselben Ebene rechtwinklig abgewinkelten Balken (Rahmen) (Bild 4.8) mit konstanter Biegesteifigkeit *EI* ist die Verschiebung des Lastangriffspunktes B infolge der Biegeverformung zu ermitteln. (Das Eigengewicht ist zu vernachlässigen).

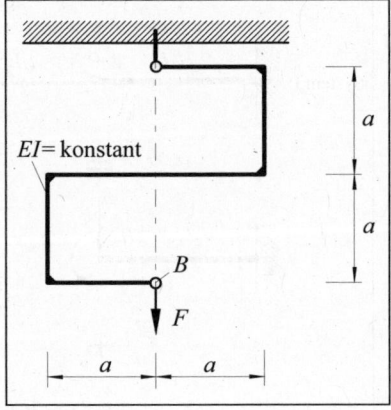

Bild 4.8: Mehrfach abgewinkelter Balken

Lösung:

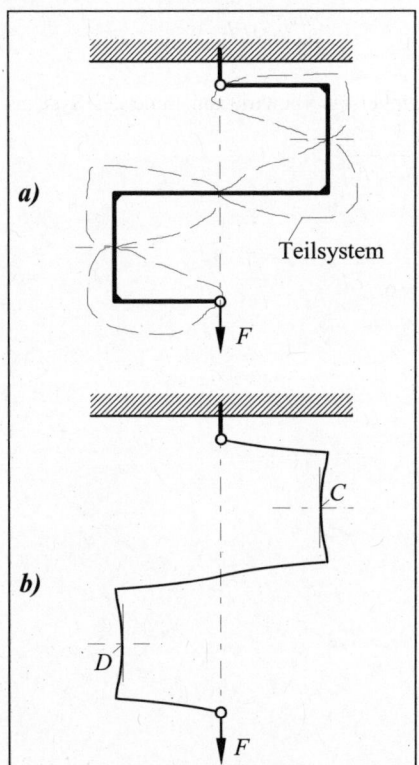

a)

Teilsystem

b)

Bild 4.8.1:   *a) in vier gleiche Teile aufge-*
teilt
b) unter Last verformter abge-
winkelter Balken

Der abgewinkelte Balken lässt sich in vier gleiche Teilsysteme aufteilen (Bild 4.8.1a), welche sich alle gleichartig verformen (Bild 4.8.1b).

Da die Tangenten in den Punkten C und D (Bild 4.8.1b) vertikal bleiben, können wir das folgende Teilsystem annehmen (Bild 4.8.2), welches sich viermal wiederholt.

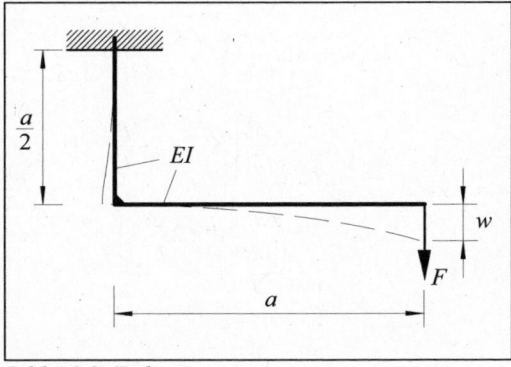

Bild 4.8.2: Teilsystem

Die Verschiebung *w* infolge Biegung des vierfach vorkommenden Teilsystems (Bild 4.8.2) ermitteln wir durch die Überlagerung bekannter Standardfälle (Bild 4.8.3). Standardfälle sind hier Teil ① und Teil ② .

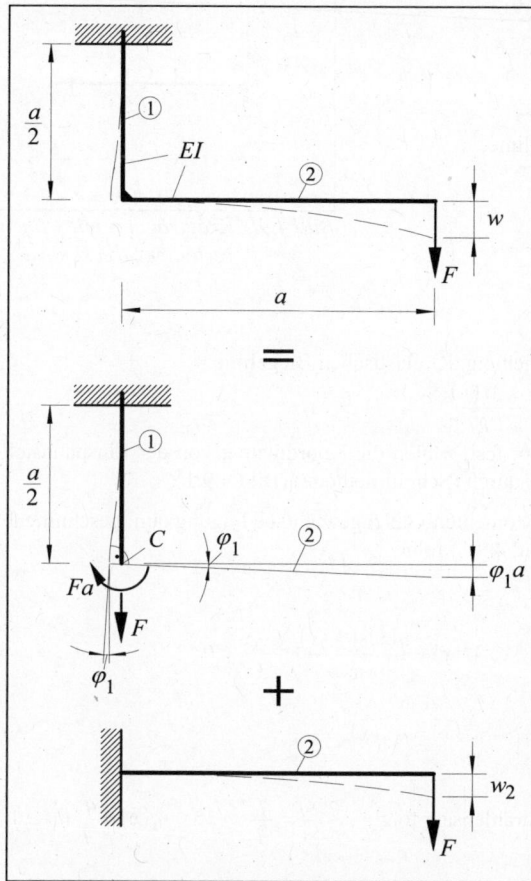

Bild 4.8.3: Realisierung des Teilsystems durch Überlagerung von Teil ① und Teil ②

Teil ① wird im Punkt C durch das Schnittmoment *Fa* und die Normalkraft *F* belastet (bei kleinen Verformungen). Die Verformung infolge der Normalkraft soll hier unberücksichtigt bleiben.

Wenn wir zunächst Teil ② als starr ansehen, erfährt das rechte Ende des Teils ② aus dem Neigungswinkel φ_1 am Ende von Teil ① eine Verschiebung $\varphi_1 a$ (Bild 4.8.3).

In einem zweiten Schritt sehen wir Teil ① als starr an (was einer Einspannung für Teil ② entspricht) und Teil ② als elastisch. Teil ② hat am Kragende eine Eigendurchbiegung w_2 (Bild 4.8.3).

Somit ist die Verschiebung *w* des Teilsystems:

$$w = \varphi_1 a + w_2$$

$$w = \frac{Fa \cdot \dfrac{a}{2}}{EI} a + \frac{F a^3}{3EI} = \frac{5}{6} \cdot \frac{F a^3}{EI} \ .$$

Da das Teilsystem viermal vorkommt, ergibt sich für die Verschiebung des Lastangriffspunktes B:

$$w_{ges} = 4 \cdot w = 4 \cdot \frac{5}{6} \cdot \frac{F a^3}{EI}$$

$$w_{ges} = \frac{10}{3} \cdot \frac{F a^3}{EI} \ .$$

Aufgabe 4.9:

Ein Kragträger mit konstanter Biegesteifigkeit EI ist mit einer linear verteilten Streckenlast belastet (Bild 4.9).

Zu ermitteln sind:

1. Gleichung der Biegelinie,
2. größte Durchbiegung,
3. Gleichung der Neigungswinkel der Biegelinie,
4. größter Neigungswinkel.

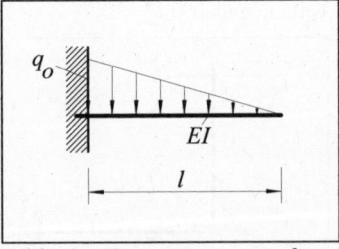

Bild 4.9: *Kragträger mit linear verteilter Streckenlast*

Lösung:

zu 1.

Zur Lösung benutzen wir die Differentialgleichung der elastischen Biegelinie:

$$w''(x) = -\frac{M(x)}{EI} \; .$$

Zuerst legen wir ein x,y,z-Koordinatensystem fest, zählen die Koordinate x von der Einspannstelle aus und schneiden den Träger an der Stelle x durch (Schnittmethode) (Bild 4.9.1).

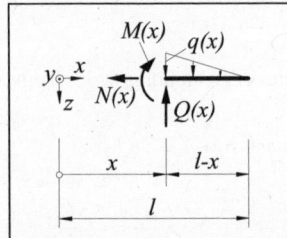

Bild 4.9.1: *Freikörperbild des geschnittenen Trägers*

Aus der Momenten-Gleichgewichtsbedingung am geschnittenen Träger (Bild 4.9.1) folgt:

$$(\Sigma M)_x = 0:$$

$$M(x) + \frac{q(x) \cdot (l-x)}{2} \cdot \frac{l-x}{3} = 0$$

$$M(x) = -q(x) \frac{(l-x)^2}{6} \; .$$

Mit dem Strahlensatz folgt: $\dfrac{q(x)}{l-x} = \dfrac{q_o}{l} \quad \Rightarrow \quad q(x) = \dfrac{q_o}{l}(l-x) \; .$

Somit ist $M(x) = -\dfrac{q_o}{6l}(l-x)^3$; gültig im Bereich $0 \le x \le l$.

Bedient man damit die obige Differentialgleichung und integriert zweimal, so folgt:

$$w''(x)EI = -M(x) = \frac{q_o}{6l}(l-x)^3 \; ,$$

$$w''(x)EI = \frac{q_o}{6l}\left(l^3 - 3l^2 x + 3lx^2 - x^3\right) \; ,$$

$$w'(x)EI = \frac{q_o}{6l}\left(l^3 x - \frac{3}{2}l^2 x^2 + lx^3 - \frac{1}{4}x^4 + C_1\right) \; ,$$

$$w(x)EI = \frac{q_o}{6l}\left(\frac{l^3 x^2}{2} - \frac{l^2 x^3}{2} + \frac{lx^4}{4} - \frac{x^5}{20} + C_1 x + C_2\right) \; .$$

Die Integrationskonstanten C_1 und C_2 berechnen wir mit Hilfe der Randbedingungen

$$x = 0 \quad ; \quad w'(0) = 0$$
$$x = 0 \quad ; \quad w(0) = 0 \; ,$$

das heißt, sowohl der Neigungswinkel als auch die Durchbiegung sind in der Einspannstelle null!

Aus den Randbedingungen folgt:

$$C_1 = 0 \text{ und } C_2 = 0 \; .$$

Damit folgt für die Gleichung der Biegelinie:

$$w(x) = \frac{q_o}{6EIl}\left(\frac{l^3 x^2}{2} - \frac{l^2 x^3}{2} + \frac{l x^4}{4} - \frac{x^5}{20}\right)$$

$$w(x) = \frac{q_o}{24EIl} x^2\left(-\frac{1}{5}x^3 + lx^2 - 2l^2 x + 2l^3\right) \; .$$

zu 2.

Die größte Durchbiegung tritt an der Stelle $x = l$ auf:

$$w(l) = w_{\max} = \frac{q_o l^4}{30EI} \qquad \text{(Bild 4.9.2)}.$$

zu 3.

Für die Gleichung der Neigungswinkel ergibt sich:

$$w'(x) = \frac{q_o}{6EIl}\left(l^3 x - \frac{3}{2}l^2 x^2 + lx^3 - \frac{1}{4}x^4\right)$$

$$w'(x) = \frac{q_o}{24EIl} x\left(-x^3 + 4lx^2 - 6l^2 x + 4l^3\right)$$

zu 4.

An der Stelle $x = l$ folgt für den größten Neigungswinkel:

$$w'(l) = w'_{\max} = \frac{q_o l^3}{24EI} \qquad \text{(Bild 4.9.2)}.$$

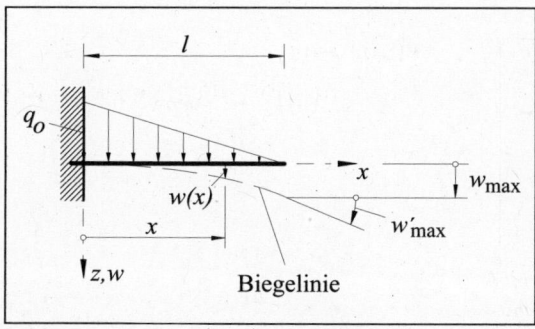

Bild 4.9.2: Kragträger mit Biegelinie

Aufgabe 4.10:

Für den Einfeldträger mit konstanter Biegesteifigkeit EI (Bild 4.10) sind die Durchbiegung in Trägermitte $(x = 2a)$ und die Neigungswinkel der elastischen Biegelinie in den Lagern A und B zu berechnen. (Lösung mit Hilfe der Differentialgleichung der elastischen Biegelinie)

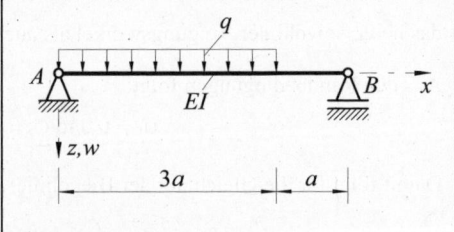

Bild 4.10: Einfeldträger; teilweise mit Gleichstreckenlast belastet

Lösung:

Da der Momentenverlauf entlang des Trägers an der Stelle $x = 3a$ eine Unstetigkeitsstelle aufweist, müssen wir in zwei Bereichen die Differentialgleichung der elastischen Biegelinie aufstellen; im Bereich $0 \leq x \leq 3a$ und im Bereich $3a \leq x \leq 4a$.

Auflagerreaktionen:

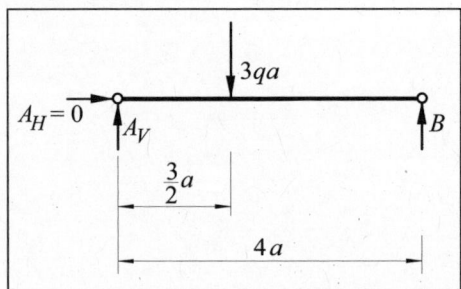

Bild 4.10.1: Freikörperbild des Einfeldträgers

Aus den Gleichgewichtsbedingungen (Bild 4.10.1) folgt:

$$\left(\Sigma M\right)_A = 0:$$

$$B \cdot 4a - 3qa\frac{3}{2}a = 0$$

$$B = \frac{9}{8}qa$$

$$\Sigma \uparrow = 0:$$

$$A_V + \frac{9}{8}qa - 3qa = 0$$

$$A_V = \frac{15}{8}qa$$

Bereich $0 \leq x \leq 3a$:

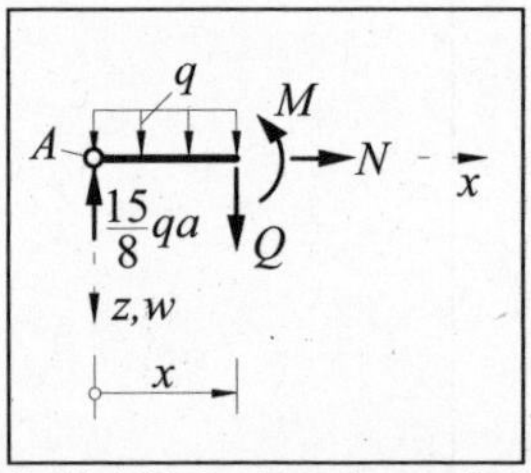

Bild 4.10.2: Freikörperbild des geschnittenen Trägers

$$\left(\Sigma M\right)_x = 0:$$

$$M + \frac{qx^2}{2} - \frac{15}{8}qax = 0$$

$$M = -\frac{1}{2}qx^2 + \frac{15}{8}qax$$

$$w_1'' = -\frac{M}{EI}$$

$$w_1''EI = \frac{1}{2}qx^2 - \frac{15}{8}qax$$

$$w_1' EI = \frac{1}{6} q\,x^3 - \frac{15}{16} q\,a\,x^2 + C_1$$

$$w_1 EI = \frac{1}{24} q\,x^4 - \frac{5}{16} q\,a\,x^3 + C_1 x + C_2$$

Bereich $3a \le x \le 4a$:

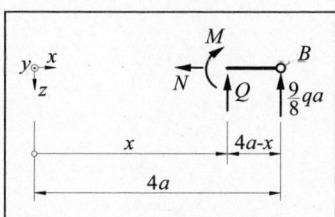

$$(\Sigma M)_x = 0:$$

$$M - \frac{9}{8} qa(4a - x) = 0$$

$$M = \frac{9}{2} q\,a^2 - \frac{9}{8} q\,a\,x$$

Bild 4.10.3: Freikörperbild des geschnittenen Trä-gers

$$w_2'' EI = \frac{9}{8} q\,a\,x - \frac{9}{2} q\,a^2$$

$$w_2' EI = \frac{9}{16} q\,a\,x^2 - \frac{9}{2} q\,a^2 x + C_3$$

$$w_2 EI = \frac{3}{16} q\,a\,x^3 - \frac{9}{4} q\,a^2 x^2 + C_3 x + C_4$$

Um die vier Integrationskonstanten C_1, C_2, C_3 und C_4 bestimmen zu können, benötigen wir vier Randbedingungen:

1. $x = 0$; $w_1 = 0$ $\Rightarrow$ im Lager A ist die Durchbiegung null

2. $x = 4a$; $w_2 = 0$ $\Rightarrow$ im Lager B ist die Durchbiegung null

3. $x = 3a$; $w_1 = w_2$ $\Rightarrow$ an der Stelle $x = 3a$ sind die Durchbiegungen gleich groß

4. $x = 3a$; $w_1' = w_2'$ $\Rightarrow$ an der Stelle $x = 3a$ sind die Neigungswinkel gleich groß

Aus den Randbedingungen folgt:

aus 1. $\boxed{C_2 = 0}$

aus 2. $0 = \frac{3}{16} q\,a \cdot 64a^3 - 36q\,a^4 + 4a\,C_3 + C_4$

$$-24 q a^4 + 4 a C_3 + C_4 = 0 \tag{1}$$

aus 3. $\frac{81}{24} qa^4 - \frac{135}{16} qa^4 + 3 C_1 a = \frac{81}{16} qa^4 - \frac{81}{4} qa^4 + 3 C_3 a + C_4$

$$\frac{162}{16} qa^4 + 3 C_1 a - 3 C_3 a - C_4 = 0 \tag{2}$$

aus 4. $\frac{27}{6} qa^3 - \frac{135}{16} qa^3 + C_1 = \frac{81}{16} qa^3 - \frac{27}{2} qa^3 + C_3$

$$\frac{216}{48} qa^3 = C_3 - C_1$$

$$\frac{27}{6} qa^3 = C_3 - C_1 \tag{3}$$

aus (3): $\qquad C_3 = \dfrac{27}{6}qa^3 + C_1$ $\qquad\qquad\qquad\qquad\qquad\qquad\qquad$ (4)

in (1): $\qquad 4a\left(\dfrac{27}{6}qa^3 + C_1\right) + C_4 = 24qa^4$

$\qquad\qquad\qquad 18qa^4 + 4C_1a + C_4 = 24qa^4$

$\qquad\qquad\qquad 4C_1a + C_4 = 6qa^4$ $\qquad\qquad\qquad\qquad\qquad\qquad\qquad$ (5)

(4) in (2): $\qquad 3C_1a - 3a\left(\dfrac{27}{6}qa^3 + C_1\right) - C_4 = -\dfrac{81}{8}qa^4$

$\qquad\qquad\qquad 3C_1a - \dfrac{27}{2}qa^4 - 3C_1a - C_4 = -\dfrac{81}{8}qa^4$

$\qquad\qquad\qquad C_4 = \dfrac{81}{8}qa^4 - \dfrac{27}{2}qa^4$

$\qquad\qquad\qquad C_4 = -\dfrac{54}{16}qa^4 \;; \qquad \boxed{C_4 = -\dfrac{27}{8}qa^4}$

in (5): $\qquad 4C_1a - \dfrac{27}{8}qa^4 = 6qa^4$

$\qquad\qquad\qquad C_1 = \dfrac{27}{32}qa^3 + \dfrac{3}{2}qa^3 \;; \qquad \boxed{C_1 = \dfrac{75}{32}qa^3}$

in (4): $\qquad C_3 = \dfrac{27}{6}qa^3 + \dfrac{75}{32}qa^3$

$\qquad\qquad\qquad C_3 = \dfrac{432 + 225}{96}qa^3 \;; \qquad \boxed{C_3 = \dfrac{657}{96}qa^3}$

Durchbiegung in der Trägermitte $(x = 2a)$:

$$w_1 EI = \frac{1}{24}q\,x^4 - \frac{5}{16}q\,a\,x^3 + C_1 x + C_2$$

$$w_1(x = 2a) = \frac{1}{EI}\left(\frac{16}{24}qa^4 - \frac{40}{16}qa^4 + \frac{150}{32}qa^4\right)$$

$$w_1(x = 2a) = \frac{1}{EI}\left(\frac{2}{3}qa^4 + \frac{35}{16}qa^4\right)$$

$$w_1(x = 2a) = \underline{\underline{\frac{137}{48} \cdot \frac{qa^4}{EI}}} = \underline{\underline{2{,}854 \cdot \frac{qa^4}{EI}}} = w_{Mitte} \text{ (Bild 4.10.4)}$$

Neigungswinkel der Biegelinie im Lager A:

$$w_1' EI = \frac{1}{6}q\,x^3 - \frac{15}{16}q\,a\,x^2 + C_1$$

$$w_1'(x = 0) = \frac{1}{EI}C_1$$

$$w_1'(x=0) = \underline{\frac{75}{32} \cdot \frac{qa^3}{EI}} = \underline{\underline{2,3438 \cdot \frac{qa^3}{EI}}} = w_A' \qquad \text{(Bild 4.10.4)}$$

Neigungswinkel der Biegelinie im Lager B:

$$w_2' \, EI = \frac{9}{16} q \, a \, x^2 - \frac{9}{2} q \, a^2 x + C_3$$

$$w_2'(x=4a) = \frac{1}{EI}\left(\frac{9}{16} qa \cdot 16a^2 - \frac{9}{2} qa^2 4a + \frac{657}{96} qa^3\right)$$

$$w_2'(x=4a) = \frac{1}{EI}\left(-9qa^3 + \frac{657}{96} qa^3\right) = -\frac{207}{96} \cdot \frac{qa^3}{EI}$$

$$w_2'(x=4a) = -\underline{\frac{69}{32} \cdot \frac{qa^3}{EI}} = \underline{\underline{-2,1563 \cdot \frac{qa^3}{EI}}} = w_B' \qquad \text{(Bild 4.10.4)}$$

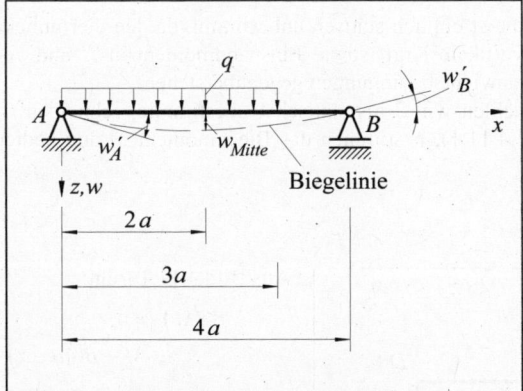

Bild 4.10.4: Einfeldträger mit Biegelinie

Aufgabe 4.11:

Für den dargestellten Rahmen (Biegesteifigkeit EI, Dehnsteifigkeit $EA \to \infty$) (Bild 4.11) sind mit Hilfe der Differentialgleichung der elastischen Biegelinie zu bestimmen:

1. Auflagerreaktionen in A und B sowie den Neigungswinkel der Biegelinie im Lagerpunkt B,
2. vertikale Verschiebung des Punktes C und Neigungswinkel der Biegelinie im Punkt C.

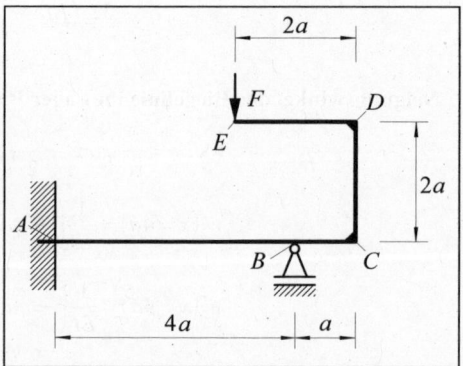

Bild 4.11: Statisch unbestimmt gelagerter Rahmen

Lösung:

zu 1.

Der Rahmen (Bild 4.11) ist einfach statisch unbestimmt, da den vier unbekannten Auflagerreaktionen (horizontale und vertikale Kraft sowie Einspannmoment in A und vertikale Kraft in B, Bild 4.11.2) nur drei Gleichgewichtsbedingungen gegenüberstehen.

Zweckmäßigerweise wählen wir B als statisch Unbestimmte, schneiden den Rahmen im Bereich $0 \le x \le 4a$ durch (Bild 4.11.1), bestimmen das Biegemoment M und bedienen damit die Differentialgleichung $w_1'' = -\dfrac{M}{EI}$.

Bereich $0 \le x \le 4a$:

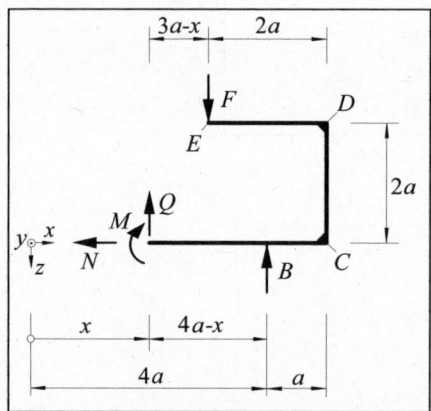

Bild 4.11.1: Freikörperbild des geschnittenen Rahmens

Aus Bild 4.11.1 folgt:

$$(\Sigma M)_x = 0:$$

$$M - B(4a - x) + F(3a - x) = 0$$

$$M = 4Ba - Bx - 3Fa + Fx$$

$$M = Fx - Bx + 4Ba - 3Fa$$

$$w_1'' = -\frac{M}{EI}$$

$$w_1'' EI = -Fx + Bx - 4Ba + 3Fa$$

$$w_1' EI = -\frac{1}{2}Fx^2 + \frac{1}{2}Bx^2 - 4Bax + 3Fax + C_1$$

$$w_1 EI = -\frac{1}{6}Fx^3 + \frac{1}{6}Bx^3 - 2Bax^2 + \frac{3}{2}Fax^2 + C_1 x + C_2$$

Es treten die drei Unbekannten B, C_1 und C_2 auf, die es zu bestimmen gilt. Dazu benötigen wir drei Randbedingungen:

1. $x = 0$; $w_1 = 0$ $\Rightarrow$ an der Einspannstelle A ist die Durchbiegung null,

2. $x = 0$; $w_1' = 0$ $\Rightarrow$ an der Einspannstelle A ist der Neigungswinkel null,

3. $x = 4a$; $w_1 = 0$ $\Rightarrow$ an der Stelle $x = 4a$ ist die Durchbiegung null.

Aus den Randbedingungen folgt:

aus 1. $\boxed{C_2 = 0}$

aus 2. $\boxed{C_1 = 0}$

aus 3. $0 = -\dfrac{64}{6}Fa^3 + \dfrac{64}{6}Ba^3 - 32Ba^3 + 24Fa^3$

$$0 = \left(24 - \frac{32}{3}\right)F - \left(32 - \frac{32}{3}\right)B$$

$$B = \frac{24 - \dfrac{32}{3}}{32 - \dfrac{32}{3}}F = \frac{\dfrac{40}{3}}{\dfrac{64}{3}}F = \frac{40}{64}F = \underline{\underline{\frac{5}{8}F}} \ .$$

Mit Hilfe der drei Gleichgewichtsbedingungen für den freigemachten Rahmen (Bild 4.11.2) berechnen wir nun die weiteren Auflagerreaktionen.

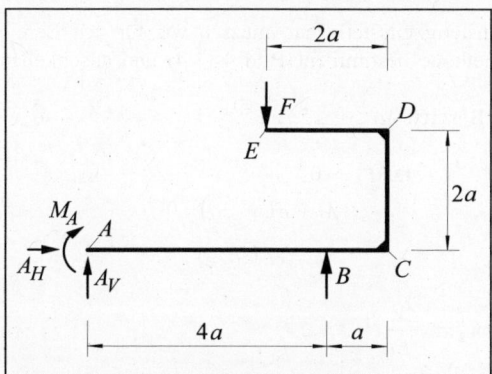

$\sum \uparrow = 0:$

$$A_V + B - F = 0$$

$$A_V = F - \frac{5}{8}F$$

$$A_V = \underline{\underline{\frac{3}{8}F}}$$

$\sum \rightarrow = 0:$

$$A_H = \underline{\underline{0}}$$

$\left(\sum M\right)_A = 0:$

$$M_A + F \cdot 3a - \frac{5}{8}F \cdot 4a = 0$$

$$M_A = \underline{\underline{-\frac{1}{2}Fa}}$$

Bild 4.11.2: Freikörperbild des Rahmens

Neigungswinkel am Lager B:

$$w_1' = \frac{1}{EI}\left(-\frac{1}{2}Fx^2 + \frac{1}{2}Bx^2 - 4Bax + 3Fax + C_1\right)$$

$$w_1' = \frac{1}{EI}\left(-\frac{1}{2}Fx^2 + \frac{1}{2}\cdot\frac{5}{8}Fx^2 - 4\cdot\frac{5}{8}Fax + 3Fax\right)$$

$$w_1'(x = 4a) = \frac{1}{EI}\left(-\frac{1}{2}F16a^2 + \frac{5}{16}F16a^2 - \frac{5}{2}Fa4a + 12Fa^2\right)$$

$$w_1'(x = 4a) = w_B' = \underline{\underline{-\frac{Fa^2}{EI}}} \qquad \text{(Bild 4.11.3)}$$

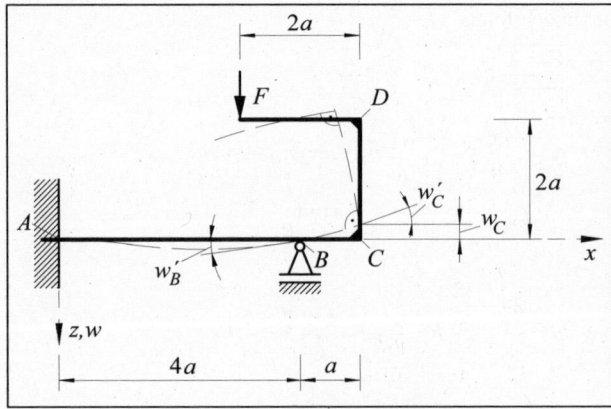

Bild 4.11.3: Unter der Last verformter Rahmen

zu 2.

Da der Momentenverlauf im Lager B eine Unstetigkeitsstelle hat, müssen wir für den Bereich $4a \leq x \leq 5a$ das Biegemomet mit der Schnittmethode bestimmen (Bild 4.11.4) und anschließend damit die Differentialgleichung bedienen.

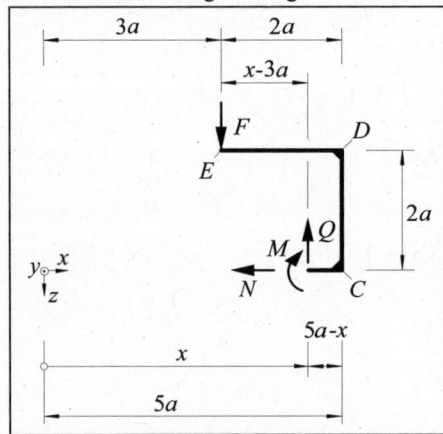

Bild 4.11.4: Freikörperbild des geschnitte-nen Rahmens

Bereich $4a \leq x \leq 5a$:

$$(\Sigma M)_x = 0:$$
$$M - F(x - 3a) = 0$$
$$M = -F(3a - x)$$

$$w_2'' = -\frac{M}{EI}$$

$$w_2'' EI = F(3a - x)$$

$$w_2' EI = 3Fax - \frac{1}{2}Fx^2 + C_3$$

$$w_2 EI = \frac{3}{2}Fax^2 - \frac{1}{6}Fx^3 + C_3 x + C_4$$

Zur Ermittlung der beiden Integrationskonstanten C_3 und C_4 benötigen wir zwei Randbedingungen:

1. $x = 4a$; $w_2 = 0$ $\Rightarrow$ an dem Lager B ist die Durchbiegung null,

2. $x = 4a$; $w_1' = w'_2$ $\Rightarrow$ über dem Lager B sind die Neigungswinkel gleich groß.

Aus den Randbedingungen folgt:

aus 1. $0 = \frac{3}{2}Fa16a^2 - \frac{64}{6}Fa^3 + C_3 4a + C_4$ (1)

aus 2. $w_1'(x = 4a) = w_B' = -\frac{Fa^2}{EI} = w_2'(x = 4a)$

$$-\frac{Fa^2}{EI} = \frac{1}{EI}\left(12Fa^2 - 8Fa^2 + C_3\right)$$

$$\boxed{C_3 = -5Fa^2}$$

aus (1): $0 = 24Fa^3 - \dfrac{32}{3}Fa^3 + \left(-5Fa^2\right)4a + C_4$

$0 = 4Fa^3 - \dfrac{32}{3}Fa^3 + C_4$

$\boxed{C_4 = \dfrac{20}{3}Fa^3}$

Neigungswinkel im Punkt C:

$$w_2' \, EI = 3Fax - \frac{1}{2}Fx^2 + C_3$$

$$w_2'(x = 5a) = w_C' = \frac{1}{EI}\left(15Fa^2 - \frac{25}{2}Fa^2 - 5Fa^2\right)$$

$$w_C' = \underline{\underline{-\frac{5}{2} \cdot \frac{Fa^2}{EI}}} \qquad \text{(Bild 4.11.3)}$$

Vertikale Verschiebung des Punktes C:

$$w_2 EI = \frac{3}{2}Fax^2 - \frac{1}{6}Fx^3 + C_3 x + C_4$$

$$w_2(x = 5a) = \frac{1}{EI}\left(25 \cdot \frac{3}{2}Fa^3 - 125 \cdot \frac{1}{6}Fa^3 + \left(-5Fa^2\right)5a + \frac{20}{3}Fa^3\right)$$

$$w_2(x = 5a) = w_C = -\frac{10}{6} \cdot \frac{Fa^3}{EI}$$

$$w_C = \underline{\underline{-\frac{5}{3} \cdot \frac{Fa^3}{EI}}} \qquad \text{(Bild 4.11.3)}$$

Aufgabe 4.12:

Für den Träger auf drei Stützen mit beidseitigem Kragarm (Bild 4.12) sind die Auflagerreaktionen zu berechnen. Biegesteifigkeit EI = konstant.

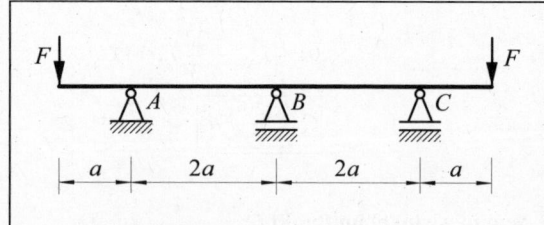

Bild 4.12: Dreifach gestützter Träger mit beidseitigem Kragarm

Lösung:

Der Träger auf drei Stützen ist einfach statisch unbestimmt gelagert.

Lösungsweg 1:

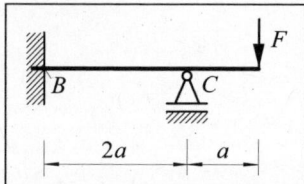

Aus Symmetriegründen bleibt die Tangente an der Biegelinie über dem Lager B horizontal, so dass wir für die weitere Berechnung das mechanische System nach Bild 4.12.1 annehmen können.

Bild 4.12.1:
Aus Symmetriegründen folgendes mechanisches System

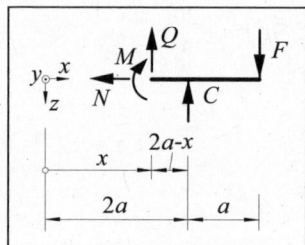

Bild 4.12.2: Freikörperbild des geschnittenen Systems

Bereich $0 \le x \le 2a$:

Aus Bild 4.12.2 folgt:

$$(\Sigma M)_x = 0:$$

$$M + F(3a - x) - C(2a - x) = 0$$

$$M = C(2a - x) - F(3a - x)$$

$$w'' = -\frac{M}{EI}$$

$$w''EI = F(3a - x) - C(2a - x)$$

$$w'EI = F\left(3ax - \frac{x^2}{2}\right) - C\left(2ax - \frac{x^2}{2}\right) + K_1$$

$$wEI = F\left(\frac{3}{2}ax^2 - \frac{x^3}{6}\right) - C\left(ax^2 - \frac{x^3}{6}\right) + K_1 x + K_2$$

Für die drei Unbekannten C, K_1 und K_2 benötigen wir drei Randbedingungen:

1. $x = 0$; $w = 0$ $\Rightarrow$ an der Einspannstelle B ist die Durchbiegung null,

2. $x = 0$; $w' = 0$ $\Rightarrow$ an der Einspannstelle B ist der Neigungswinkel null,

3. $x = 2a$; $w = 0$ $\Rightarrow$ an der Stelle $x = 2a$ ist die Durchbiegung null.

Aus den Randbedingungen folgt:

aus 1. $K_2 = 0$

aus 2. $K_1 = 0$

aus 3. $0 = F\left(\dfrac{3}{2}a4a^2 - \dfrac{8}{6}a^3\right) - C\left(4a^3 - \dfrac{8}{6}a^3\right)$

$$0 = \left(6 \cdot \dfrac{3}{3} - \dfrac{4}{3}\right)F - \left(4 \cdot \dfrac{3}{3} - \dfrac{4}{3}\right)C$$

$$0 = \dfrac{14}{3}F - \dfrac{8}{3}F \quad \Rightarrow \quad C = \dfrac{14}{8}F = \underline{\underline{\dfrac{7}{4}F}} \ .$$

Wegen Symmetrie und aus den Gleichgewichtsbedingungen für den freigemachten Träger (Bild 4.12.3) erhalten wir die weiteren Auflagerreaktionen:

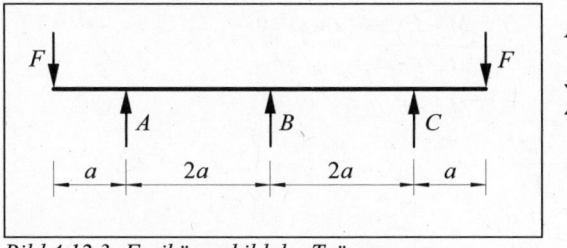

Bild 4.12.3: *Freikörperbild des Trägers*

$A = C = \underline{\underline{\dfrac{7}{4}F}}$

$\sum \uparrow = 0:$

$$A + B + C - 2F = 0$$

$$\dfrac{7}{4}F + B + \dfrac{7}{4}F - 2F = 0$$

$$B = \underline{\underline{-\dfrac{3}{2}F}} \ .$$

Lösungsweg 2:

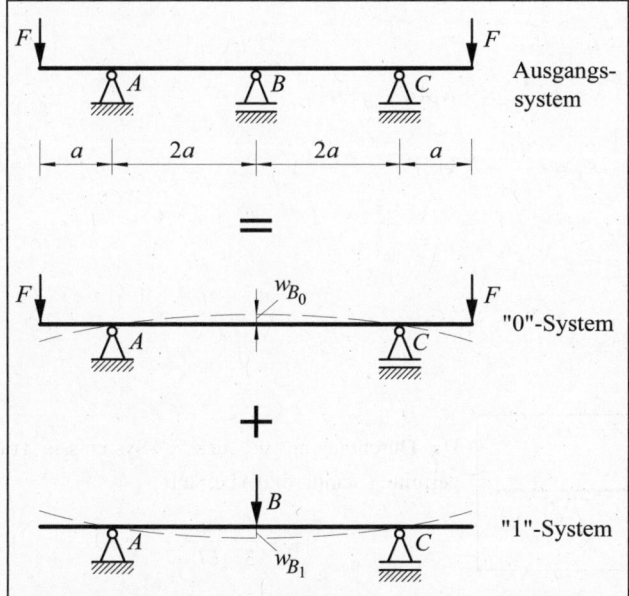

Ausgangs-system

"0"-System

"1"-System

Bild 4.12.4: *Überlagerungsprinzip*

Hierbei wenden wir das Prinzip der Überlagerung an (Bild 4.12.4). Das Ausgangssystem wird ersetzt durch Überlagerung einfacher Belastungsfälle.

Dabei wird das Lager B von dem einfach statisch unbestimmten Ausgangssystem entfernt, so dass ein statisch bestimmtes sogenanntes "0"-System entsteht. Diesem "0"-System überlagern wir ein sogenanntes "1"-System, welches *nur* noch an der Stelle des entfernten Lagers mit der unbekannten Lagerkraft B belastet wird.

Da das Lager B in vertikaler Richtung unverrückbar ist, muss nun die resultierende Durchbiegung verschwinden, woraus sich die *Verträglichkeitsbedingung* $w_{B_0} + w_{B_1} = 0$ ergibt.

"0"-System:

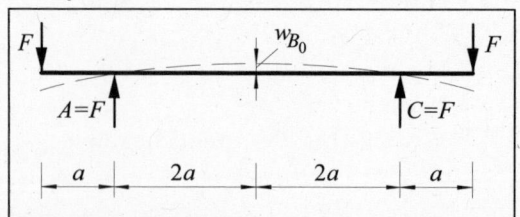

Die Durchbiegung w_{B_0} im "0"-System ermitteln wir mit Hilfe der Differentialgleichung der Biegelinie.

Aus Symmetiegründen sind die Lagerkräfte im "0"-System: $A = C = F$ (Bild 4.12.5).

Bild 4.12.5: "0"-System

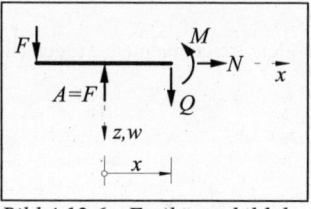

Bild 4.12.6: Freikörperbild des geschnittenen "0"-Systems

Bereich $0 \leq x \leq 4a$:

Aus Bild 4.12.6 folgt:

$$(\Sigma M)_x = 0:$$
$$M - Fx + F(a + x) = 0$$
$$M = Fx - Fa - Fx$$
$$M = -Fa$$

$$w'' = -\frac{M}{EI}$$

$$w''EI = Fa$$

$$w'EI = Fax + K_1$$

$$wEI = Fa\frac{x^2}{2} + K_1 x + K_2$$

Für die zwei Unbekannten K_1 und K_2 benötigen wir zwei Randbedingungen:

1. $x = 0$; $w = 0 \Rightarrow$ $K_2 = 0$,

2. $x = 4a$; $w = 0 \Rightarrow$ $0 = Fa\frac{16}{2}a^2 + K_1 4a$

$$K_1 = -\frac{8Fa^2}{4} = -2Fa^2$$

$$w = \frac{1}{EI}\left(Fa\frac{x^2}{2} - 2Fa^2 x\right)$$

$$w(x = 2a) = \frac{F}{EI}\left(\frac{4a^3}{2} - 4a^3\right) = -2\frac{Fa^3}{EI} = w_{B_0}$$

"1"-System:

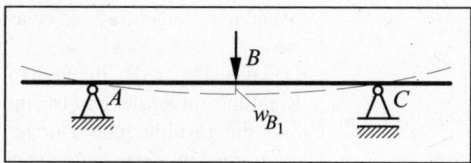

Die Durchbiegung w_{B_1} des "1"-Systems in Trägermitte (Standardfall) beträgt:

$$w_{B_1} = \frac{4}{3} \cdot \frac{Ba^3}{EI}.$$

Bild 4.12.7: "1"-System

Verträglichkeit:

Aus der Verträglichkeitsbedingung ergibt sich:

$$w_{B_0} + w_{B_1} = 0$$

$$-2\frac{Fa^3}{EI} + \frac{4}{3}\cdot\frac{Ba^3}{EI} = 0$$

$$B = \frac{6}{4}F = \frac{3}{2}F \; .$$

Weitere Auflagerreaktionen:

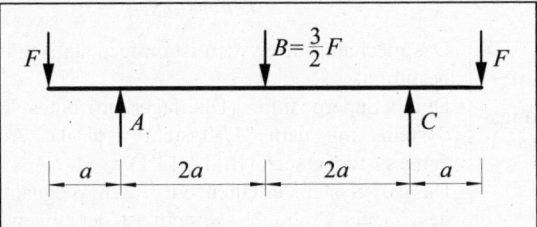

Wegen Symmetrie: $A = C$ (Bild 4.12.8).

$$\sum \uparrow = 0:$$

$$2A - 2F - \frac{3}{2}F = 0,$$

$$A = \frac{2F + \frac{3}{2}F}{2},$$

$$A = \frac{7}{4}F = C \; .$$

Bild 4.12.8: Freikörperbild des Ausgangssysstems

Aufgabe 4.13:

Für den abgewinkelten Balken (Biegesteifigkeit EI, Dehnsteifigkeit $EA \to \infty$) (Bild 4.13) ist die Auflagerkraft bei C mit Hilfe des Superpositionsprinzips zu bestimmen.

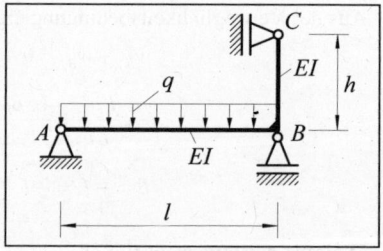

Bild 4.13: Dreifach gestützter abgewinkelter Balken

Lösung:

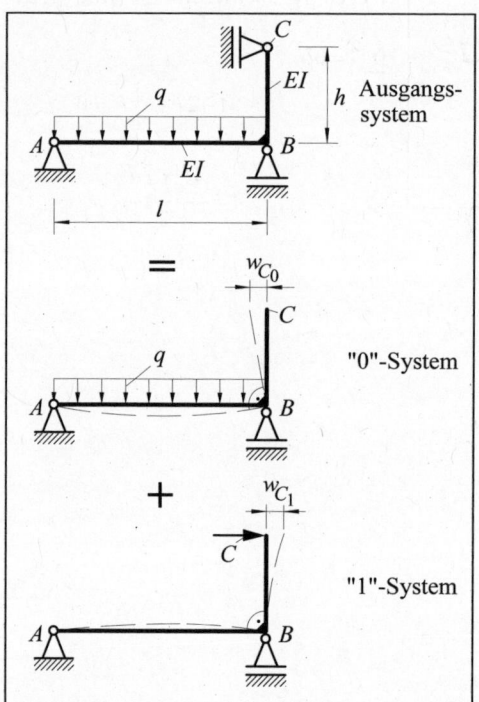

Bild 4.13.1: Superpositionsprinzip

Das mechanische System ist einfach statisch unbestimmt.

Durch Superposition (Überlagerung) eines "0"-Systems mit dem "1"-System wird das Ausgangssystem ersetzt (Bild 4.13.1).

Das "0"-System erhalten wir durch Wegnahme des Lagers C. Im "1"-System ist der abgewinkelte Balken *nur* durch eine noch unbekannte Kraft C an der Stelle belastet, an der wir das Lager entfernt haben.

Da am Lager C keine Verschiebung in horizontaler Richtung möglich ist, gilt folgende *Verträglichkeitsbedingung*:

$$w_{C_0} + w_{C_1} = 0 \ .$$

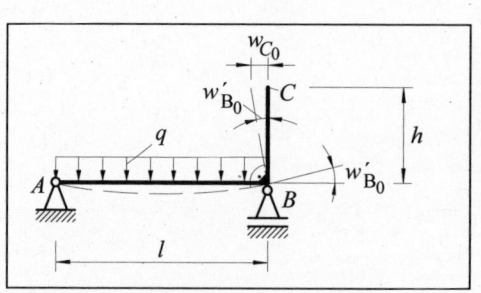

Bild 4.13.2: "0"-System

"0"-System:

Die Verschiebung w_{C_0} des Punktes C im "0"-System (Bild 4.13.2) beträgt: $w_{C_0} = w'_{B_0} \cdot h$.

Der Neigungswinkel w'_{B_0} im "0"-System

(Standardfall) ist: $\qquad w'_{B_0} = -\dfrac{q \, l^3}{24 \, EI}$.

Somit: $\qquad w_{C_0} = w'_{B_0} \cdot h = -\dfrac{q \, l^3 \, h}{24 \, EI}$.

"1"-System:

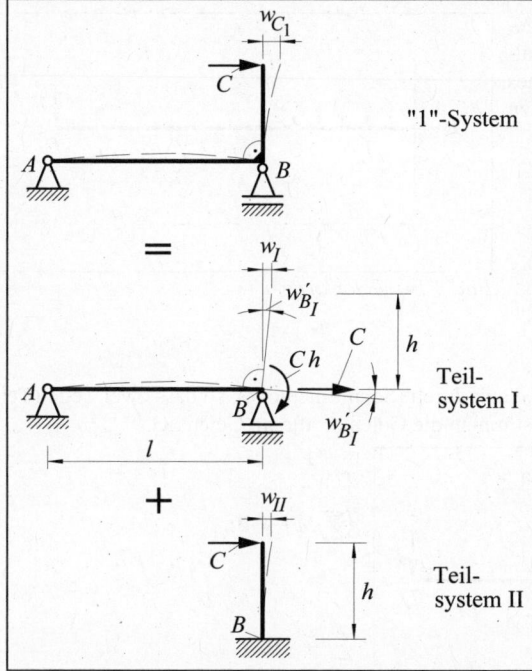

"1"-System

Teil-
system I

Teil-
system II

Bild 4.13.3: Überlagerungsprinzip beim "1"-System

Die Verschiebung w_{C_1} des "1"-Systems lässt sich ebenfalls vorteilhaft mit dem Überlagerungsprinzip ermitteln (Bild 4.13.3).

w_{C_1} setzt sich zusammen aus dem Verschiebungsanteil von Teilsystem I und dem Verschiebungsanteil von Teilsystem II:

$$w_{C_1} = w_I + w_{II} .$$

$$w_I = w'_{B_I} \cdot h$$

$$w'_{B_I} = \frac{C h l}{3 EI} \quad \text{(Standardfall)}$$

$$w_I = \frac{C h^2 l}{3 EI}$$

$$w_{II} = \frac{C h^3}{3 EI} \quad \text{(Standardfall)}$$

Somit $\quad w_{C_1} = \dfrac{C h^2 l}{3 EI} + \dfrac{C h^3}{3 EI}$

$$w_{C_1} = \frac{C h^2 l}{3 EI}\left(1 + \frac{h}{l}\right) .$$

Verträglichkeit:

Aus der Verträglichkeitsbedingung

$$w_{C_0} + w_{C_1} = 0$$

folgt dann:

$$-\frac{q l^3 h}{24 EI} + \frac{C h^2 l}{3 EI}\left(1 + \frac{h}{l}\right) = 0 ,$$

$$C = \frac{3 q l^2}{24 h \left(1 + \dfrac{h}{l}\right)} ,$$

$$C = \frac{q l}{8 \dfrac{h}{l}\left(1 + \dfrac{h}{l}\right)} .$$

Aufgabe 4.14:

Für den Gelenkträger mit konstanter Biegesteifigkeit EI (Bild 4.14) sind die Vertikalverschiebungen des Punktes G und des Punktes D in Abhängigkeit von F, a und EI zu bestimmen (mit Superposition).

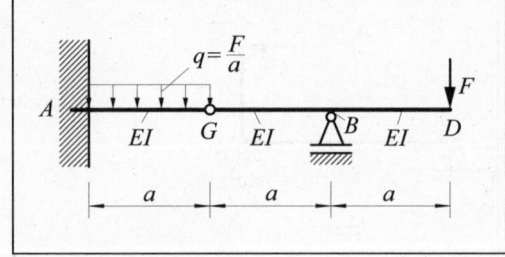

Bild 4.14: Gelenkträger

Lösung:

Zuerst schneiden wir den Gelenkträger im Gelenk durch (Schnittmethode), so dass zwei Teile (Teil 1 und Teil 2) entstehen (Bild 4.14.1), und bestimmen die Gelenkkräfte im Gelenk G.

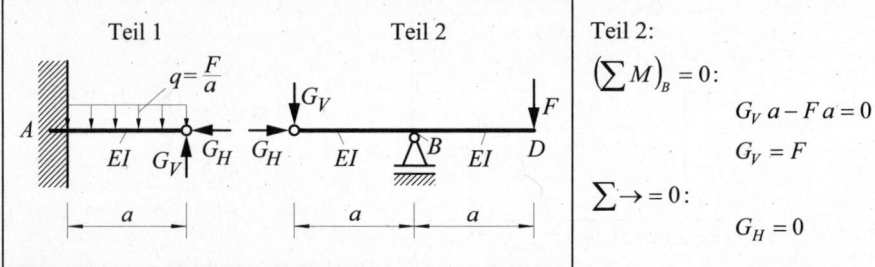

Teil 2:

$$\left(\sum M\right)_B = 0:$$

$$G_V\, a - F\, a = 0$$

$$G_V = F$$

$$\sum\rightarrow = 0:$$

$$G_H = 0$$

Bild 4.14.1: Geschnittener Gelenkträger

Vertikalverschiebung w_G des Punktes G:

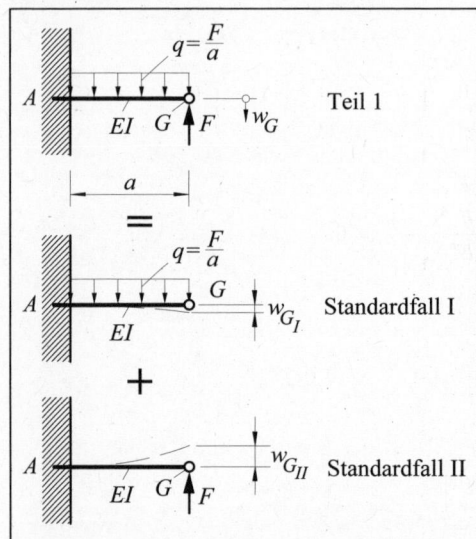

Teil 1 können wir durch Superposition von zwei Standardfällen ersetzen (Bild 4.14.2).

Es gilt folgende *Verträglichkeitsbedingung*:

$$w_G = w_{G_I} + w_{G_{II}} \; .$$

Standardfall I: $\qquad w_{G_I} = \dfrac{q\, a^4}{8\, EI} = \dfrac{F\, a^3}{8\, EI}$

Standardfall II: $\qquad w_{G_{II}} = -\dfrac{F\, a^3}{3\, EI} \; .$

Somit: $\qquad w_G = \dfrac{F\, a^3}{8\, EI} - \dfrac{F\, a^3}{3\, EI} = \underline{\underline{-\dfrac{5}{24} \cdot \dfrac{F\, a^3}{EI}}} \; .$

Bild 4.14.2: Teil 1 (Superpositionsprinzip)

Vertikalverschiebung w_D des Punktes D:

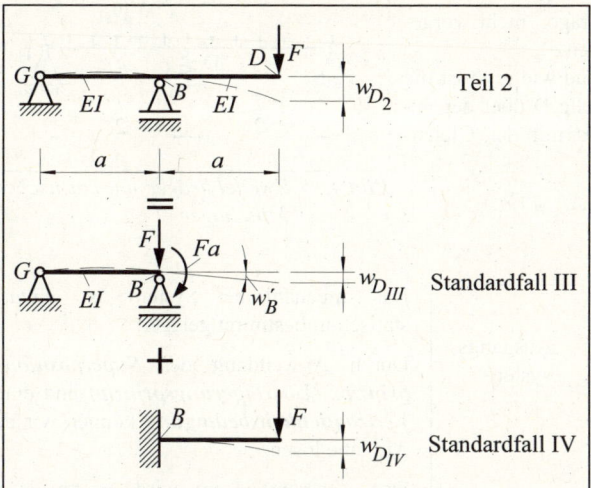

Bild 4.14.3: Teil 2 (Superpositionsprinzip)

Teil 2 entspricht einem Träger auf zwei Stützen mit einseitigem Kragarm (Bild 4.14.3). Wir können ihn ebenfalls durch Superposition von zwei Standardfällen ersetzen (Bild 4.14.3).

Es gilt:

$$w_{D_2} = w_{D_{III}} + w_{D_{IV}}$$

$$w_{D_{III}} = w'_B \cdot a$$

Standardfall III: $w'_B = \dfrac{F a \cdot a}{3 EI}$

$$w_{D_{III}} = \frac{F a^3}{3 EI}$$

Standardfall IV: $w_{D_{IV}} = \dfrac{F a^3}{3 EI}$

Somit:

$$w_{D_2} = \frac{Fa^3}{3EI} + \frac{Fa^3}{3EI} = \frac{2}{3} \cdot \frac{Fa^3}{EI}.$$

Da nun durch die Elastizität von Teil 1 (Bild 4.14.2) der Punkt G eine Verschiebung w_G nach oben erfährt, wirkt sich dieses auch auf Punkt D aus, wie Bild 4.14.4 zeigt. Punkt D erhält also nach dem Strahlensatz noch zusätzlich zu w_{D_2} den Betrag des Verschiebungsanteils w_G hinzu.

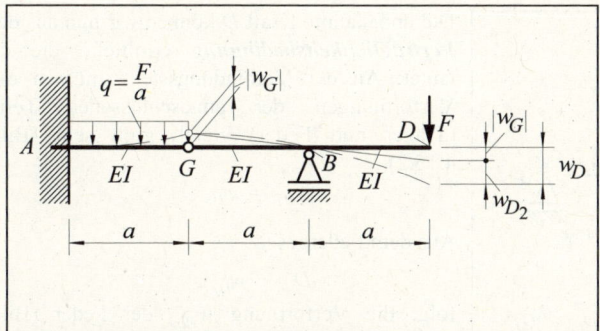

Bild 4.14.4: Verformter Gelenkträger

Somit:

$$w_D = |w_G| + w_{D_2},$$

$$w_D = \frac{5}{24} \cdot \frac{Fa^3}{EI} + \frac{2}{3} \cdot \frac{Fa^3}{EI},$$

$$w_D = \frac{21}{24} \cdot \frac{Fa^3}{EI}.$$

Aufgabe 4.15:

Das mittlere Lager des Zweifeldträgers (Bild 4.15) besteht aus einer bei unbelastetem Träger nicht vorgespannten Feder mit der Federkonstanten c.
Wie groß ist die Kraft in der Feder und wie groß ist die Durchbiegung des Trägers an der Stelle D über der Feder bei einer Belastung des Trägers mit der Gleichstreckenlast q_0?
Gegeben sind: l, c, q_0 und EI.

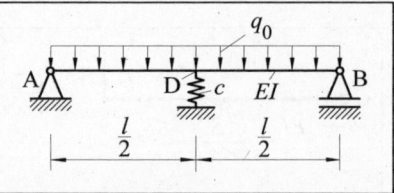

Bild 4.15: Zweifeldträger mit elastischem Mittellager

Lösung:

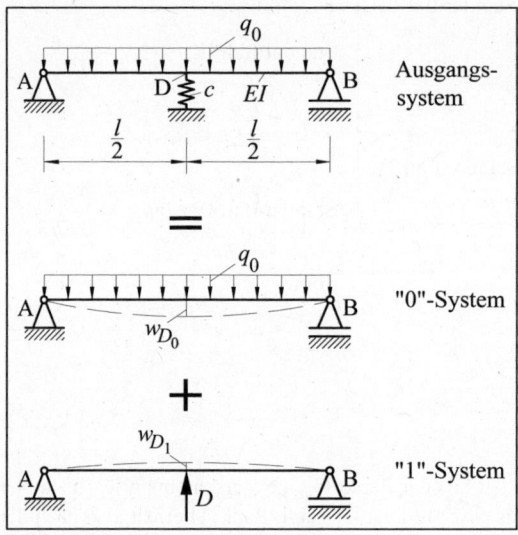

Ausgangssystem

"0"-System

"1"-System

Bild 4.15.1: Superpositionsprinzip

Das mechanische System ist *einfach* statisch unbestimmt gelagert.

Durch Anwendung des **Superpositionsprinzips (Überlagerungsprinzip)** und einer **Verträglichkeitsbedingung** können wir die Aufgabe lösen.

Das Ausgangssystem wird ersetzt durch Überlagerung eines "0"-Systems mit einem "1"-System (Bild 4.15.1).
Das statisch bestimmt gelagerte "0"-System erhalten wir durch Wegnahme der Feder im Punkt D. Im "1"-System ist der Träger *nur* durch eine noch unbekannte Kraft D an der Stelle belastet, an der wir die Feder entfernt haben.
Für die Durchbiegung $w_{D_{Tr}}$ des Ausgangssystems (Bilder 4.15.1 und 4.15.2a) folgt:

$$w_{D_{Tr}} = w_{D_0} + w_{D_1}.$$

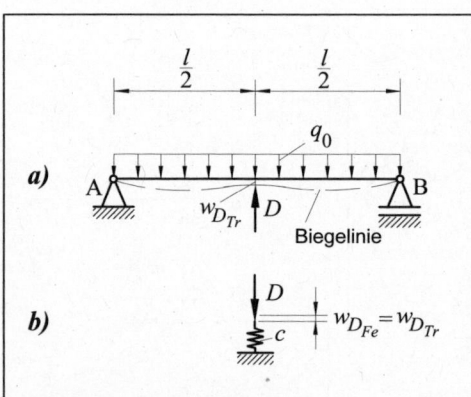

Bild 4.15.2: a) Biegelinie des verformten Trägers b) verformte Feder

Die unbekannte Kraft D können wir nun aus der **Verträglichkeitsbedingung** ermitteln, die da lautet: An der Verbindungsstelle müssen die Verformungen der angeschlossenen Teile (Träger und Feder) gleich groß sein (Bild 4.15.2),

$$w_{D_{Tr}} = w_{D_{Fe}}.$$

Aus dem Federgesetz

$$D = c \cdot w_{D_{Fe}}$$

folgt die Verformung $w_{D_{Fe}}$ der Feder (Bild 4.15.2b):

$$w_{D_{Fe}} = \frac{D}{c}.$$

Durch Einsetzen in die Verträglichkeitsbedingung folgt:

$$w_{D_0} + w_{D_1} = \frac{D}{c}.$$

Die Verformungen (Durchbiegungen) des "0"- und "1"-Systems (Standardfälle) (Bild 4.15.1) betragen:

$$w_{D_0} = \frac{5\,q_0\,l^4}{384\,EI} \quad \text{und}$$

$$w_{D_1} = -\frac{D\,l^3}{48\,EI}.$$

Somit folgt:

$$\frac{5\,q_0\,l^4}{384\,EI} - \frac{D\,l^3}{48\,EI} = \frac{D}{c}$$

$$D\left(\frac{1}{c} + \frac{l^3}{48EI}\right) = \frac{5\,q_0 l^4}{384EI}$$

$$D = \frac{5\,q_0 l^4}{384EI\left(\dfrac{1}{c} + \dfrac{l^3}{48EI}\right)} = \frac{5\,q_0 l^4}{\dfrac{384EI}{c} + 8\,l^3}.$$

Für den Sonderfall $c \to \infty$ (mittleres Lager ist in vertikaler Richtung unverschieblich) erhalten wir für die Lagerkraft D:

$$D = \frac{5}{8}\,q_0\,l = 0{,}625\,q_0\,l.$$

Die Durchbiegung des Trägers an der Stelle D (Bild 4.15.2a) über der Feder beträgt allgemein:

$$w_{D_{Tr}} = w_{D_{Fe}} = \frac{D}{c} = \frac{5\,q_0 l^4}{c\left(\dfrac{384EI}{c} + 8\,l^3\right)} = \frac{5\,q_0 l^4}{384EI + 8\,l^3 c}.$$

Für den Sonderfall $c \to 0$ (Träger auf zwei Lagern) beträgt die Durchbiegung $w_{D_{Tr}}$:

$$w_{D_{Tr}} = \frac{5\,q_0\,l^4}{384\,EI}.$$

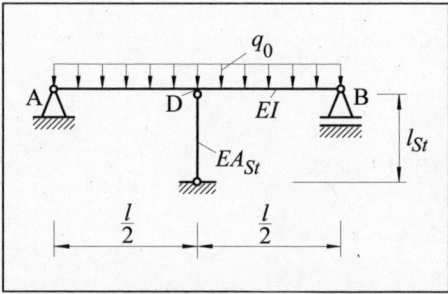

Hinweis:

Das gleiche Verformungsverhalten des Trägers erhalten wir, wenn anstelle der Feder ein elastischer Stab $\left(EA_{St}, l_{St}\right)$ als mittleres Lager eingesetzt wird (Bild 4.15.3), der eine entsprechende Steifigkeit von $c = \dfrac{D}{w_{D_{Fe}}} = \dfrac{EA_{St}}{l_{St}}$ besitzt.

Bild 4.15.3: Zweifeldträger mit Pendelstab-stütze als mittleres Lager

Aufgabe 4.16:

Für den Einfeldträger (Bild 4.16) sind für die drei Fälle jeweils die Biegespannung und die Durchbiegung in der Trägermitte zu berechnen. Bei **Fall A** liegen zwei gleichgroße Einzelbalken lose übereinander, während bei **Fall B** und **Fall C** eine schubfeste Verbindung zwischen den beiden Einzelbalken besteht.

Gegeben sind:
F, l, b, h und Elastizitätsmodul E.

Bild 4.16:
Einfeldträger, bestehend aus zwei lose übereinandergelegte Balken (Fall A) sowie Träger, bestehend aus zwei schubfest miteinander verbundenen Einzelbalken (Fall B und Fall C)

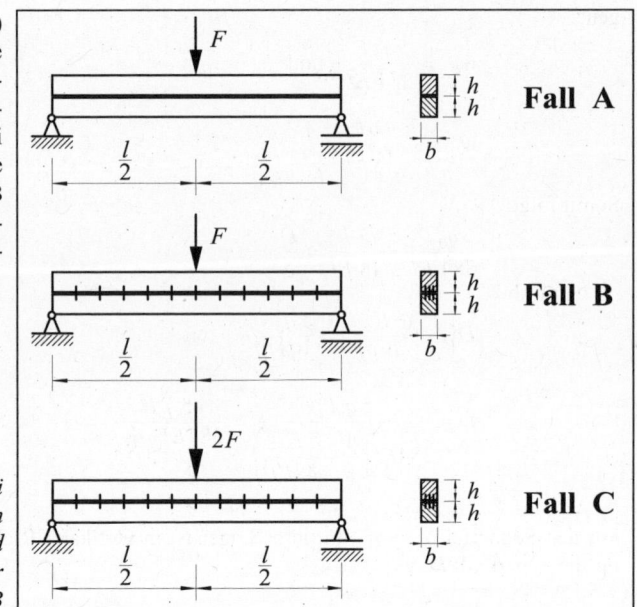

Lösung:
Fall A

Im **Fall A** kann der Einfeldträger ohne Berücksichtigung der Reibung als aus zwei Einzelbalken bestehend aufgefasst werden. Die Unterseite des oberen Einzelbalkens verschiebt sich gegenüber der Oberseite des darunterliegenden (Bild 4.16.1). Da die Einzelbalken gleich groß sind, verteilt sich die gegebene Kraft F je zur Hälfte auf die Einzelbalken.

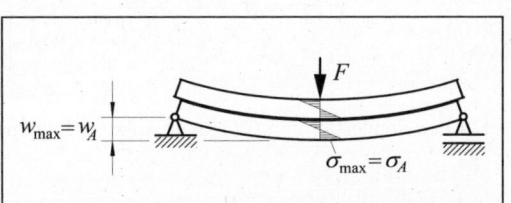

Bild 4.16.1: Zwei lose übereinandergelegte Balken (Fall A) mit Biegespannungsverteilung und Durchbiegung in Trägermitte

Für den Einzelbalken gilt:

$$M_{max} = \frac{1}{2} \cdot \frac{F}{2} \cdot \frac{l}{2} = \frac{Fl}{8} \quad ; \quad W = \frac{b\,h^2}{6} \quad ; \quad I = \frac{b\,h^3}{12}$$

Biegespannung in Balkenmitte:

$$\sigma_{max} = \sigma_A = \frac{M_{max}}{W} = \frac{Fl\,6}{8\,b\,h^2} = \underline{\underline{\frac{3\,F\,l}{4\,b\,h^2}}} \quad \text{(Bild 4.16.1)}$$

Durchbiegung in Balkenmitte:

$$w_{max} = w_A = \frac{\dfrac{F}{2}\,l^3}{48\,EI} = \frac{F\,l^3\,12}{2 \cdot 48\,E\,b\,h^3} = \underline{\underline{\frac{F\,l^3}{8\,E\,b\,h^3}}} \quad \text{(Bild 4.16.1)}.$$

Fall B

Im **Fall B** wird die gegenseitige Verschiebung der Einzelbalken durch eine schubfeste Verbindung (z.B. Dübel, Niete, Schrauben, Schweißnähte) verhindert, so dass das System als ein Balken mit der Höhe $2h$ aufgefasst werden kann (Bild 4.16.2).

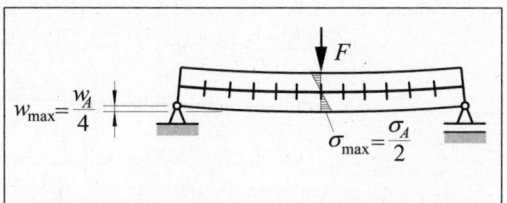

Bild 4.16.2: Zwei schubfest miteinander verbundene Einzelbalken (Fall B) mit Biegespannungsverteilung und Durchbiegung in Trägermitte

$$\sigma = \frac{M_{max}}{W}$$

$$M_{max} = \frac{F}{2} \cdot \frac{l}{2} = \frac{F\,l}{4} \quad ; \qquad W = \frac{b(2h)^2}{6} = \frac{2}{3}bh^2$$

Biegespannung in Balkenmitte:

$$\sigma_{max} = \frac{F\,l\,3}{4 \cdot 2\,b\,h^2} = \frac{1}{2} \cdot \frac{3\,F\,l}{4\,b\,h^2} = \frac{\sigma_A}{2} \qquad \text{(halb so groß wie bei Fall A) (Bild 4.16.2).}$$

$$I = \frac{b(2h)^3}{12} = \frac{2}{3}bh^3$$

Durchbiegung in Balkenmitte:

$$w_{max} = \frac{F\,l^3}{48\,E\,\frac{2}{3}\,b\,h^3} = \frac{F\,l^3}{32\,E\,b\,h^3} = \frac{1}{4} \cdot \frac{F\,l^3}{8\,E\,b\,h^3} = \frac{w_A}{4} \quad \text{(geht auf ein Viertel gegenüber}$$

Fall A zurück) (Bild 4.16.2).

Fall C

Die gegebene Belastung im **Fall C** ist im Gegensatz zu Fall B doppelt so groß, nämlich $2F$ (Bild 4.16.3).

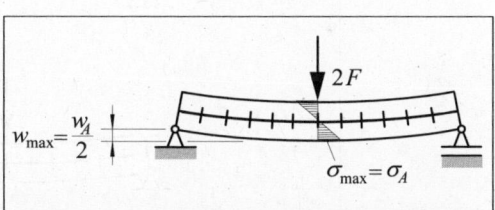

Bild 4.16.3: Zwei mit der Einzelkraft 2F belastete schubfest miteinander verbundene Einzelbalken (Fall C) mit Biegespannungsverteilung und Durchbiegung in Trägermitte

$$\sigma = \frac{M_{max}}{W}$$

$$M_{max} = \frac{2\,F}{2} \cdot \frac{l}{2} = \frac{F\,l}{2} \quad ; \qquad W = \frac{b(2h)^2}{6} = \frac{2}{3}bh^2$$

Biegespannung in Balkenmitte:

$$\sigma_{max} = \frac{F\,l}{2 \cdot \frac{2}{3}\,b\,h^2} = \frac{3\,F\,l}{4\,b\,h^2} = \sigma_A \qquad \text{(so groß wie bei Fall A) (Bild 4.16.3).}$$

$$I = \frac{b\,(2h)^3}{12} = \frac{2}{3}bh^3$$

Durchbiegung in Balkenmitte:

$$w_{max} = \frac{2\,F\,l^3}{48\,E\,\frac{2}{3}\,b\,h^3} = \frac{1}{2} \cdot \frac{F\,l^3}{8\,E\,b\,h^3} = \frac{w_A}{2} \qquad \text{(halb so groß wie bei Fall A) (Bild 4.16.3).}$$

Vergleich der drei Fälle

Durch eine schubfeste Verbindung der Einzelbalken untereinander und Beibehaltung der gegebenen Kraft F (Fall B) gegenüber lose übereinandergelegte Einzelbalken (Fall A) verringert sich die Biegespannung auf die Hälfte und die Durchbiegung auf ein Viertel (Bild 4.16.4).

Schubfest miteinander verbundene Einzelbalken (Fall C) haben das doppelte Tragvermögen ($2F$) gegenüber lose übereinandergelegte Balken (Fall A) bei gleichgroßer Biegespannung (Bild 4.16.4).

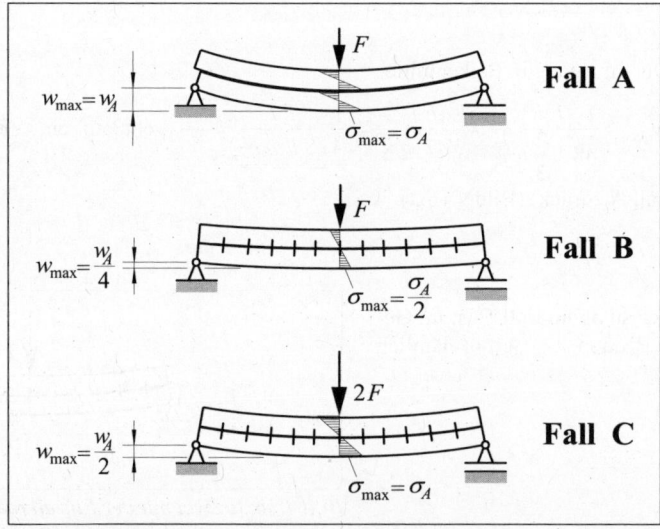

Bild 4.16.4: *Minderung der Biegespannung und der Durchbiegung*
durch schubfeste Verbindung zweier Einzelbalken

Hinweis: Der Nachweis der Schubspannungen in Verbindungsmitteln wird in der Aufgabe 6.4 (Seite 143) unter dem Kapitel Querkraftschub erläutert.

Aufgabe 4.17:

Das abgebildete Biegeträgersystem (Bild 4.17) besteht aus zwei Trägern (oberer Träger l, EI_2; unterer Träger $2l$, EI_1), die an der Stelle B durch ein kurzes *starres* Distanzstück $(a, EI = \infty)$ biegesteif miteinander verbunden sind.

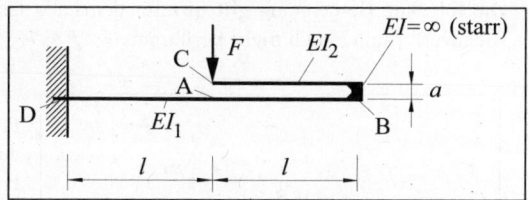

1. Es ist die Kraft $F = F_{berühr}$ für den Fall zu bestimmen, dass der Punkt C des oberen Trägers gerade den unteren Träger infolge Biegeverformung berührt.

2. Für den Fall, dass sich der untere und obere Träger infolge Biegeverformung noch nicht berühren, sind die Vertikalverschiebung und der Neigungswinkel der Biegelinie an der Stelle B sowie die Vertikalverschiebung des Punktes C zu bestimmen.

Bild 4.17: *Biegeträgersystem mit unterschiedlichen Biegesteifigkeiten*

Lösung:

zu 1.

Am einfachsten lässt sich die Berechnung durchführen, wenn wir mittels Schnittmethode das System bei A durchschneiden und nur den rechten Teil betrachten (Bild 4.17.1).

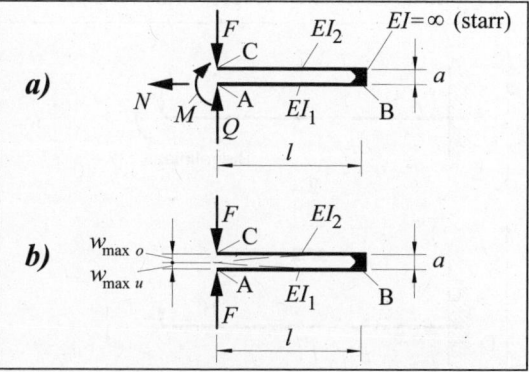

Die ***Gleichgewichtsbedingungen*** für den rechten Teil liefern (Bild 4.17.1a):

$$(\textstyle\sum M)_A = 0: \quad \Rightarrow \quad M = 0$$

$$\sum \rightarrow = 0: \quad \Rightarrow \quad N = 0$$

$$\sum \uparrow = 0: \quad \Rightarrow \quad Q = F$$

Da sich der untere und obere Träger infolge der Biegeverformung gerade berühren sollen, gilt für die ***geometrische Verformung*** (Bild 4.17.1b):

Bild 4.17.1: *Bei A geschnittenes System (rechter Teil)*
a) Freikörperbild
b) geometrische Verformungen für den Fall, dass sich unterer und oberer Träger gerade berühren

$$w_{\max o} + w_{\max u} = a$$

$$w_{\max o} = \frac{F l^3}{3 EI_2} \quad , \quad w_{\max u} = \frac{F l^3}{3 EI_1} \quad \text{(Standardfälle)}$$

$$\frac{F l^3}{3 EI_2} + \frac{F l^3}{3 EI_1} = a$$

$$\frac{F l^3}{3 E}\left(\frac{1}{I_2} + \frac{1}{I_1}\right) = a \quad \Rightarrow \quad F = F_{berühr} = \frac{3 E a}{l^3 \left(\dfrac{1}{I_1} + \dfrac{1}{I_2}\right)} \; .$$

zu 2.

Die folgende Berechnung **gilt nur** für den Fall, dass sich der untere und obere Träger infolge der Biegeverformung noch **nicht** berühren; also $F < F_{berühr}$ ist (siehe zu 1.)!

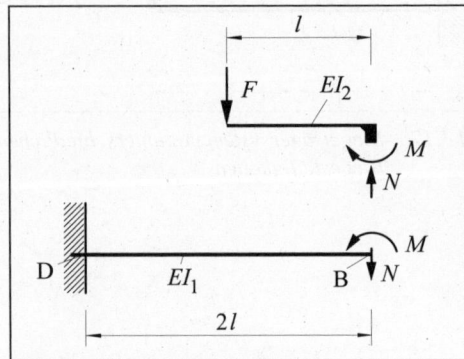

Bild 4.17.2: *Bei B geschnittenes System (Schnittmethode)*

Für die Ermittlung der Vertikalverschiebung und des Neigungswinkels der Biegelinie an der Stelle B trennen wir mit der Schnittmethode oberen und unteren Träger voneinander (Bild 4.17.2).

Aus den Gleichgewichtsbedingungen für den oberen Träger folgt:

$$M = F\,l \quad \text{und} \quad N = F.$$

Aus actio = reactio an der Schnittstelle in B erhalten wir für den unteren Träger:

$$M = F\,l \quad \text{und} \quad N = F.$$

Die Verschiebung und den Neigungswinkel an der Stelle B erhalten wir nun mit dem Überlagerungsprinzip am unteren Träger (Bild 4.17.3).

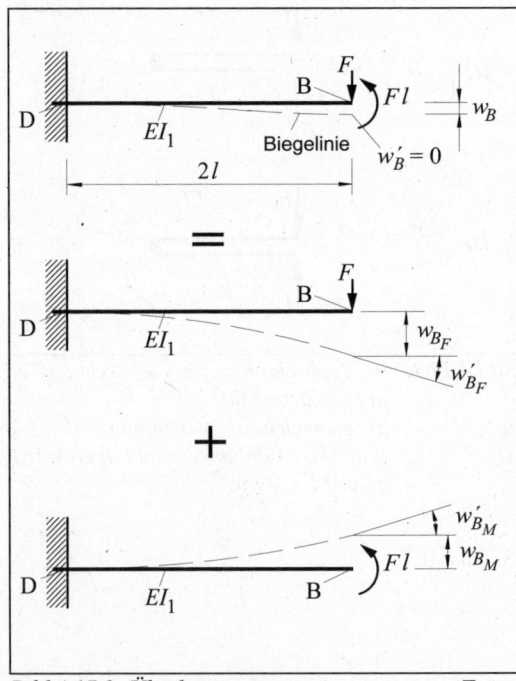

Bild 4.17.3: *Überlagerungsprinzip am unteren Träger*

Vertikalverschiebung w_B (Bild 4.17.3):

$$w_B = w_{B_F} + w_{B_M}$$

$$w_{B_F} = \frac{F(2l)^3}{3EI_1} \quad \text{(Standardfall)}$$

$$w_{B_M} = -\frac{Fl(2l)^2}{2EI_1} \quad \text{(Standardfall)}$$

$$w_B = \frac{8F\,l^3}{3\,EI_1} - \frac{2F\,l^3}{EI_1} = \underline{\frac{2F\,l^3}{3\,EI_1}}.$$

Neigungswinkel w_B' der Biegelinie an der Stelle B:

$$w_B' = w_{B_F}' + w_{B_M}'$$

$$w_{B_F}' = \frac{F(2l)^2}{2EI_1} = \frac{2Fl^2}{EI_1}$$

$$w_{B_M}' = -\frac{Fl \cdot 2l}{EI_1} = -\frac{2Fl^2}{EI_1}$$

$$w_B' = \frac{2F\,l^2}{EI_1} - \frac{2F\,l^2}{EI_1} = \underline{\underline{0}}.$$

Das bedeutet, dass die Tangente w_B' an der Biegelinie im Punkt B auch unter der Belastung horizontal bleibt (Bild 4.17.3).

Vertikalverschiebung w_C des Punktes C (Bild 4.17.4):

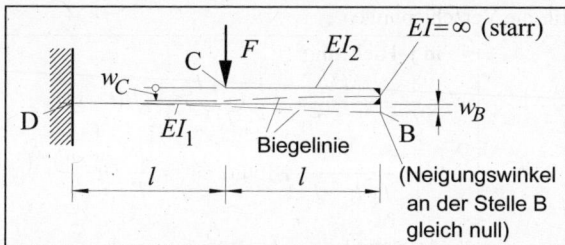

Die Absenkung w_C des Punktes C setzt sich aus der Vertikalverschiebung w_B des Punktes B und der Eigenverformung des oberen Trägers ($\frac{Fl^3}{3EI_2}$; Standardfall, max. Durchbiegung eines einseitig eingespannten Trägers mit endseitiger Einzellast) zusammen.

Bild 4.17.4: Geometrische Verformungen des Biegeträgersystems

$$w_C = w_B + \frac{Fl^3}{3EI_2} \; ; \qquad w_C = \frac{2Fl^3}{3EI_1} + \frac{Fl^3}{3EI_2} \; ; \qquad \underline{\underline{w_C = \frac{Fl^3}{3E}\left(\frac{2}{I_1} + \frac{1}{I_2}\right)}} .$$

Aufgabe 4.18:

Der eingespannte Träger mit dargestelltem Querschnitt (Bild 4.18) ist durch die Kraft F am freien Ende belastet.

Gesucht sind die Verschiebungen des Schwerpunktes der Querschnittsfläche am freien Ende.

Gegeben: $F = 2\,\text{kN}$
$l = 1,5\,\text{m}$
$E = 210000\,\text{N} / \text{mm}^2$.

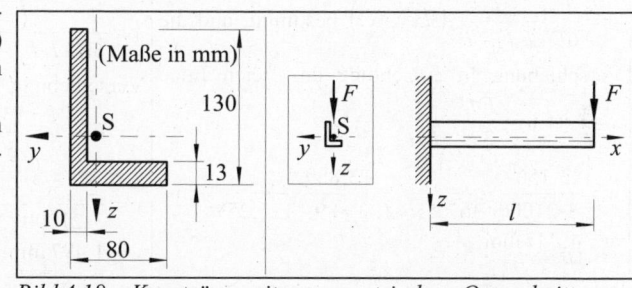

Bild 4.18: Kragträger mit unsymmetrischem Querschnitt

Lösung:

Die Verschiebungen können wir bezüglich des y,z-Koordinatensystems oder bezüglich der Hauptachsen berechnen. Hier betrachten wir beide Möglichkeiten.

Lösungsweg 1:

Bei *schiefer Biegung* erhalten wir die Verschiebungen mithilfe der Differentialgleichungen der Biegelinie:

$$w'' = -\frac{1}{E} \cdot \frac{M_y I_z - M_z I_{yz}}{I_y I_z - I_{yz}^2} \quad \text{und} \quad v'' = \frac{1}{E} \cdot \frac{M_z I_y - M_y I_{yz}}{I_y I_z - I_{yz}^2}.$$

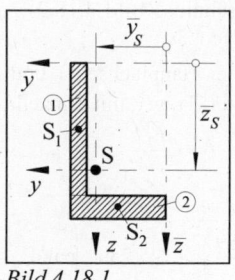

Lage des Schwerpunktes (Bild 4.18.1):

$$\bar{y}_S = \frac{75 \cdot 10 \cdot 117 + 40 \cdot 13 \cdot 80}{10 \cdot 117 + 13 \cdot 80}\,\text{mm} = 58,53\,\text{mm}$$

$$\bar{z}_S = \frac{58,5 \cdot 10 \cdot 117 + 123,5 \cdot 13 \cdot 80}{10 \cdot 117 + 13 \cdot 80}\,\text{mm} = 89,09\,\text{mm}.$$

$$I_y = \left[\frac{10 \cdot 117^3}{12} + 10 \cdot 117(58,5 - 89,09)^2 + \frac{80 \cdot 13^3}{12} \right.$$

Bild 4.18.1

$$\left. + 13 \cdot 80(123,5 - 89,09)^2 \right]\,\text{mm}^4 = 367,556\,\text{cm}^4$$

$$I_z = \left[\frac{117 \cdot 10^3}{12} + 10 \cdot 117(75 - 58,53)^2 + \frac{13 \cdot 80^3}{12} + 13 \cdot 80(40 - 58,53)^2 \right]\,\text{mm}^4 = 123,889\,\text{cm}^4$$

$$I_{yz} = \left[-10 \cdot 117(58,5 - 89,09)(75 - 58,53) - 13 \cdot 80(40 - 58,53)(123,5 - 89,09) \right]\,\text{mm}^4 = 125,259\,\text{cm}^4$$

Biegemomente: $M_y = -F(l-x)$, $M_z = 0$.

Mit den Differentialgleichungen folgen für die Verschiebungen

• in z-Richtung:	• in y-Richtung:

• in z-Richtung:

$$w'' = -\frac{1}{E}\cdot\frac{M_y I_z}{I_y I_z - I_{yz}^2} = \frac{1}{E}\cdot\frac{I_z}{I_y I_z - I_{yz}^2}F(l-x),$$

mit $k = \dfrac{I_z}{I_y I_z - I_{yz}^2}$ folgt: $w'' = \dfrac{F}{E}kl - \dfrac{F}{E}kx$,

$$w' = -\frac{F}{2E}kx^2 + \frac{F}{E}klx + C_1,$$

$$w = -\frac{F}{6E}kx^3 + \frac{F}{2E}klx^2 + C_1 x + C_2.$$

Die Integrationskonstanten C_1 und C_2 erhalten wir aus den Randbedingungen.

$w(0)=0 \Rightarrow C_2 = 0$, $w'(0)=0 \Rightarrow C_1 = 0$.

Damit ist die Biegelinie durch

$$w = \frac{F}{6E}\cdot\frac{I_z}{I_y I_z - I_{yz}^2}(3lx^2 - x^3)$$ bestimmt, und die

Verschiebung in z-Richtung am freien Ende

$x = l$ ist $w = \dfrac{F l^3}{3E}\cdot\dfrac{I_z}{I_y I_z - I_{yz}^2}$.

$$w = \frac{2\cdot150^3}{3\cdot21000}\cdot\frac{123,889}{367,556\cdot123,889 - 125,259^2}\,\text{cm}$$

$\underline{\underline{w = 4,447\,\text{mm}.}}$

• in y-Richtung:

$$v'' = \frac{1}{E}\cdot\frac{-M_y I_{yz}}{I_y I_z - I_{yz}^2} = \frac{1}{E}\cdot\frac{I_{yz}}{I_y I_z - I_{yz}^2}F(l-x),$$

mit $j = \dfrac{I_{yz}}{I_y I_z - I_{yz}^2}$ folgt: $v'' = \dfrac{F}{E}jl - \dfrac{F}{E}jx$,

$$v' = -\frac{F}{2E}jx^2 + \frac{F}{E}jlx + C_3,$$

$$v = -\frac{F}{6E}jx^3 + \frac{F}{2E}jlx^2 + C_3 x + C_4.$$

Die Integrationskonstanten C_3 und C_4 erhalten wir aus den Randbedingungen.

$v(0)=0 \Rightarrow C_4 = 0$, $v'(0)=0 \Rightarrow C_3 = 0$.

Damit ist die Biegelinie durch

$$v = \frac{F}{6E}\cdot\frac{I_{yz}}{I_y I_z - I_{yz}^2}(3lx^2 - x^3)$$ bestimmt, und die

Verschiebung in y-Richtung am freien Ende

$x = l$ ist $v = \dfrac{F l^3}{3E}\cdot\dfrac{I_{yz}}{I_y I_z - I_{yz}^2}$.

$$v = \frac{2\cdot150^3}{3\cdot21000}\cdot\frac{125,259}{367,556\cdot123,889 - 125,259^2}\,\text{cm}$$

$\underline{\underline{v = 4,497\,\text{mm}.}}$

Anmerkung: Obwohl nur vertikale Last angreift, ist die vertikale Verschiebung w kleiner als die horizontale Verschiebung v.

Resultierende Durchbiegung am freien Ende (Bild 4.18.3): $f = \sqrt{w^2 + v^2}$,

$$f = \sqrt{4,447^2 + 4,497^2}\,\text{mm} = \underline{\underline{6,324\,\text{mm}}}.$$

Lösungsweg 2:   Die Berechnung der Verschiebungen erfolgt über die Hauptachsen der Querschnittsfläche.

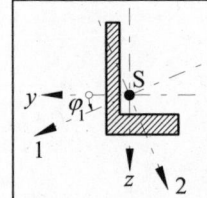

Bild 4.18.2

Bei der *schiefen Biegung* wird die Belastung so in Komponenten zerlegt, dass sie mit den Hauptachsen 1 und 2 des Querschnitts (Bild 4.18.2) zusammenfällt. $F_1 = F\sin\varphi_1$, $F_2 = F\cos\varphi_1$.

Für die Verschiebungen f_1 und f_2 in Richtung der Hauptachsen 1 und 2 folgt mit dem Standardfall (einseitig eingespannter Träger mit Einzellast am freien Ende): $f_1 = \dfrac{F_1 l^3}{3E I_2}$, $f_2 = \dfrac{F_2 l^3}{3E I_1}$.

Hauptträgheitsmomente und Hauptachsenrichtung:

$$I_{1,2} = \frac{I_y + I_z}{2} \pm \sqrt{\left(\frac{I_y - I_z}{2}\right)^2 + I_{yz}^2} = \left(\frac{367,556 + 123,889}{2} \pm \sqrt{\left(\frac{367,556 - 123,889}{2}\right)^2 + 125,259^2}\right)\text{cm}^4,$$

$I_1 = 420,46\,\text{cm}^4$, $I_2 = 70,985\,\text{cm}^4$; $\tan\varphi_1 = \dfrac{I_1 - I_y}{I_{yz}} = \dfrac{420,46 - 367,556}{125,259} = 0,42236 \Rightarrow \varphi_1 = 22,9°$.

$$f_1 = \frac{2000\cdot\sin 22,9°\cdot1500^3}{3\cdot210000\cdot70,985\cdot10^4}\,\text{mm} = \underline{\underline{5,873\,\text{mm}}},\qquad f_2 = \frac{2000\cdot\cos 22,9°\cdot1500^3}{3\cdot210000\cdot420,46\cdot10^4}\,\text{mm} = \underline{\underline{2,347\,\text{mm}}}.$$

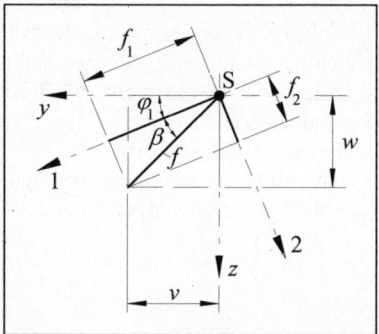

Bild 4.18.3: Resultierende Durchbiegung in beiden Koordinatensystemen

Die resultierende Durchbiegung und ihre Richtung β ergibt sich aus Bild 4.18.3:

$$f = \sqrt{f_1^2 + f_2^2},$$

$$f = \sqrt{5,873^2 + 2,347^2}\,\text{mm} = 6,324\,\text{mm},$$

$$\tan\beta = \frac{f_2}{f_1} = \frac{2,347}{5,873} = 0,3996 \quad \Rightarrow \quad \beta = 21,78°.$$

Aus der Geometrie (Bild 4.18.3) können wir in das y,z-Koordinatensystem umrechnen und erhalten die Verschiebungen in Richtung der y- und z-Achse:

$$v = f \cdot \cos(\varphi_1 + \beta) = 6,324\,\text{mm} \cdot \cos(22,9° + 21,78°)$$
$$v = 4,497\,\text{mm},$$

$$w = f \cdot \sin(\varphi_1 + \beta) = 6,324\,\text{mm} \cdot \sin(22,9° + 21,78°)$$
$$w = 4,447\,\text{mm}.$$

Aufgabe 4.19:

Ein einseitig eingespannter Balken (Biegesteifigkeit EI_2, Länge a) ist durch einen Zweigelenkstab (Dehnsteifigkeit EA, Länge h) mit einem zweiten einseitig eingespannten Balken (Biegesteifigkeit EI_1, Länge l) verbunden (Bild 4.19).
Für den Fall, dass das nicht vorgespannte System im Gelenk G mit einer Kraft F belastet wird, sind zu ermitteln:
1. Wie groß ist die vom Zweigelenkstab übertragene Kraft?
2. Wie groß ist die Vertikalverschiebung vom Gelenk G?

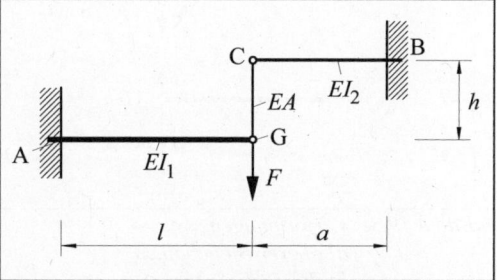

Bild 4.19: Zwei parallele Biegebalken verbunden mit Zweigelenkstab

Lösung:

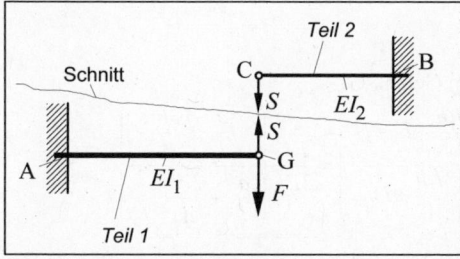

Bild 4.19.1: Zwei durch Schneiden des Stabes entstandene Teile

Mit Hilfe der Schnittmethode (Schnitt durch den Zweigelenkstab) entstehen zwei Teile (Bild 4.19.1). Da den sieben Unbekannten (sechs Auflagerreaktionen in den Einspannstellen A und B und die Stabkraft S) nur sechs Gleichgewichtsbedingungen (für jedes Teil drei) gegenüberstehen, erkennen wir, dass die Aufgabe *einfach* statisch unbestimmt ist.

zu 1.

Um die vom Zweigelenkstab übertragene Kraft S zu ermitteln, müssen wir die geometrische Verformungsbedingung und die Verformungen betrachten.

Geometrische Verformungsbedingung:

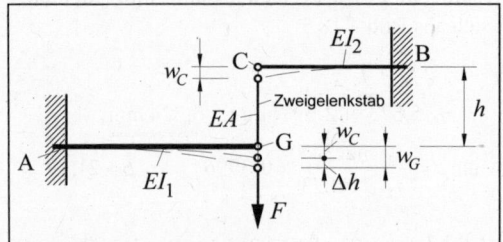

Bild 4.19.2: Verschiebungsplan (Geometrie der Verformung)

Die Vertikalverschiebung w_G des Gelenkes G muss gleich der Summe aus der Vertikalverschiebung w_C des Punktes C vom oberen Biegebalken und der Verlängerung Δh des Zweigelenkstabes sein (Bild 4.19.2).

Die geometrische Verformungsbedingung (geometrische Verträglichkeit) lautet also:

$$w_C + \Delta h = w_G. \tag{1}$$

Verformungen:

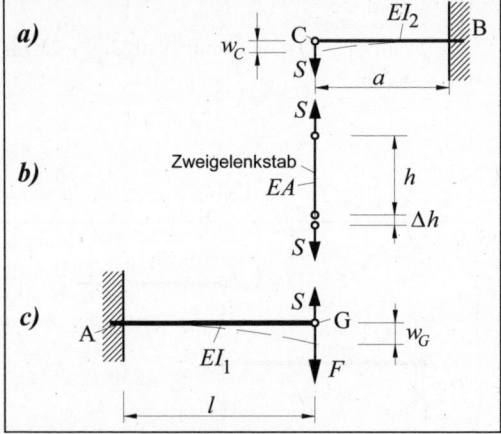

Bild 4.19.3: Verformungen
a) oberer Biegebalken
b) Zweigelenkstab
c) unterer Biegebalken

Nun schneiden wir mittels Schnittmethode den Zweigelenkstab aus dem Gesamtsystem heraus und betrachten die Balken und den Stab getrennt (Bild 4.19.3).

Die beiden Biegebalken (Bild 4.19.3a und 4.19.3c) sind Standardfälle, so dass für die Verformungen w_C und w_G gilt:

$$w_C = \frac{S a^3}{3 EI_2}, \tag{2}$$

$$w_G = \frac{(F - S) l^3}{3 EI_1}. \tag{3}$$

Für die Verlängerung Δh des Zweigelenkstabes (Bild 4.19.3b) ergibt sich aus dem Verformungsgesetz:

$$\Delta h = \frac{S h}{E A}. \tag{4}$$

Substitution von (2), (3) und (4) in (1) liefert:

$$\frac{S a^3}{3 EI_2} + \frac{S h}{E A} = \frac{(F - S) l^3}{3 EI_1}, \qquad S\left(\frac{a^3}{3 I_2} + \frac{h}{A} + \frac{l^3}{3 I_1}\right) = \frac{F l^3}{3 I_1}, \qquad S = \frac{F l^3}{a^3 \dfrac{I_1}{I_2} + \dfrac{3 I_1 h}{A} + l^3}.$$

zu 2.

Einsetzen in (3) liefert die Vertikalverschiebung vom Gelenk G:

$$w_G = \frac{l^3}{3 EI_1}\left(F - \frac{F l^3}{a^3 \dfrac{I_1}{I_2} + \dfrac{3 I_1 h}{A} + l^3}\right) = \frac{F l^3}{3 EI_1}\left(\frac{a^3 \dfrac{I_1}{I_2} + \dfrac{3 I_1 h}{A} + l^3 - l^3}{a^3 \dfrac{I_1}{I_2} + \dfrac{3 I_1 h}{A} + l^3}\right) = \frac{F l^3}{3 EI_1}\left(\frac{\dfrac{a^3}{I_2} + \dfrac{3 h}{A}}{\dfrac{a^3}{I_2} + \dfrac{3 h}{A} + \dfrac{l^3}{I_1}}\right).$$

Sonderfälle:

Für den Sonderfall $I_1 \to \infty$ erhalten wir aus den obigen Gleichungen für die Stabkraft S im Zweigelenkstab $S \approx \underline{0}$ und für Gelenk G die Verschiebung $w_G \approx \underline{0}$.

Bei $I_2 \to 0$ folgt aus den entsprechenden obigen Gleichungen: $\qquad S \approx \underline{0}$ und $w_G \approx \dfrac{F l^3}{3 EI_1}$.

5 Torsion

Aufgabe 5.1:

Eine Stahlwelle mit Kreisquerschnitt (Bild 5.1) wird durch ein Torsionsmoment M_T belastet.

Die Welle ist für eine zulässige Schubspannung τ_{zul} und einen zulässigen spezifischen Verdrehungswinkel ϑ_{zul} zu dimensionieren; das heißt, wie groß muß der Durchmesser sein.

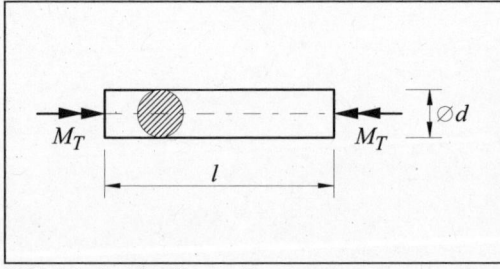

Gegeben:

$M_T = 1800 \,\text{Nm}$, $G = 8 \cdot 10^4 \,\text{N} / \text{mm}^2$

$\tau_{zul} \leq 45 \,\text{N} / \text{mm}^2$, $\vartheta_{zul} \leq 0{,}25° \dfrac{1}{\text{m}}$

Bild 5.1: Stahlwelle mit Torsionsmoment

Lösung:

Bei *reiner* Torsion eines kreiszylindrischen Stabes tritt die größte Schubspannung $\tau_{\max}$ am Außenrand $(r = d/2)$ auf (Bild 5.1.1).

$$\tau_{\max} = \frac{M_T}{I_p} \cdot \frac{d}{2} = \frac{M_T}{W_p} ,$$

wobei das polare Widerstandsmoment $W_p = \dfrac{I_p}{\dfrac{d}{2}}$ beträgt.

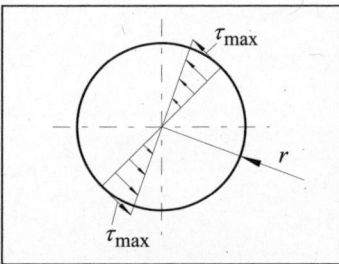

Bild 5.1.1: Größte Schubspannung am Rand

Mit dem polaren Flächenträgheitsmoment $I_p = \dfrac{\pi}{32} d^4$ für den Kreisquerschnitt folgt: $W_p = \dfrac{\pi}{16} d^3$.

$$\tau_{zul} = \frac{M_T}{W_p} = \frac{M_T}{\dfrac{\pi}{16} d^3}$$

$$d = \sqrt[3]{\frac{16\, M_T}{\pi\, \tau_{zul}}} = \sqrt[3]{\frac{16 \cdot 1800 \cdot 10^3}{\pi\, 45}} \,\text{mm} = 58{,}84 \,\text{mm}$$

Jetzt müssen wir mit diesem Durchmesser den spezifischen Verdrehungswinkel ϑ (Verdrehungswinkel pro Längeneinheit) ermitteln:

$$\vartheta = \frac{M_T}{G\, I_p} = \frac{1800000}{8 \cdot 10^4 \dfrac{\pi}{32} 58{,}84^4 \,\text{mm}} \cdot \frac{1000 \,\text{mm}}{1 \,\text{m}} = 0{,}01912 \frac{1}{\text{m}}$$

$$\vartheta = \frac{180°}{\pi} 0{,}01912 \frac{1}{\text{m}} = 1{,}0955° \frac{1}{\text{m}} > \vartheta_{zul} .$$

Da nun mit diesem Durchmesser der zulässige spezifische Verdrehungswinkel überschritten wird, ist für die Dimensionierung der spezifische Verdrehungswinkel ϑ maßgebend.

$$\vartheta = \frac{M_T}{G\,I_p}$$

$$I_{p\,erf} = \frac{M_T}{G\,\vartheta_{zul}} \quad ; \quad \vartheta_{zul} = \frac{\pi}{180°}\,0,25°\,\frac{1}{m} = 4,3633\cdot 10^{-3}\,\frac{1}{m}$$

$$I_{p\,erf} = \frac{1800\cdot 10^3}{8\cdot 10^4\cdot 4,3633\cdot 10^{-6}}\,mm^4 = 5,1566\cdot 10^6\,mm^4$$

$$d_{erf} = \sqrt[4]{\frac{32}{\pi}\,I_{Perf}} = \sqrt[4]{\frac{32}{\pi}\,5,1566\cdot 10^6}\,mm$$

$$\underline{\underline{d_{erf} = 85,13\,mm}}$$

Kontrolle der dann vorhandenen Schubspannung:

$$\tau_{vorh} = \frac{M_T}{W_{P\,vorh}} = \frac{M_T}{\frac{\pi}{16}\,d_{erf}^{\;3}}$$

$$\tau_{vorh} = \frac{1800000\,N\,mm}{\frac{\pi}{16}\,85,13^3\,mm^3}$$

$$\tau_{vorh} = 14,86\,\frac{N}{mm^2} \;<\; \tau_{zul}.$$

Aufgabe 5.2:

Ein vorgegebener Torsionsstab mit Vollquerschnitt (Bild 5.2), mit der Länge
$l = 1,2$ m und dem Durchmesser $d = 28$ mm
wird durch ein Torsionsmoment
$M_T = 1000$ Nm belastet.
Er soll durch einen Stab mit kreisrundem
Rohrquerschnitt (Bild 5.2) (konstante Wandstärke $\delta = 0,1 \cdot D_a$) ersetzt werden
$\left(M_T = 1000\,\text{Nm}\right)$, wobei die maximale
Schubspannung τ_{max} und der Verdrehungswinkel φ genau so groß sein sollen wie beim
vorgegebenen Torsionsstab mit Vollquerschnitt. $G = 8,14 \cdot 10^4\,\text{N / mm}^2$.

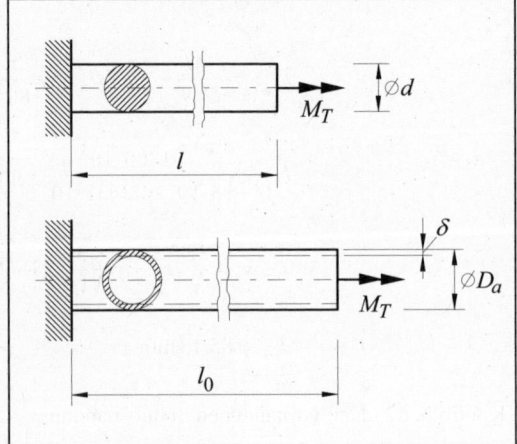

Zu bestimmen sind:
1. die maximale Schubspannung τ_{max} und
   der Verdrehungswinkel φ,
2. Außendurchmesser D_a des Rohrquer-
   schnitts und die Rohrlänge l_0.

Bild 5.2: Torsionsstäbe mit Vollquerschnitt und Rohrquerschnitt

Lösung:

zu 1.

Torsionsstab mit Vollquerschnitt

Maximale Schubspannung:

$$\tau_{max} = \frac{M_T}{I_p} \cdot \frac{d}{2} \qquad ; \qquad I_p = \frac{\pi}{32} d^4$$

$$\tau_{max} = \frac{32\,M_T}{\pi\,d^4} \cdot \frac{d}{2} = \frac{16\,M_T}{\pi\,d^3} = \frac{16 \cdot 1000\,\text{N} \cdot 10^3\,\text{mm}}{\pi \cdot 28^3\,\text{mm}^3} = \underline{\underline{232}} \frac{\text{N}}{\text{mm}^2}.$$

Verdrehungswinkel:

$$\varphi = \frac{M_T\,l}{G\,I_p} = \frac{M_T\,l}{G\,\dfrac{\pi}{32}d^4} = \frac{10^6\,\text{N mm} \cdot 1200\,\text{mm}}{8,14 \cdot 10^4\,\dfrac{\text{N}}{\text{mm}^2} \cdot \dfrac{\pi}{32}28^4\,\text{mm}^4}$$

$$\varphi = \underline{\underline{0,2443}} \qquad ; \qquad \varphi = \frac{180°}{\pi} \cdot 0,2443 = \underline{\underline{14°}}.$$

zu 2.

Torsionsstab mit kreisrundem Rohrquerschnitt

$$\tau_{max} = \frac{M_T}{I_{PR}} \cdot \frac{D_a}{2}$$

$$\varphi = \frac{M_T\,l_0}{G\,I_{PR}}$$

$$I_{P_R} = \frac{\pi}{32}\left(D_a^4 - D_i^4\right) \tag{1}$$

Innendurchmesser D_i (Bild 5.2.1):

$$D_i = D_a - 2\,\delta \ .$$

Mit $\delta = 0,1 \cdot D_a$ folgt:

$$D_i = D_a - 2 \cdot 0,1 \cdot D_a$$

$$D_i = (1 - 0,2)D_a = 0,8 D_a \ .$$

Aus (1) folgt:

$$I_{P_R} = \frac{\pi}{32} D_a^4 \left(1 - 0,8^4\right)$$

$$\tau_{\max} = \frac{M_T}{\dfrac{\pi}{32} D_a^4 \left(1 - 0,8^4\right)} \cdot \frac{D_a}{2} \ .$$

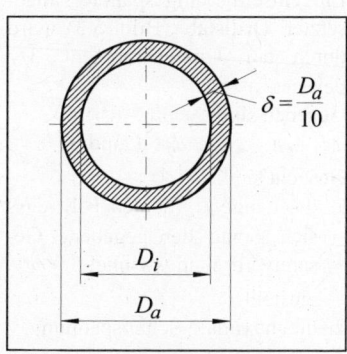

Bild 5.2.1: *Kreisrunder Rohrquerschnitt*

Umstellen nach dem gesuchten Außendurchmesser D_a liefert:

$$D_a^3 = \frac{16 M_T}{\pi\left(1 - 0,8^4\right)\tau_{\max}}$$

$$D_a = \sqrt[3]{\frac{16 \cdot 10^6 \,\text{Nmm}}{\pi\left(1 - 0,8^4\right)232\,\dfrac{\text{N}}{\text{mm}^2}}}$$

$$D_a = 33,38\,\text{mm} \ .$$

$$\varphi = \frac{M_T \, l_0}{G \, I_{P_R}}$$

Umstellen nach der Länge l_0 liefert:

$$l_0 = \frac{\varphi \, G \, I_{P_R}}{M_T}$$

$$l_0 = \frac{\varphi \, G \dfrac{\pi}{32} D_a^4 \left(1 - 0,8^4\right)}{M_T}$$

$$l_0 = \frac{0,2443 \cdot 8,14 \cdot 10^4 \,\dfrac{\text{N}}{\text{mm}^2} \cdot \dfrac{\pi}{32}(33,38\,\text{mm})^4\left(1 - 0,8^4\right)}{10^6\,\text{Nmm}} = 1431\,\text{mm} \ .$$

Aufgabe 5.3:

Ein einseitig eingespannter abgesetzter Drillstab (Bild 5.3) wird
durch ein Torsionsmoment M_T
belastet.
Gegeben sind:
M_T, φ_{ges}, d_1, d_2, l und G.
Gesucht sind:
1. die Länge l_2 für den Fall, dass
   sich genau der gegebene Gesamtverdrehungswinkel φ_{ges}
   einstellt,
2. die maximale Schubspannung.

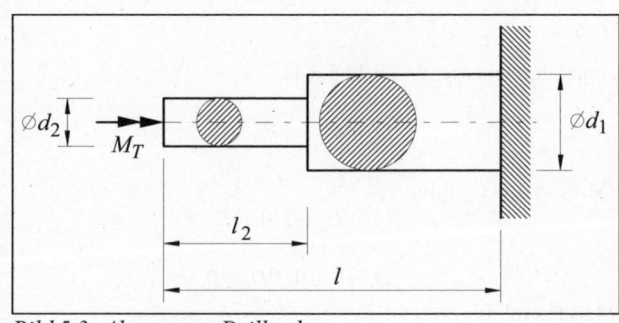

Bild 5.3: Abgesetzter Drillstab

Lösung:

zu 1.

Der abgesetzte Drillstab (Bild 5.3.1) besteht aus
zwei Teilen. Der kreiszylindrische Teil 1 mit dem
Durchmesser d_1 ist mit dem kreiszylindrischen
Teil 2 mit dem Durchmesser d_2 in Reihe geschaltet
(sogenannte Reihenschaltung).
Bei der Reihenschaltung addieren sich die Verdrehungen der beiden Teile des Drillstabes, so dass
für den Gesamtverdrehungswinkel φ_{ges} am Ende
des eingespannten abgesetzten Drillstabes folgt:

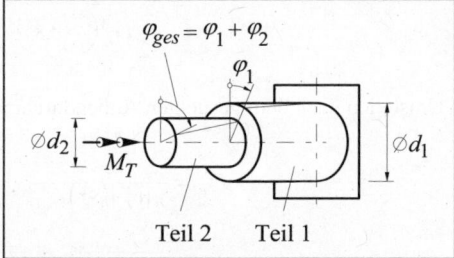

*Bild 5.3.1: Abgesetzter Drillstab mit Ver-
drehungswinkeln*

$$\varphi_{ges} = \varphi_1 + \varphi_2 \ .$$

Das beanspruchende Torsionsmoment in beiden Teilen ist M_T.

$$\varphi_{ges} = \frac{M_T(l - l_2)}{GI_{p_1}} + \frac{M_T l_2}{GI_{p_2}}$$

Polare Flächenträgheitsmomente:

$$\text{Teil 1:} \quad I_{p_1} = \frac{\pi}{32}d_1^{\ 4} \ ; \qquad \text{Teil 2:} \quad I_{p_2} = \frac{\pi}{32}d_2^{\ 4} \ ;$$

$$\varphi_{ges} = \frac{32M_T(l - l_2)}{G\pi d_1^{\ 4}} + \frac{32M_T l_2}{G\pi d_2^{\ 4}} = \frac{32M_T}{\pi G}\left(\frac{l - l_2}{d_1^{\ 4}} + \frac{l_2}{d_2^{\ 4}}\right).$$

Umstellen nach der gesuchten Länge l_2 ergibt:

$$l_2 = \frac{d_2^{\ 4}}{d_1^{\ 4} - d_2^{\ 4}}\left(\frac{\pi \varphi_{ges} G d_1^{\ 4}}{32 M_T} - l\right) \ .$$

zu 2.

Da in beiden Teilen das Torsionsmoment konstant ist, tritt die größte Schubspannung im Teil 2 auf,
weil dort das kleinere polare Widerstandsmoment ist.

Es gilt:
$$\tau_{max} = \frac{M_T}{W_{p_2}} = \frac{16\,M_T}{\pi\,d_2^{\ 3}} \ .$$

Aufgabe 5.4:

Ein kreisrundes Rohr ① und ein konzentrisch angebrachter gleichlanger kreiszylindrischer Stab ② sind an beiden Enden durch zwei *starre* Endplatten (③ und ④) fest miteinander verbunden (Bild 5.4). An den *starren* Endplatten greift eine Torsionsmomentengleichgewichtsgruppe an.

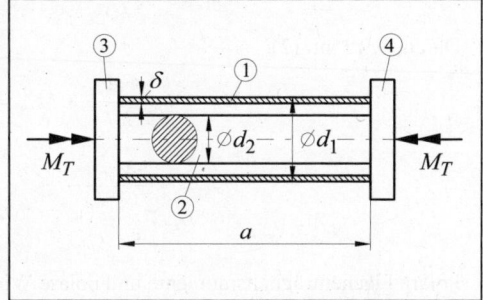

Gegeben: $d_1 = 40\,\text{mm}$, $d_2 = 28\,\text{mm}$

$\quad\quad\quad \delta = 2\,\text{mm}$, $\quad a = 500\,\text{mm}$

$\quad\quad\quad G_1 = 4{,}5 \cdot 10^4\,\text{N} / \text{mm}^2$ (Rohr ①)

$\quad\quad\quad G_2 = 8{,}1 \cdot 10^4\,\text{N} / \text{mm}^2$ (Stab ②)

$\quad\quad\quad M_T = 280\,\text{Nm}$.

Bild 5.4: Torsionsbelastetes mechanisches System

Gesucht sind:

1. die Torsionsmomente, die vom Rohr ① und vom kreiszylindrischen Stab ② aufgenommen werden,
2. der Verdrehungswinkel der Endplatten gegeneinander,
3. die maximalen Spannungen im Rohr ① und im Stab ② .

Lösung:

zu 1.

Das mechanische System ist einfach statisch unbestimmt.

Da Rohr ① und Stab ② über die *starren* Endplatten fest miteinander verbunden sind, werden beide Teile um den gleichen Winkel φ verdreht. Das bedeutet: Rohr ① und Stab ② sind parallel geschaltete Torsionsfedern (sogenannte Parallelschaltung).

Es gilt die **geometrische Verträglichkeit**:

$$\varphi_1 = \varphi_2$$

$$\frac{M_{T_1}\, a}{G_1\, I_{p_1}} = \frac{M_{T_2}\, a}{G_2\, I_{p_2}} \quad \Rightarrow \quad \frac{M_{T_1}}{G_1\, I_{p_1}} = \frac{M_{T_2}}{G_2\, I_{p_2}} \tag{1}$$

Statisches Gleichgewicht:

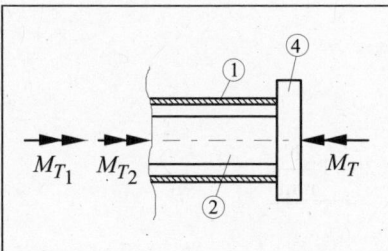

Bild 5.4.1: Freikörperbild des geschnittenen Systems

Aus der Momentengleichgewichtsbedingung (Bild 5.4.1) folgt:

$$M_T - M_{T_1} - M_{T_2} = 0$$

$$M_T = M_{T_1} + M_{T_2} \tag{2}$$

Mit den Gleichungen (1) und (2) haben wir nun zwei Gleichungen mit zwei Unbekannten (M_{T_1} und M_{T_2}) vorliegen.

Aus (1) folgt:

$$M_{T_1} = M_{T_2} \frac{G_1 \, I_{p_1}}{G_2 \, I_{p_2}}$$

Daraus wird mit (2):

$$M_T = M_{T_2} \frac{G_1 I_{p_1}}{G_2 I_{p_2}} + M_{T_2} = M_{T_2} \left(1 + \frac{G_1 I_{p_1}}{G_2 I_{p_2}} \right)$$

$$M_{T_2} = \frac{M_T}{1 + \dfrac{G_1 \, I_{p_1}}{G_2 \, I_{p_2}}} \tag{3}$$

Polare Flächenträgheitsmomente und polare Widerstandsmomente:

$$I_{p_1} = \frac{\pi}{32} \left(40^4 - (40 - 2 \cdot 2)^4 \right) \text{mm}^4 = 86431,5 \, \text{mm}^4 \quad ; \quad W_{p_1} = \frac{I_{p_1}}{\dfrac{40 \, \text{mm}}{2}} = 4321,6 \, \text{mm}^3$$

$$I_{p_2} = \frac{\pi}{32} 28^4 \, \text{mm}^4 = 60343,7 \, \text{mm}^4 \quad ; \quad W_{p_2} = \frac{I_{p_2}}{\dfrac{28 \, \text{mm}}{2}} = 4310,3 \, \text{mm}^3 \; .$$

Aus (3) folgt:

$$M_{T_2} = \frac{M_T}{1 + \dfrac{4,5 \cdot 10^4 \cdot 86431,5}{8,1 \cdot 10^4 \cdot 60343,7}} = 0,5569 \, M_T$$

$$M_{T_2} = 0,5569 \, M_T = 0,5569 \cdot 280 \, \text{Nm} = \underline{\underline{155,93 \, \text{Nm}}} \; .$$

Aus (2) folgt:

$$M_{T_1} = M_T - M_{T_2} = M_T - 0,5569 \, M_T$$

$$M_{T_1} = 0,4431 \, M_T$$

$$M_{T_1} = 0,4431 \cdot 280 \, \text{Nm} = \underline{\underline{124,07 \, \text{Nm}}} .$$

zu 2.

Verdrehungswinkel:

$$\varphi = \varphi_1 = \varphi_2 = \frac{M_{T_1} \, a}{G_1 \, I_{p_1}} = \frac{124,07 \cdot 10^3 \cdot 500}{4,5 \cdot 10^4 \cdot 86431,5} = 0,01595$$

$$\varphi = \frac{180°}{\pi} \cdot 0,01595 = \underline{\underline{0,914°}} \; .$$

zu 3.

Spannung im Rohr ① :

$$\tau_{\text{max}_1} = \frac{M_{T_1}}{W_{p_1}} = \frac{124,07 \cdot 10^3 \, \text{N mm}}{4321,6 \, \text{mm}^3} = \underline{\underline{28,71 \frac{\text{N}}{\text{mm}^2}}} \; .$$

Spannung im Stab ② :

$$\tau_{\text{max}_2} = \frac{M_{T_2}}{W_{p_2}} = \frac{155,93 \cdot 10^3 \, \text{N mm}}{4310,3 \, \text{mm}^3} = \underline{\underline{36,18 \frac{\text{N}}{\text{mm}^2}}} \; .$$

Aufgabe 5.5:

Ein dünnwandig geschlossenes Profil ($\delta \ll r$), welches einseitig eingespannt ist (Bild 5.5), wird am freien Trägerende exzentrisch durch eine Einzelkraft F belastet.
Gegeben sind:

$F = 20000\,\text{N}$; $\quad l = 120\,\text{cm}$

$r = 7\,\text{cm}$; $\qquad \varphi_{zul} = 0,4°$

$G = 8,14 \cdot 10^6\,\text{N}\,/\,\text{cm}^2$.

Gesucht sind:

1. die Abmessung δ, so dass der zulässige Verdrehungswinkel $\varphi_{zul} = 0,4°$ nicht überschritten wird,
2. die maximale Schubspannung infolge Torsion mit dem unter 1. ermittelten Wert für δ .

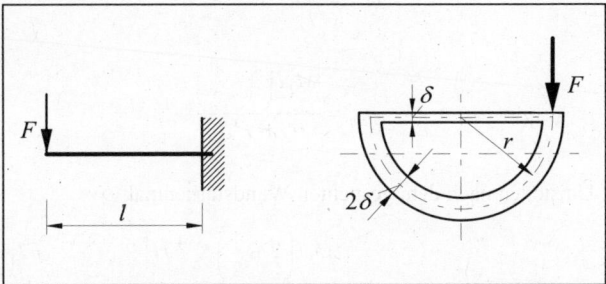

Bild 5.5: Träger aus einem dünnwandigen geschlossenen Profil

Lösung:

zu 1.

Durch den außermittigen Kraftangriff der Kraft F (Bild 5.5) wird der Träger unter anderem durch ein konstantes Torsionsmoment $M_T = F\,r$ belastet.

Das Wandstärkenmaß δ läßt sich mit Hilfe der *Zweiten BREDTschen Formel* berechnen.

$$\vartheta = \frac{d\varphi}{dx} = \frac{M_T}{G\,I_T} \qquad (\textit{Zweite BREDTsche Formel})$$

mit $\qquad I_T = \dfrac{4A_m^{\ 2}}{\displaystyle\oint \frac{ds}{\delta(s)}}$

Es bedeuten: $\quad \vartheta \;\rightarrow\;$ spezifischer Verdrehungswinkel

$\qquad\qquad\qquad \varphi \;\rightarrow\;$ Verdrehungswinkel

$\qquad\qquad\qquad I_T \;\rightarrow\;$ Torsionsträgheitsmoment

$\qquad\qquad\qquad \displaystyle\oint \frac{ds}{\delta(s)}\;$ Umlaufintegral (längs der Bogenlänge s einmal über den Umfang der Profil-Mittellinie integrieren (Bild 5.5.1))

$\qquad\qquad\qquad A_m \;\rightarrow\;$ die von der Profil-Mittellinie eingeschlossene Fläche (Bild 5.5.1)

$\qquad\qquad\qquad \delta(s) \rightarrow\;$ Wandstärke entlang der Profil-Mittellinie in Abhängigkeit von s

$$A_m = \frac{r^2\,\pi}{2}$$

$$\oint \frac{ds}{\delta(s)} = \frac{2r}{\delta} + \frac{2r\pi}{2 \cdot 2\delta} = \frac{r}{\delta}\left(2 + \frac{\pi}{2}\right)$$

$$I_T = \frac{4A_m^{\ 2}}{\displaystyle\oint \frac{ds}{\delta(s)}} = \frac{4 \cdot r^4 \pi^2}{4\,\dfrac{r}{\delta}\left(2 + \dfrac{\pi}{2}\right)} = \frac{\pi^2 r^3 \delta}{2 + \dfrac{\pi}{2}}$$

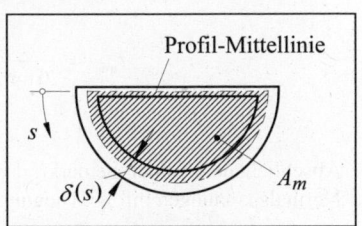

Bild 5.5.1: Erklärungen zur "Zweiten BREDTschen Formel"

Verdrehungswinkel:

$$\varphi = \frac{M_T\, l}{G\, I_T}$$

$$\varphi_{zul} = \frac{M_T l\left(2 + \dfrac{\pi}{2}\right)}{G\pi^2 r^3 \delta}$$

Umstellen nach dem gesuchten Wandstärkenmaß δ :

$$\delta = \frac{M_T l\left(2 + \dfrac{\pi}{2}\right)}{G\pi^2 r^3 \varphi_{zul}} = \frac{F r l\left(2 + \dfrac{\pi}{2}\right)}{G\pi^2 r^3 \varphi_{zul}} = \frac{F l\left(2 + \dfrac{\pi}{2}\right)}{G\pi^2 r^2 \varphi_{zul}}$$

$$\delta = \frac{20000\,\text{N} \cdot 120\,\text{cm}\left(2 + \dfrac{\pi}{2}\right)}{8{,}14 \cdot 10^6\,\dfrac{\text{N}}{\text{cm}^2}\pi^2 7^2\,\text{cm}^2 \cdot \dfrac{\pi}{180°}\,0{,}4°} = 0{,}312\,\text{cm}$$

$$\underline{\underline{\delta = 3{,}12\,\text{mm}}}\ .$$

zu 2.

Die Schubspannung infolge Torsion ermitteln wir mit der *Ersten BREDTschen Formel*:

$$\tau = \frac{M_T}{2\,A_m\,\delta} \qquad (Erste\ BREDTsche\ Formel).$$

Die größte Schubspannung infolge Torsion tritt an der Stelle mit der kleinsten Wandstärke $\delta_{\min}$ auf, so dass gilt:

$$\tau_{\max} = \frac{M_T}{W_T} \quad \text{mit} \quad W_T = 2\,A_m\,\delta_{\min}\ .$$

Die kleinste Wandstärke ist im Obergurt des Trägers (Bild 5.5) und beträgt: $\delta_{\min} = \delta$.
Somit:

$$\tau_{\max} = \frac{M_T}{W_T} = \frac{M_T}{2\,A_m\,\delta_{\min}} = \frac{M_T}{2\,A_m\,\delta}$$

$$\tau_{\max} = \frac{F r}{2\,\dfrac{r^2\,\pi}{2}\,\delta} = \frac{F}{r\,\pi\,\delta}$$

$$\tau_{\max} = \frac{20000\,\text{N}}{70\,\text{mm} \cdot \pi \cdot 3{,}12\,\text{mm}} = \underline{\underline{29{,}15\,\frac{\text{N}}{\text{mm}^2}}}\ .$$

Abschließend sei noch bemerkt, dass im Träger auch noch Schubspannungen infolge Querkraft und Normalspannungen infolge Biegung auftreten.

Aufgabe 5.6:

Ein Torsionsstab (Bild 5.6) aus dünnwandigem Dreikantrohr ist durch ein konstantes Torsionsmoment M_T belastet.

Es sollen zwei Fälle von Profil-Querschnitten (Fall 1 und Fall 2) untersucht werden. Der Querschnitt im Fall 1 ist ein geschlossenes Dreikantrohr (Bild 5.6), im Fall 2 ist das Dreikantrohr in Längsrichtung aufgeschlitzt.

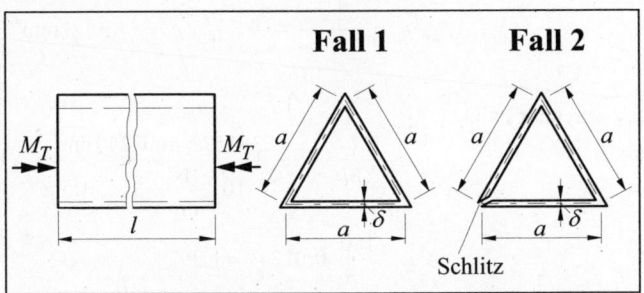

Bild 5.6: Torsionsbelastetes dünnwandiges geschlossenes und offenes Dreikantrohr

Gegeben sind für beide Fälle:

$a = 50\,\text{mm}$; $\delta = 1\,\text{mm}$; $l = 240\,\text{mm}$; $\tau_{zul} = 110\,\text{N}/\text{mm}^2$; $G = 8{,}14 \cdot 10^4\,\text{N}/\text{mm}^2$.

Gesucht sind für beide Fälle:

1. das zulässige Torsionsmoment $M_{T_{zul}}$,

2. der Verdrehungswinkel φ der Endquerschnitte gegeneinander mit dem unter 1. ermittelten $M_{T_{zul}}$,

3. die Schubspannungsverteilung mit dem unter 1. ermittelten $M_{T_{zul}}$.

Außerdem sind die Torsionsträgheitsmomente beider Fälle zu vergleichen.

Lösung:

Fall 1 (geschlossenes Profil)

Für den dünnwandigen geschlossenen Querschnitt können wir die *BREDTschen Formeln* verwenden.

Erste BREDTsche Formel: $\tau(s) = \dfrac{M_T}{2\,A_m\,\delta(s)}$; $\tau_{max} = \dfrac{M_T}{2\,A_m\,\delta_{min}}$

Die größte Schubspannung tritt an der Stelle der kleinsten Wandstärke δ_{min} auf (für $\delta_{min} = \delta$).

zu 1.

Mit $\tau_{max} = \tau_{zul}$ und $\delta_{min} = \delta$ sowie Umstellen nach dem gesuchten Torsionsmoment, folgt:

$$M_{T_{zul}} = 2\,A_m\,\delta\,\tau_{zul}\ .$$

$$A_m = \frac{1}{2}\,a\sqrt{a^2 - \left(\frac{a}{2}\right)^2} = \frac{a^2}{2}\cdot\frac{\sqrt{3}}{2} = \frac{a^2\sqrt{3}}{4} = \frac{50^2\sqrt{3}}{4}\,\text{mm}^2$$

$$A_m = 1082{,}53\,\text{mm}^2$$

$$M_{T_{zul}} = 2 \cdot 1082{,}53\,\text{mm}^2 \cdot 1\,\text{mm} \cdot 110\,\frac{\text{N}}{\text{mm}^2} = 238157\,\text{Nmm}\ .$$

zu 2.

Zweite BREDTsche Formel: $\vartheta = \dfrac{d\varphi}{dx} = \dfrac{M_T}{G\,I_T}$ mit $I_T = \dfrac{4\,A_m^{\ 2}}{\displaystyle\oint \frac{ds}{\delta(s)}}$

$$\oint \frac{ds}{\delta(s)} = \frac{a}{\delta} + \frac{a}{\delta} + \frac{a}{\delta} = \frac{3a}{\delta}$$

$$I_T = \frac{4 \cdot \left(\dfrac{a^2 \sqrt{3}}{4}\right)^2}{\dfrac{3a}{\delta}} = \frac{1}{4} a^3 \delta = \frac{1}{4} \cdot 50^3 \cdot 1\,\text{mm}^4 = 31250\,\text{mm}^4$$

Verdrehungswinkel:

$$\varphi = \frac{M_T\, l}{G\, I_T} = \frac{238157\,\text{Nmm} \cdot 240\,\text{mm}}{8,14 \cdot 10^4\, \dfrac{\text{N}}{\text{mm}^2} \cdot 31250\,\text{mm}^4} = 0,02247$$

$$\varphi = \frac{180°}{\pi}\, 0,02247 = \underline{\underline{1,29°}} \ .$$

zu 3.

Schubspannungsverteilung:

$$\tau_{zul} = \frac{M_{T_{zul}}}{W_T} = \frac{M_{T_{zul}}}{2\, A_m\, \delta_{\min}}\,,$$

$$\tau_{zul} = \frac{238157\,\text{Nmm}}{2 \cdot 1082,53\,\text{mm}^2 \cdot 1\,\text{mm}} = \underline{\underline{110\, \frac{\text{N}}{\text{mm}^2}}}\ .$$

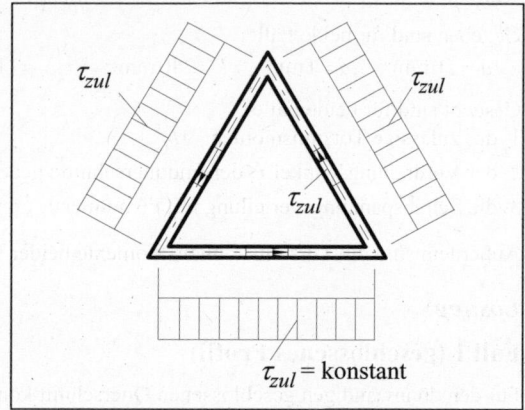

Bild 5.6.1: Schubspannungsverteilung

Fall 2 (offenes Profil)

Für das geschlitzte, also offene Profil, welches hier aus drei schmalen Rechtecken zusammengesetzt ist, gilt:

$$\tau_{\max} = \frac{M_T}{I_T} \cdot \delta_{\max} \qquad , \qquad \text{wobei } I_T = \frac{1}{3} \sum_i h_i\, \delta_i^{\,3} \ \text{beträgt.}$$

Beim Torsionsträgheitsmoment I_T wird über alle Teilrechtecke mit den Längen h_i und den Wandstärken δ_i summiert.

Die größte Schubspannung tritt in dem Teilrechteck mit der größten Wandstärke $\delta_{\max}$ auf (hier $\delta_{\max} = \delta$).

zu 1.

$$I_T = \frac{1}{3} \sum_i h_i \delta_i^{\,3} = \frac{1}{3}\, 3\, a\, \delta^3 = a\, \delta^3 = 50\,\text{mm} \cdot (1\,\text{mm})^3 = \underline{\underline{50\,\text{mm}^4}}$$

$$M_{T_{zul}} = \frac{I_T \cdot \tau_{zul}}{\delta} = \frac{50\,\text{mm}^4 \cdot 110\, \dfrac{\text{N}}{\text{mm}^2}}{1\,\text{mm}} = \underline{\underline{5500\,\text{Nmm}}}$$

zu 2.

Verdrehungswinkel:

$$\varphi = \frac{M_T\, l}{G\, I_T} = \frac{5500\,\text{Nmm} \cdot 240\,\text{mm}}{8{,}14 \cdot 10^4 \,\dfrac{\text{N}}{\text{mm}^2} \cdot 50\,\text{mm}^4} = 0{,}3243$$

$$\varphi = \frac{180°}{\pi}\, 0{,}3243 = \underline{\underline{18{,}58°}}\ .$$

zu 3.

Schubspannungsverteilung:

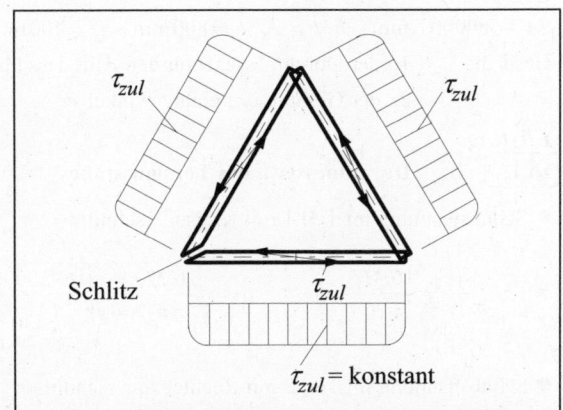

$$\tau_{zul} = \frac{M_{T_{zul}}}{W_T} = \frac{M_{T_{zul}}}{I_T}\, \delta_{\max}\,,$$

$$\tau_{zul} = \frac{5500\,\text{Nmm}}{50\,\text{mm}^4} \cdot 1\,\text{mm} = \underline{\underline{110\, \frac{\text{N}}{\text{mm}^2}}}\ .$$

Bild 5.6.2: Schubspannungsverlauf entlang der Quer-schnittsränder

Vergleich der Torsionsträgheitsmomente beider Fälle:

$$\frac{I_{T_{geschlossen}}}{I_{T_{offen}}} = \frac{\dfrac{1}{4}a^3\delta}{a\delta^3} = \frac{1}{4}\left(\frac{a}{\delta}\right)^2 \gg 1$$

Für $\dfrac{a}{\delta} = \dfrac{50\,\text{mm}}{1\,\text{mm}} = 50$ ergibt sich:

$$\frac{I_{T_{geschlossen}}}{I_{T_{offen}}} = \frac{1}{4}(50)^2 = 625$$

oder mit den zahlenmäßig ausgerechneten Torsionsträgheitsmomenten

$$\frac{I_{T_{geschlossen}}}{I_{T_{offen}}} = \frac{31250\,\text{mm}^4}{50\,\text{mm}^4} = 625\ .$$

Der Vergleich zeigt und lehrt, dass dünnwandige offene Profile eine sehr viel geringere Tragfähigkeit aufweisen als geschlossene Profile. Deshalb sollten bei torsionsbeanspruchten Trägern geschlossene Profile verwendet werden!

Aufgabe 5.7:

Ein Stab, der das Torsionsmoment M_T aufnehmen soll, besteht aus einem Teil mit Kreisquerschnitt und einem Teil mit Rechteckquerschnitt (Bild 5.7).

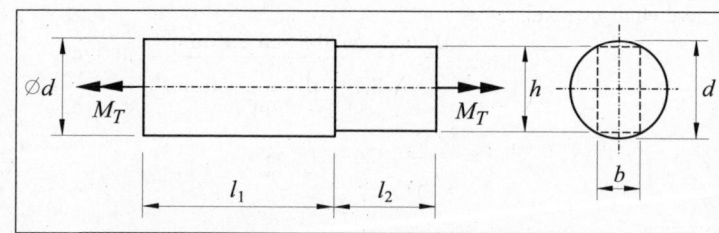

Bild 5.7: Torsionsstab mit unterschiedlichen Querschnitten

Gegeben:

$M_T = 50000\,\text{Nmm}$, $h/b = 2$, $l_1 = 800\,\text{mm}$, $l_2 = 400\,\text{mm}$, $\tau_{zul} = 30\,\text{N/mm}^2$, $G = 8{,}1 \cdot 10^4\,\text{N/mm}^2$.

Gesucht:
1. der Durchmesser d für den Fall, dass überall gilt $\tau_{max} \leq \tau_{zul}$,
2. der Gesamtverdrehungswinkel φ_{ges}.

Lösung:

zu 1.   **Durchmesser d des Torsionsstabes**

● Schubspannung im Teil 1 mit Kreisquerschnitt $\tau_{max} = \dfrac{M_T}{W_T} = \tau_{zul}$; $W_T = W_p = \dfrac{\pi}{16} d^3$

$$\tau_{zul} = \frac{M_T}{\dfrac{\pi}{16} d^3} = \frac{16\,M_T}{\pi\,d^3} ; \qquad d = \sqrt[3]{\frac{16\,M_T}{\pi\,\tau_{zul}}} = \sqrt[3]{\frac{16 \cdot 50000\,\text{Nmm}}{\pi \cdot 30\,\dfrac{\text{N}}{\text{mm}^2}}} = 20{,}4\,\text{mm}$$

● Schubspannung im Teil 2 mit Rechteckquerschnitt $\tau_{max} = \dfrac{M_T}{W_T} = \tau_{zul}$; $W_T = \dfrac{c_1}{c_2} h b^2$; $n = \dfrac{h}{b} = 2$

$$c_1 = \frac{1}{3}\left(1 - \frac{0{,}630}{n} + \frac{0{,}052}{n^5}\right) = \frac{1}{3}\left(1 - \frac{0{,}630}{2} + \frac{0{,}052}{2^5}\right) = 0{,}228875 ; \quad c_2 = 1 - \frac{0{,}65}{1+n^3} = 1 - \frac{0{,}65}{1+2^3} = 0{,}92777$$

$$\frac{c_1}{c_2} = \frac{0{,}228875}{0{,}92777} = 0{,}2467 ; \qquad \tau_{zul} = \frac{M_T}{\dfrac{c_1}{c_2} 2b\,b^2} ; \qquad b = \sqrt[3]{\frac{M_T}{2\dfrac{c_1}{c_2}\tau_{zul}}} = \sqrt[3]{\frac{50000\,\text{Nmm}}{2 \cdot 0{,}2467 \cdot 30\,\dfrac{\text{N}}{\text{mm}^2}}} = 15\,\text{mm}$$

$$d = 2\sqrt{\left(\frac{b}{2}\right)^2 + \left(\frac{h}{2}\right)^2} = 2\sqrt{\frac{15^2 + 30^2}{4}}\,\text{mm} = \underline{\underline{33{,}54\,\text{mm}}} . \qquad (W_T,\ c_1 \text{ und } c_2 \text{ aus Tabelle im Anhang})$$

Aus dem Vergleich der Berechnungen in beiden Teilen erkennen wir, dass die größte Schubspannung im Rechteckquerschnitt auftritt, so dass der Durchmesser $d = 33{,}54\,\text{mm}$ maßgebend ist.

zu 2.   **Gesamtverdrehungswinkel φ_{ges}**

Der Gesamtverdrehungswinkel folgt aus der Addition der Verdrehungen der beiden Teile.

$$\varphi_{ges} = \varphi_1 + \varphi_2 = \frac{M_T\,l_1}{G\,I_{T_1}} + \frac{M_T\,l_2}{G\,I_{T_2}}$$

Torsionsträgheitsmomente:

Teil 1 mit Kreisquerschnitt: $I_{T_1} = I_{p_1} = \dfrac{\pi}{32} d^4 = \dfrac{\pi}{32}(33{,}54\,\text{mm})^4$

Teil 2 mit Rechteckquerschnitt: $I_{T_2} = c_1\,h\,b^3 = c_1\,2b\,b^3 = 0{,}229 \cdot 2 \cdot (15\,\text{mm})^4$,   ($c_1$ siehe oben)

$$\varphi_{ges} = \frac{50000\,\text{Nmm} \cdot 800\,\text{mm}}{8{,}1 \cdot 10^4\,\dfrac{\text{N}}{\text{mm}^2} \cdot \dfrac{\pi}{32}(33{,}54\,\text{mm})^4} + \frac{50000\,\text{Nmm} \cdot 400\,\text{mm}}{8{,}1 \cdot 10^4\,\dfrac{\text{N}}{\text{mm}^2} \cdot 0{,}229 \cdot 2 \cdot (15\,\text{mm})^4} = 0{,}003975 + 0{,}01065$$

$$\varphi_{ges} = 0{,}014625 ; \qquad \varphi_{ges} = 0{,}014625 \cdot 180° / \pi = \underline{\underline{0{,}838°}} .$$

6 Querkraftschub;
Schubmittelpunkt

Aufgabe 6.1:

Für den T-Querschnitt (Bild 6.1) ist für eine Querkraftbelastung Q_z in z-Richtung die Schubspannungsverteilung
über den Querschnitt zu bestimmen.

Man beziehe $\tau(z)$ auf $\tau_m = \dfrac{Q_z}{A}$.

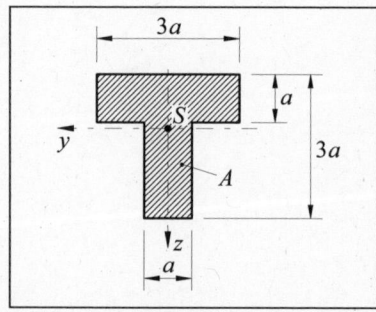

Bild 6.1: T-Querschnitt unter Querkraftbelastung in z-Richtung

Lösung:

Die Schubspannung berechnet sich
allgemein nach der Formel:

$$\tau(z) = \frac{Q_z \cdot S_y(z)}{b(z) \cdot I_y} \ .$$

Es bedeuten:

$Q(z) \to$ Querkraft in z-Richtung

$S_y(z) \to$ statisches Moment der abgeschnittenen Fläche bezüglich der y-Achse

$b(z) \to$ Schnittbreite der abgeschnittenen
Fläche

$I_y \to$ Flächenträgheitsmoment bezüglich
der y-Achse

1. Schwerpunktsbestimmung

i	A_i	$\bar{z}_i$	$\bar{z}_i \cdot A_i$
1	$3a^2$	$\dfrac{1}{2}a$	$\dfrac{3}{2}a^3$
2	$2a^2$	$2a$	$4a^3$
Σ	$5a^2$		$\dfrac{11}{2}a^3$

$$\bar{z}_S = \frac{\sum \bar{z}_i \cdot A_i}{A} = \frac{\frac{11}{2}a^3}{5a^2} = \frac{11}{10}a \quad ; \qquad \bar{y}_S = 0$$

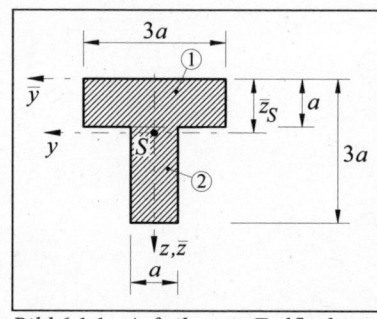

Bild 6.1.1: Aufteilung in Teilflächen

2. Flächenträgheitsmoment

$$I_y = \frac{1}{12}3a\,a^3 + 3a \cdot a\left(\frac{1}{2}a - \frac{11}{10}a\right)^2 + \frac{1}{12}a(2a)^3 + 2a \cdot a\left(2a - \frac{11}{10}a\right)^2$$

$$I_y = \frac{1}{4}a^4 + \frac{27}{25}a^4 + \frac{2}{3}a^4 + \frac{81}{50}a^4 = \frac{2170}{600}a^4$$

$$I_y = \frac{217}{60}a^4$$

3. Statische Momente

Ein statisches Moment $S(z)$ entspricht dem Produkt aus der abgeschnittenen Teilfläche A_a (Bild 6.1.2) und dem Abstand z_a des Schwerpunktes dieser Teilfläche von der Schwerachse des Gesamtprofils. Der Abstand z_a ist dabei mit Vorzeichen einzusetzen.

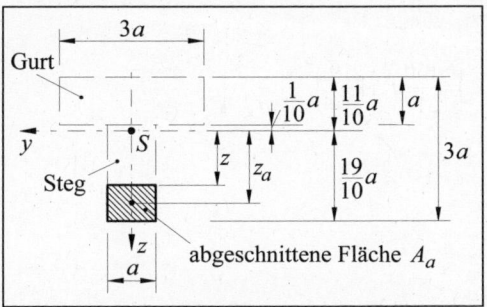

Steg:

$$S(z) = A_a \cdot z_a$$

Mit $A_a = a\left(\dfrac{19}{10}a - z\right)$ und $z_a = \dfrac{\dfrac{19}{10}a - z}{2} + z$

folgt: $S(z) = a\left(\dfrac{19}{10}a - z\right)\dfrac{1}{2}\left(\dfrac{19}{10}a + z\right)$

$$S(z) = \frac{a^3}{2}\left(\left(\frac{19}{10}\right)^2 - \left(\frac{z}{a}\right)^2\right)$$ (gültig im Bereich des Steges).

Bild 6.1.2: Zur Berechnung des statischen Moments im Steg

Gurt:

Zur Berechnung des statischen Moments im Gurt teilen wir die abgeschnittene Fläche in zwei Teilflächen A_{a_1} und A_{a_2} auf (Bild 6.1.3) und addieren die statischen Momente der Teilflächen (Abstand des Schwerpunktes der Teilfläche A_{a_2} von der Schwerachse y ist negativ).

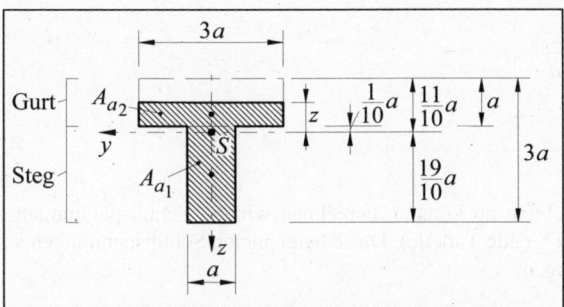

$$S(z) = a \cdot 2a\left(\frac{19}{10}a - a\right)$$

$$+3a\left(z - \frac{1}{10}a\right)\left(-\left(\frac{z - \frac{1}{10}a}{2} + \frac{1}{10}a\right)\right)$$

$$S(z) = a \cdot 2a\left(\frac{19}{10}a - a\right)$$

$$-3a\left(z - \frac{1}{10}a\right)\cdot\frac{1}{2}\left(z + \frac{1}{10}a\right)$$

$$S(z) = \frac{9}{5}a^3 - \frac{3}{2}a^3\left(\left(\frac{z}{a}\right)^2 - \left(\frac{1}{10}\right)^2\right)$$

Bild 6.1.3: Zur Berechnung des statischen Moments im Gurt

$$S(z) = a^3\left(\frac{363}{200} - \frac{3}{2}\left(\frac{z}{a}\right)^2\right) = \frac{3}{2}a^3\left(\left(\frac{11}{10}\right)^2 - \left(\frac{z}{a}\right)^2\right)$$ (gültig im Bereich des Gurtes)

4. Schubspannung

Allgemein: $\quad \tau(z) = \dfrac{Q_z \cdot S(z)}{b(z) \cdot I_y}$

Steg: $\quad\quad b(z) = a \quad ; \quad \tau(z)_{Steg} = \dfrac{Q_z}{a \cdot \dfrac{217}{60}a^4} \cdot \dfrac{a^3}{2}\left(\left(\dfrac{19}{10}\right)^2 - \left(\dfrac{z}{a}\right)^2\right)$

$$\tau(z)_{Steg} = \frac{30}{217} \cdot \frac{Q_z}{a^2}\left(\left(\frac{19}{10}\right)^2 - \left(\frac{z}{a}\right)^2\right)$$

Mit $\tau_m = \dfrac{Q_z}{A} = \dfrac{Q_z}{5a^2}$ folgt:

$$\tau(z)_{Steg} = \frac{30 \cdot 5}{217} \cdot \frac{Q_z}{5a^2}\left(\left(\frac{19}{10}\right)^2 - \left(\frac{z}{a}\right)^2\right) = \frac{150}{217}\tau_m\left(\left(\frac{19}{10}\right)^2 - \left(\frac{z}{a}\right)^2\right)$$

$$\underline{\underline{\frac{\tau(z)_{Steg}}{\tau_m} = \frac{150}{217}\left(\left(\frac{19}{10}\right)^2 - \left(\frac{z}{a}\right)^2\right)}} \ .$$

Gurt:

$$b(z) = 3a \ ; \quad \tau(z)_{Gurt} = \frac{Q_z a^3}{3a \cdot \frac{217}{60}a^4} \cdot \frac{3}{2}\left(\left(\frac{11}{10}\right)^2 - \left(\frac{z}{a}\right)^2\right) = \frac{30}{217} \cdot \frac{Q_z}{a^2}\left(\left(\frac{11}{10}\right)^2 - \left(\frac{z}{a}\right)^2\right)$$

Mit $\tau_m = \dfrac{Q_z}{A} = \dfrac{Q_z}{5a^2}$ folgt:

$$\tau(z)_{Gurt} = \frac{30 \cdot 5}{217} \cdot \frac{Q_z}{5a^2}\left(\left(\frac{11}{10}\right)^2 - \left(\frac{z}{a}\right)^2\right) = \frac{150}{217}\tau_m\left(\left(\frac{11}{10}\right)^2 - \left(\frac{z}{a}\right)^2\right)$$

$$\underline{\underline{\frac{\tau(z)_{Gurt}}{\tau_m} = \frac{150}{217}\left(\left(\frac{11}{10}\right)^2 - \left(\frac{z}{a}\right)^2\right)}} \ .$$

Schubspannungsverteilung:

Um den Schubspannungsverlauf aufzeichnen zu können, berechnen wir die Schubspannungen an einigen Stellen des Querschnitts (siehe folgende Tabelle). Diese berechneten Schubspannungen sind in einem Diagramm (Bild 6.1.4) aufgetragen.

$\left(\dfrac{z}{a}\right)$	$\dfrac{\tau(z)_{Steg}}{\tau_m}$	$\dfrac{\tau(z)_{Gurt}}{\tau_m}$
$\dfrac{19}{10}$	0	
1	1,804	
0	2,495	
$-\dfrac{1}{10}$	2,488	0,829
$-\dfrac{1}{2}$		0,664
$-\dfrac{11}{10}$		0

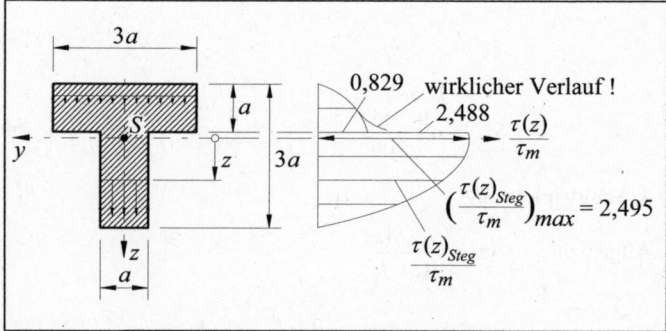

Bild 6.1.4: Schubspannungsverlauf infolge Q_z

Die Schubspannungen sind in zwei senkrecht aufeinander stehenden Schnitten stets gleich groß (*zugeordnete Schubspannungen*) (Bild 6.1.5).

Für den vorliegenden Querschnitt sind die Schubspannungen für die Schnitte im Gurt und im Steg im Bild 6.1.5 gezeigt.

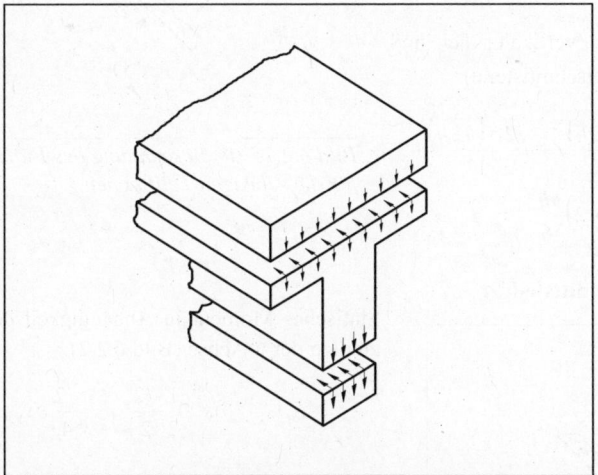

Bild 6.1.5: Schubspannungen in zwei senkrecht aufeinander stehenden Schnitten im Gurt und im Steg

Aufgabe 6.2:

Für den dünnwandigen offenen Querschnitt ($\delta \ll h$) (Bild 6.2) sind der Verlauf der Schubspannungen infolge einer in z-Richtung nach unten gerichteten Querkraft und die Lage des Schubmittelpunktes zu ermitteln.

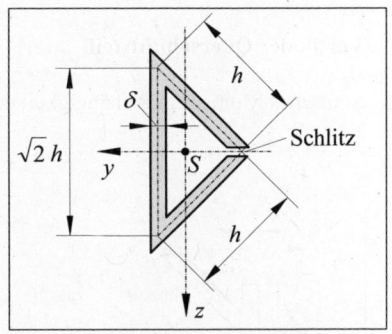

Bild 6.2: Dünnwandiger offener Querschnitt

Lösung:

Schubspannungsverlauf

Größe und Richtung der Schubspannung τ ändern sich entlang der Profil-Mittellinie s.

Allgemein gilt:

$$\tau(s) = \frac{Q_z \cdot S_y(s)}{b(s) \cdot I_y} \ .$$

Flächenträgheitsmoment:
Bei der Berechnung des Flächenträgheitsmoments I_y wird zweckmäßigerweise für die beiden schrägen Querschnittsteile eine gleichwertige Rechteckfläche mit der Breite $\sqrt{2} \cdot \delta$ und der Höhe $\sqrt{2} \cdot h$ zugrunde gelegt (Bild 6.2.1).
Somit beträgt I_y (vertikaler Teil und zwei schräge Querschnittsteile):

$$I_y = \frac{\delta \left(\sqrt{2}h\right)^3}{12} + \frac{\sqrt{2}\delta \left(\sqrt{2}h\right)^3}{12}$$

$$I_y = \left(\sqrt{2}+2\right)\frac{\delta h^3}{6} \ .$$

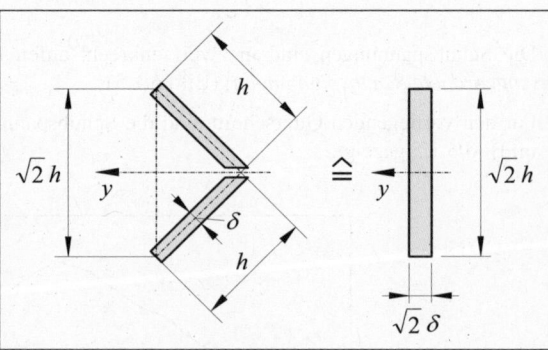

Bild 6.2.1: Zur Berechnung des Flächenträgheitsmoments für die schrägen Teilflächen

Schräge Querschnittsteile

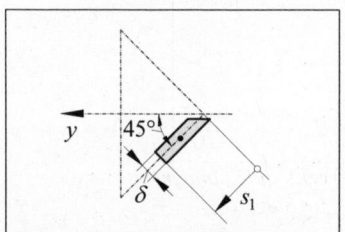

Bild 6.2.2: Zur Berechnung des statischen Moments in den schrägen Querschnittsteilen

Statisches Moment in Abhängigkeit der Koordinate s_1 bezüglich der y-Achse (Bild 6.2.2):

$$S_y\left(s_1\right) = \delta s_1 \cdot \frac{1}{2}\frac{\sqrt{2}}{2}s_1 = \frac{\sqrt{2}}{4}\delta s_1^{\ 2}$$

Schubspannung in Abhängigkeit der Koordinate s_1:

$$\tau\left(s_1\right) = \frac{Q_z \cdot \dfrac{\sqrt{2}}{4}\delta s_1^{\ 2}}{\delta \cdot \left(\sqrt{2}+2\right)\dfrac{\delta h^3}{6}} = \frac{3\,Q_z s_1^{\ 2}}{2\left(1+\sqrt{2}\right)\delta h^3} \ .$$

Vertikaler Querschnittsteil

Statisches Moment in Abhängigkeit der Koordinate s_2 bezüglich der y-Achse (Bild 6.2.3):

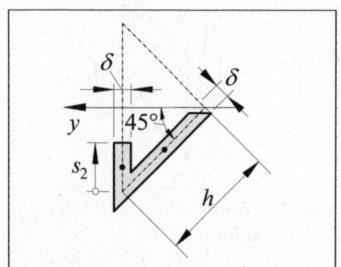

Bild 6.2.3: Zur Berechnung des statischen Moments im vertikalen Querschnittsteil

$$S_y\left(s_2\right) = \delta h \cdot \frac{1}{2}\frac{\sqrt{2}h}{2} + \delta s_2 \left(\frac{s_2}{2} + \left(\frac{\sqrt{2}}{2}h - s_2\right)\right)$$

$$S_y\left(s_2\right) = \frac{\sqrt{2}}{4}\delta h^2 + \frac{1}{2}\delta s_2^{\ 2} + \frac{\sqrt{2}}{2}\delta h s_2 - \delta s_2^{\ 2}$$

$$S_y\left(s_2\right) = \frac{\delta}{2}\left(\frac{\sqrt{2}}{2}h^2 + \sqrt{2}h s_2 - s_2^{\ 2}\right)$$

Schubspannung in Abhängigkeit der Koordinate s_2:

$$\tau(s_2) = \frac{Q_z}{\delta \cdot \left(\sqrt{2} + 2\right) \dfrac{\delta h^3}{6}} \cdot \frac{\delta}{2} \left(\frac{\sqrt{2}}{2} h^2 + \sqrt{2} h s_2 - s_2^2 \right)$$

$$\tau(s_2) = \frac{3 Q_z}{\left(\sqrt{2} + 2\right) \delta h^3} \left(\frac{\sqrt{2}}{2} h^2 + \sqrt{2} h s_2 - s_2^2 \right) \ .$$

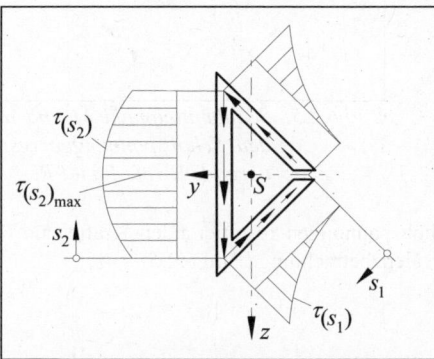

Bild 6.2.4: *Schubspannungen infolge Querkraftbelastung in z-Richtung*

Tragen wir die Schubspannungen über der Profil-Mittellinie auf (Bild 6.2.4), so erkennen wir in den schrägen Querschnittsteilen und im vertikalen Querschnittsteil jeweils parabolische Verläufe.

Der $\tau(s_1)$-Verlauf hat ein Maximum an der Ecke. Mit dem gleichen Wert beginnt der $\tau(s_2)$-Verlauf für den vertikalen Teil, der sein Maximum im Symmetrieschnitt hat.

Im oberen schrägen Teil ist der Verlauf analog zum unteren schrägen Teil, allerdings mit entgegengesetzter Richtung.

Lage des Schubmittelpunktes

Aus Bild 6.2.4 erkennen wir deutlich, dass die Schubspannungen ein resultierendes Moment um den Schwerpunkt hervorrufen. Damit nun das Moment aus der Querkraft gleich (äquivalent) dem Moment der aus den Schubspannungen resultierenden Kräften ist (Äquivalenzbetrachtung), muss die nach unten gerichtete Querkraft Q_z links von der z-Achse angreifen.

Wir wollen nun berechnen, durch welchen Punkt des Querschnitts die Wirkungslinie der Querkraft tatsächlich verläuft. Dieser Punkt wird **Schubmittelpunkt** M genannt (Bild 6.2.5).

Definition:
Der Schubmittelpunkt M ist derjenige Querschnittspunkt, in dem die Querkraft Q_z als Resultierende aller Querkraftschubspannungen wirkt.

Die Bedeutung des Schubmittelpunktes liegt nun darin, dass äußere Kräfte, die an einem Träger angreifen, auf einer durch den Schubmittelpunkt M verlaufenden Geraden einwirken müssen, damit der Träger keine Torsion (Verdrehung) erfährt (Bild 6.2.6).

Als Bezugspunkt für die Äquivalenzbetrachtung der Momente bietet sich Punkt A (Bild 6.2.5) an, weil nur die aus den Schubspannungen in den schrägen Querschnittsteilen resultierenden Kräfte R eine Momentwirkung um diesen Punkt haben.

Die Kraft R ermitteln wir aus:

$$R = \int_{s_1=0}^{h} \tau(s_1) \cdot \delta \cdot ds_1$$

$$R = \int_{0}^{h} \frac{3\, Q_z s_1^{\,2}}{2\left(1+\sqrt{2}\right)\delta h^3}\, \delta \cdot ds_1$$

$$R = \frac{3\, Q_z}{2\left(1+\sqrt{2}\right)h^3}\left[\frac{s_1^{\,3}}{3}\right]_0^{h} = \frac{Q_z}{2\left(1+\sqrt{2}\right)}\;.$$

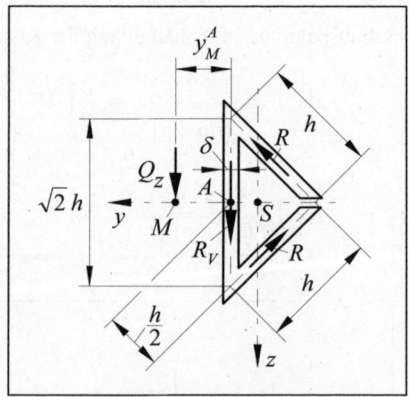

Bild 6.2.5: Schubmittelpunkt M und aus den Schubspannungen resultierende Kräfte R und R_V

Da nun die Momentwirkungen aus der aus den Schubspannungen resultierenden Kräfte und der Querkraft äquivalent (gleich) sind, gilt folgende Äquivalenzbetrachtung (Bild 6.2.5):

$$Q_z \cdot y_M^A = R \cdot \frac{h}{2} + R \cdot \frac{h}{2}$$

$$Q_z \cdot y_M^A = R \cdot h$$

$$Q_z \cdot y_M^A = \frac{Q_z}{2\left(1+\sqrt{2}\right)} \cdot h$$

$$y_M^A = \frac{1}{2\left(1+\sqrt{2}\right)} \cdot h = \underline{\underline{0{,}2071\,h}}\;.$$

Durch y_M^A ist nun die Lage des Schubmittelpunktes M bekannt. Der Schubmittelpunkt ist derjenige Punkt eines Querschnitts, durch den die Wirkungslinie der Querkraft verläuft.

Wird nun ein Träger mit vorliegendem Querschnitt mit einer Kraft F belastet, wie in Bild 6.2.6 gezeigt, so muss diese Kraft außermittig im Abstand y_M^A vom Punkt A der vertikalen Profil-Mittellinie angreifen (Bilder 6.2.5 und 6.2.6), um Torsionsfreiheit zu garantieren.

Die Schubspannungen in der Schnittfläche und die äußere Kraft F (Bild 6.2.6) bilden ein Gleichgewichtssystem.

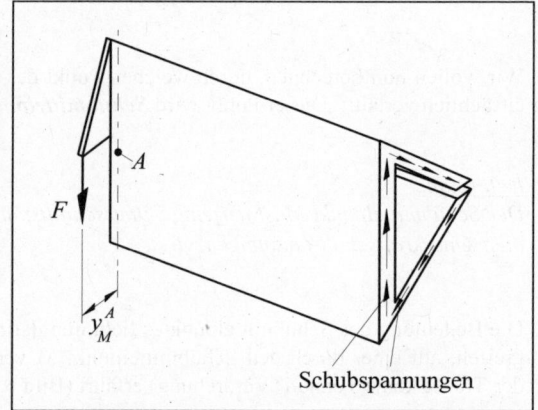

Schubspannungen

Bild 6.2.6: Gleichgewichtssystem aus Schubspannungen und äußerer Kraft F

Aufgabe 6.3:

Für den dünnwandigen offenen Querschnitt ($t \ll a,b$) (Bild 6.3) sind die Schubspannungen unter einer Querkraft Q_z in z-Richtung und die Lage des Schubmittelpunktes zu berechnen.

Gegeben: a, b, c, t, Q_z.

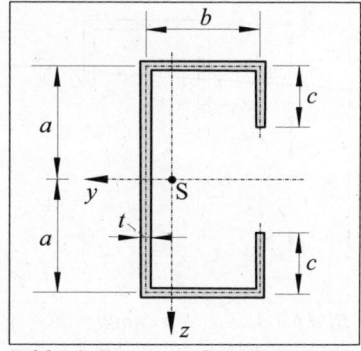

Bild 6.3: Dünnwandiger Träger mit C-Profil

Lösung:
Schubspannung τ entlang der Profil-Mittellinie:

$$\tau(s) = \frac{Q_z \cdot S_y(s)}{b(s) \cdot I_y}.$$

Flächenträgheitsmoment:

$$I_y = 2\left[\frac{t a^3}{3} + t b a^2 + \frac{t c^3}{12} + t c \left(a - \frac{c}{2}\right)^2\right].$$

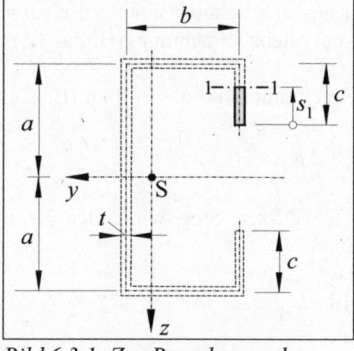

Bild 6.3.1: Zur Berechnung des statischen Moments im kurzen Steg

Schnitt 1-1: $0 \le s_1 \le c$:

Statisches Flächenmoment:

$$S_y(s_1) = t \cdot s_1 \left(a - c + \frac{s_1}{2}\right).$$

Anschlussbreite: $b(s_1) = t$.

Schubspannung: $$\tau(s_1) = \frac{Q_z \, t \, s_1 \left(a - c + \dfrac{s_1}{2}\right)}{t \; I_y}.$$

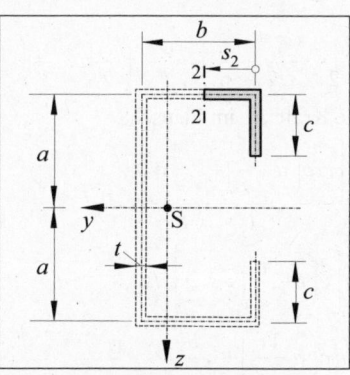

Bild 6.3.2: Zur Berechnung des statischen Moments im Flansch

Schnitt 2-2: $0 \le s_2 \le b$:

Statisches Flächenmoment:

$$S_y(s_2) = t \cdot c \left(a - \frac{c}{2}\right) + t \, s_2 \, a.$$

Anschlussbreite: $b(s_2) = t$.

Schubspannung: $$\tau(s_2) = \frac{Q_z \left[t \cdot c \left(a - \dfrac{c}{2}\right) + t \cdot s_2 \cdot a\right]}{t \; I_y}.$$

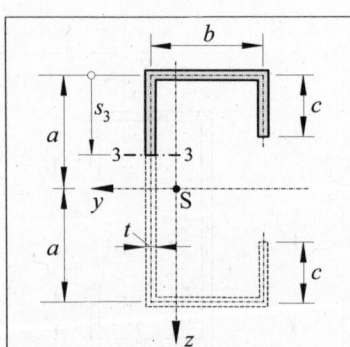

Bild 6.3.3: Zur Berechnung des statischen Moments im Steg

Schnitt 3-3: $\qquad 0 \le s_3 \le 2a$:

Statisches Flächenmoment:

$$S_y(s_3) = t \cdot c \left(a - \frac{c}{2} \right) + t\,b\,a + t\,s_3 \left(a - \frac{s_3}{2} \right).$$

Anschlussbreite: $\qquad b(s_3) = t$.

Schubspannung:

$$\tau(s_3) = \frac{Q_z \left[t \cdot c \left(a - \frac{c}{2} \right) + t\,b\,a + t\,s_3 \left(a - \frac{s_3}{2} \right) \right]}{t\,I_y}.$$

Aus Gründen der Symmetrie kann auf die Berechnung im unteren Flansch und im unteren kurzen Steg verzichtet werden.

Lage des Schubmittelpunktes:

Die Schubspannungen (Bild 6.3.4) rufen ein resultierendes Moment um den Schwerpunkt hervor.

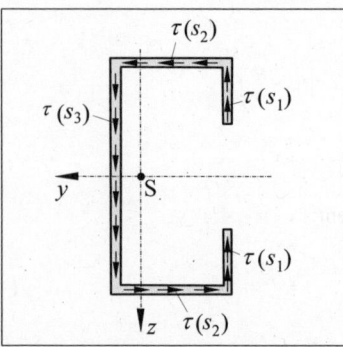

Bild 6.3.4: Schubspannungen infolge Querkraftbelastung in z-Richtung

Das Moment aus der Querkraft muss nun gleich (äquivalent) dem Moment der aus den Schubspannungen resultierenden Kräften sein (Äquivalenzbetrachtung) (Bild 6.3.5).

Aus der Äquivalenzbetrachtung (Bild 6.3.5) folgt (Bezugspunkt A):

$$Q_z \cdot y_M^A = 2\,R_1\,b + 2\,R_2\,a \,. \tag{1}$$

Die Integration aller im kurzen Steg wirkenden Kräfte liefert R_1 :

$$R_1 = \int_{s_1=0}^{c} \tau(s_1) \cdot t \cdot ds_1,$$

$$R_1 = \frac{Q_z}{I_y} t \int_{0}^{c} \left(s_1\,a - s_1\,c + \frac{s_1^2}{2} \right) ds_1,$$

$$R_1 = \frac{Q_z}{I_y} t \left(\frac{c^2}{2} a - \frac{c^3}{2} + \frac{c^3}{6} \right) = \frac{Q_z}{I_y} t \left(\frac{c^2}{2} a - \frac{c^3}{3} \right).$$

Analog folgt für die Kraft R_2 im Flansch:

$$R_2 = \int_{s_2=0}^{b} \frac{Q_z \left[t \cdot c \left(a - \frac{c}{2} \right) + t\,s_2\,a \right]}{t\,I_y} \, t\,ds_2,$$

$$R_2 = \frac{Q_z}{I_y} t \int_{0}^{b} \left[c \left(a - \frac{c}{2} \right) + s_2\,a \right] ds_2,$$

$$R_2 = \frac{Q_z}{I_y} t \left[b\,c \left(a - \frac{c}{2} \right) + a \frac{b^2}{2} \right].$$

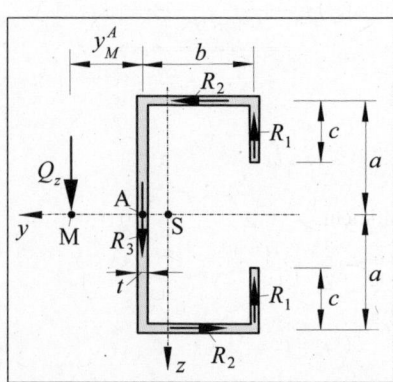

Bild 6.3.5: Aus Schubspannungen resultierende Kräfte und Schubmittelpunkt M

Setzen wir R_1 und R_2 in (1) ein, so erhalten wir aus der Äquivalenzbetrachtung:

$$Q_z \cdot y_M^A = \frac{2bQ_z}{I_y} t \left[\frac{c^2}{2} a - \frac{c^3}{3} + \frac{a}{b} \left(bc \left(a - \frac{c}{2} \right) + a \frac{b^2}{2} \right) \right] ,$$

$$y_M^A = \frac{2bt}{I_y} \left(\frac{c^2}{2} a - \frac{c^3}{3} + a^2 c - \frac{1}{2} ac^2 + \frac{1}{2} a^2 b \right) ,$$

$$\underline{\underline{y_M^A = \frac{2bt}{I_y} \left(a^2 c - \frac{c^3}{3} + \frac{1}{2} a^2 b \right) .}}$$

Aufgabe 6.4:

Der Träger (Bild 6.4) besteht aus zwei Balken mit Rechteckquerschnitt, welche durch Schweißnähte schubfest miteinander verbunden sind.

Gegeben sind: $F = 40\,\text{kN}$; $l = 1,6\,\text{m}$;

$\quad\quad\quad a = 0,4\,\text{m}$; $a_0 = 5\,\text{mm}$;

$\quad\quad\quad h = 60\,\text{mm}$; $b = 80\,\text{mm}$;

$\quad\quad\quad \tau_{zul\,schw} = 135\ \text{N}\,/\,\text{mm}^2$

$\quad\quad\quad$ (zulässige Schubspannung für die Schweißnaht).

Gesucht ist die Schweißnahtlänge l_0, bei der die maximale Schubspannung in der Schweißnaht gerade gleich $\tau_{zul\,schw}$ ist.

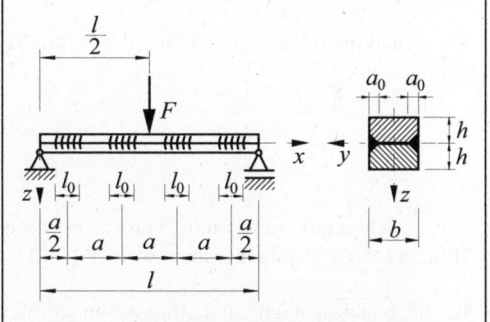

Bild 6.4:   Zusammengeschweißter Träger; schubbeanspruchte Schweißnähte

Lösung:

Die Schweißnähte haben die Aufgabe, die beiden Einzelbalken so zu verbinden, dass sich das Verbundsystem wie ein homogener Träger verhält. Da Schubspannungen in Biegeträgern nicht nur in der Querschnittsebene senkrecht zur Trägerlängsachse auftreten, sondern in gleichem Maße auch in den Schnittflächen parallel zur Trägerlängsachse (zugeordnete Schubspannungen) vorhanden sind, haben die Schweißnähte die zwischen den Einzelbalken horizontal wirkenden Schubkräfte aufzunehmen.

Durch die Schweißnähte sind die Einzelbalken nur an diskreten Stellen verbunden, so dass die mit einem homogenen kompakten Vergleichsträger zu berechnende Schubspannung auf die kleinere Scherfläche des Verbindungsmittels (Schweißnähte) umgerechnet werden muss.

Die Schubspannung beträgt in einem homogenen kompakten Vergleichsträger in der Schnittfläche, wo sonst die Schweißnähte liegen würden:

$$\tau_{Schnittfläche} = \frac{Q_z \cdot S_{y,Schnittfläche}}{b(z) \cdot I_y} .$$

Wie in Bild 6.4.1 gezeigt, werden nun die Schubspannungen einer Scherfläche, die man dem *"Einzugsbereich"* zweier gegenüberliegender Schweißnähte (Bild 6.4.2) zuordnen kann, zu einer Scherkraft F_S zusammengefasst.

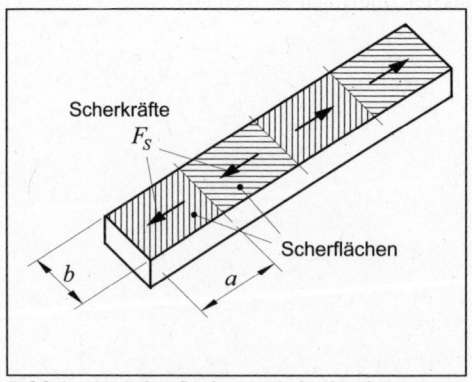

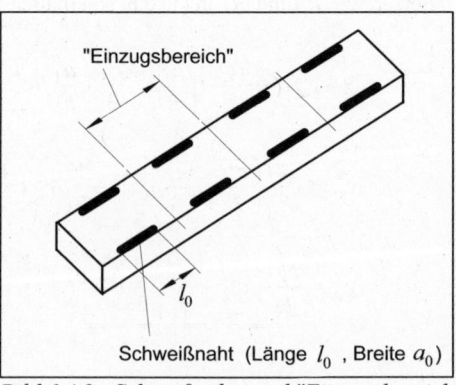

Bild 6.4.1: Scherfläche mit Scherkraft (entsprechend "Einzugsbereich" zweier gegenüberliegender Schweißnähte (Bild 6.4.2))

Bild 6.4.2: Schweißnähte und "Einzugsbereich"

Die Scherkraft F_S ergibt sich aus der Multiplikation der Schubspannung mit der Scherfläche $a \cdot b$ (Bild 6.4.1).

$$F_S = \tau_{Schnittfläche} \cdot a \cdot b = \frac{Q_z \cdot S_{y,Schnittfläche}}{b \cdot I_y} a \cdot b = \frac{Q_z \cdot a \cdot S_{y,Schnittfläche}}{I_y}$$

Diese Scherkraft muss nun von zwei gegenüberliegenden Schweißnähten im zugeordneten "Einzugsbereich" aufgenommen werden (Bild 6.4.2).

Für die Schubspannung in der Schweißnaht folgt dann: $\quad \tau_{Naht} = \dfrac{F_S}{2\, l_0\, a_0} = \dfrac{Q_z \cdot a \cdot S_{y,Schnittfläche}}{2\, l_0\, a_0\, I_y}.$

Da $\tau_{Naht} = \tau_{zul\,schw}$ sein soll, ergibt sich für l_0: $\quad l_0 = \dfrac{Q_z \cdot a \cdot S_{y,Schnittfläche}}{2\, a_0\, I_y\, \tau_{zul\,schw}}.$

Mit $\quad Q_z = \dfrac{F}{2}$,

$$S_{y,Schnittfläche} = b\, h\, \frac{h}{2} = \frac{b\, h^2}{2} \quad \text{und} \quad I_y = \frac{b\,(2h)^3}{12} = \frac{2}{3} b h^3$$

folgt:

$$l_0 = \frac{\dfrac{F}{2}\, a\, \dfrac{b\, h^2}{2}}{2\, a_0\, \dfrac{2}{3}\, b\, h^3\, \tau_{zul\,schw}} = \underline{\underline{\frac{3\, F\, a}{16\, a_0\, h\, \tau_{zul\,schw}}}}.$$

Mit Zahlenwerten:

$$l_0 = \frac{3 \cdot 40\,000\,\text{N} \cdot 400\,\text{mm}}{16 \cdot 5\,\text{mm} \cdot 60\,\text{mm} \cdot 135\,\dfrac{\text{N}}{\text{mm}^2}}$$

$$l_0 = \underline{\underline{74,07\,\text{mm}}}.$$

7 Knickung

Aufgabe 7.1:

Für das System (Bild 7.1) sind zu bestimmen:

1. Wie weit darf die Last F_1 nach links verschoben werden, ohne daß im Stab AB (aus dem Werkstoff S235) eine 6-fache Sicherheit gegen Ausknicken unterschritten wird? Der Stab AB hat einen kreuzförmigen Querschnitt (Bild 7.1) und ist beiderseitig kugelig gelagert.

$E = 20,6 \cdot 10^6 \, \text{N} / \text{cm}^2$

2. Wie groß ist dann die Spannung im Stab AB?

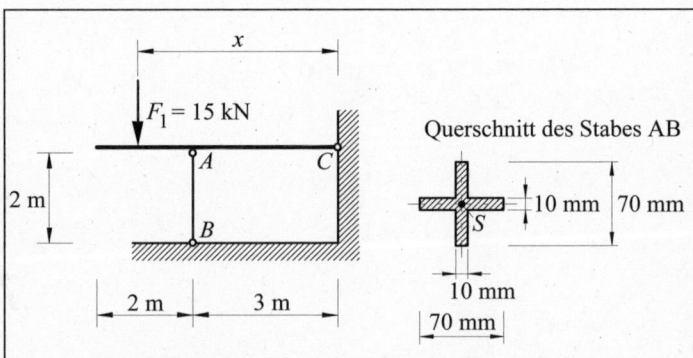

Bild 7.1: *Biegebalken durch Lager und Stab abgestützt; Querschnitt des Stabes*

Lösung:

zu 1.

Da für den Knickstab AB alle Abmessungen vorgegeben sind, muß eine *Belastbarkeitsrechnung* durchgeführt werden. Das bedeutet, daß die ertragbare Belastung für den Knickstab AB ermittelt werden muß.

Zuerst berechnen wir den Schlankheitsgrad λ.

$$\lambda = \frac{s_K}{i_{min}} \quad ; \quad i_{min} = \sqrt{\frac{I_{min}}{A}}$$

Bei dem vorliegendem Querschnitt (Bild 7.1.1) ist:

$I_y = I_z$ und $I_{yz} = 0$ (wegen Symmetrie).

Nun gilt für Querschnittsflächen, bei denen $I_y = I_z$ und $I_{yz} = 0$ sind:

Jede Achse durch den Schwerpunkt S ist eine Hauptachse, und für alle diese Achsen sind die axialen Flächenträgheitsmomente gleich.

Dies wiederum bedeutet, daß der Stab AB über <u>alle</u> Achsen ausknicken kann!

$$I_{min} = I_y = \frac{1\,\text{cm} \cdot (7\,\text{cm})^3}{12} + \frac{6\,\text{cm} \cdot (1\,\text{cm})^3}{12}$$

$$I_{min} = I_y = (28,583 + 0,5)\,\text{cm}^4 = 29,083\,\text{cm}^4$$

$$A = 1\,\text{cm} \cdot 7\,\text{cm} + 1\,\text{cm} \cdot 6\,\text{cm} = 13\,\text{cm}^2$$

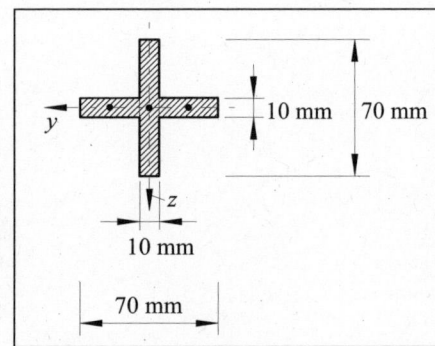

Bild 7.1.1: *Zur Berechnung der Flächenträgheitsmomente*

$$i_{min} = \sqrt{\frac{I_{min}}{A}} = \sqrt{\frac{29,083\,cm^4}{13\,cm^2}} = 1,496\,cm$$

Da hier EULER-Fall 2 vorliegt, gilt für die freie Knicklänge: $s_K = 2\,m$.

Somit $\qquad \lambda = \frac{s_K}{i_{min}} = \frac{200\,cm}{1,496\,cm} = 133,7$.

Der kleinste Schlankheitsgrad bis zu dem die EULERsche Knickgleichung gilt, berechnet sich aus

der Formel: $\qquad \lambda_{min} = \pi \cdot \sqrt{\frac{E}{\sigma_p}} \qquad$ mit $\sigma_p = 186\,N\,/\,mm^2$ und $E = 20,6 \cdot 10^4\,N\,/\,mm^2$ für den Werk-

stoff S235.

Es folgt $\qquad \lambda_{min} \approx 105$.

Da $\lambda > \lambda_{min}$ (133,7>105) ist, erfolgt die Knickberechnung nach EULER.

Knicksicherheit $\qquad v_K = \frac{F_{krit}}{F_{zul}}$.

Kritische Knicklast nach EULER:

$$F_{krit} = \frac{\pi^2}{s_K^2}\,E\,I_{min} \,.$$

$$F_{zul} = \frac{F_{krit}}{v_K} = \frac{\pi^2}{v_K\,s_K^2}\,E\,I_{min}$$

$$F_{zul} = \frac{\pi^2}{6 \cdot (200\,cm)^2}\,20,6 \cdot 10^6\,\frac{N}{cm^2} \cdot 29,083\,cm^4$$

$$F_{zul} = 24,637\,kN$$

Das gesuchte Maß x berechnen wir aus der Momentengleichgewichtsbedingung um Punkt C (Bild 7.1.2):

$$\left(\sum M \right)_C = 0:$$

$$15\,kN \cdot x - 24,637\,kN \cdot 3\,m = 0$$

$$x = \frac{24,637\,kN \cdot 3\,m}{15\,kN}$$

$$x = 4,93\,m \,.$$

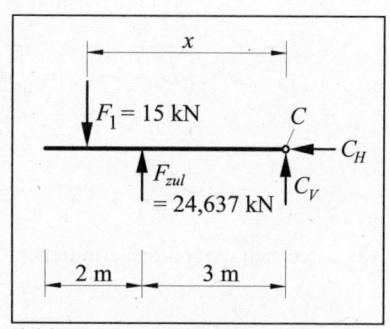

Bild 7.1.2: *Freikörperbild des Biegebalkens (zur Berechnung des Maßes x)*

zu 2.

$$\sigma_d = \frac{F_{zul}}{A} = \frac{24,637\,kN}{13\,cm^2} = 1,895\,\frac{kN}{cm^2} \,.$$

Aufgabe 7.2:

Ein Druckstab mit der Belastung $F = 100\,\text{kN}$ (Bild 7.2) soll aus einem Rohr (Werkstoff S235) mit 102 mm Außendurchmesser und einer Länge von $l = 2\,\text{m}$ hergestellt werden. Welche Wandstärke δ muß das Rohr mindestens haben, wenn die Knicksicherheit nicht kleiner als $v_K = 2,5$ sein soll? $E = 20,6 \cdot 10^4\,\text{N} / \text{mm}^2$.

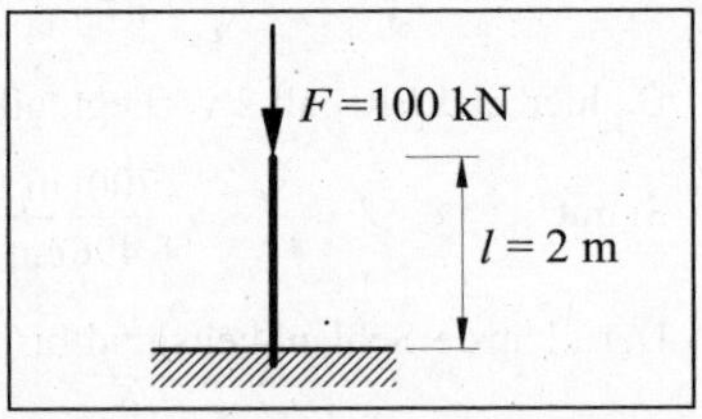

Bild 7.2: Unten   eingespannter Druckstab

Lösung:

Da hier die zu übertragende Kraft für den Druckstab vorliegt, müssen wir in einer *Entwurfsrechnung* die Querschnittsabmessungen ermitteln.

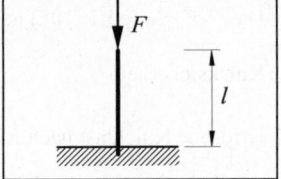

Es liegt der EULER-Fall 1 vor (Bild 7.2.1), wobei die freie Knicklänge $s_K = 2l = 2 \cdot 2\,\text{m} = 4\,\text{m}$ beträgt.

Bild 7.2.1: EULER-Fall 1

Für das erforderliche Flächenträgheitsmoment folgt nach EULER:

$$I_{erf} = \frac{F_{vorh} \cdot v_K \cdot s_K^2}{\pi^2\,E}$$

$$I_{erf} = \frac{100 \cdot 10^3\,\text{N} \cdot 2,5 \cdot (4000\,\text{mm})^2}{\pi^2 \cdot 20,6 \cdot 10^4\,\dfrac{\text{N}}{\text{mm}^2}} = 196,74 \cdot 10^4\,\text{mm}^4$$

Flächenträgheitsmoment des Rohres:

$$I_{erf} = \frac{\pi}{64}\left(D_a^4 - D_i^4\right). \qquad D_a = 102\,\text{mm}$$

$$D_i = \sqrt[4]{D_a^4 - \frac{64}{\pi} I_{erf}} = \sqrt[4]{10,2^4 - \frac{64}{\pi} 196,74}\ \text{cm} = 9,086\,\text{cm}$$

$$\delta = \frac{D_a - D_i}{2} = \frac{102 - 90,86}{2}\,\text{mm} = 5,57\,\text{mm}$$

$$\delta \cong \underline{\underline{5,6\,\text{mm}}}$$

Nun berechnen wir mit den ermittelten Querschnittsabmessungen den Schlankheitsgrad.

$$\lambda_{vorh} = \frac{s_K}{i}\ ; \qquad i = \sqrt{\frac{I}{A}}$$

$$i = \sqrt{\frac{I}{A}} = \sqrt{\frac{I}{\dfrac{\pi}{4}\left(D_a^2 - D_i^2\right)}} = \sqrt{\frac{196,74\,\text{cm}^4}{\dfrac{\pi}{4}\left(10,2^2\,\text{cm}^2 - 9,086^2\,\text{cm}^2\right)}} = 3,41\,\text{cm}$$

$$\lambda_{vorh} = \frac{s_K}{i} = \frac{400\,\text{cm}}{3,41\,\text{cm}} = 117$$

Für die EULER-Berechnung beträgt $\lambda_{min} = 105$ bei dem Werkstoff S235.

Da $\lambda_{vorh} > \lambda_{min}$ (117 > 105) ist, gilt also die EULER-Gleichung und die Rechnung ist damit beendet.

Aufgabe 7.3:

Eine Dreigelenkkonstruktion besteht aus einer starren Scheibe und einem Stab (Bild 7.3). Der Stab BC soll aus gleichschenkligem Winkelstahl ∟100× 10 DIN 1028, Werkstoff S235 ausgeführt werden. $E = 20{,}6 \cdot 10^6 \, \text{N} / \text{cm}^2$, $a = 50 \, \text{cm}$.

Wie groß darf die Last Q werden bei einer Knicksicherheit im Stab BC von $v_K = 3$ und wie groß ist dann die Kraft im Stab BC?

(Eigengewichte sind zu vernachlässigen; Gelenke B und C sind Kugelgelenke)

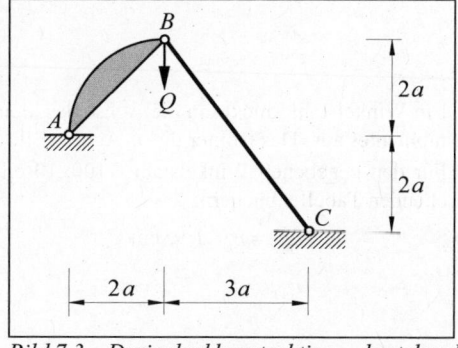

Bild 7.3: Dreigelenkkonstruktion, bestehend aus starrer Scheibe und Stab

Lösung:

Da die Scheibe als starr anzusehen ist, betrachten wir nur den knickgefährdeten Stab BC. Wir berechnen zuerst die Kraft S im Stab BC aus dem Gleichgewicht am Knoten B. Dazu schneiden wir die Scheibe und den Stab durch, zeichnen das Freikörperbild (Bild 7.3.1) und stellen die Gleichgewichtsbedingungen auf.

$$\tan \alpha = \frac{3a}{4a} = 0{,}75 \quad ; \quad \alpha = 36{,}87°$$

$\sum \uparrow = 0:$

$$S \cdot \cos 36{,}87° + F_{AB} \frac{\sqrt{2}}{2} - Q = 0 \qquad (1)$$

$\sum \rightarrow = 0:$

$$S \cdot \sin 36{,}87° - F_{AB} \frac{\sqrt{2}}{2} = 0 \qquad (2)$$

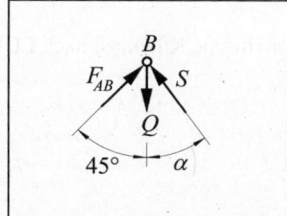

Bild 7.3.1: Freikörperbild des Knotens B

Mittels Additionsmethode erhalten wir aus den Gleichungen (1) und (2):

$$S \cdot \cos 36{,}87° + F_{AB} \frac{\sqrt{2}}{2} - Q = 0$$

$$S \cdot \sin 36{,}87° - F_{AB} \frac{\sqrt{2}}{2} = 0$$

$$S(\sin 36{,}87° + \cos 36{,}87°) - Q = 0$$

$$S = \frac{Q}{\sin 36{,}87° + \cos 36{,}87°} = \frac{Q}{1{,}4}$$

$$S = 0{,}7143 \, Q \, . \qquad (3)$$

Die Stabkraft S liegt nun in Abhängigkeit von Q vor. Da der Profilquerschnitt des Stabes BC vorgegeben ist (∟100×10), müssen wir eine *Belastbarkeitsrechnung* auf Knicken durchführen.

Bei Stab BC liegt der EULER-Fall 2 vor. Die freie Knicklänge beträgt $s_K = l$ (Bild 7.3.2).

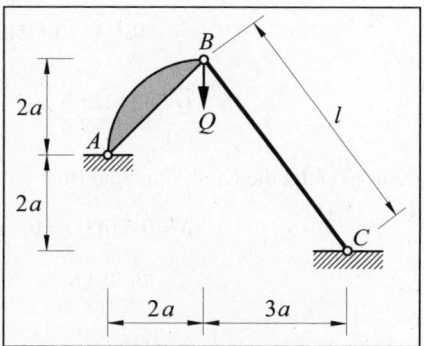

Bild 7.3.2: Stab BC (EULER-Fall 2)

$$s_K = l = \sqrt{(3a)^2 + (4a)^2} = 5\,a = 5 \cdot 50\,\text{cm} = 250\,\text{cm}$$

$$\lambda_{vorh} = \frac{s_K}{i_{min}}$$

Ein Winkelstahl knickt um die Achse des kleinsten Flächenträgheitsmomentes aus. Das ist hier die η-Achse (Bild 7.3.3).

Für den gegebenen Winkelstahl $\llcorner 100{\times}10$ erhalten wir aus entsprechenden Tabellenbüchern:

$$i_{min} = i_\eta = 1,95\,\text{cm}$$

$$I_{min} = I_\eta = 73,3\,\text{cm}^4 \ .$$

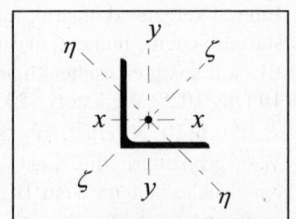

Bild 7.3.3: Profilquerschnitt mit den Haupt-achsen

$$\lambda_{vorh} = \frac{s_K}{i_{min}} = \frac{250\,\text{cm}}{1,95\,\text{cm}} = 128$$

Für die EULER-Rechnung beträgt $\lambda_{min} = 105$ bei dem Werkstoff S235.
Da $\lambda_{vorh} > \lambda_{min}$ (128>105) ist, erfolgt die Knickberechnung nach EULER.

Knicksicherheit $v_K = \dfrac{F_{krit}}{S}$; $S =$ Stabkraft im Stab BC

Kritische Knicklast nach EULER:

$$F_{krit} = \frac{\pi^2}{s_K^2}\,E\,I_{min}\ .$$

$$S = \frac{F_{krit}}{v_K} = \frac{\pi^2}{v_K\,s_K^2}\,E\,I_{min}\ .$$

Mit (3) folgt nun:

$$0,7143\,Q = \frac{\pi^2}{v_K\,s_K^2}\,E\,I_{min}$$

$$Q = \frac{1}{0,7143}\cdot\frac{\pi^2}{3\cdot(250\,\text{cm})^2}\,20,6\cdot 10^6\,\frac{\text{N}}{\text{cm}^2}73,3\,\text{cm}^4$$

$$Q = 111273\,\text{N}\ .$$

Aus (3) folgt die Kraft S im Stab BC:

$$S = 0,7143\,Q = 0,7143 \cdot 111,273\,\text{kN}$$

$$S = 79,48\,\text{kN}\ .$$

Aufgabe 7.4:

Die Fachwerke I und II (Bild 7.4) unterscheiden sich dadurch, daß im Fachwerk II die zusätzlichen Stäbe 8 und 9 angebracht sind, welche die Obergurtstäbe in insgesamt vier Stäbe (2, 10, 11, 6) teilt. Sämtliche Stäbe haben den gleichen Querschnitt (es wird vorausgesetzt, daß der Schlankheitsgrad der Stäbe so groß ist, daß wir die EULERsche Knicktheorie zugrunde legen können).
Welche Knicksicherheiten der Stäbe liegen bei beiden Fachwerken vor?

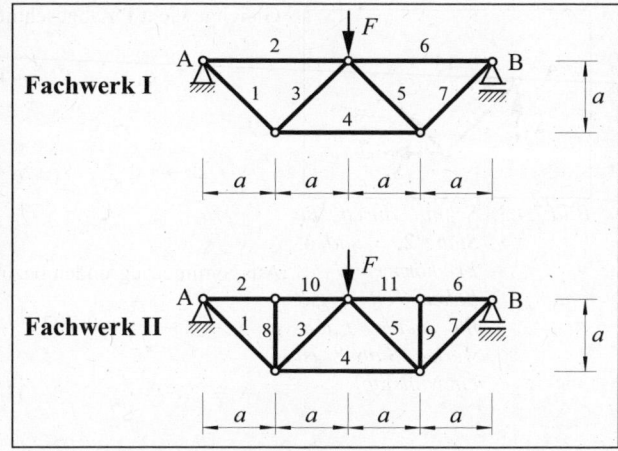

Bild 7.4: *Vergleich zweier Fachwerke bezüglich der Knicksicherheiten der Stäbe*

Lösung:

Die Formel für die Knicksicherheit ν_K lautet: $\nu_K = \dfrac{F_{krit}}{F_{zul}}$.

Darin ist F_{krit} die kritische Knicklast nach EULER: $F_{krit} = \dfrac{\pi^2}{s_K^2} E I_{min}$. Für F_{zul} ist die jeweils vorhandene Stabkraft einzusetzen.

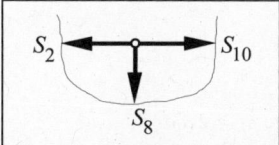

Bild 7.4.1: *Herausgeschnittener Knoten am Fachwerk II*

Aus den Gleichgewichtsbedingungen für den herausgeschnittenen Knoten am Fachwerk II (Bild 7.4.1) erkennen wir, daß der Stab 8 ein Nullstab ist. Ebenso ist der Stab 9 ein Nullstab. Dadurch ergeben sich für die Stabkräfte S_1 bis S_7 in beiden Fachwerken die gleichen Stabkräfte, wobei im Fachwerk II $S_2 = S_{10} = S_{11} = S_6$ ist.

Berechnung der Stabkräfte:

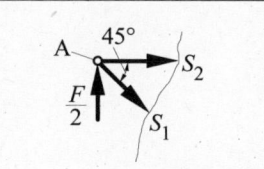

Bild 7.4.2: *Freikörperbild für Knoten am Lager A (für beide Fachwerke)*

Gleichgewicht für Knoten am Lager A (Bild 7.4.2):

$$\Sigma \uparrow = 0: \qquad S_1 \frac{\sqrt{2}}{2} - \frac{F}{2} = 0 \qquad \Rightarrow \qquad S_1 = \frac{F}{\sqrt{2}}$$

$$\Sigma \rightarrow = 0: \qquad S_2 + S_1 \frac{\sqrt{2}}{2} = 0 \qquad \Rightarrow \qquad S_2 = -\frac{F}{\sqrt{2}} \frac{\sqrt{2}}{2} = -\frac{F}{2}$$

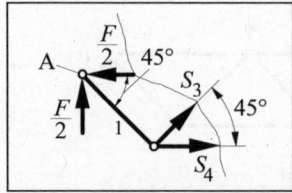

Bild 7.4.3: Schnitt durch die Stäbe 2, 3 und 4; Freikörperbild des linken Teils (gilt für beide Fachwerke; Stab 8 ist ein Nullstab)

Gleichgewicht für abgeschnittenen linken Teil (Bild 7.4.3):

$$\Sigma \uparrow = 0: \qquad S_3 \frac{\sqrt{2}}{2} + \frac{F}{2} = 0 \quad \Rightarrow \quad S_3 = -\frac{F}{\sqrt{2}}$$

$$\Sigma \rightarrow = 0: \qquad S_4 + S_3 \frac{\sqrt{2}}{2} - \frac{F}{2} = 0 \quad \Rightarrow \quad S_4 = F$$

Aus Symmetriegründen bezüglich des ganzen Fachwerks folgt:

$$S_1 = S_7 = \frac{F}{\sqrt{2}} = 0,707\,F$$

$$S_3 = S_5 = -\frac{F}{\sqrt{2}} = -0,707\,F$$

$$S_2 = S_6 = S_{10} = S_{11} = -\frac{F}{2} = -0,5\,F.$$

Die Berechnung der Knicksicherheit ist für die auf Druck belasteten Stäbe 3, 5, 2, 6, 10 und 11 durchzuführen. Der EULERFALL 2 (beidseitig gelenkig gelagert) liegt bei allen Stäben vor.

Für die **Knicksicherheit in den Stäben 3 und 5** (beide Fachwerke) (freie Knicklänge $s_K = \sqrt{2}\,a$) ergibt sich dann:

$$v_K = \frac{\pi^2 EI_{min}}{s_K^2 \cdot \dfrac{F}{\sqrt{2}}} = \frac{\pi^2 EI_{min}}{\left(\sqrt{2}a\right)^2 \cdot \dfrac{F}{\sqrt{2}}} = \frac{\pi^2 EI_{min}}{\sqrt{2}Fa^2} = \underline{\underline{6,98 \frac{EI_{min}}{Fa^2}}}.$$

Knicksicherheit der Stäbe 2 und 6 im Fachwerk I (freie Knicklänge $s_K = 2\,a$):

$$v_K = \frac{\pi^2 EI_{min}}{s_K^2 \cdot \dfrac{F}{2}} = \frac{\pi^2 EI_{min}}{\left(2a\right)^2 \cdot \dfrac{F}{2}} = \frac{\pi^2 EI_{min}}{2Fa^2} = \underline{\underline{4,935 \frac{EI_{min}}{Fa^2}}}.$$

Knicksicherheit der Stäbe 2, 10, 11 und 6 im Fachwerk II (freie Knicklänge $s_K = a$):

$$v_K = \frac{\pi^2 EI_{min}}{s_K^2 \cdot \dfrac{F}{2}} = \frac{\pi^2 EI_{min}}{a^2 \cdot \dfrac{F}{2}} = \frac{2\,\pi^2 EI_{min}}{Fa^2} = \underline{\underline{19,74 \frac{EI_{min}}{Fa^2}}}.$$

Vergleichen wir die Knicksicherheiten der Stäbe, so erkennen wir, daß die Stäbe 2 und 6 im Fachwerk I die geringste Knicksicherheit aufweisen und ein Viertel der Knicksicherheit der Stäbe 2, 10, 11 und 6 vom Fachwerk II ausmachen.
Wir sehen, daß durch Einbau der Stäbe 8 und 9 (Nullstäbe) (Fachwerk II) die Stabkräfte nicht verändert werden, daß aber die Knicksicherheit des Fachwerks dadurch erhöht wird.

Aufgabe 7.5:

Die abgebildete Konstruktion besteht aus einem Seil und einem Stab BC (Bild 7.5). Der Stab BC mit Rechteckquerschnitt ist aus dem Werkstoff S235, $E = 21 \cdot 10^6 \, \text{N} / \text{cm}^2$.

Wie groß darf die Kraft F_{BC} im Stab BC werden bei einer Knicksicherheit $v_K - 4$ und wie groß ist dann die Kraft F am Knoten C für

1. $l = 80 \, \text{cm}$ und
2. $l = 130 \, \text{cm}$?

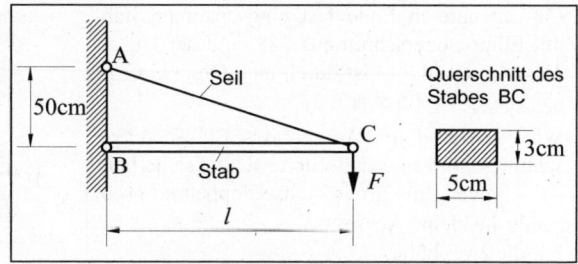

Bild 7.5: Druckbeanspruchter Stab mit Rechteckquerschnitt

Lösung:

Zunächst berechnen wir die Querschnittswerte: $A = 3 \cdot 5 \, \text{cm}^2 = 15 \, \text{cm}^2$,

$$I_{min} = \frac{5 \cdot 3^3}{12} \, \text{cm}^4 \quad \text{(Stab knickt um die Achse des kleinsten Flächenträgheitsmomentes aus!),}$$

$$I_{min} = 11{,}25 \, \text{cm}^4, \qquad i_{min} = \sqrt{\frac{I_{min}}{A}} = \sqrt{\frac{11{,}25 \, \text{cm}^4}{15 \, \text{cm}^2}} = 0{,}866 \, \text{cm}.$$

Da der Querschnitt vorgegeben ist, müssen wir eine *Belastbarkeitsrechnung* durchführen. Wir berechnen den Schlankheitsgrad für den vorliegenden Grundfall 2 mit der freien Knicklänge $s_K = l$, um zu entscheiden, ob die weitere Berechnung nach EULER oder TETMAJER durchgeführt werden muss.

zu 1.

$$\lambda_{vorh} = \frac{s_K}{i_{min}} = \frac{80 \, \text{cm}}{0{,}866 \, \text{cm}} = 92{,}4. \qquad \text{Bei S235 beträgt der Grenzschlankheitsgrad } \lambda_{min} = 105.$$

Da $\lambda_{vorh} < \lambda_{min}$ (92,4 < 105) ist, muss die weitere Berechnung nach TETMAJER durchgeführt werden.

$$F_{zul} = \frac{A}{v_K}\left(a - b\lambda + c\lambda^2\right) = \frac{1500 \, \text{mm}^2}{4}(310 - 1{,}14 \cdot 92{,}4)\frac{\text{N}}{\text{mm}^2} = 76749 \, \text{N}.$$

Also gilt $\qquad F_{BC} = F_{zul} \leq \underline{\underline{76749 \, \text{N}}}$.

Aus dem Gleichgewicht am freigeschnittenen Knoten C (Bild 7.5.1) erhalten wir:

$$\Sigma \uparrow = 0: \quad F - S \cdot \sin\alpha = 0, \qquad \Sigma \rightarrow = 0: \quad S \cdot \cos\alpha - F_{BC} = 0.$$

Mit $\tan\alpha = \dfrac{50 \, \text{cm}}{80 \, \text{cm}} = 0{,}625 \quad \Rightarrow \quad \alpha = 32° \text{und } S = \dfrac{F_{BC}}{\cos\alpha}$ folgt:

$$F = S \cdot \sin\alpha = \frac{F_{BC}}{\cos\alpha}\sin\alpha = F_{BC}\tan\alpha = 76749 \, \text{N} \cdot 0{,}625 = \underline{\underline{47968 \, \text{N}}}.$$

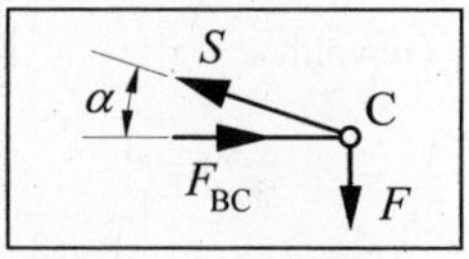

Bild 7.5.1: Freikörperbild des Knotens C

zu 2.

$$\lambda_{vorh} = \frac{s_K}{i_{min}} = \frac{130 \, \text{cm}}{0{,}866 \, \text{cm}} = 150{,}1. \text{ Da } \lambda_{vorh} > \lambda_{min} \text{ (150,1 > 105) ist, muss die weitere Berech-}$$

nung nach EULER durchgeführt werden.

$$F_{BC} = F_{zul} = \frac{\pi^2}{v_K s_K^2}EI_{min} = \frac{\pi^2}{4 \cdot (130 \, \text{cm})^2}21 \cdot 10^6 \frac{\text{N}}{\text{cm}^2}11{,}25 \, \text{cm}^4 = \underline{\underline{34492{,}5 \, \text{N}}}.$$

Für die Kraft F erhalten wir mit $\tan\alpha = 50 \, \text{cm} / 130 \, \text{cm} = 0{,}385$ und $F_{BC} = 34492{,}5 \, \text{N}$ analog wie oben: $F = F_{BC}\tan\alpha = 34492{,}5 \, \text{N} \cdot 0{,}385 = \underline{\underline{13266{,}3 \, \text{N}}}$.

Aufgabe 7.6:

Ein am unteren Ende fest eingespannter Stab mit Ellipsenquerschnitt aus S235 mit der Länge $l = 0,8\,\text{m}$ (Bild 7.6) ist durch eine Druckkraft F belastet. $E = 21 \cdot 10^6\,\text{N}/\text{cm}^2$.

Wie groß sind die Achsen des Ellipsenquerschnittes für eine geforderte Knicksicherheit $v_K = 3$, wenn die große Achse doppelt so groß ist als die kleine Achse.

Für die zwei Fälle

1. $F = 150\,\text{kN}$ und
2. $F = 450\,\text{kN}$

sind die Berechnungen durchzuführen.

Wie groß sind dann die Druckspannungen in den gewählten Stäben?

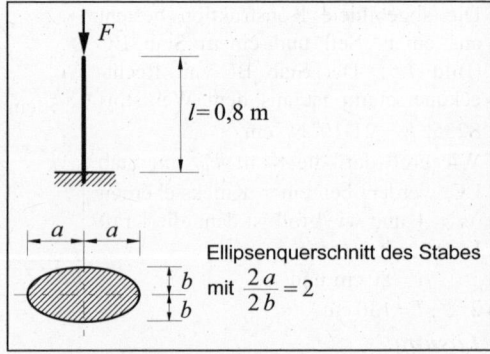

Ellipsenquerschnitt des Stabes

mit $\dfrac{2a}{2b} = 2$

Bild 7.6: Eingespannter Druckstab mit Ellipsenquerschnitt

Lösung:

Es handelt sich hier um eine *Entwurfsrechnung*. In jedem Falle wird zunächst nach EULER gerechnet. Da der geforderte Querschnitt unsymmetrisch ist, müssen wir besonders auf die Einhaltung der Bedingung $I_{erf} = I_{\min}$ achten. Außerdem liegt der Grundfall 1 vor, wobei die freie Knicklänge $s_K = 2l$ beträgt.

zu 1.

Nach EULER:
$$I_{\text{erf}} = \frac{F_{\text{vorh}}\, v_K\, s_K^2}{\pi^2 E} = \frac{150000\,\text{N} \cdot 3 \cdot (160\,\text{cm})^2}{\pi^2 \cdot 21 \cdot 10^6\,\dfrac{\text{N}}{\text{cm}^2}} = 55,6\,\text{cm}^4 .$$

Ellipsenquerschnitt: $I_{\min} = \dfrac{\pi}{4} a b^3$, $a = 2b$,

$$I_{\min} = \frac{\pi}{2} b^4 = I_{\text{erf}} \quad \Rightarrow \quad b_{\text{erf}} = \sqrt[4]{\frac{2}{\pi} I_{\text{erf}}} = \sqrt[4]{\frac{2}{\pi} 55,6\,\text{cm}^4} = 2,439\,\text{cm} ,$$

$$a_{\text{erf}} = 2 \cdot 2,439\,\text{cm} = 4,878\,\text{cm} ,$$

Gewählt: $\boxed{2a = 100\,\text{mm}; \quad 2b = 50\,\text{mm}}$

$$\lambda_{\text{vorh}} = \frac{s_K}{i_{\min}} , \qquad i_{\min} = \sqrt{\frac{I_{\min}}{A}} , \qquad I_{\min} = \frac{\pi}{4} a b^3 = \frac{\pi}{4} 50 \cdot 25^3\,\text{mm}^4 = 613592,3\,\text{mm}^4 ,$$

$$A = \pi a b = \pi \cdot 50 \cdot 25\,\text{mm}^2 = 3927\,\text{mm}^2 ,$$

$$i_{\min} = \sqrt{\frac{I_{\min}}{A}} = \sqrt{\frac{613592,3\,\text{mm}^4}{3927\,\text{mm}^2}} = 12,5\,\text{mm} , \qquad \lambda_{\text{vorh}} = \frac{s_K}{i_{\min}} = \frac{2l}{i_{\min}} = \frac{2 \cdot 800\,\text{mm}}{12,5\,\text{mm}} = 128.$$

Bei dem Werkstoff S235 beträgt der Grenzschlankheitsgrad $\lambda_{\min} = 105$. Da $\lambda_{\text{vorh}} > \lambda_{\min}$ (128 > 105) ist, gilt also die EULER-Gleichung und die Berechnung ist beendet.

zu 2.

Nach EULER:
$$I_{\text{erf}} = \frac{F_{\text{vorh}}\, v_K\, s_K^2}{\pi^2 E} = \frac{450000\,\text{N} \cdot 3 \cdot (160\,\text{cm})^2}{\pi^2 \cdot 21 \cdot 10^6\,\dfrac{\text{N}}{\text{cm}^2}} = 166,75\,\text{cm}^4 .$$

Ellipsenquerschnitt: $\quad I_{min} = \dfrac{\pi}{4}ab^3$, $\qquad\qquad a = 2b$,

$$I_{min} = \dfrac{\pi}{2}b^4 = I_{erf} \quad\Rightarrow\quad b_{erf} = \sqrt[4]{\dfrac{2}{\pi}I_{erf}} = \sqrt[4]{\dfrac{2}{\pi}\,166,75\text{ cm}^4} = 3,21\text{cm},$$

$$a_{erf} = 2 \cdot 3,21\,\text{cm} = 6,42\,\text{cm} ,$$

Gewählt: $\qquad\qquad\boxed{2a = 130\,\text{mm}; \quad 2b = 65\,\text{mm}}$.

$$\lambda_{vorh} = \dfrac{s_K}{i_{min}} , \qquad\quad i_{min} = \sqrt{\dfrac{I_{min}}{A}} , \qquad\quad I_{min} = \dfrac{\pi}{4}ab^3 = \dfrac{\pi}{4}65 \cdot 32,5^3\,\text{mm}^4 = 1752481\,\text{mm}^4 ,$$

$$A = \pi ab = \pi \cdot 65 \cdot 32,5\,\text{mm}^2 = 6636,6\,\text{mm}^2 ,$$

$$i_{min} = \sqrt{\dfrac{I_{min}}{A}} = \sqrt{\dfrac{1752481\,\text{mm}^4}{6636,6\,\text{mm}^2}} = 16,25\,\text{mm} , \qquad \lambda_{vorh} = \dfrac{s_K}{i_{min}} = \dfrac{2l}{i_{min}} = \dfrac{2 \cdot 800\,\text{mm}}{16,25\,\text{mm}} = 98,5.$$

Mit $\lambda_{vorh} < \lambda_{min}$ (98,5 < 105) liegen wir im TETMAJER-Bereich (Grenzschlankheitsgrad $\lambda_{min} = 105$ bei dem Werkstoff S235). Somit folgt für die Ermittlung der vorhandenen Knicksicherheit:

$$\nu_{vorh} = \dfrac{A(a - b\lambda + c\lambda^2)}{F} = \dfrac{6636,6\,\text{mm}^2(310 - 1,14 \cdot 98,5)\dfrac{\text{N}}{\text{mm}^2}}{450000\,\text{N}} ,$$

$$\nu_{vorh} = 2,92 < 3.$$

Da die geforderte Knicksicherheit $\nu_K = 3$ nicht erreicht wird ($\nu_{vorh} < \nu_K$), ist es notwendig die Berechnung mit einem größeren Querschnitt zu wiederholen.

Wir wählen: $\qquad\qquad\boxed{2a = 134\,\text{mm}; \quad 2b = 67\,\text{mm}}$.

$$I_{min} = \dfrac{\pi}{4}ab^3 = \dfrac{\pi}{4}67 \cdot 33,5^3\,\text{mm}^4 = 1978332\,\text{mm}^4 ,$$

$$A = \pi ab = \pi \cdot 67 \cdot 33,5\,\text{mm}^2 = 7051,3\,\text{mm}^2 ,$$

$$i_{min} = \sqrt{\dfrac{I_{min}}{A}} = \sqrt{\dfrac{1978332\,\text{mm}^4}{7051,3\,\text{mm}^2}} = 16,75\,\text{mm} , \qquad \lambda_{vorh} = \dfrac{s_K}{i_{min}} = \dfrac{2l}{i_{min}} = \dfrac{2 \cdot 800\,\text{mm}}{16,75\,\text{mm}} = 95,5 < 105.$$

Die vorhandene Knicksicherheit beträgt:

$$\nu_{vorh} = \dfrac{A(a - b\lambda + c\lambda^2)}{F} = \dfrac{7051,3\,\text{mm}^2(310 - 1,14 \cdot 95,5)\dfrac{\text{N}}{\text{mm}^2}}{450000\,\text{N}} ,$$

$$\nu_{vorh} = 3,15 > 3.$$

Für $F = 450\,\text{kN}$ ist damit der gewählte Ellipsenquerschnitt mit $a = 67$ mm und $b = 33,5$ mm ausreichend.

In den zwei Fällen betragen die vorhandenen Druckspannungen $\sigma_{vorh} = \dfrac{F}{A}$:

- für $F = 150\,\text{kN}$, $\qquad \sigma_{vorh} = \dfrac{150\text{ kN}}{39,27\,\text{cm}^2} = 3,82\,\dfrac{\text{kN}}{\text{cm}^2}$,

- für $F = 450\,\text{kN}$, $\qquad \sigma_{vorh} = \dfrac{450\text{ kN}}{70,513\,\text{cm}^2} = 6,38\,\dfrac{\text{kN}}{\text{cm}^2}$.

Aufgabe 7.7:

Der Druckstab nach Bild 7.7 soll jeweils mit den dargestellten Querschnitten ausgeführt werden. Die Flächeninhalte der 4 Querschnitte sollen gleich groß sein.

Gesucht sind die Verhältnisse der kritischen Knicklasten nach EULER:

$F_{krit\,Q} / F_{krit\,R}$, $F_{krit\,K} / F_{krit\,R}$,

$F_{krit\,RO} / F_{krit\,R}$.

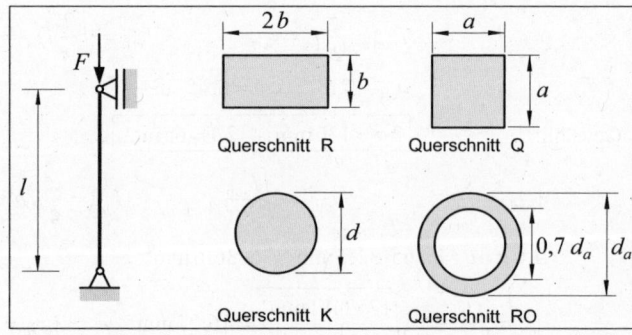

Bild 7.7:   *Druckstab mit 4 verschiedenen Querschnitten gleichen Flächeninhalts*

Lösung:

Da hier EULER –Fall 2 vorliegt, gilt für die freie Knicklänge: $s_K = l$.

Die kritische Knicklast nach EULER beträgt: $F_{krit} = \dfrac{\pi^2}{s_K^2} E\, I_{min}$.

Querschnitt R (Rechteckfläche): $I_R = \dfrac{2b \cdot b^3}{12} = \dfrac{b^4}{6}$; $F_{krit\,R} = \dfrac{\pi^2 E\, b^4}{6\, l^2}$.

Querschnitt Q (Quadratfläche): $I_Q = \dfrac{a^4}{12}$; $F_{krit\,Q} = \dfrac{\pi^2 E\, a^4}{12\, l^2}$.

Querschnitt K (Kreisfläche): $I_K = \dfrac{\pi}{64} d^4$; $F_{krit\,K} = \dfrac{\pi^3 E\, d^4}{64\, l^2}$.

Querschnitt RO (Kreisringfläche): $I_{RO} = \dfrac{\pi}{64}\left(d_a^4 - (0{,}7 d_a)^4\right)$; $F_{krit\,RO} = \dfrac{\pi^3 E\left(d_a^4 - (0{,}7 d_a)^4\right)}{64\, l^2}$.

Die Flächeninhalte der 4 Querschnitte sollen gleich sein: $A_R = 2\, b^2$,

- $A_Q = a^2$, $\boxed{A_R = A_Q}$ $\Rightarrow$ $2b^2 = a^2$ $\Rightarrow$ $\boxed{b^2 = \dfrac{a^2}{2}}$,

- $A_K = \dfrac{\pi}{4} d^2$, $\boxed{A_R = A_K}$ $\Rightarrow$ $2b^2 = \dfrac{\pi}{4} d^2$ $\Rightarrow$ $\boxed{b^2 = \dfrac{\pi}{8} d^2}$,

- $A_{RO} = \dfrac{\pi}{4}\left(d_a^2 - (0{,}7 d_a)^2\right) = \dfrac{\pi}{4} 0{,}51\, d_a^2$, $\boxed{A_R = A_{RO}}$ $\Rightarrow$ $2b^2 = \dfrac{\pi}{4} 0{,}51\, d_a^2$ $\Rightarrow$ $\boxed{b^2 = \dfrac{\pi}{8} 0{,}51\, d_a^2}$.

$$\frac{F_{krit\,Q}}{F_{krit\,R}} = \frac{\pi^2 E\, a^4}{12\, l^2} \cdot \frac{6\, l^2}{\pi^2 E\, b^4} = \frac{a^4}{2} \cdot \frac{4}{a^4} = \underline{\underline{2}}\,.$$

$$\frac{F_{krit\,K}}{F_{krit\,R}} = \frac{\pi^3 E\, d^4}{64\, l^2} \cdot \frac{6\, l^2}{\pi^2 E\, b^4} = \frac{6\pi\, d^4}{64} \cdot \frac{64}{\pi^2 d^4} = \frac{6}{\pi} = \underline{\underline{1{,}91}}\,.$$

$$\frac{F_{krit\,RO}}{F_{krit\,R}} = \frac{\pi^3 E\left(d_a^4 - (0{,}7 d_a)^4\right)}{64\, l^2} \cdot \frac{6\, l^2}{\pi^2 E\, b^4} = \frac{6\pi \cdot 0{,}7599\, d_a^4}{64\ \ b^4} = \frac{6\pi \cdot 0{,}7599\, d_a^4}{64} \cdot \frac{64}{\pi^2 (0{,}51)^2\, d_a^4}\,,$$

$$\frac{F_{krit\,RO}}{F_{krit\,R}} = \frac{6 \cdot 0{,}7599}{\pi \cdot 0{,}2601} = \underline{\underline{5{,}58}}\,.$$

Die Ergebnisse sagen z.B. aus, dass der Stab mit Kreisringquerschnitt die 5,58-fache Last des Stabes mit Rechteckfläche aufnehmen kann.

8 Aufgaben mit Anwendungen

aus verschiedenen Gebieten

der Elastostatik

Aufgabe 8.1:

Das mechanische System (Bild 8.1) besteht aus einem Balken ③ und den beiden Stäben ① und ②. Der Stab ② aus dem Werkstoff S235 hat einen quadratischen Querschnitt mit der Kantenlänge $l/12$.
Außerdem sind gegeben:

für Stab ① : EA_1;

für Stab ② : E, Kantenlänge des quadratischen Querschnitts $l/12$;

für Balken ③ : EI_3.

Gesucht:

Wie groß sind die Stabkräfte, welche die Kraft F_1 hervorruft und wie groß darf die Kraft F_1 werden, ohne dass die Knicksicherheit $v_K = 3$ im Stab ② unterschritten wird?

Zahlenwerte:

$E = 20,6 \cdot 10^4 \,\text{N}/\text{mm}^2$; $A_1 = 500\,\text{mm}^2$;

$I_3 = 583,\overline{3} \cdot 10^4 \,\text{mm}^4$; $l = 400\,\text{mm}$.

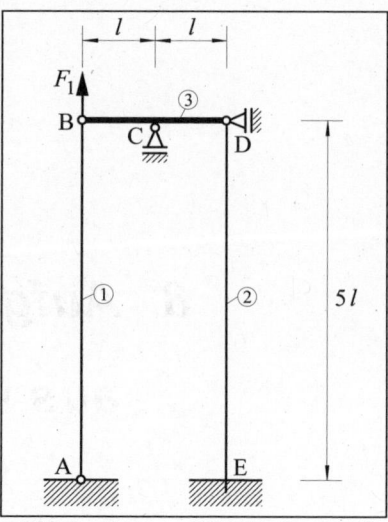

Bild 8.1: System, bestehend aus den beiden Stäben ① und ② und dem Balken ③

Lösung:
Die angreifende Kraft F_1 verursacht im Balken ③ Biegung sowie im Stab ① Zug und im Stab ② Druck.

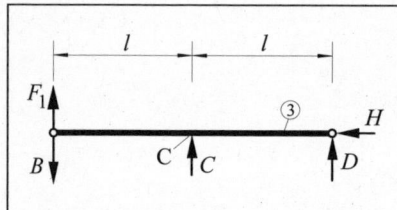

Bild 8.1.1: Freikörperbild von Balken ③

Mit Hilfe der Schnittmethode erkennen wir, dass das System *einfach* statisch unbestimmt ist, da den vier unbekannten Kräften B, D, C und H (Bild 8.1.1) nur drei Gleichungen (aus den Gleichgewichtsbedingungen) gegenüberstehen.

Momentengleichgewicht um C (Bild 8.1.1) liefert:

$$(\Sigma M)_C = 0: \quad D \cdot l + B \cdot l - F_1 \cdot l = 0$$

$$D = F_1 - B. \tag{1}$$

$$\Sigma \rightarrow = 0: \qquad H = 0$$

Geometrische Verformungsbedingung:

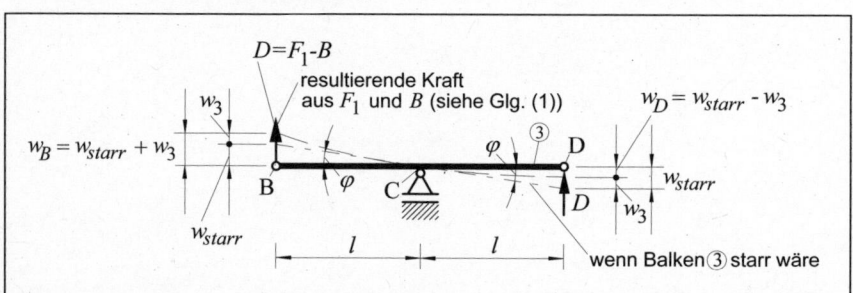

Bild 8.1.2: Verschiebungsplan von Balken ③

Aus dem Verschiebungsplan von Balken ③ (Bild 8.1.2) lesen wir ab:

$$w_{starr} = l\,\varphi$$

$$w_B = w_{starr} + w_3 = l\,\varphi + w_3$$

$$w_D = w_{starr} - w_3 = l\,\varphi - w_3 \qquad \Rightarrow \qquad l\,\varphi = w_D + w_3.$$

Durch Einsetzen erhalten wir eine Gleichung mit nur noch 3 Verformungsgrößen:

$$w_B = w_D + 2\,w_3. \tag{2}$$

Verformungen:

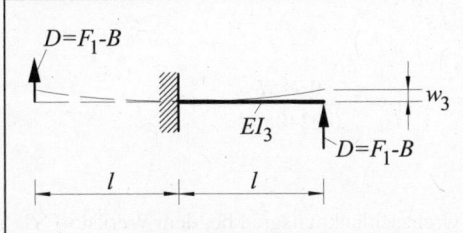

Bild 8.1.3: *Zur Berechnung der Verformung des Balkens* ③

Für die Berechnung der Verformung des Balkens ③ können wir aus Symmetriegründen das mechanische System nach Bild 8.1.3 annehmen.

Balken ③ :

$$w_3 = \frac{Dl^3}{3EI_3} = \frac{(F_1 - B)l^3}{3EI_3} \quad \text{(Standardfall)} \tag{3}$$

Stab ① :

$$w_B = \frac{B\,5l}{E\,A_1} \tag{4}$$

Stab ② :

$$w_D = \frac{D5l}{E\left(\dfrac{l}{12}\right)^2} = \frac{720\,(F_1 - B)}{El} \tag{5}$$

Durch Einsetzen der Gleichungen (3), (4) und (5) in (2) folgt für die Stabkraft B im Stab ① :

$$\frac{B5l}{E\,A_1} = \frac{720\,(F_1 - B)}{El} + 2\,\frac{(F_1 - B)l^3}{3EI_3}$$

$$\frac{B5l}{A_1} = (F_1 - B)\left(\frac{720}{l} + \frac{2l^3}{3I_3}\right) \qquad \Rightarrow \qquad \frac{B5l}{A_1} + B\left(\frac{720}{l} + \frac{2l^3}{3I_3}\right) = F_1\left(\frac{720}{l} + \frac{2l^3}{3I_3}\right)$$

$$B = \frac{\dfrac{720}{l} + \dfrac{2\,l^3}{3I_3}}{\dfrac{5\,l}{A_1} + \dfrac{720}{l} + \dfrac{2\,l^3}{3I_3}}\,F_1.$$

Aus (1) folgt dann Stabkraft D im Stab ② :

$$D = F_1 - B = \left(1 - \frac{\dfrac{720}{l} + \dfrac{2l^3}{3I_3}}{\dfrac{5l}{A_1} + \dfrac{720}{l} + \dfrac{2l^3}{3I_3}}\right)F_1. \tag{6}$$

Für die Knickberechnung des Stabes ② kann zunächst der Schlankheitsgrad λ berechnet werden, da vom Druckstab ② seine Länge, sein Querschnitt sowie seine Lagerungsart bekannt sind.

$$\lambda = \frac{s_K}{i_{min}}$$

Bei Stab ② liegt der EULER-Fall 3 mit der freien Knicklänge $s_K = 0,7 \cdot 5l$ vor.

$$i_{min} = \sqrt{\frac{I_{min}}{A}} \quad ; \quad I_{min} = \frac{\left(\dfrac{l}{12}\right)^4}{12} = \frac{l^4}{248832}$$

$$i_{min} = \sqrt{\frac{\dfrac{l^4}{248832}}{\left(\dfrac{l}{12}\right)^2}} = 0,024056\, l \quad ; \quad \lambda = \frac{s_K}{i_{min}} = \frac{0,7 \cdot 5l}{0,024056\, l} = 145,5$$

$$\lambda = 145,5 > \lambda_{min} \qquad (\lambda_{min} = 105 : \text{ Grenzschlankheitsgrad bei dem Werkstoff S235})$$

Da λ größer als λ_{min} ist, liegen wir im Gültigkeitsbereich der EULERschen Knicktheorie.

Kritische Knicklast nach EULER: $F_{krit} = \dfrac{\pi^2}{s_K^2} EI_{min} \cdot$

$$F_{zul} = \frac{F_{krit}}{v_K} = \frac{\pi^2}{v_K\, s_K^2} EI_{min}$$

$$F_{zul} = \frac{\pi^2 E}{3(0,7 \cdot 5l)} \cdot \frac{l^4}{248832} = \frac{\pi^2 E l^2}{9144576}$$

Für eine Knicksicherheit $v_K = 3$ im Stab ② müssen wir die Kraft D aus Gleichung (6) mit der zulässigen Knicklast F_{zul} des Stabes ② gleichsetzen:

$$D = F_{zul}$$

$$\left(1 - \frac{\dfrac{720}{l} + \dfrac{2l^3}{3I_3}}{\dfrac{5l}{A_1} + \dfrac{720}{l} + \dfrac{2l^3}{3I_3}}\right) F_1 = \frac{\pi^2 E l^2}{9144576} \cdot$$

Daraus folgt der größte Wert, den F_1 annehmen darf, ohne dass die Knicksicherheit $v_K = 3$ im Stab ② unterschritten wird:

$$F_1 = \frac{\pi^2 E l^2}{9144576} \cdot \frac{\dfrac{5\,l}{A_1} + \dfrac{720}{l} + \dfrac{2\,l^3}{3I_3}}{\dfrac{5\,l}{A_1}} \cdot$$

Mit **Zahlenwerten**:

Stabkraft D im Stab ② :

$$D = \left(1 - \dfrac{\dfrac{720}{400} + \dfrac{2 \cdot 400^3}{3 \cdot 583,\overline{3} \cdot 10^4}}{\dfrac{5 \cdot 400}{500} + \dfrac{720}{400} + \dfrac{2 \cdot 400^3}{3 \cdot 583,\overline{3} \cdot 10^4}}\right) F_1$$

$$D = (1 - 0,694989)F_1 = \underline{\underline{0,305011 F_1}} .$$

Stabkraft B im Stab ① :

$$B = F_1 - D$$

$$B = F_1 - 0,305011 F_1 = \underline{\underline{0,694989 F_1}} .$$

Größter Wert, den F_1 annehmen darf, ohne dass die Knicksicherheit $\nu_K = 3$ im Stab ② unterschritten wird:

$$F_1 = \dfrac{\pi^2 20,6 \cdot 10^4 \dfrac{N}{mm^2}(400\,mm)^2}{9144576} \cdot \dfrac{\dfrac{5 \cdot 400}{500} + \dfrac{720}{400} + \dfrac{2 \cdot 400^3}{3 \cdot 583,\overline{3} \cdot 10^4}}{\dfrac{5 \cdot 400}{500}}$$

$$F_1 = \underline{\underline{116629,4\,N}} .$$

Für die Stabkräfte D und B ergibt sich dann:

$$D = 0,305011 F_1 = 0,305011 \cdot 116629,4\,N = 35573,2\,N$$

$$B = 0,694989 F_1 = 0,694989 \cdot 116629,4\,N = 81056,2\,N .$$

Aufgabe 8.2:

Ein dünnwandiges ($\delta \ll d$) kreisrundes Rohr (Bild 8.2) ist durch eine Zugkraft F, ein Biegemoment M_B und ein Torsionsmoment M_T belastet.
$F = 15000\,\text{N}$; $M_B = 750\,\text{Nm}$;
$M_T = 1000\,\text{Nm}$; $d = 80\,\text{mm}$; $\delta = 4\,\text{mm}$.
Gesucht sind:

1. Ort, an dem die größte positive Hauptnormalspannung auftritt sowie die Größe der dort auftretenden Normal- und Schubspanung.

   Für diesen Ort:
2. Hauptnormalspannungen,
3. Richtung der Hauptnormalspannungen,
4. zugehöriger MOHRscher Spannungskreis.

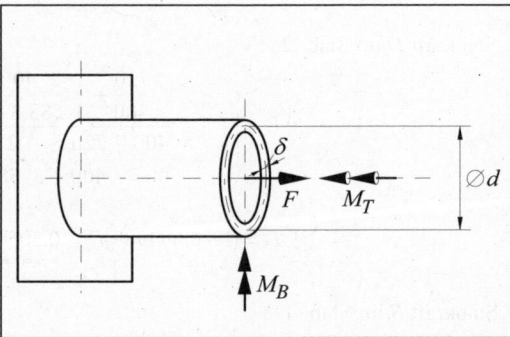

Bild 8.2:   *Auf Zug, Biegung und Torsion belastetes Rohr*

Lösung:

zu 1.

Zug infolge der Kraft F (wirksam in der gesamten Querschnittsfläche):

$$\sigma(F) = \frac{F}{A} = \frac{F}{\pi d \delta} = \frac{15000\,\text{N}}{\pi \cdot 80\,\text{mm} \cdot 4\,\text{mm}} = 14,92\,\frac{\text{N}}{\text{mm}^2} \ .$$

Zugspannung am Außenrand bei $\bar{y} = 0$ und $\bar{z} = d/2$ ($\bar{x}, \bar{y}, \bar{z}$-Rechtskoordinatensystem) (Bild 8.2.1) infolge des Biegemoments M_B für $\delta \ll d$:

$$\sigma_{\max}(M_B) = \frac{M_B}{I_{\bar{y}}} \cdot \frac{d}{2} = \frac{M_B}{\pi \left(\dfrac{d}{2}\right)^3 \delta} \cdot \frac{d}{2} = \frac{750000\,\text{Nmm}}{\dfrac{\pi}{4}(80\,\text{mm})^2\,4\,\text{mm}} = 37,30\,\frac{\text{N}}{\text{mm}^2} \ .$$

Somit **größte Gesamtzugspannung** in x-Richtung (Bild 8.2.1):

$$\sigma_{\text{ges max}} = \sigma(F) + \sigma_{\max}(M_B) = 14,92\,\frac{\text{N}}{\text{mm}^2} + 37,30\,\frac{\text{N}}{\text{mm}^2} = \underline{\underline{52,22\,\frac{\text{N}}{\text{mm}^2}}} \ .$$

Die größte positive Hauptnormalspannung tritt auch dort auf, wo die größte Gesamtzugspannung auftritt, nämlich bei $\bar{y} = 0$ und $\bar{z} = d/2$ ($\bar{x}, \bar{y}, \bar{z}$-Rechtskoordinatensystem).

Schubspannung infolge des Torsionsmoments M_T (wirksam auf dem ganzen Umfang) (Bild 8.2.1):

$$\tau(r = \frac{d}{2}) = \frac{M_T}{W_T} = \frac{M_T}{2\pi \left(\dfrac{d}{2}\right)^2 \delta} = \frac{1000000\,\text{Nmm}}{\dfrac{\pi}{2}(80\,\text{mm})^2\,4\,\text{mm}} = \underline{\underline{24,87\,\frac{\text{N}}{\text{mm}^2}}} \ .$$

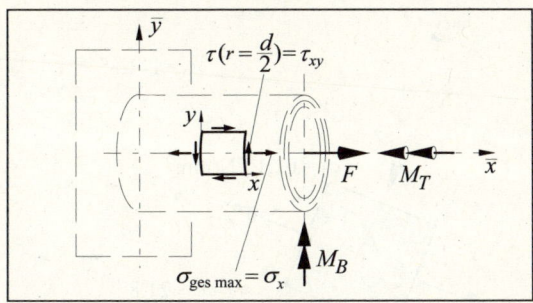

Bild 8.2.1: Normal- und Schubspannungen am einge-
zeichneten Element

zu 2.

Hauptnormalspannungen

Allgemein gilt:
$$\sigma_{1,2} = \frac{\sigma_x}{2} \pm \sqrt{\left(\frac{\sigma_x}{2}\right)^2 + \tau_{xy}^2}\ .$$

Mit $\sigma_x = \sigma_{\text{ges max}} = 52{,}2\,\dfrac{\text{N}}{\text{mm}^2}$ und $\tau_{xy} = \tau\left(r = \dfrac{d}{2}\right) = 24{,}87\,\dfrac{\text{N}}{\text{mm}^2}$ folgt:

$$\sigma_{1,2} = \frac{52{,}2}{2}\,\frac{\text{N}}{\text{mm}^2} \pm \sqrt{\left(\frac{52{,}2}{2}\right)^2 + 24{,}87^2}\ \frac{\text{N}}{\text{mm}^2}\,,$$

$$\underline{\sigma_1 = 62{,}15\,\frac{\text{N}}{\text{mm}^2}} \qquad \text{(Zugspannung)},$$

$$\underline{\sigma_2 = -9{,}95\,\frac{\text{N}}{\text{mm}^2}} \qquad \text{(Druckspannung)}.$$

zu 3.

Richtung der Hauptnormalspannungen

Der Winkel φ_1, der zwischen der x-Achse und der Richtung der Hauptnormalspannung σ_1 liegt (Bild 8.2.2), wird mit einer der folgenden Formeln direkt berechnet.

$$\tan\varphi_1 = \frac{\sigma_1 - \sigma_x}{\tau_{xy}} = \frac{\sigma_y - \sigma_2}{\tau_{xy}} = \frac{\tau_{xy}}{\sigma_1 - \sigma_y} = \frac{\tau_{xy}}{\sigma_x - \sigma_2}$$

$$\tan\varphi_1 = \frac{\tau_{xy}}{\sigma_x - \sigma_2} = \frac{24{,}87}{52{,}2 - (-9{,}95)} = 0{,}4 \quad ; \qquad \underline{\underline{\varphi_1 = 21{,}8°}}$$

Folglich ist $\varphi_2 = \varphi_1 + 90° = 21{,}8° + 90° = \underline{\underline{111{,}8°}}$ (Winkel für die Hauptnormalspannung σ_2, Bild 8.2.2).

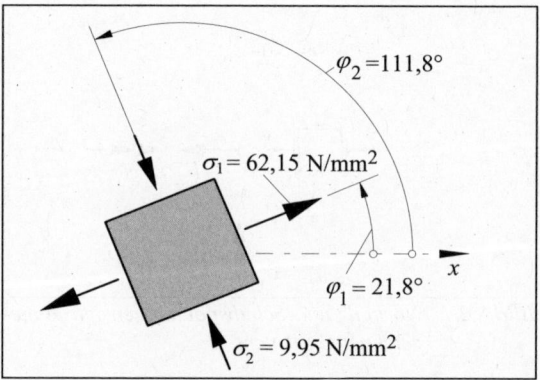

*Bild 8.2.2: In den Hauptnormalspannungsebenen her-
ausgeschnittenes Element mit den Hauptnormalspannungen*

zu 4.

MOHRscher Spannungskreis

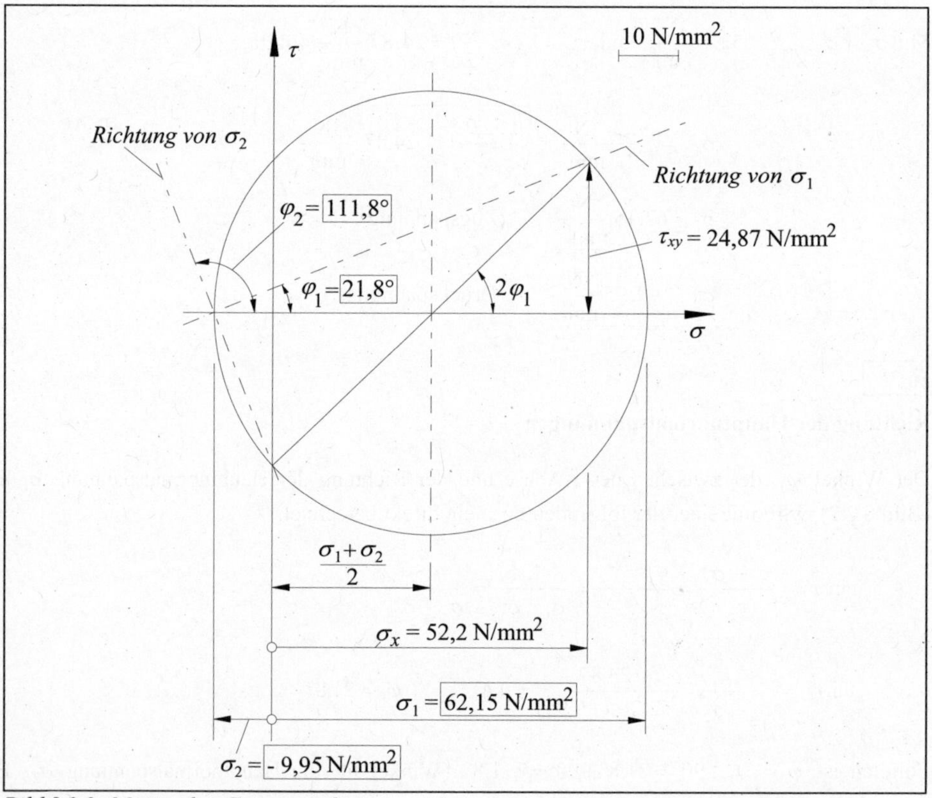

Bild 8.2.3: MOHRscher Spannungskreis

Aufgabe 8.3:

Der biege- und torsionssteif abgewinkelte Träger (Bild 8.3) mit gleichbleibendem quadratischen Vollquerschnitt wird im Punkt B mit der Einzelkraft $2F$ belastet und im Punkt C wird das Moment M_0 eingeleitet.

Es sind die Verschiebungen des Punktes C in der x-Richtung, y-Richtung und z-Richtung zu bestimmen.

Gegeben: F, M_0, a, E, G sowie das Torsionsträgheitsmoment I_T und das axiale Flächenträgheitsmoment $I_{\ddot{a}}$ des quadratischen Querschnitts.

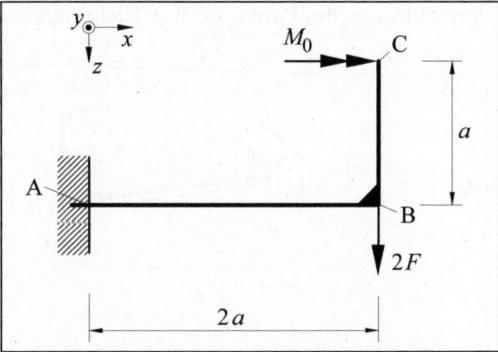

Bild 8.3: Eingespannter, abgewinkelter Träger

Lösung:

Durch die gegebene Belastung wird das Trägerstück AB auf **Biegung** und **Torsion** beansprucht, das Trägerstück BC nur auf **Biegung**. Diesen Sachverhalt können wir leicht mit Hilfe der Schnittmethode überprüfen.

Verschiebung des Punktes C in z-Richtung (vertikal) und in x-Richtung (horizontal):

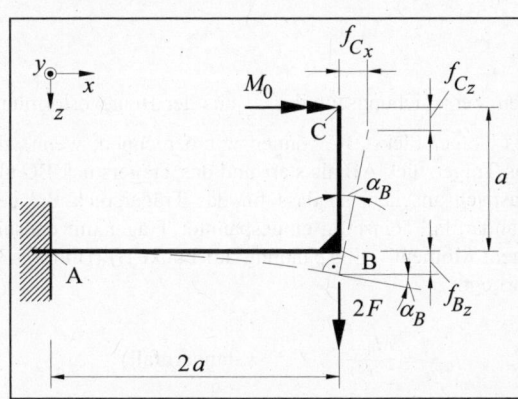

Bild 8.3.1: Verschiebungen in vertikaler und horizontaler Richtung

Das Bild 8.3.1 zeigt die Verschiebung des Trägers in vertikaler und horizontaler Richtung.

Die vertikale Verschiebung f_{C_z} des Punktes C wird nur durch die Biegeverformung im Trägerstück AB hervorgerufen (Standardfall: Einseitig eingespannter Träger mit Einzellast am freien Ende) (Bild 8.3.1).

$$f_{C_z} = f_{B_z} = \frac{2F(2a)^3}{3EI_{\ddot{a}}}$$

$$\underline{\underline{f_{C_z} = \frac{16\,F a^3}{3\,E\,I_{\ddot{a}}}}}$$

Für den Neigungswinkel im Punkt B folgt (Standardfall):

$$\alpha_B = \frac{2F(2a)^2}{2EI_{\ddot{a}}} = \frac{4Fa^2}{EI_{\ddot{a}}}.$$

Damit berechnet sich die Horizontalverschiebung f_{C_x} des Punktes C (Bild 8.3.1) (kleine Winkel!) zu:

$$f_{C_x} = a \cdot \alpha_B = \underline{\underline{\frac{4\,F a^3}{E\,I_{\ddot{a}}}}}.$$

Verschiebung des Punktes C in *y*-Richtung:

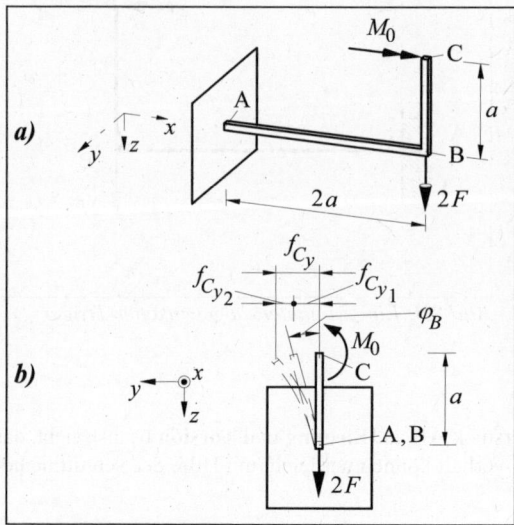

Bild 8.3.2: a) Perspektive Darstellung des Trägers
b) Verschiebungen in y-Richtung

Die Verschiebung f_{C_y} läßt sich aus zwei Anteilen zusammensetzen (Bild 8.3.2b). Der Anteil $f_{C_{y_1}}$ resultiert aus der **Verdrehung** des Trägerstücks AB (Bild 8.3.2a und 8.3.2b). Anteil $f_{C_{y_2}}$ ergibt sich aus der **Biegeverformung** des Trägerstücks BC (Bild 8.3.2a und 8.3.2b).

$$f_{C_y} = f_{C_{y_1}} + f_{C_{y_2}}$$

$$f_{C_{y_1}} = a \cdot \varphi_B$$

Der Verdrehungswinkel φ_B im Punkt B (Bild 8.3.2b) ergibt sich zu

$$\varphi_B = \frac{M_0 \, 2a}{G \, I_T}.$$

$$f_{C_{y_1}} = a \cdot \varphi_B = \frac{2 \, M_0 \, a^2}{G \, I_T}$$

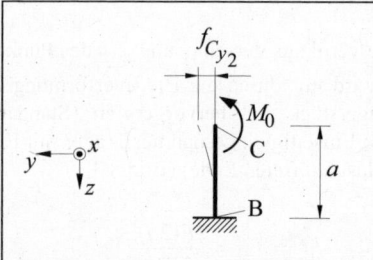

Bild 8.3.3: Zur Ermittlung der Biegeverformung im Trägerstück BC

Den Verschiebungsanteil $f_{C_{y_2}}$ aus der Biegeverformung des Trägerstücks BC können wir berechnen, wenn wir das Trägerstück AB als starr und das Trägerstück BC als elastisch ansehen, so dass für das Trägerstück BC der Standardfall "einseitig eingespannter Träger mit endseitigem Moment" (Einspannung am Punkt B) (Bild 8.3.3) vorliegt.

$$f_{C_{y_2}} = \frac{M_0 \, a^2}{2 \, E \, I_{\ddot{a}}} \qquad \text{(Standardfall)}$$

$$f_{C_y} = f_{C_{y_1}} + f_{C_{y_2}}$$

$$f_{C_y} = \frac{2 \, M_0 \, a^2}{G \, I_T} + \frac{M_0 \, a^2}{2 \, E \, I_{\ddot{a}}}$$

$$\underline{\underline{f_{C_y} = M_0 a^2 \left(\frac{2}{G I_T} + \frac{1}{2 E I_{\ddot{a}}} \right)}}$$

Aufgabe 8.4:

Nach Bild 8.4 sei die Welle einer Kolbenmaschine durch das Schwungradgewicht G und eine senkrecht zur Zeichenebene wirkende Kraft F belastet. Die Maschinenleistung wird der Kupplung entnommen.

Wie groß muss der Wellendurchmesser d bei einem Anstrengungsverhältnis $\alpha_0 = 1$ sein, damit die Vergleichsspannung nach der Gestaltänderungsenergiehypothese den Wert für die zulässige Spannung $\sigma_{zul} = 90 \dfrac{N}{mm^2}$ nicht überschreitet?

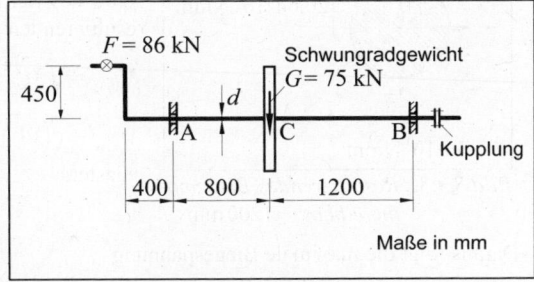

Bild 8.4: Welle einer Kolbenmaschine

Lösung:

Für die Vergleichsspannung nach der Gestaltänderungsenergiehypothese gilt: $\sigma_{V_G} = \sqrt{\sigma^2 + 3(\alpha_0 \tau)^2}$.

Die Normalspannung σ erhalten wir aus der Beanspruchung der Welle auf Biegung.

Für die Lagerkräfte in der x,z-Ebene (Bild 8.4.1) und die daraus folgenden Biegemomente ergibt sich:

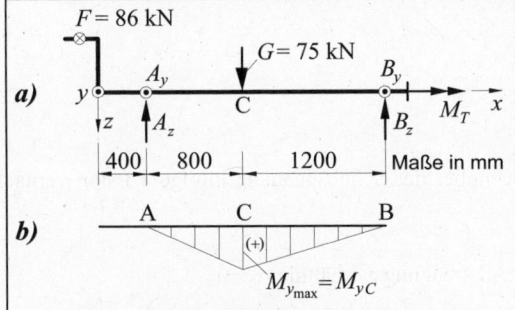

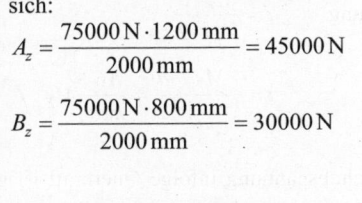

$$A_z = \frac{75000\,N \cdot 1200\,mm}{2000\,mm} = 45000\,N$$

$$B_z = \frac{75000\,N \cdot 800\,mm}{2000\,mm} = 30000\,N$$

Bild 8.4.1: a) Freikörperbild (x,z-Ebene)
b) Biegemomentenverlauf für Biegung um die y-Achse

$$M_{y\,max} = M_{yC} = A_z \cdot 800\,mm$$

$$M_{y\,max} = M_{yC} = 45000\,N \cdot 800\,mm$$

$$M_{y\,max} = M_{yC} = 36 \cdot 10^6\,N\,mm.$$

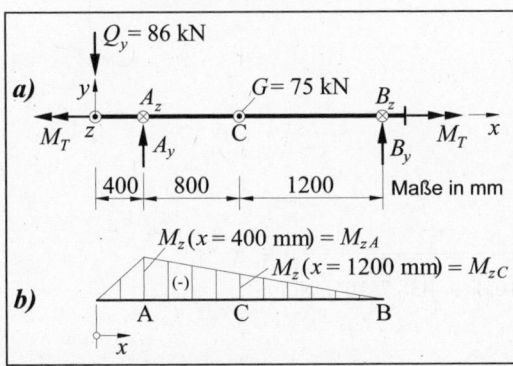

Für die x,y-Ebene (Bild 8.4.2) folgt analog:

$$A_y = \frac{86000\,N \cdot 2400\,mm}{2000\,mm} = 103200\,N$$

$$B_y = 86000\,N - A_y = -17200\,N$$

$$M_z(x = 400\,mm) = M_{zA} = -86\,kN \cdot 400\,mm$$

$$M_z(x = 400\,mm) = M_{zA} = -34,4 \cdot 10^6\,Nmm$$

$$M_z(x = 1,2\,m) = M_{zC} = -17,2\,kN \cdot 1,2\,m$$

$$M_z(x = 1,2\,m) = M_{zC} = -20,64 \cdot 10^6\,N\,mm.$$

Bild 8.4.2: a) Freikörperbild (x,y-Ebene)
b) Biegemomentenverlauf für Biegung um die z-Achse

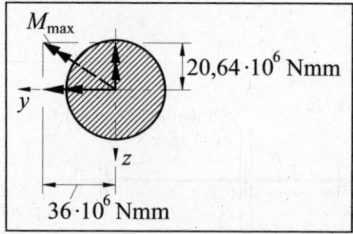

Bild 8.4.3: *Resultierendes Biegemo-*
ment bei $x = 1200\,mm$

Der Wellenquerschnitt ist bei $x = 1200\,mm$ (Befestigungs-stelle des Schwungrades) durch den Betrag des maximalen resultierenden Biegemomentenvektors (Bild 8.4.3)

$$M_{max} = \sqrt{M_{yC}^2 + M_{zC}^2}$$

$$M_{max} = \sqrt{\left(36 \cdot 10^6\right)^2 + \left(20,64 \cdot 10^6\right)^2}\,\text{Nmm} = \underline{41,497 \cdot 10^6\,\text{Nmm}}$$

belastet.

Daraus folgt die maximale Biegespannung

$$\sigma = \frac{M_{max}}{I} \cdot \frac{d}{2},$$ I : axiales Flächenträgheitsmoment

$$\sigma = \frac{M_{max}}{\frac{\pi}{64}d^4} \cdot \frac{d}{2} = \frac{32}{\pi d^3}\,M_{max}.$$

Das Torsionsmoment $M_T = 86000\,\text{N} \cdot 450\,\text{mm} = \underline{38,7 \cdot 10^6\,\text{N mm}}$ verursacht eine Torsionsschub-spannung $\tau = \dfrac{M_T}{I_p} \cdot \dfrac{d}{2}$

$$\tau = \frac{M_T}{\frac{\pi}{32}d^4} \cdot \frac{d}{2} = \frac{16}{\pi d^3}\,M_T.$$

Die Schubspannung infolge Querkraft ist gegenüber der Schubspannung infolge Torsion vernach-lässigbar.

Nun folgt aus $\sigma_{V_G} = \sqrt{\sigma^2 + 3\left(\alpha_0 \tau\right)^2}$ mit dem Anstrengungsverhältnis $\alpha_0 = 1$:

$$\sigma_{V_G} = \sigma_{zul} = \sqrt{\left(\frac{32}{\pi d_{erf}^3}\,M_{max}\right)^2 + 3\left(\frac{16}{\pi d_{erf}^3}\,M_T\right)^2}$$

$$\sigma_{zul} = \frac{32}{\pi d_{erf}^3}\sqrt{M_{max}^2 + \frac{3}{4}\,M_T^2}$$

$$d_{erf} = \sqrt[3]{\frac{32}{\pi\,\sigma_{zul}}\sqrt{M_{max}^2 + \frac{3}{4}\,M_T^2}}$$

$$d_{erf} = \sqrt[3]{\frac{32}{\pi \cdot 90\dfrac{\text{N}}{\text{mm}^2}}\sqrt{\left(41,497 \cdot 10^6\right)^2 + \frac{3}{4}\left(38,7 \cdot 10^6\right)^2}\,\text{Nmm}}$$

$$\underline{\underline{d_{erf} = 182,1\,\text{mm}.}}$$

Aufgabe 8.5:

Eine Hinweistafel mit dem Gewicht G ist mit einer eingespannten Säule starr verbunden (Bild 8.5). An der Hinweistafel greift die resultierende Windlast W an.

Wie groß ist bei einem Anstrengungsverhältnis $\alpha_0 = 1$ nach der Gestaltänderungsenergiehypothese die Vergleichsspannung an der stärksten beanspruchten Stelle der Säule?

Die Säule hat einen dünnwandigen Kreisringquerschnitt ($\delta \ll r$) und die Schubspannung in der Säule infolge Querkraft ist zu vernachlässigen.

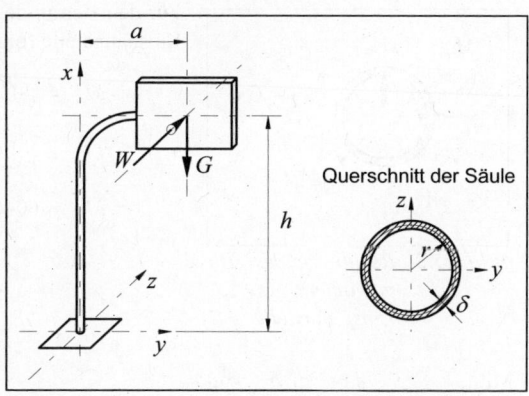

Bild 8.5: *Eingespannte Säule mit Hinweistafel*

Gegeben:

$W = 1500\,\text{N}$, $G = 500\,\text{N}$, $h = 4000\,\text{mm}$,
$a = 1500\,\text{mm}$, $r = 100\,\text{mm}$, $\delta = 5\,\text{mm}$.

Lösung:

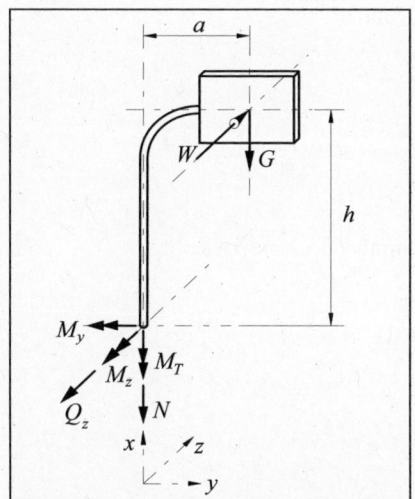

Bild 8.5.1: *Zur Bestimmung der Schnittgrößen an der Einspannstelle*

Da das resultierende Biegemoment in der Einspannstelle am größten ist, tritt dort auch die größte Vergleichsspannung auf.

Die Vergleichsspannung nach der Gestaltänderungsenergiehypothese ist $\sigma_{V_G} = \sqrt{\sigma^2 + 3\left(\alpha_0\,\tau\right)^2}$.

Mit der Schnittmethode erhalten wir die Schnittgrößen an der Einspannstelle (Bild 8.5.1):

$$M_y + W\,h = 0 \qquad \Rightarrow \qquad M_y = -W\,h$$

$$M_z - G\,a = 0 \qquad \Rightarrow \qquad M_z = G\,a$$

$$M_T - W\,a = 0 \qquad \Rightarrow \qquad M_T = W\,a$$

$$N + G = 0 \qquad \Rightarrow \qquad N = -\,G.$$

Die maximale Normalspannung im Einspannquerschnitt ist die maximale Druckspannung aus Druck und Biegedruck

$$\sigma_{\max} = \frac{N}{A} - \frac{M_{res}}{I} \cdot r \,.$$

(I : axiales Flächenträgheitsmoment)

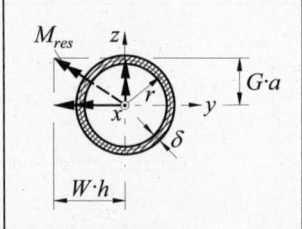

Bild 8.5.2: *Resultierendes Biegemoment an der
Einspannstelle*

Für den Betrag des resultierenden Biegemomentenvektors an der Einspannstelle folgt (Bild 8.5.2):

$$M_{res} = \sqrt{M_y^2 + M_z^2} = \sqrt{(W \cdot h)^2 + (G \cdot a)^2}$$

$$M_{res} = \sqrt{(1500 \cdot 4000)^2 + (500 \cdot 1500)^2} \, \text{Nmm}$$

$$M_{res} = 6046693,3 \, \text{Nmm}.$$

Mit $A = 2\,\pi r\,\delta$ und
          $I = \pi r^3 \delta$

ergibt sich

$$\sigma_{max} = \frac{N}{A} - \frac{M_{res}}{I} \cdot r = \frac{-G}{2\,\pi r\,\delta} - \frac{M_{res}}{\pi r^3 \delta} \cdot r$$

$$\sigma_{max} = \frac{-500 \, \text{N}}{2\pi \cdot 100 \, \text{mm} \cdot 5 \, \text{mm}} - \frac{6046693,3 \, \text{Nmm}}{\pi \cdot (100 \, \text{mm})^3 \cdot 5 \, \text{mm}} 100 \, \text{mm}$$

$$\sigma_{max} = -0,15915 \, \frac{\text{N}}{\text{mm}^2} - 38,49445 \, \frac{\text{N}}{\text{mm}^2}$$

$$\sigma_{max} = -38,6536 \, \frac{\text{N}}{\text{mm}^2}.$$

Die maximale Torsionsschubspannung τ_{max} berechnen wir mit $I_T = 2\,\pi r^3 \delta$ wie folgt:

$$\tau_{max} = \frac{M_T}{I_T} \cdot r = \frac{W \cdot a}{2\,\pi r^3 \delta} \cdot r$$

$$\tau_{max} = \frac{1500 \, \text{N} \cdot 1500 \, \text{mm}}{2\,\pi (100 \, \text{mm})^3 \cdot 5 \, \text{mm}} 100 \, \text{mm}$$

$$\tau_{max} = 7,162 \, \frac{\text{N}}{\text{mm}^2}.$$

Damit beträgt die Vergleichsspannung σ_{V_G} mit dem Anstrengungsverhältnis $\alpha_0 = 1$ in der Einspannstelle

$$\sigma_{V_G} = \sqrt{\sigma_{max}^2 + 3\,(\alpha_0 \tau_{max})^2} = \sqrt{(-38,6536)^2 + 3 \cdot 7,162^2} \, \frac{\text{N}}{\text{mm}^2}$$

$$\sigma_{V_G} = 40,6 \, \frac{\text{N}}{\text{mm}^2}.$$

Aufgabe 8.6:

Ein **dünnwandiges** ($\delta \ll d_a$), geschlossenes Rohr mit dem Außendurchmesser d_a und der Wandstärke δ ist mit dem inneren Überdruck p und einem zusätzlichen Torsionsmoment M_T belastet (Bild 8.6).

Wie groß sind die Spannungen an dem gekennzeichneten Wandelement (Bild 8.6) und die Vergleichsspannung für ein Anstrengungsverhältnis $\alpha_0 = 1$ nach der Gestaltänderungsenergiehypothese?

Gegeben:

$d_a = 60\,\text{mm}, \quad \delta = 3\,\text{mm}, \quad p = 65\,\text{bar},$

$M_T = 270\,\text{Nm}.$

$1\,\text{bar} = 10^{-1}\,\dfrac{\text{N}}{\text{mm}^2}$

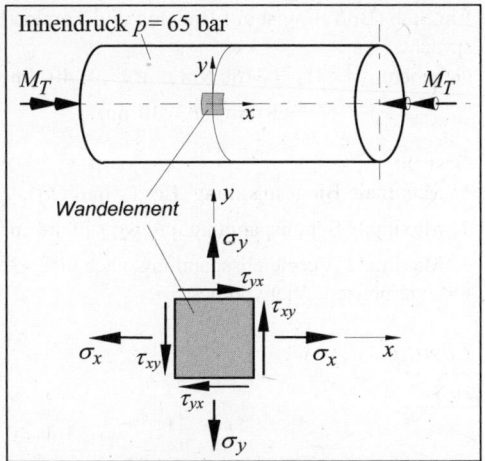

Bild 8.6: Geschlossenes Rohr unter Innendruck und Torsionsbelastung

Lösung:

Die Normalspannungen in Axial- und Tangentialrichtung erhalten wir aus den **Kesselformeln** für Zylinderbehälter:

$$\sigma_a = \sigma_x = \frac{p\, r_i}{2\,\delta}, \qquad \sigma_t = \sigma_y = \frac{p\, r_i}{\delta} = 2\,\sigma_a.$$

Innenradius: $\quad r_i = \dfrac{1}{2} d_i = \dfrac{1}{2}\left(d_a - 2\delta\right) = \dfrac{1}{2}(60 - 2\cdot 3)\,\text{mm} = 27\,\text{mm}.$

$$\sigma_x = \frac{p\, r_i}{2\,\delta} = \frac{6,5\,\dfrac{\text{N}}{\text{mm}^2}\cdot 27\,\text{mm}}{2\cdot 3\,\text{mm}} = \underline{\underline{29,25\,\frac{\text{N}}{\text{mm}^2}}}$$

$$\sigma_y = \frac{p\, r_i}{\delta} = 2\,\sigma_x = \underline{\underline{58,5\,\frac{\text{N}}{\text{mm}^2}}}$$

Mit dem mittleren Radius r_m und $W_T = 2\,\pi r_m^2\,\delta$ folgt aus der Torsionsbelastung die Schubspannung

$$\tau_{xy} = \tau_{yx} = \frac{M_T}{W_T} = \frac{M_T}{2\,\pi r_m^2\,\delta}. \qquad r_m = \frac{1}{2}\left(d_a - \delta\right) = \frac{1}{2}(60 - 3)\,\text{mm} = 28,5\,\text{mm}$$

$$\tau_{xy} = \tau_{yx} = \frac{270000\,\text{Nmm}}{2\,\pi\,(28,5\,\text{mm})^2\,3\,\text{mm}} = \underline{\underline{17,635\,\frac{\text{N}}{\text{mm}^2}}}$$

Die Vergleichsspannung σ_{V_G} nach der Gestaltänderungsenergiehypothese mit dem Anstrengungsverhältnis $\alpha_0 = 1$ berechnet sich dann wie folgt:

$$\sigma_{V_G} = \sqrt{\sigma_x^2 + \sigma_y^2 - \sigma_x\sigma_y + 3\left(\alpha_0\tau_{xy}\right)^2},$$

$$\sigma_{V_G} = \sqrt{29,25^2 + 58,5^2 - 29,25\cdot 58,5 + 3\cdot 17,635^2}\,\frac{\text{N}}{\text{mm}^2} = \underline{\underline{59,16\,\frac{\text{N}}{\text{mm}^2}}}.$$

Aufgabe 8.7:

Ein Stab (Bild 8.7) ist auf Biegung und Torsion beansprucht.

Gegeben: $M_y = 2160\,\text{Nm}$, $M_T = 1340\,\text{Nm}$,

$h = 60\,\text{mm}$, $b = 30\,\text{mm}$.

Gesucht:

1. Maximale Biegespannung (Betrag und Ort).
2. Maximale Schubspannung und wo tritt sie auf.
3. Maximale Vergleichsspannung nach der Gestaltänderungsenergiehypothese.

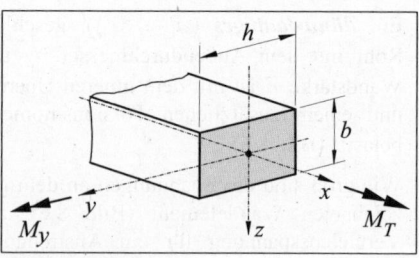

Bild 8.7: Auf Biegung und Torsion beanspruchter Stab

Lösung:

zu 1.

$$|\sigma_{max}| = \frac{|M_y|}{W_y} = \frac{|M_y|}{\dfrac{h\,b^2}{6}} = \frac{6 \cdot 2160 \cdot 10^3\,\text{N\,mm}}{60\,\text{mm} \cdot 30^2\,\text{mm}^2} = 240\,\frac{\text{N}}{\text{mm}^2}.$$

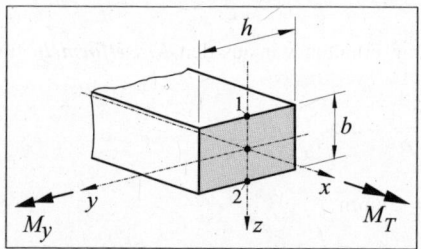

Bild 8.7.1: Zur Lage der größten Spannungen

Die maximale Biegespannung tritt am oberen und unteren Rand der Querschnittsfläche bei $z = \pm\dfrac{b}{2}$ auf (Bild 8.7.1).

zu 2.

$$\tau_{max} = \frac{M_T}{W_T} ; \qquad W_T = \frac{c_1}{c_2}\,h\,b^2 \quad (W_T,\ c_1 \text{ und } c_2 \text{ aus Tabelle im Anhang}); \quad n = \frac{h}{b} = 2$$

$$c_1 = \frac{1}{3}\left(1 - \frac{0{,}630}{n} + \frac{0{,}052}{n^5}\right) = \frac{1}{3}\left(1 - \frac{0{,}630}{2} + \frac{0{,}052}{2^5}\right) = 0{,}228875$$

$$c_2 = 1 - \frac{0{,}65}{1 + n^3} = 1 - \frac{0{,}65}{1 + 2^3} = 0{,}92777$$

$$\frac{c_1}{c_2} = \frac{0{,}228875}{0{,}92777} = 0{,}2467$$

$$\tau_{max} = \frac{M_T}{W_T} = \frac{M_T}{\dfrac{c_1}{c_2}\,h\,b^2} = \frac{1340 \cdot 10^3\,\text{N\,mm}}{0{,}2467 \cdot 60\,\text{mm} \cdot 30^2\,\text{mm}^2} = 100{,}6\,\frac{\text{N}}{\text{mm}^2}.$$

Die maximale Schubspannung tritt in der Mitte der größten Seiten auf (Punkte 1 und 2; Bild 8.7.1).

zu 3.

$$\sigma_{V_G} = \sqrt{\sigma_{max}^2 + 3\,\tau_{max}^2} = \sqrt{240^2 + 3 \cdot 100{,}6^2}\,\frac{\text{N}}{\text{mm}^2} = 296{,}6\,\frac{\text{N}}{\text{mm}^2}.$$

Aufgabe 8.8:

Die Blattfeder mit schmalem Rechteckquerschnitt ($\delta \ll b$) ist durch die Kraft F an ihrem freien Ende exzentrisch belastet (Bild 8.8).

Gesucht:

1. Die Durchsenkung des Lastangriffspunktes und

2. die maximale Vergleichsspannung nach der Gestaltänderungsenergiehypothese.

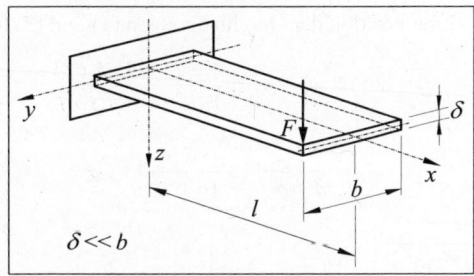

Bild 8.8: Eingespannte Blattfeder

Lösung:

Die Blattfeder ist auf Biegung und Torsion beansprucht (Bild 8.8.1 und 8.8.2), deren Wirkungen einzeln betrachtet und anschließend superponiert werden können.

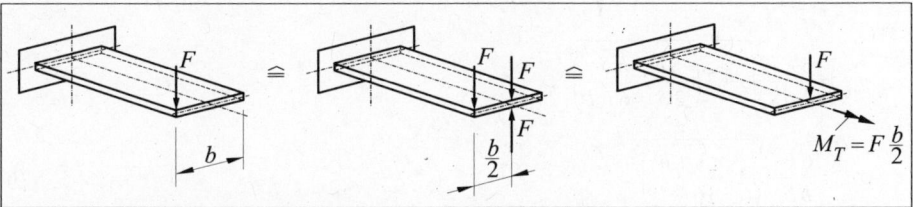

Bild 8.8.1: Auf Biegung und Torsion beanspruchte Blattfeder

Biegung	Torsion
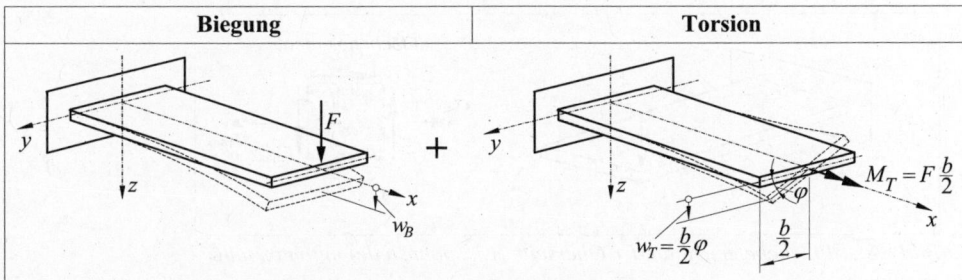	

Bild 8.8.2: Superposition von Biege- und Torsionsbeanspruchung

$$w_B = \frac{F\,l^3}{3EI_{yy}} = \frac{F\,l^3}{3E\frac{b\delta^3}{12}} = \frac{4\,F\,l^3}{E\,b\,\delta^3} \quad (1)$$

Die maximale Biegespannung tritt an den Randfasern des Einspannquerschnittes auf.

$$\sigma_{max} = \frac{|M|_{max}}{I_{yy}}\left|\frac{\delta}{2}\right| = \frac{F\,l}{\frac{b\delta^3}{12}}\frac{\delta}{2} = \frac{6\,F\,l}{b\,\delta^2} \quad (2)$$

$$\varphi = \frac{M_T\,l}{G\,I_T}; \qquad w_T = \frac{b}{2}\varphi = \frac{b}{2}\cdot\frac{M_T\,l}{G\,I_T}$$

liefert mit $I_T = \frac{1}{3}b\,\delta^3$ und $M_T = F\frac{b}{2}$

$$w_T = \frac{b}{2}\cdot\frac{F\,b\,l\,3}{2Gb\delta^3} = \frac{3}{4}\cdot\frac{F\,b\,l}{G\,\delta^3} \quad (3)$$

Die maximale Schubspannung tritt entlang den Querschnitträndern auf.

$$\tau_{max} = \frac{M_T}{I_T}\delta = \frac{3M_T}{b\,\delta^3}\delta = \frac{3bF}{2b\delta^2} = \frac{3}{2}\cdot\frac{F}{\delta^2} \quad (4)$$

zu 1.

Superposition der Durchbiegungen (1) und (3) liefert die Durchsenkung des Lastangriffspunktes:

$$w_{ges} = w_B + w_T = \frac{4\,F\,l^3}{E\,b\,\delta^3} + \frac{3}{4} \cdot \frac{F\,b\,l}{G\,\delta^3}\,,$$

$$\underline{\underline{w_{ges} = \frac{4\,F\,l^3}{E\,b\,\delta^3}\left[1 + \frac{3\,E\,b^2}{16\,G\,l^2}\right].}} \tag{5}$$

zu 2.

Für die maximale Vergleichsspannung σ_{V_G} ergibt sich mit (2) und (4):

$$\sigma_{V_G} = \sqrt{\sigma_{max}^2 + 3\,\tau_{max}^2} = \sigma_{max}\sqrt{1 + 3\left(\frac{\tau_{max}}{\sigma_{max}}\right)^2}\,,$$

$$\sigma_{V_G} = \frac{6\,F\,l}{b\,\delta^2}\sqrt{1 + 3\left(\frac{3\,F}{2\,\delta^2}\cdot\frac{b\,\delta^2}{6\,F\,l}\right)^2}\,,$$

$$\underline{\underline{\sigma_{V_G} = \frac{6\,F\,l}{b\,\delta^2}\sqrt{1 + \frac{3}{16}\left(\frac{b}{l}\right)^2}.}} \tag{6}$$

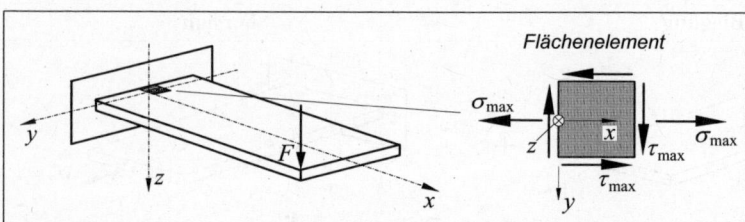

Bild 8.8.3: Flächenelement an der Oberseite (Einspannstelle) mit maximaler Spannung

Aufgabe 8.9:

Für den bei A eingespannten halbkreisförmigen Träger (Bild 8.9) mit Kreisquerschnitt, der an seinem freien Ende durch $\vec{F}$ belastet ist, soll der erforderliche Querschnittsdurchmesser d für eine zulässige Vergleichsspannung $\sigma_{V_G} = 8000\,\text{N/cm}^2$ nach der Gestaltänderungsenergiehypothese bestimmt werden.

$a = 50\,\text{cm}\,;\qquad F = 1000\,\text{N}\,.$

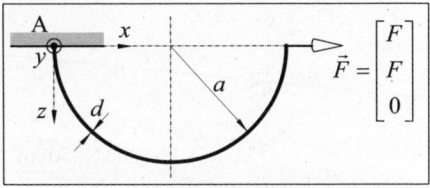

Bild 8.9: Eingespannter Träger mit Kreisquerschnitt

Lösung:

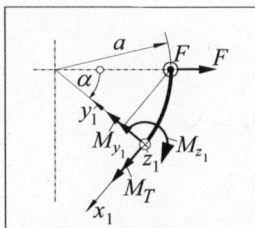

Bild 8.9.1: Freikörperbild des abgeschnittenen Teils

Schnittreaktionen:

Zur Beschreibung der Schnittreaktionen in Abhängigkeit von α wird ein begleitendes Rechtskoordinatensystem x_1, y_1, z_1 eingeführt (Bild 8.9.1).

$$\sum M_{iy_1} = 0: \qquad M_{y_1} = F\,a\sin\alpha\,, \tag{1}$$

$$\sum M_{iz_1} = 0: \qquad M_{z_1} = -F\,a\sin\alpha\,, \tag{2}$$

$$\sum M_{ix_1} = 0: \qquad M_T = F\,a\,(1-\cos\alpha)\,. \tag{3}$$

Aus (1) und (2): $\qquad M_B = \sqrt{M_{y_1}^2 + M_{z_1}^2} = \sqrt{2}\,F\,a\sin\alpha\,.$ (4)

Bemerkung: M_T ist ein Torsionsmoment; M_{y_1}, M_{z_1} und M_B sind Biegemomente.

Vergleichsspannung:

$$\sigma_{V_G} = \sqrt{\sigma_B^2 + 3\,\tau_T^2} = \sqrt{\left(\frac{M_B}{W_a}\right)^2 + 3\left(\frac{M_T}{2W_a}\right)^2} = \frac{1}{W_a}\sqrt{M_B^2 + \frac{3}{4}M_T^2} = \frac{M_i}{W_a}\,. \tag{5}$$

Hierin ist $W_a = \dfrac{\pi}{32}d^3$ das axiale Widerstandsmoment, $2W_a = W_p$ das polare Widerstandsmoment

eines Kreisquerschnittes und $M_i = \sqrt{M_B^2 + \dfrac{3}{4}M_T^2}$ ein ideelles Biegemoment.

Mit (3) und (4) folgt:

$$M_i = \sqrt{M_B^2 + \frac{3}{4}M_T^2} = F\,a\sqrt{2\sin^2\alpha + \frac{3}{4}(1-\cos\alpha)^2}\,; \qquad M_{i_{max}} = ? \tag{6}$$

Aus der Ableitung (Kettenregel) erhalten wir:

$$\frac{dM_i}{d\alpha} = F\,a\,\frac{4\sin\alpha\cdot\cos\alpha + \dfrac{3}{2}(1-\cos\alpha)\sin\alpha}{2\sqrt{2\sin^2\alpha + \dfrac{3}{4}(1-\cos\alpha)^2}} = 0\,,$$

$$\sin\alpha\left(4\cos\alpha + \frac{3}{2} - \frac{3}{2}\cos\alpha\right) = \sin\alpha\,(2{,}5\cdot\cos\alpha + 1{,}5) = 0\,,$$

$\sin\alpha = 0 \quad\Rightarrow\quad \alpha = 0$ triviale Lösung $\quad\Rightarrow\quad$ Minimum für $M_i(\alpha)$,

$2{,}5\cdot\cos\alpha + 1{,}5 = 0 \quad\Rightarrow\quad \alpha = \arccos\left(-\dfrac{1{,}5}{2{,}5}\right) = \underline{126{,}87°} \quad\Rightarrow\quad$ Maximum. (7)

$$M_{i_{max}} = F\,a\sqrt{2\sin^2 126{,}87° + \frac{3}{4}\left(1-\cos 126{,}87°\right)^2} = F\,a\,1{,}7888 \tag{8}$$

$$\sigma_{V_G} = \frac{M_i}{W_a} \quad \Rightarrow \quad W_a = \frac{\pi}{32}d^3 = \frac{1{,}7888\,F\,a}{\sigma_{V_G}} \quad \Rightarrow \quad d = \sqrt[3]{\frac{32\cdot 1{,}7888\,F\,a}{\pi\cdot\sigma_{V_G}}}$$

$$d_{erf} = \sqrt[3]{\frac{32\cdot 1{,}7888\cdot 1000\,\text{N}\cdot 50\,\text{cm}}{\pi\cdot 8000\,\dfrac{\text{N}}{\text{cm}^2}}} = \underline{\underline{4{,}85\,\text{cm}}}.$$

Aufgabe 8.10:

Eine Getriebewelle mit konstantem Durchmesser d ist mit den schrägverzahnten Rädern 1 und 2 besetzt (Bild 8.10). Lager A ist so auszuführen, dass es axiale und radiale Kräfte aufnehmen kann. Im Lager B sind nur radiale Kräfte aufzunehmen.

Für beide Zahnräder gilt:

$\alpha = 20°$ (Eingriffswinkel),

$\beta = 20°$ (Schrägungswinkel).

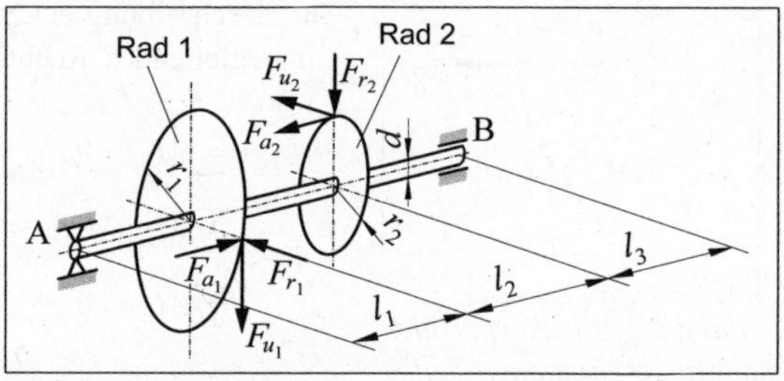

Zwischen der axialen Zahnkraft F_a und

Bild 8.10: Getriebewelle mit schrägverzahnten Rädern

der Umfangskraft F_u besteht der Zusammenhang $F_a = F_u \tan\beta$ und zwischen der radialen Zahnkraft F_r und der Umfangskraft F_u der Zusammenhang $F_r = F_u \dfrac{\tan\alpha}{\cos\beta}$.

Gegeben: $l_1 = 55\,\text{mm}$, $l_2 = 70\,\text{mm}$, $l_3 = 60\,\text{mm}$, $r_1 = 120\,\text{mm}$, $r_2 = 50\,\text{mm}$, $F_{u_1} = 4500\,\text{N}$,

         $d = 35\,\text{mm}$.

Zu bestimmen sind nach der Gestaltänderungsenergiehypothese:

1.   Maximale Vergleichsspannung $\sigma_{V_{G\,max}}$ in der Welle,

2.   Vergleichsspannung $\sigma_{V_{G1}}{}^l$ unmittelbar links von Rad 1 in der Welle.

Lösung:

Kräfte:

$F_{u_1} = 4500\,\text{N}$

$F_{a_1} = F_{u_1}\tan\beta = 4500\,\text{N}\cdot\tan 20° = 1637{,}9\,\text{N}$

$F_{r_1} = F_{u_1}\dfrac{\tan\alpha}{\cos\beta} = 4500\,\text{N}\dfrac{\tan 20°}{\cos 20°} = 1743\,\text{N}$

$F_{u_2}\cdot r_2 = F_{u_1}\cdot r_1$ (Momentengleichgewicht um Wellenlängsachse)

$F_{u_2} = F_{u_1}\dfrac{r_1}{r_2} = 4500\,\text{N}\dfrac{120\,\text{mm}}{50\,\text{mm}} = 10800\,\text{N}$

$F_{a_2} = F_{u_2}\tan\beta = 10800\,\text{N}\cdot\tan 20° = 3930{,}9\,\text{N}$

$F_{r_2} = F_{u_2}\dfrac{\tan\alpha}{\cos\beta} = 10800\,\text{N}\dfrac{\tan 20°}{\cos 20°} = 4183{,}2\,\text{N}$

Lagerkräfte:

$$\sum F_{iz} = 0: \qquad A_z = F_{a_2} - F_{a_1}$$

$$A_z = 3930{,}9\,\text{N} - 1637{,}9\,\text{N} = 2293\,\text{N}$$

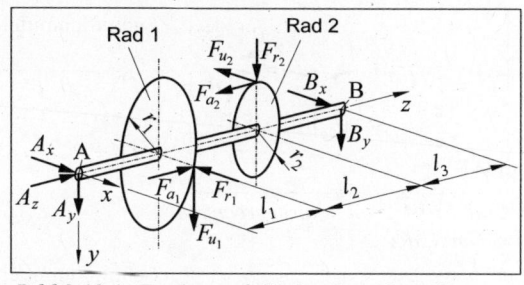

$$\sum M_{ix}^{(B)} = 0:$$

$$A_y(l_1 + l_2 + l_3) + F_{u_1}(l_2 + l_3) + F_{r_2}l_3 + F_{a_2}r_2 = 0$$

Bild 8.10.1: Freikörperbild der Getriebewelle

$$A_y = \frac{-4500\,(70+60) - 4183{,}2 \cdot 60 - 3930{,}9 \cdot 50}{55 + 70 + 60}\,\text{N} = -5581{,}3\,\text{N}$$

$$\sum F_{iy} = 0: \qquad A_y + B_y + F_{u_1} + F_{r_2} = 0$$

$$B_y = (5581{,}3 - 4500 - 4183{,}2)\,\text{N} = -3101{,}9\,\text{N}$$

$$\sum M_{iy}^{(B)} = 0: \qquad A_x = \frac{F_{r_1}(l_2 + l_3) + F_{u_2}l_3 - F_{a_1}r_1}{l_1 + l_2 + l_3}$$

$$A_x = \frac{1743\,(70+60) + 10800 \cdot 60 - 1637{,}9 \cdot 120}{55 + 70 + 60}\,\text{N} = 3665{,}1\,\text{N}$$

$$\sum F_{ix} = 0: \qquad B_x + A_x - F_{r_1} - F_{u_2} = 0$$

$$B_x = -3665{,}1\,\text{N} + 1743\,\text{N} + 10800\,\text{N} = 8877{,}9\,\text{N}$$

Schnittreaktionen:

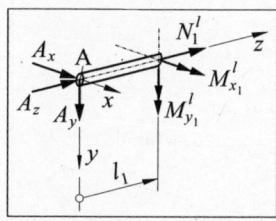

Schnitt unmittelbar links neben Rad 1 (Bild 8.10.2)

$$N_1^l = -A_z = -2293\,\text{N}$$

$$M_{x_1}^l = -A_y\,l_1 = -(-5581{,}3\,\text{N})\,55\,\text{mm} = 306971{,}5\,\text{Nmm}$$

$$M_{y_1}^l = A_x\,l_1 = 3665{,}1\,\text{N} \cdot 55\,\text{mm} = 201580{,}5\,\text{Nmm}$$

Bild 8.10.2: Schnitt direkt links neben Rad 1

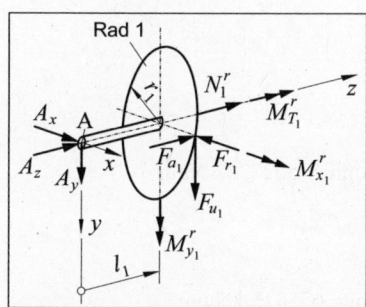

Schnitt unmittelbar rechts neben Rad 1 (Bild 8.10.3)

$$N_1^r = -A_z - F_{a_1} = (-2293 - 1637{,}9)\,\text{N} = -3930{,}9\,\text{N}$$

$$M_{T_1}^r = -F_{u_1}\,r_1 = -4500\,\text{N} \cdot 120\,\text{mm} = -540000\,\text{Nmm}$$

$$M_{x_1}^r = -A_y\,l_1 = -(-5581{,}3\,\text{N})\,55\,\text{mm} = 306971{,}5\,\text{Nmm}$$

$$M_{y_1}^r = A_x\,l_1 + F_{a_1}r_1 = (3665{,}1 \cdot 55 + 1637{,}9 \cdot 120)\,\text{Nmm}$$

$$M_{y_1}^r = 398128{,}5\,\text{Nmm}$$

Bild 8.10.3: Schnitt direkt rechts neben Rad 1

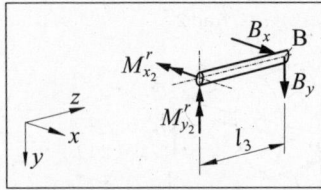

Bild 8.10.4: Schnitt direkt rechts neben Rad 2

Schnitt unmittelbar rechts neben Rad 2 (Bild 8.10.4)

$$M_{x_2}^r = -B_y \, l_3 = -(-3101,9\,\text{N})\,60\,\text{mm} = 186114\,\text{Nmm}$$

$$M_{y_2}^r = B_x \, l_3 = 8877,9\,\text{N} \cdot 60\,\text{mm} = 532674\,\text{Nmm}$$

Schnitt unmittelbar links neben Rad 2 (Bild 8.10.5)

$$N_2^l = -F_{a_2} = -3930,9\,\text{N}$$

$$M_{T_2}^l = -F_{u_2} \, r_2 = -10800\,\text{N} \cdot 50\,\text{mm} = -540000\,\text{Nmm}$$

$$M_{x_2}^l = -B_y \, l_3 + F_{a_2} r_2 = -(-3101,9\,\text{N})60\,\text{mm} + 3930,9\,\text{N} \cdot 50\,\text{mm}$$

$$M_{x_2}^l = 382659\,\text{Nmm}$$

Bild 8.10.5: Schnitt direkt links neben Rad 2

$$M_{y_2}^l = B_x \, l_3 = 8877,9\,\text{N} \cdot 60\,\text{mm} = 532674\,\text{Nmm}$$

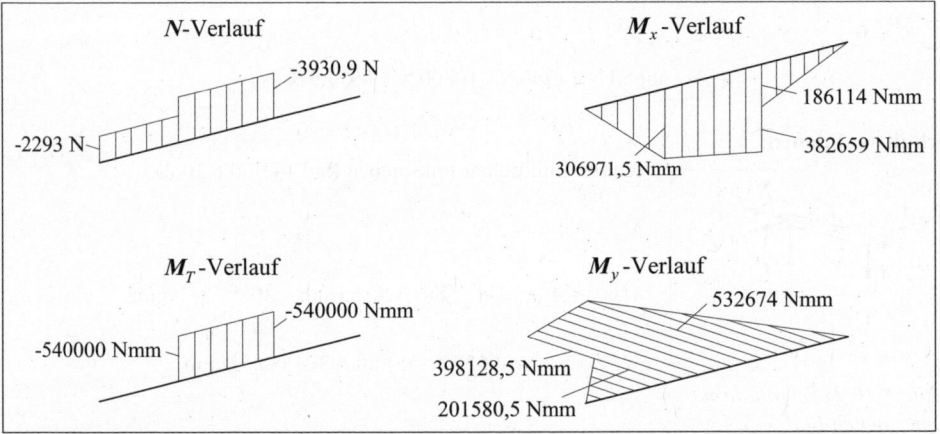

Bild 8.10.6: Schnittgrößenverläufe für die Getriebewelle

Resultierende Biegemomente:

- unmittelbar rechts von Rad 1 (Bild 8.10.6)

$$M_{B_1}^r = \sqrt{\left(M_{x_1}^r\right)^2 + \left(M_{y_1}^r\right)^2} = \sqrt{306971,5^2 + 398128,5^2}\ \text{Nmm} = 502730,3\,\text{Nmm}$$

- unmittelbar links von Rad 2 (Bild 8.10.6)

$$M_{B_2}^l = \sqrt{\left(M_{x_2}^l\right)^2 + \left(M_{y_2}^l\right)^2} = \sqrt{382659^2 + 532674^2}\ \text{Nmm} = 655873,1\,\text{Nmm}$$

zu 1.

Maximale Vergleichsspannung nach der Gestaltänderungsenergiehypothese

Normalspannung rechts von Rad 1

$$\sigma_1^{\;r} = \frac{M_{B_1}^{\;r}}{W_a} + \frac{\left|N_1^{\;r}\right|}{A} = \frac{32\,M_{B_1}^{\;r}}{\pi\,d^3} + \frac{4\left|N_1^{\;r}\right|}{\pi\,d^2}$$

$$\sigma_1^{\;r} = \left(\frac{32\cdot 502730,3}{\pi\cdot 35^3} + \frac{4\cdot 3930,9}{\pi\cdot 35^2}\right)\frac{\text{N}}{\text{mm}^2} = 123,5\,\frac{\text{N}}{\text{mm}^2}$$

Torsionsspannung zwischen Rad 1 und Rad 2

$$\tau_1 = \tau_2 = \frac{\left|M_{T_1}^{\;r}\right|}{W_p} = \frac{16\left|M_{T_1}^{\;r}\right|}{\pi\,d^3} = \frac{16\cdot 540000}{\pi\cdot 35^3}\,\frac{\text{N}}{\text{mm}^2} = 64,1\,\frac{\text{N}}{\text{mm}^2}$$

Normalspannung links von Rad 2

$$\sigma_2^{\;l} = \frac{M_{B_2}^{\;l}}{W_a} + \frac{\left|N_2^{\;l}\right|}{A} = \frac{32\,M_{B_2}^{\;l}}{\pi\,d^3} + \frac{4\left|N_2^{\;l}\right|}{\pi\,d^2}$$

$$\sigma_2^{\;l} = \left(\frac{32\cdot 655873,1}{\pi\cdot 35^3} + \frac{4\cdot 3930,9}{\pi\cdot 35^2}\right)\frac{\text{N}}{\text{mm}^2} = 159,9\,\frac{\text{N}}{\text{mm}^2}$$

Vergleichsspannung rechts von Rad 1

$$\sigma_{V_{G1}}^{\;r} = \sqrt{\left(\sigma_1^{\;r}\right)^2 + 3\,\tau_1^{\;2}} = \sqrt{123,5^2 + 3\cdot 64,1^2}\,\frac{\text{N}}{\text{mm}^2} = 166,1\,\frac{\text{N}}{\text{mm}^2}$$

Vergleichsspannung links von Rad 2

$$\sigma_{V_{G2}}^{\;l} = \sqrt{\left(\sigma_2^{\;l}\right)^2 + 3\,\tau_2^{\;2}} = \sqrt{159,5^2 + 3\cdot 64,1^2}\,\frac{\text{N}}{\text{mm}^2} = 194,7\,\frac{\text{N}}{\text{mm}^2}$$

Also $\quad \sigma_{V_{G\,\text{max}}} = \sigma_{V_{G2}}^{\;l} = 194,7\,\dfrac{\text{N}}{\text{mm}^2}$.

zu 2.

Vergleichsspannung nach der Gestaltänderungsenergiehypothese unmittelbar links von Rad 1

$$\sigma_1^{\;l} = \frac{32\sqrt{\left(M_{x_1}^{\;l}\right)^2 + \left(M_{y_1}^{\;l}\right)^2}}{\pi\,d^3} + \frac{4\left|N_1^{\;l}\right|}{\pi\,d^2}$$

$$\sigma_1^{\;l} = \left(\frac{32\sqrt{306971,5^2 + 201580,5^2}}{\pi\cdot 35^3} + \frac{4\cdot 2293}{\pi\cdot 35^2}\right)\frac{\text{N}}{\text{mm}^2} = 89,6\,\frac{\text{N}}{\text{mm}^2}$$

$$\sigma_{V_{G1}}^{\;l} = \sqrt{89,6^2 + 0}\,\frac{\text{N}}{\text{mm}^2} = 89,6\,\frac{\text{N}}{\text{mm}^2}\ .$$

Aufgabe 8.11:

Der Innendurchmesser D_R des Ringes ist bei der Temperatur ϑ kleiner als der Wellendurchmesser D_W (Bild 8.11). Durch Temperaturerhöhung weitet sich der Ring und lässt sich über die Welle schieben, auf der er bei rascher Wärmeabgabe sofort festschrumpft. Im geschrumpften Zustand sind D_W und $D_R + \Delta D_R$ gleich, wobei wegen $s \ll D_R$ gut angenommen werden kann, dass die Welle praktisch nicht verformt.

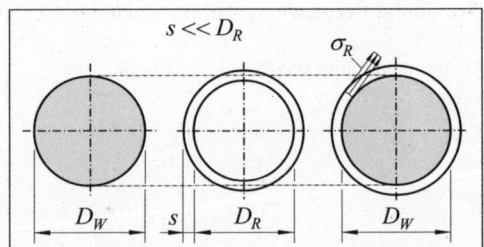

Bild 8.11: Dünner Schrumpfring auf dicker Vollwelle

Wie groß ist die erforderliche Temperaturerhöhung?

Zahlenwerte: Stahlring: $\alpha_{St} = 1{,}1 \cdot 10^{-5}\,\dfrac{1}{K}$; $\sigma_{R_{zul}} = 140\,\dfrac{N}{mm^2}$; $E = 2{,}1 \cdot 10^5\,\dfrac{N}{mm^2}$;

          Welle: $D_W = 250\,mm$.

Lösung:

Umfang des Ringes bei ϑ : $U_R = \pi \cdot D_R$

Gemeinsamer Umfang an der Berührungsstelle der Schrumpfverbindung: $U_W = \pi \cdot D_W$

Umfangsvergrößerung des Ringes: $\Delta U = U_W - U_R = \pi \left(D_W - D_R \right)$

Ringdehnung: $\varepsilon_R = \dfrac{\Delta U}{U_R} = \dfrac{\pi \left(D_W - D_R \right)}{\pi \cdot D_R} = \dfrac{D_W}{D_R} - 1$.

Ringspannung: $\boxed{\sigma_R = \varepsilon_R \cdot E = E\left(\dfrac{D_W}{D_R} - 1 \right)}$

Dabei handelt es sich um Zugspannungen, die wegen $s \ll D_R$ als gleichmäßig über der Dicke s verteilt angesehen werden.

Erforderliche Temperaturerhöhung:
Der Ring muss mindestens so hoch erwärmt werden, dass sein Innendurchmesser D_W wird. (In Wirklichkeit muss er wesentlich höher erwärmt werden, um ein Zusammenfügen zu ermöglichen).

$$\Delta U_R = \pi \left(D_W - D_R \right) = \alpha_{St} \cdot \pi \cdot D_R \cdot \Delta \vartheta_R ,$$

$$\boxed{\Delta \vartheta_R \geq \dfrac{1}{\alpha_{St}} \left(\dfrac{D_W}{D_R} - 1 \right)} .$$

Mit den Zahlenwerten folgt: Aus der Ringspannung $\sigma_R = E\left(\dfrac{D_W}{D_R} - 1 \right)$ erhalten wir $\dfrac{\sigma_R}{E} + 1 = \dfrac{D_W}{D_{R_{erf}}}$.

$$D_{R_{erf}} = D_W \cdot \dfrac{1}{\dfrac{\sigma_R}{E} + 1} = 250\,mm \cdot \dfrac{1}{\dfrac{140}{2{,}1 \cdot 10^5} + 1} = 249{,}833\,mm$$

$$\Delta D = D_W - D_R = (250 - 249{,}833)\,\text{mm} = 0{,}167\,\text{mm}$$

Erforderliche Temperaturerhöhung des Ringes:

$$\Delta \vartheta_R \geq \frac{1}{\alpha_{St}} \left(\frac{D_W}{D_R} - 1 \right) = \frac{10^5 \cdot \text{K}}{1{,}1} \left(\frac{250}{249{,}833} - 1 \right),$$

$$\Delta \vartheta_R \geq \underline{\underline{60{,}77\,\text{K}}}.$$

Aufgabe 8.12:

Diese Aufgabe (Bild 8.12) unterscheidet sich von der vorhergehenden (Bild 8.11) dadurch, dass der Ring ①, der hier die Rolle der Welle übernimmt, nicht mehr als starr angenommen werden kann. Es stellt sich ein gemeinsamer Berührungskreisdurchmesser D ein, wobei gilt: $D_2 < D < D_1$.

Wie groß sind der gemeinsame Durchmesser D und die Spannungen in den Ringen?

Zahlenwerte:

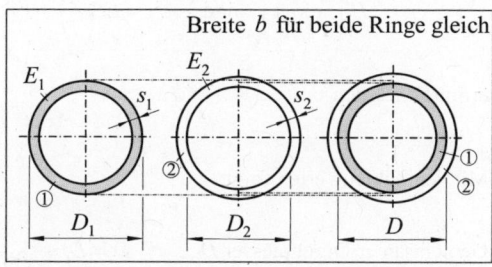

Breite b für beide Ringe gleich

Bild 8.12: *Dünner Schrumpfring auf dünnem Ring*

Ring ①: $\alpha_{St} = 1{,}1 \cdot 10^{-5}\,\dfrac{1}{\text{K}}$; $E_1 = 2{,}1 \cdot 10^5\,\dfrac{\text{N}}{\text{mm}^2}$; $D_1 = 250\,\text{mm}$; $s_1 = s_2$;

Ring ②: $\alpha_{St} = 1{,}1 \cdot 10^{-5}\,\dfrac{1}{\text{K}}$; $E_2 = E_1$; $D_2 = 249{,}833\,\text{mm}$.

Lösung:

Gleichgewicht:

$$\sum \uparrow = 0: \qquad 2\sigma_1\, b\, s_1 + 2\sigma_2\, b\, s_2 = 0$$

$$-\frac{\sigma_1}{\sigma_2} = \frac{s_2}{s_1} \qquad\qquad (1)$$

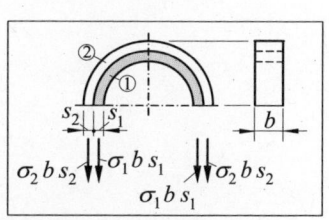

Bild 8.12.1: *Geschnittene Ringe mit Spannungen*

Formänderung:

$$\varepsilon_1 = \frac{\pi(D - D_1)}{\pi D_1} = \frac{D}{D_1} - 1 ; \qquad \boxed{\sigma_1 = \varepsilon_1 E_1 = E_1 \left(\frac{D}{D_1} - 1 \right)} ; \qquad (2)$$

$$\varepsilon_2 = \frac{\pi(D - D_2)}{\pi D_2} = \frac{D}{D_2} - 1 ; \qquad \boxed{\sigma_2 = \varepsilon_2 E_2 = E_2 \left(\frac{D}{D_2} - 1 \right)} . \qquad (3)$$

Substitution von (2) und (3) in (1) liefert $-\dfrac{E_1 \left(\dfrac{D}{D_1} - 1 \right)}{E_2 \left(\dfrac{D}{D_2} - 1 \right)} = \dfrac{s_2}{s_1} .$

Hierin ist die einzige Unbekannte der gemeinsame Durchmesser D, auf den sich beide Ringe einstellen.

$$D = D_1 \frac{1 + \dfrac{s_2}{s_1}\dfrac{E_2}{E_1}}{1 + \dfrac{s_2}{s_1}\dfrac{E_2}{E_1} \cdot \dfrac{D_1}{D_2}}$$

Mit Kenntnis von D können dann aus (2) und (3) sofort die Spannungen

$$\sigma_1 = E_1 \left(\frac{D}{D_1} - 1 \right) \quad \text{und} \quad \sigma_2 = E_2 \left(\frac{D}{D_2} - 1 \right)$$

ermittelt werden.

Mit den Zahlenwerten folgt:

Gemeinsamer Durchmesser D

$$D = D_1 \frac{2}{1 + \dfrac{D_1}{D_2}} = 250\,\text{mm}\ \frac{2}{1 + \dfrac{250}{249{,}833}},$$

$$D = \underline{\underline{249{,}916\,\text{mm}}},$$

Spannungen

$$\sigma_1 = 2{,}1 \cdot 10^5\,\frac{\text{N}}{\text{mm}^2} \left(\frac{249{,}916}{250} - 1 \right) = \underline{\underline{-70{,}56\,\frac{\text{N}}{\text{mm}^2}}},$$

$$\sigma_2 = 2{,}1 \cdot 10^5\,\frac{\text{N}}{\text{mm}^2} \left(\frac{249{,}916}{249{,}833} - 1 \right) = \underline{\underline{69{,}77\,\frac{\text{N}}{\text{mm}^2}}}.$$

9 Aufgaben zu CASTIGLIANO, MOHRsches Arbeitsintegral (Arbeitssatz), Kraftgrößenverfahren

Aufgabe 9.1:

Für den einseitig eingespannten Träger (Bild 9.1) sind in Anwendung des **Verfahrens nach** CASTIGLIANO die Durchbiegung an der Stelle B und der Neigungswinkel an der Stelle B zu bestimmen.

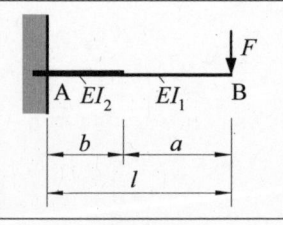

Lösung:

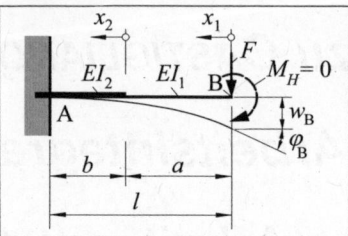

Bild 9.1.1: Kragträger mit Hilfsmoment M_H

Bild 9.1:   Kragträger

1. Schritt:

Um φ_B bestimmen zu können, muss ein Hilfsmoment $M_H = 0$ an der Stelle B eingeführt werden (Bild 9.1.1).

Nach CASTIGLIANO gilt:

$$w_B = \int_{x_1=0}^{a} \frac{M(x_1)}{EI_1} \cdot \frac{\partial M(x_1)}{\partial F} dx_1 + \int_{x_2=0}^{b} \frac{M(x_2)}{EI_2} \cdot \frac{\partial M(x_2)}{\partial F} dx_2 \,,$$

$$\varphi_B = \int_{x_1=0}^{a} \frac{M(x_1)}{EI_1} \cdot \frac{\partial M(x_1)}{\partial M_H} dx_1 + \int_{x_2=0}^{b} \frac{M(x_2)}{EI_2} \cdot \frac{\partial M(x_2)}{\partial M_H} dx_2 \,.$$

2. Schritt: Tabellarische Erfassung der Biegemomente, Ableitungen und Gültigkeitsbereiche.

Bereich	Moment		$\dfrac{\partial M}{\partial F}$	$\dfrac{\partial M}{\partial M_H}$	Biegesteifigkeit
$0 \leq x_1 \leq a$		$M(x_1) = -F \cdot x_1 - M_H$	$-x_1$	-1	EI_1
$0 \leq x_2 \leq b$		$M(x_2) = -F(a + x_2) - M_H$	$-(a + x_2)$	-1	EI_2

3. Schritt: Ausrechnen der Integrale für $M_H = 0$.

$$w_B = \frac{1}{EI_1} \int_{x_1=0}^{a} F x_1^2 \, dx_1 + \frac{1}{EI_2} \int_{x_2=0}^{b} F\left(a^2 + 2ax_2 + x_2^2\right) dx_2 = \frac{Fa^3}{3EI_1} + \frac{F}{EI_2}\left(a^2 b + ab^2 + \frac{b^3}{3}\right)$$

$$w_B = \frac{Fa^3}{3EI_1} + \frac{F}{3EI_2}\left(3a^2 b + 3ab^2 + b^3\right) = \frac{F}{3EI_1}\left[a^3 + \frac{I_1}{I_2}\left(3a^2 b + 3ab^2 + b^3\right)\right]$$

Sonderfall: $I_1 = I_2 = I$; $w_B = \frac{F}{3EI}\left(a^3 + 3a^2 b + 3ab^2 + b^3\right) = \frac{F}{3EI}(a+b)^3 = \frac{F l^3}{3EI}$.

$$\varphi_B = \frac{1}{EI_1} \int_{x_1=0}^{a} F x_1 \, dx_1 + \frac{1}{EI_2} \int_{x_2=0}^{b} F(a + x_2) \, dx_2 = \frac{Fa^2}{2EI_1} + \frac{F}{EI_2}\left(ab + \frac{b^2}{2}\right) = \frac{F}{2EI_1}\left[a^2 + \frac{I_1}{I_2}\left(2ab + b^2\right)\right]$$

Sonderfall: $I_1 = I_2 = I$; $\varphi_B = \frac{F}{2EI}\left(a^2 + 2ab + b^2\right) = \frac{F}{2EI}(a+b)^2 = \frac{F l^2}{2EI}$.

Aufgabe 9.2:

Für den abgewinkelten Träger (Bild 9.2) ist die Verschiebung des Punktes B mithilfe des **Satzes von** CASTIGLIANO zu bestimmen. Das Moment $M_0 = q\,a^2$ wird im Punkt C eingeleitet.

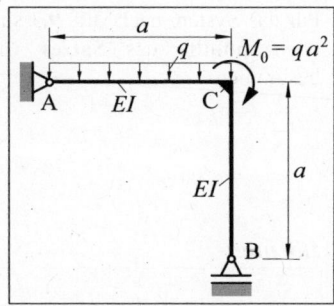

Bild 9.2: Abgewinkelter Träger

Lösung:

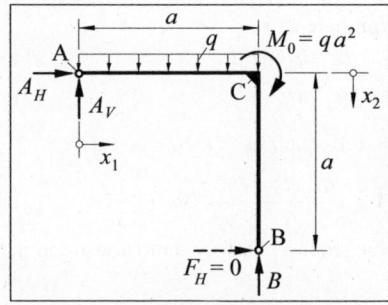

Bild 9.2.1: Freigeschnittener Träger mit Hilfskraft $F_H = 0$

1. Schritt:

Um die Verschiebung des Punktes B bestimmen zu können, muss eine Hilfskraft $F_H = 0$ eingeführt werden (Bild 9.2.1).

$$\left(\Sigma M\right)_A = 0: \quad Ba + F_H a - qa^2 - q\frac{a^2}{2} = 0$$

$$B = \frac{3}{2}qa - F_H$$

$$\Sigma \uparrow = 0: \qquad A_V + B - qa = 0$$

$$A_V = F_H - \frac{1}{2}qa$$

Nach CASTIGLIANO gilt bei Vernachlässigung der Querkraft und der Normalkraft:

$$w_B = \int\limits_{x_1=0}^{a} \frac{M(x_1)}{EI}\cdot\frac{\partial M(x_1)}{\partial F_H}dx_1 + \int\limits_{x_2=0}^{a} \frac{M(x_2)}{EI}\cdot\frac{\partial M(x_2)}{\partial F_H}dx_2\ .$$

2. Schritt: Tabellarische Erfassung der Biegemomente, Ableitungen und Gültigkeitsbereiche.

Bereich	Moment		$\dfrac{\partial M}{\partial F_H}$
$0 \le x_1 \le a$		$M(x_1) = F_H \cdot x_1 - \dfrac{1}{2}q\,a\,x_1 - q\dfrac{x_1^2}{2}$	x_1
$0 \le x_2 \le a$		$M(x_2) = F_H(a - x_2)$	$a - x_2$

3. Schritt: Ausrechnen der Integrale für $F_H = 0$.

$$w_B = \frac{1}{EI}\int\limits_{x_1=0}^{a} -\left(\frac{1}{2}q\,a\,x_1^2 + q\frac{x_1^3}{2}\right)dx_1 = -\frac{1}{EI}\left(\frac{1}{6}qa^4 + \frac{1}{8}qa^4\right) = -\underline{\underline{\frac{7}{24}\frac{qa^4}{EI}}}\ .$$

Die Verschiebung w_B des Punktes B ist entgegengesetzt dem Richtungssinn von F_H.

Aufgabe 9.3:

Für das System nach Bild 9.3 sind die Auflagerreaktionen mithilfe des **Satzes von** CASTIGLIANO zu bestimmen.

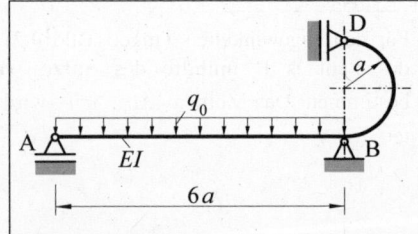

Bild 9.3:   Statisch unbestimmtes System

Lösung:

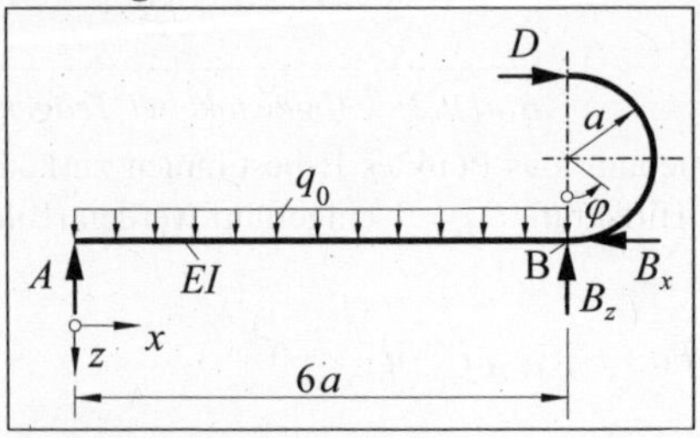

Bild 9.3.1: Freikörperbild

1. Schritt:

Freikörperbild anfertigen (Bild 9.3.1); Gleichgewichtsbedingungen formulieren.

$$\Sigma \uparrow = 0: \qquad A + B_z - q_0 6a = 0 \qquad (1)$$

$$\Sigma \rightarrow = 0: \qquad D - B_x = 0 \qquad (2)$$

$$(\Sigma M)_B = 0: \qquad A \cdot 6a - q_0 6a 3a + D \cdot 2a = 0$$

$$A = \frac{18 q_0 a^2 - 2Da}{6a} = 3q_0 a - \frac{1}{3}D \qquad (3)$$

Den 4 Unbekannten A, D, B_x und B_z stehen 3 Gleichungen gegenüber. Das System ist also einfach statisch unbestimmt.

2. Schritt: Wahl der statisch Unbestimmten, Biegemomentenfunktionen und Ableitungen aufschreiben.

Als **statisch Unbestimmte** wird zweckmäßig D gewählt.

Es gilt, da keine horizontale Verschiebung v_{D_H} des Lagers D möglich ist, nach CASTIGLIANO bei Vernachlässigung der Querkraft und der Normalkraft:

$$v_{D_H} = \frac{\partial W_F}{\partial D} = 0 = \int_{x=0}^{6a} \frac{M(x)}{EI} \cdot \frac{\partial M(x)}{\partial D} dx + \int_{\varphi=0}^{\pi} \frac{M(\varphi)}{EI} \cdot \frac{\partial M(\varphi)}{\partial D} a \, d\varphi .$$

Bereich	Moment		$\dfrac{\partial M}{\partial D}$
$0 \le x \le 6a$	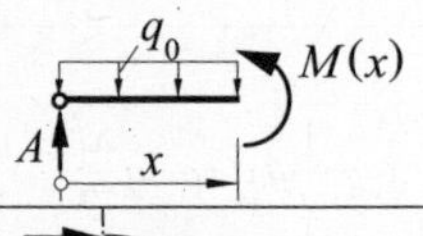	$M(x) = 3q_0 a x - \frac{1}{3} D x - q_0 \frac{x^2}{2}$	$-\dfrac{x}{3}$
$0 \le \varphi \le \pi$	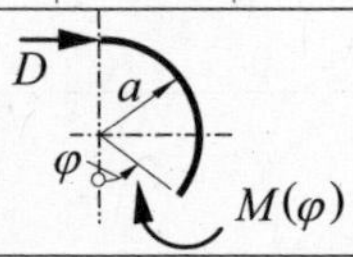	$M(\varphi) = -D a (1 + \cos \varphi)$	$-a(1 + \cos \varphi)$

3. Schritt: Ausrechnen der Integrale.

$$v_{D_H} = \frac{\partial W_F}{\partial D} = 0 = \frac{1}{EI}\left[\int_{x=0}^{6a} \left(\frac{q_0 x^3}{6} + \frac{D}{9}x^2 - q_0 a x^2 \right) dx + Da^3 \int_{\varphi=0}^{\pi} (1 + \cos\varphi)^2 d\varphi \right]$$

$$0 = \left[\frac{q_0 x^4}{24} + \frac{D}{27}x^3 - \frac{q_0 a x^3}{3} \right]_0^{6a} + Da^3 \left[\varphi + 2\sin\varphi + \frac{1}{4}\sin 2\varphi + \frac{\varphi}{2} \right]_0^{\pi} \quad \Rightarrow \quad D = \frac{36}{16 + 3\pi} q_0 a = 1,4159 q_0 a$$

Aus (3), (2) und (1) erhalten wir dann: $A = 2,528 q_0 a$, $B_x = 1,4159 q_0 a$ und $B_z = 3,472 q_0 a$.

Aufgabe 9.4:

Für den Träger nach Bild 9.4 ist mit dem **MOHRschen Arbeitsintegral (Arbeitssatz)** die Durchbiegung an der Stelle 3 zu bestimmen.

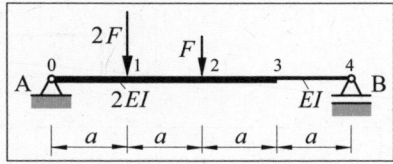

Bild 9.4: Träger auf 2 Stützen

Lösung:

Mit dem **MOHRschen Arbeitsintegral** folgt für die Durchbiegung an der Stelle 3

$$w_3 = \frac{1}{2EI}\left[\underbrace{\int_0^a M\,\bar{M}\,dx}_{\text{Abschnitt } 0-1} + \underbrace{\int_0^a M\,\bar{M}\,dx}_{\text{Abschnitt } 1-2} + \underbrace{\int_0^a M\,\bar{M}\,dx}_{\text{Abschnitt } 2-3}\right] + \frac{1}{EI}\underbrace{\int_0^a M\,\bar{M}\,dx}_{\text{Abschnitt } 3-4}.$$

● Ermittlung der Momentenfunktion für die **Originalbelastung**.

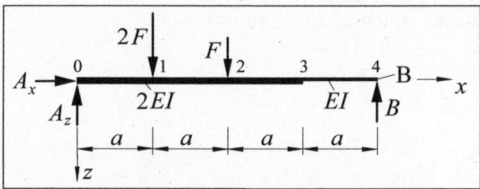

$(\Sigma M)_B = 0:$

$$A_z \cdot 4a - 2F \cdot 3a - F \cdot 2a = 0$$
$$A_z = 2F$$

$\Sigma \to = 0:$

$$A_x = 0$$

Bild 9.4.1: Freikörperbild mit der Original-belastung

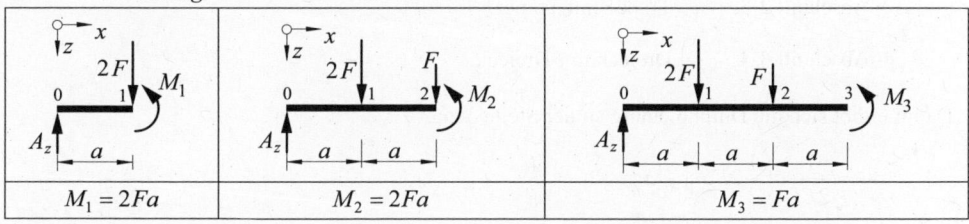

● Ermittlung der Momentenfunktion infolge der an der Stelle 3 anzusetzenden **Einheitskraft 1** (dimensionslos).

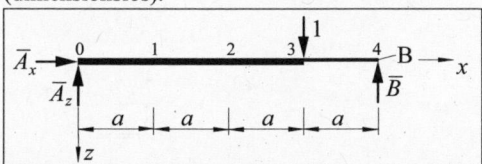

Bild 9.4.4: Freikörperbild mit der Einheitskraft 1

$(\Sigma M)_B = 0:$

$$\bar{A}_z \cdot 4a - 1 \cdot a = 0$$
$$\bar{A}_z = \frac{1}{4}$$

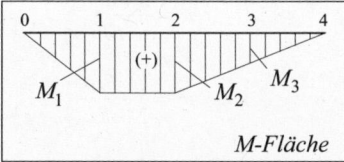

M-Fläche

Bild 9.4.2: Biegemomentenverlauf für die Originalbelastung

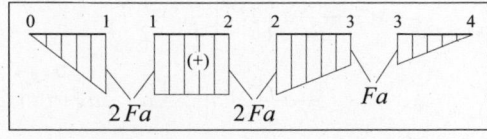

Bild 9.4.3: Abschnittsweiser Momentenverlauf (M-Fläche)

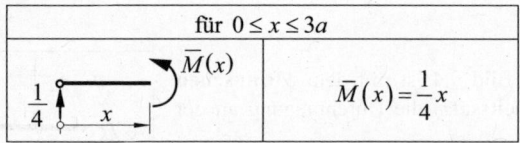

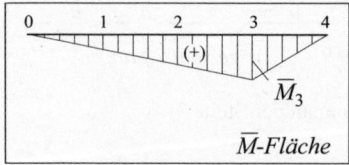

$\overline{M}$-Fläche

Bild 9.4.5: Biegemomentenverlauf
für die Belastung mit der
Einheitskraft 1

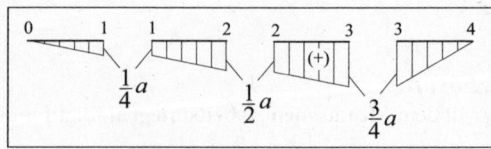

Bild 9.4.6: Abschnittsweiser Momentenverlauf
($\overline{M}$-Fläche)

Abschnittsweise werden die Integrale $\int_l M\,\overline{M}\,dx$ aus der Integraltafel entnommen.

In den vier Abschnitten sind dann zu „*überlagern*":

- Abschnitt 0-1,   Dreieck mit Dreieck,

- Abschnitt 1-2,   Rechteck mit Trapez,

- Abschnitt 2-3,   Trapez mit Trapez,

- Abschnitt 3-4,   Dreieck mit Dreieck.

Damit ergibt sich die Durchbiegung an der Stelle 3 zu

$$w_3 = \frac{1}{2EI}\,a\left(\frac{1}{3}2Fa\right)\left(\frac{1}{4}a\right) \qquad\qquad = \frac{Fa^3}{12EI}$$

$$+\frac{1}{2EI}\,a\frac{1}{2}2Fa\left(\frac{1}{4}a+\frac{1}{2}a\right) \qquad\qquad = \frac{3}{8}\frac{Fa^3}{EI}$$

$$+\frac{1}{2EI}\,a\frac{1}{6}\left[2Fa\left(2\cdot\frac{1}{2}a+\frac{3}{4}a\right)+Fa\left(\frac{1}{2}a+2\cdot\frac{3}{4}a\right)\right] \quad = \frac{11}{24}\frac{Fa^3}{EI}$$

$$+\frac{1}{EI}\,a\frac{1}{3}(Fa)\left(\frac{3}{4}a\right) \qquad\qquad = \frac{1}{4}\frac{Fa^3}{EI}$$

$$\overline{\phantom{= \frac{28}{24}\frac{Fa^3}{EI}}}$$

$$= \frac{28}{24}\frac{Fa^3}{EI},$$

$$w_3 = \underline{\underline{\frac{7}{6}\frac{Fa^3}{EI}}}.$$

Aufgabe 9.5:

Für den Rahmen (Bild 9.5) ist die Verschiebung des Lagers B mithilfe des **MOHRschen Arbeitsintegrals (Arbeitssatz)** zu ermitteln.

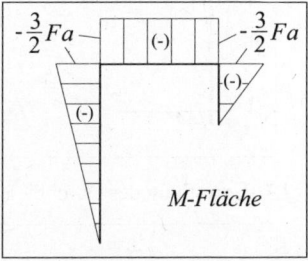

Lösung:

Um die Verschiebung v_B des Lagers B zu bestimmen, bringen wir in Richtung der gesuchten Verschiebung die dimensionslose Einheitskraft 1 an (Bild 9.5.3).

Bild 9.5: Rahmen

Mit dem **MOHRschen Arbeitsintegral** folgt unter Vernachlässigung des Einflusses von Querkraft und Normalkraft für die Verschiebung v_B des Lagers B:

$$v_B = \underbrace{\int_0^{3a} \frac{M\,\bar{M}}{2EI}\,dx}_{Stiel\ 1} + \underbrace{\int_0^{2a} \frac{M\,\bar{M}}{EI}\,dx}_{Riegel} + \underbrace{\int_0^{a} \frac{M\,\bar{M}}{EI}\,dx}_{Stiel\ 2}.$$

● Ermittlung der Momentenfunktion für die **Originalbelastung**.

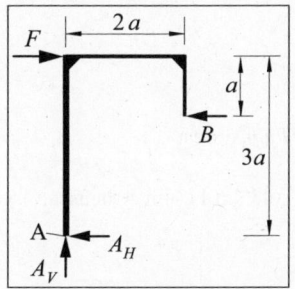

$(\Sigma M)_A = 0$:

$$B \cdot 2a - F \cdot 3a = 0$$

$$B = \frac{3}{2}F$$

$\Sigma \rightarrow = 0$:

$$A_H + B - F = 0$$

$$A_H = -\frac{1}{2}F$$

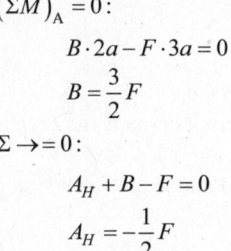

Bild 9.5.1: Freikörperbild mit Originalbelastung

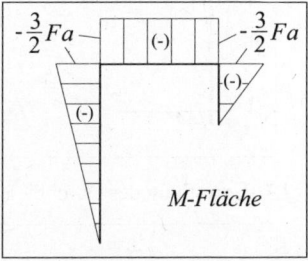

Bild 9.5.2: Momentenverlauf für die Originalbelastung

● Ermittlung der Momentenfunktion infolge der **Einheitskraft 1**.

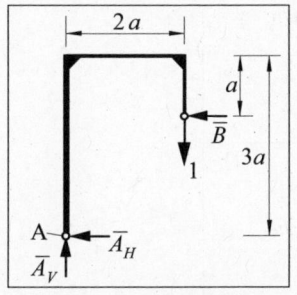

$(\Sigma M)_A = 0$:

$$\bar{B} \cdot 2a - 1 \cdot 2a = 0$$

$$\bar{B} = 1$$

$\Sigma \rightarrow = 0$:

$$\bar{A}_H + \bar{B} = 0$$

$$\bar{A}_H = -1$$

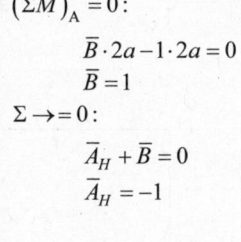

Bild 9.5.3: Freikörperbild mit Einheitskraft 1

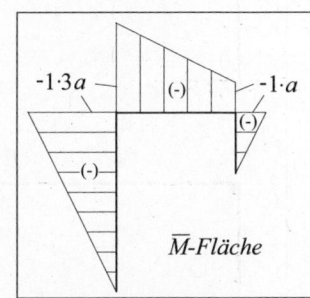

Bild 9.5.4: Momentenverlauf für die Belastung mit der Einheitskraft 1

Mithilfe der Integraltafel $\int M\bar{M}dx$ (Stiel 1, Riegel und Stiel 2) folgt die Verschiebung des Lagers B:

$$v_B = \frac{3a}{2EI}\frac{1}{3}\left(-\frac{3}{2}Fa\right)(-3a) + \frac{2a}{EI}\frac{1}{2}\left(-\frac{3}{2}Fa\right)(-3a-a) + \frac{a}{EI}\frac{1}{3}\left(-\frac{3}{2}Fa\right)(-a) = \underline{\underline{\frac{35}{4}\frac{Fa^3}{EI}}}.$$

Aufgabe 9.6:

Für das System nach Bild 9.6 ist die Auflagerreaktion im Lager C zu bestimmen. Das **Kraftgrößen-Verfahren** ist anzuwenden.

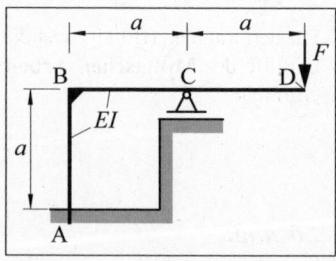

Bild 9.6:　Statisch unbestimmtes System

Lösung:

Da 4 Auflagerreaktionen auftreten können, aber nur 3 Gleichgewichtsbedingungen zur Verfügung stehen, ist das System *einfach statisch unbestimmt*.

1. Wahl eines **statisch bestimmten Hauptsystems** (durch Wegnahme des Lagers C); Belastung durch die Originallast (Bild 9.6.1).

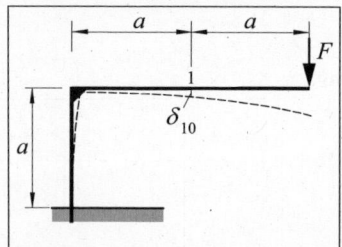

Bild 9.6.1:
Statisch bestimmt gemachtes Hauptsystem

1.1 Ermittlung der Durchbiegung δ_{10} am Punkt 1 am Hauptsystem (Bild 9.6.1) (mit Arbeitssatz).

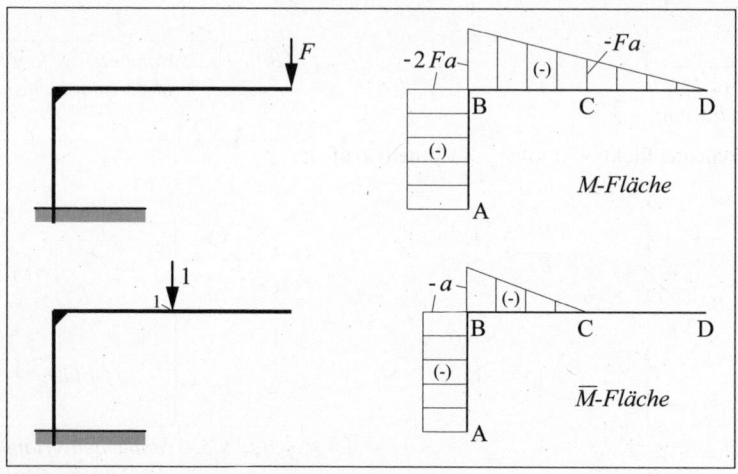

Bild 9.6.2: Zur Ermittlung der Durchbiegung δ_{10}

$$\delta_{10} = \frac{1}{EI}\left[\underbrace{\int_0^a M\,\bar{M}\,dx}_{\text{Abschnitt A-B}} + \underbrace{\int_0^a M\,\bar{M}\,dx}_{\text{Abschnitt B-C}}\right] = \frac{1}{EI}\left[(-2Fa)(-a)a + \frac{1}{6}(-a)\big[2(-2Fa)+(-Fa)\big]a\right] = \underline{\frac{17}{6}\frac{Fa^3}{EI}}$$

2. Belastung des Hauptsystems mit der **statisch Unbestimmten** $X_1 = 1$ (Bild 9.6.3).

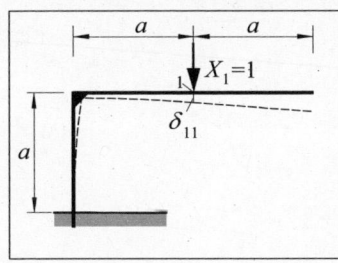

Bild 9.6.3:
Hauptsystem mit der Belastung $X_1 = 1$

2.1 Ermittlung der Durchbiegung δ_{11} an der Stelle 1 am Hauptsystem infolge von $X_1 = 1$ (Bild 9.6.3) (mit Arbeitssatz).

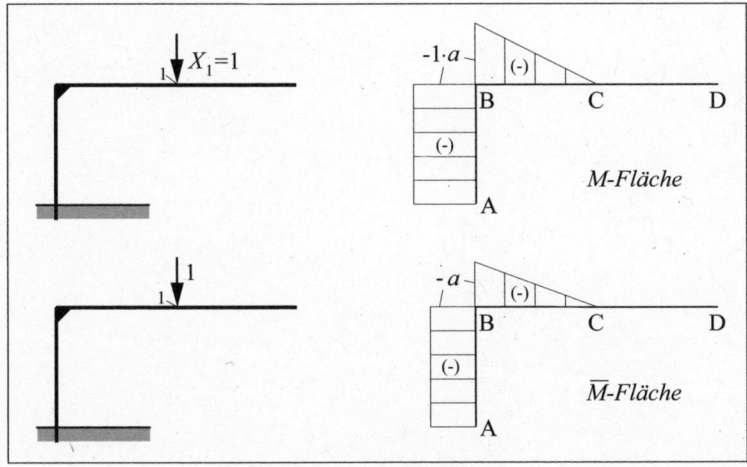

Bild 9.6.4: Zur Ermittlung der Durchbiegung δ_{11}

$$\delta_{11} = \frac{1}{EI}\left[\underbrace{\int\limits_0^a M\,\bar{M}\,dx}_{\text{Abschnitt A-B}} + \underbrace{\int\limits_0^a M\,\bar{M}\,dx}_{\text{Abschnitt B-C}}\right] = \frac{1}{EI}\left[(-1\cdot a)(-a)a + \frac{1}{3}(-1\cdot a)(-a)a\right] = \underline{\underline{\frac{4}{3}\cdot\frac{1\cdot a^3}{EI}}}$$

3. Verträglichkeit; Ausrechnung der **statisch Unbestimmten** X_1.

Da die Gesamtdurchbiegung an der Stelle 1 (Lager C) im gegebenen System gleich Null ist, folgt

$$\delta_1 = 0 = \delta_{10} + \delta_{11}X_1\,.$$

$$\delta_{11}X_1 = -\delta_{10} \qquad \Rightarrow \qquad X_1 = -\frac{\delta_{10}}{\delta_{11}} = -\frac{\dfrac{17}{6}\cdot\dfrac{Fa^3}{EI}}{\dfrac{4}{3}\cdot\dfrac{1\cdot a^3}{EI}}$$

$$X_1 = C = \underline{\underline{-\frac{17}{8}F}}$$

Notizen

Verständnisfragen

☺ Verständnisfragen (Grundlagen):
(die Antworten dazu, siehe Seite 202)

V 0.1   Nennen Sie die Aufgabe der Festigkeitslehre (Elastostatik)!

V 0.2   Erläutern Sie den Begriff Spannung!

V 0.3   Erklären Sie die Begriffe Normalspannung und Schubspannung!

V 0.4   Was bedeuten die Begriffe Deformationszustand und Spannungszustand?

V 0.5   Was ist elastisches Verhalten, elastisch-plastisches Verhalten und vollplastisches Verhalten?

V 0.6   Nennen Sie die in der Technik vorkommenden Beanspruchungsarten!

V 0.7   Ordnen Sie die richtigen Einheiten den folgenden Kenngrößen A bis D zu:

A	Spannung	a)	mm^3
B	Wärmeausdehnungskoeffizient	b)	N / mm^2
C	Widerstandsmoment	c)	mm^4
D	Flächenträgheitsmoment	d)	$1 / K$.

V 0.8   Was verstehen Sie unter den Begriffen Verlängerung, Dehnung, Querdehnung, Zugfestigkeit?

V 0.9   Wie lautet das HOOKEsche Gesetz für den einachsigen Spannungszustand und was drückt es aus?

V 0.10   Welcher Zusammenhang besteht zwischen Elastizitätsmodul, Querdehnungszahl und Schubmodul?

V 0.11   Ordnen Sie den folgenden Materialien den richtigen Elastizitätsmodul zu!

Material: Elastizitätsmodul in N / mm^2:

A	Stahl	a)	10 000
B	Beton	b)	71 000
C	Holz (Fichte; in Faserrichtung)	c)	25 000
D	Aluminium	d)	210 000.

V 0.12   Was verstehen Sie unter einer zulässigen Spannung?

☺ **Verständnisfragen (Zug und Druck in Stäben, Dehnungen und Verschiebungen):**
(die Antworten dazu, siehe Seite 204)

V 1.1   Durch welche Schnittgröße wird eine Zug- und Druckbeanspruchung in stabförmigen Bauteilen hervorgerufen?

V 1.2   Welche Voraussetzungen müssen erfüllt sein, damit die Normalspannungen bei Zug- und Druckbeanspruchung gleichmäßig in der Querschnittsfläche verteilt sind?

V 1.3   Wodurch ist die zulässige Belastung eines Zugstabes begrenzt?

V 1.4   Erklären Sie den Begriff Dehnsteifigkeit und bei welcher Berechnung ist die Dehnsteifigkeit zum Beispiel zu berücksichtigen?

V 1.5   Geben Sie den Berechnungsgang für die Stablängenänderung an:

a) für einen prismatischen Stab bei konstanter Normalkraft,

b) für einen Stab mit veränderlicher Querschnittsfläche und veränderlicher Normalkraft.

☺ **Verständnisfragen (Der ein- und zweiachsige Spannungszustand):**
(die Antworten dazu, siehe Seite 205)

V 2.1   Was sind ein einachsiger, zweiachsiger und allgemeiner ebener Spannungszustand?

V 2.2   Formulieren und begründen Sie den Satz von der Gleichheit der einander *zugeordneten Schubspannungen*!

V 2.3   Was sind Hauptnormalspannungen und in welchen Schnittebenen treten sie auf?

V 2.4   Was sind Hauptschubspannungen und wie liegen die Schnittebenen der Hauptschubspannungen und der Hauptnormalspannungen zueinander?

😐 Verständnisfragen (Flächenträgheitsmomente; Lage der Hauptachsen; Widerstandsmomente):
(die Antworten dazu, siehe Seite 206)

V 3.1   Wie lauten die statischen Momente (Flächenmomente 1.Grades) einer Querschnittsfläche A_i bezüglich eines rechtwinkligen x, y-Koordinatensystems?

V 3.2   Was verstehen Sie unter einem Flächenträgheitsmoment (Flächenmoment 2. Grades)?

V 3.3   Erläutern Sie den Satz von STEINER (für eine zur Schwerachse parallele Achse)!

V 3.4   Weshalb ist bezüglich paralleler Achsen das Schwerachsenträgheitsmoment immer ein Minimalwert?

V 3.5   Wie ist das Deviationsmoment (Zentrifugalmoment) definiert?

V 3.6   Was sind Hauptachsen und welche besonderen Kennzeichen haben sie und was sind Hauptträgheitsmomente?

V 3.7   Welche Aussage folgt für eine Querschnittsfläche mit mindestens einer Symmetrieachse bezüglich des Deviationsmomentes I_{yz} und der Hauptachsen?

V 3.8   Welche Aussage folgt für Querschnittsflächen, bei denen $I_{yz} = 0$ und $I_y = I_z$ ist? Geben Sie beispielhafte Querschnitte an!

V 3.9   Was verstehen Sie unter dem Begriff Widerstandsmoment und wie ermitteln Sie das Widerstandsmoment bei zusammengesetzten Querschnitten?

☺ **Verständnisfragen (Biegung: Normalspannungen durch Biegemomente; Schiefe Biegung; Verformungen durch Biegemomente):**
(die Antworten dazu, siehe Seite 208)

V 4.1 Durch welche Schnittgröße wird eine Biegebeanspruchung eines geraden Balkens hervorgerufen?

V 4.2 Erklären Sie die Begriffe *reine Biegung* und *Querkraftbiegung*!

V 4.3 Was sind Biegespannungen?

V 4.4 Wann liegt *gerade Biegung* und wann *schiefe Biegung* vor?

V 4.5 Wie lauten die Gleichungen für die Biegenormalspannungen bei gerader (einachsiger) und schiefen Biegung?

V 4.6 Erläutern Sie den Begriff Spannungs-Null-Linie, wie wird ihre Lage bestimmt und welche Kennzeichen hat sie?

V 4.7 Wie lautet die Differentialgleichung der Biegelinie 2. Ordnung?

V 4.8 Was verstehen Sie unter der Biegesteifigkeit eines Trägers und wie wirkt sie sich auf die Formänderung eines Biegeträgers aus?

V 4.9 Wie lautet der Differentialzusammenhang zwischen der Krümmung, dem Neigungswinkel und der Durchbiegung für die Biegelinie eines auf Biegung beanspruchten Trägers für kleine Durchbiegungen ?

V 4.10 Was verstehen Sie unter dem Begriff Superpositionsprinzip (Überlagerungsprinzip) zur Ermittlung von Biegeverformungen?

☺ **Verständnisfragen (Torsion):**
(die Antworten dazu, siehe Seite 210)

V 5.1   Wie lautet die Formel zur Berechnung der maximalen Torsionsschubspannung bei kreis- und kreisringförmigen Querschnitten und wo tritt sie auf?

V 5.2   Wie berechnen Sie den Verdrehungswinkel der Endquerschnitte eines Stabes oder einer Welle relativ zueinander bei konstantem Torsionsmoment und konstanter Querschnittsfläche?

V 5.3   Wodurch unterscheidet sich grundsätzlich das Formänderungsverhalten der Querschnittsflächen von Torsionsstäben mit kreis- und kreisringförmigen Querschnitten von denen mit nichtkreisförmigen Querschnitten?

V 5.4   Was ist die Torsionssteifigkeit?

V 5.5   Wie lautet die Formel für den spezifischen Verdrehungswinkel und wofür wird er häufig verwendet?

V 5.6   Wo treten die Torsionsschubspannungen im Torsionsstab mit Kreis- und Kreisringquerschnitt auf?

V 5.7   Welche Annahmen liegen für die Berechnung der Spannungen und Verformungen bei Torsionsstäben mit dünnwandigen geschlossenen Querschnitten zugrunde?

☺ **Verständnisfragen (Querkraftschub; Schubmittelpunkt):**
(die Antworten dazu, siehe Seite 211)

V 6.1   Welche Spannungen treten durch eine Querkraft, die senkrecht zur Trägerlängsachse gerichtet ist, auf?

V 6.2   Mit welcher Formel wird die Querkraftschubspannung bei Querkraftbiegung berechnet und was bedeuten die einzelnen Bestandteile der Formel?

V 6.3   Erklären Sie den Begriff Schubmittelpunkt!

☺ Verständnisfragen (Knickung):
(die Antworten dazu, siehe Seite 212)

V 7.1   Was verstehen Sie unter dem Begriff Knicken und was bedeutet die kritische Knicklast?

V 7.2   Wie lautet die Formel für die kritische Knicklast nach EULER und was verstehen Sie unter Knicksicherheit?

V 7.3   Was verstehen Sie unter dem Schlankheitsgrad eines Stabes?

V 7.4   Was ist der Grenzschlankheitsgrad und was sagt er aus?

V 7.5   Zeichnen Sie die EULERsche Knickspannung $\sigma_K = \dfrac{F_{krit}}{A}$ als Funktion des Schlankheitsgrades λ in einem Diagramm auf und kennzeichnen Sie den Gültigkeitsbereich!

V 7.6   Wie lautet der Zusammenhang zwischen λ und σ_K im nichtelastischen Bereich nach TETMAJER?

V 7.7   Beschreiben Sie die Entwurfsrechnung für einen Knickstab, bei dem eine Berechnung nach TETMAJER erforderlich ist!

☺ Verständnisfragen (Festigkeitshypothesen, Vergleichsspannung):
(die Antworten dazu, siehe Seite 213)

V 8.1   Wozu wurden Festigkeitshypothesen entwickelt?

V 8.2   Erläutern Sie den Begriff Vergleichsspannung!

V 8.3   Wann wird das Anstrengungsverhältnis α_0 zur Verfeinerung der Festigkeitshypothesen verwendet?

☺ **Verständnisfragen (CASTIGLIANO, statisch unbestimmte Systeme):**
(die Antworten dazu, siehe Seite 213)

V 9.1   Was ist die Aussage des 1. Satzes von CASTIGLIANO?

V 9.2   Wie können Sie die Verschiebung an einer Stelle, an der keine äußere Kraft angreift, mithilfe des Satzes von CASTIGLIANO bestimmen?

V 9.3   Beschreiben Sie ein Lösungsprinzip für ein einfach statisch unbestimmtes System!

Antworten zu den
Verständnisfragen

☺ Antworten zu den Verständnisfragen (Grundlagen) von Seite 194:

V 0.1   Die Festigkeitslehre befaßt sich mit den Beanspruchungen und Verformungen verformbarer fester Körper durch die Einwirkung von Kräften.

Die Verformungen werden als sehr klein angenommen, so daß die Gleichgewichtsbedingungen mit guter Näherung am unverformten System aufgestellt werden können (mit Ausnahme bei Stabilitätsuntersuchungen).

Hauptaufgabe der Festigkeitslehre ist, das Unbrauchbarwerden von Maschinen- und Bauwerksteilen infolge von Zerstörung oder durch unzulässige große Verformungen zu verhindern.

Von Bedeutung ist auch die Erforschung von Gesetzmäßigkeiten, deren Kenntnis es erlaubt, auf das Fließ- und Bruchverhalten von Konstruktionsteilen zu schließen.

V 0.2   Als Wirksamkeit der inneren Kraft in einem Körper wird die Schnittkraft $d\vec{F}$ pro zugehörige Schnittfläche dA, der Spannungsvektor $\vec{t} = \dfrac{d\vec{F}}{dA}$ definiert. Die Spannung kann sich von Querschnittspunkt zu Querschnittspunkt ändern.

V 0.3   Die Komponente des Spannungsvektors $\dfrac{d\vec{F}}{dA}$, welche normal (senkrecht) zur Schnittfläche liegt heißt Normalspannung σ, während die in der Schnittfläche liegende Komponente des Spannungsvektors Schubspannung τ genannt wird.

V 0.4   Der *Deformationszustand* eines Körpers wird durch Längenänderungen Δl und Winkeländerungen γ beschrieben. Längenänderungen erfahren die Abstände zweier Punkte im Körper und Winkeländerungen weisen rechtwinklig zueinander liegende Streckenpaare auf.

Der *Spannungszustand* eines Körpers wird durch die Normalspannungen und die Schubspannungen gekennzeichnet, die in beliebig angeordneten Schnittflächen von einem Körperteil auf den anderen übertragen werden.

V 0.5   Nimmt nach Wegnahme der äußeren Zwänge ein elastischer Körper seine ursprüngliche Gestalt wieder an, so liegt *elastisches* Verhalten vor.

Bleibt nach Wegnahme der äußeren Zwänge eine Restverformung übrig, so liegt ein *elastisch-plastisches (teilplastisches)* Verhalten vor.

Tritt nach der Entlastung keine Rückverformung ein, so liegt *vollplastisches* Verhalten vor.

V 0.6   Zug,   Druck,   Biegung,

Schub,   Torsion.

V 0.7   A   b)
       B   d)
       C   a)
       D   c)

V 0.8   Greift an einem prismatischen Stab von der Länge l eine Zugkraft F in Längsrichtung an, so *verlängert* sich der Stab um das Stück Δl.

Die *Dehnung* ε in Längsrichtung ist der Quotient $\dfrac{\Delta l}{l}$ $\left(\text{Dehnung} = \dfrac{\text{Längenänderung}}{\text{Ausgangslänge}}\right)$.

Diese Längsdehnung ε hat auch eine *Querdehnung* ε_q zur Folge: $\varepsilon_q = \dfrac{\Delta d}{d}$ (d ist eine charakteristische Abmessung, zum Beispiel Durchmesser eines Kreisquerschnitts).

Zugfestigkeit ist der Quotient $\dfrac{\text{maximale Kraft im Zerreißversuch}}{\text{Ausgangsquerschnittsfläche}}$.

V 0.9 $\sigma = E\,\varepsilon$ Elastizitätsgesetz (HOOKEsches Gesetz)
Zwischen Normalspannung und der Längsdehnung besteht ein linearer Zusammenhang. Die Normalspannung ist proportional zur Dehnung. Den Proportionalitätsfaktor E nennt man Elastizitätsmodul.
Analog zum Elastizitätsgesetz zwischen σ und ε besteht ein linearer Zusammenhang zwischen einer Schubspannung τ und der zugehörigen Winkeländerung γ:
$\tau = G\,\gamma$.

V 0.10 $G = \dfrac{E}{2(1+\nu)}$ (G : Schubmodul, E : Elastizitätsmodul, ν : Querdehnungszahl)

V 0.11   A   d)
        B   c)
        C   a)
        D   b)

V 0.12   Bauteile dürfen nicht über eine gewisse Grenze hinaus belastet werden, weil sie sonst zum Beispiel zerreißen, brechen oder ausknicken würden. Deshalb wird - um auf der sicheren Seite zu bleiben - eine *zulässige Spannung* definiert. Die zulässige Spannung wird je nach Belastungsart und Material unter Verwendung eines Sicherheitsbeiwertes zum Beispiel aus der Fließgrenze gebildet:

$\sigma_{zul} = \dfrac{\sigma_F}{S_F}$ (σ_F : Fließspannung, S_F : Sicherheitsbeiwert gegen Fließen).

Zulässige Spannungen sind vielfach durch Vorschriften vorgegeben.

☺ **Antworten zu den Verständnisfragen (Zug und Druck in Stäben; Dehnungen und Verschiebungen) von Seite 195:**

V 1.1   Von der Normalkraft.

V 1.2   Der Körper muß homogen und isotrop sein.

homogen: Der Körper besteht überall aus demselben Werkstoff.

isotrop: Körper weist physikalisch allseitig gleiche Beschaffenheit auf, auch hinsichtlich des Spannungs-Dehnungs-Verhaltens.

V 1.3   Durch die zulässige Spannung σ_{zul}.

V 1.4   Das Produkt EA aus Elastizitätsmodul und Querschnittsfläche bezeichnet man als *Dehnsteifigkeit*. Je größer der Elastizitätsmodul ist, desto weniger läßt sich der Werkstoff auseinanderziehen, er ist also *dehnsteifer*. Die Dehnsteifigkeit EA geht zum Beispiel bei der Berechnung der Dehnung und der Verlängerung eines Zugstabes mit konstanter Querschnittsfläche und konstanter Normalkraft ein ($\varepsilon = \dfrac{N}{EA}$, $\Delta l = \dfrac{Nl}{EA}$).

V 1.5   a) $\varepsilon = \dfrac{du}{dx}$

$du = \varepsilon \, dx$

$du = \dfrac{\sigma}{E} dx$

$du = \dfrac{N}{EA} dx$

$\Delta l = u(l) - u(0) = \dfrac{N}{EA} \displaystyle\int\limits_{x=0}^{l} dx$

$\Delta l = \dfrac{Nl}{EA}$

b) $\varepsilon(x) = \dfrac{du}{dx}$

$du = \varepsilon(x) dx$

$du = \dfrac{\sigma(x)}{E} dx$

$du = \dfrac{N(x)}{EA(x)} dx$

$\Delta l = u(l) - u(0) = \dfrac{1}{E} \displaystyle\int\limits_{x=0}^{l} \dfrac{N(x)}{A(x)} dx$

☺ Antworten zu den Verständnisfragen (Der ein- und zweiachsige Spannungszustand) von Seite 195:

V 2.1 Liegt bei einem prismatischen Zugstab der resultierende Spannungsvektor t für alle Schnitte (Winkel φ) immer in Richtung der Stabachse (Bild 2.1.1V), so nennen wir einen solchen Spannungszustand *einachsig*.

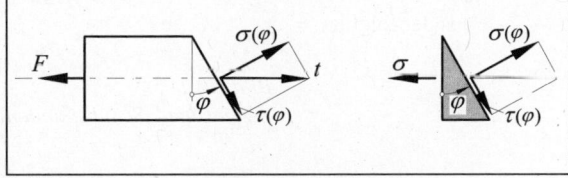

Bild 2.1.1V: Einachsiger Spannungszustand

Ein zweiachsiger Spannungszustand entsteht in einer Scheibe aus Überlagerung zweier einachsiger Spannungszustände in x- und y-Richtung (Bild 2.1.2V). Unabhängig von dem Winkel φ, unter dem wir den Schnitt legen, lassen sich die in den Schnittflächen wirkenden Normal- und Schubspannungen zu einem resultierenden Spannungsvektor zusammenfassen, *der immer in der gleichen Ebene liegt.* Hierdurch ist der *zweiachsige* Spannungszustand gekennzeichnet.

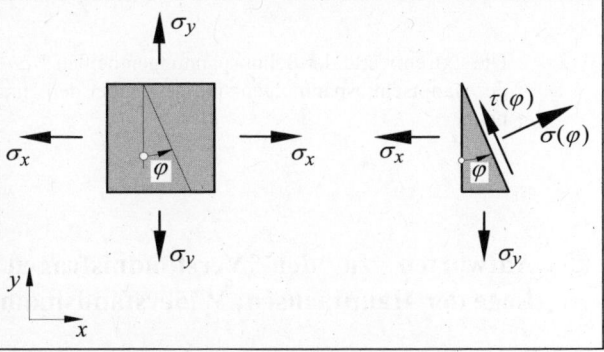

Bild 2.1.2V: Zweiachsiger Spannungszustand

Wirken bei einem zweiachsigen Spannungszustand an den Schnittflächen $x = \text{konst.}$ und $y = \text{konst.}$ zusätzlich zu den Normalspannungen σ_x bzw. σ_y noch die Schubspannugen τ_{xy} und τ_{yx}, so liegt der *allgemeine ebene Spannungszustand* vor (Bild 2.1.3V).

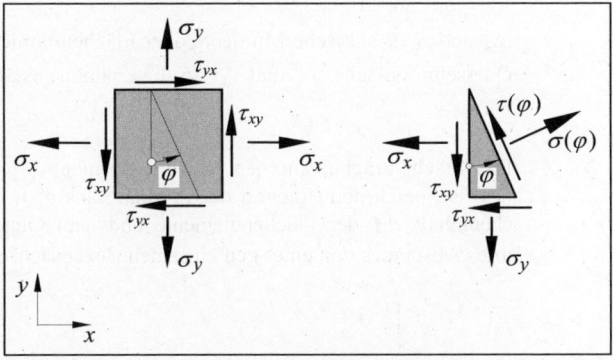

Bild 2.1.3V: Allgemeiner ebener Spannungszustand

V 2.2   In zwei senkrecht aufeinander stehenden Schnittebenen herrschen gleich große Schubspannungen, die entweder beide zur Schnittkante hin oder beide von dieser weg gerichtet sind (Bild 2.2.1V).
Begründen läßt sich diese Aussage mit der Gleichgewichtsbedingung um die z-Achse $(\Sigma M)_{z-Achse} = 0$:, aus der folgt: $\tau_{xy} = \tau_{yx}$.

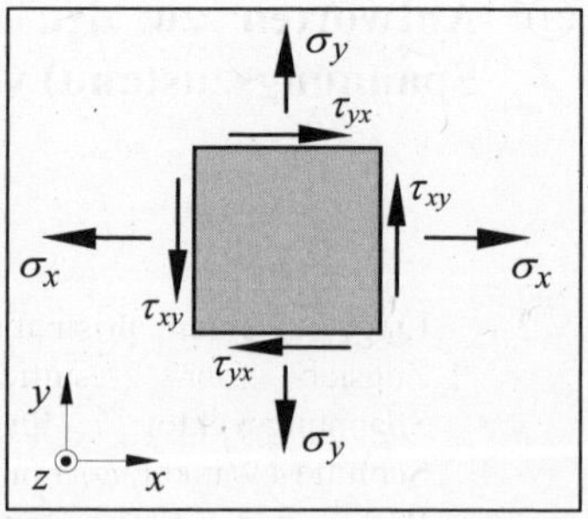

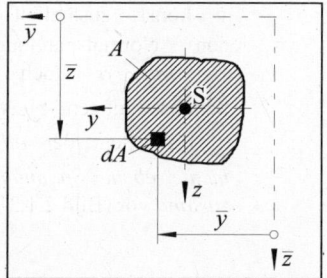

Bild 2.2.1V:
Zugeordnete Schubspannungen

V 2.3   Mit *Hauptnormalspannungen* werden die Extremwerte der Normalspannungen bezeichnet. Sie treten in zwei senkrecht aufeinander stehenden Schnittebenen (Hauptnormalspannungsebenen) auf. In diesen *Hauptnormalspannungsebenen* verschwinden die Schubspannungen.

V 2.4   Die Extremwerte der Schubspannungen heißen *Hauptschubspannungen*. Die Schnittebenen der Hauptschubspannungen sind gegenüber den Hauptnormalspannungsebenen um 45° geneigt.

☺ **Antworten zu den Verständnisfragen (Flächenträgheitsmomente; Lage der Hauptachsen; Widerstandsmomente) von Seite 196:**

V 3.1 $S_x = y_{S_i}\, A_i$
$S_y = x_{S_i}\, A_i$

(S_x und S_y : statische Momente oder Flächenmomente 1. Grades, A_i : Flächeninhalt der Querschnittsfläche, x_{S_i} und y_{S_i} : Schwerpunktsabstände von der y- bzw. x-Achse)

V 3.2   Das Flächenträgheitsmoment (Flächenmoment 2. Grades) ist gleich dem Integral der Produkte aus dem Flächeninhalt dA der Flächenelemente und dem Quadrat ihres Abstandes von einer gemeinsamen Bezugsachse.

$$I_{\bar{y}} = \int_A \bar{z}^2 \, dA$$

$$I_{\bar{z}} = \int_A \bar{y}^2 \, dA$$

Bild 3.2.1V: *Zur Definition der Flächenmomente (2. Grades) und des Deviationsmomentes*

V 3.3   Der *Satz von STEINER* sagt aus (Bild 3.3.1V):
Das Flächenträgheitsmoment $I_{\bar{y}}$ bezüglich für eine belie-
bige, im Abstand b zur Schwerachse des Querschnitts pa-
rallele Achse $\bar{y}$ ist gleich der Summe aus dem auf diese
Schwerachse bezogenen Eigenträgheitsmoment I_y und dem
Produkt "Fläche *mal* Quadrat des Achsenabstandes b".

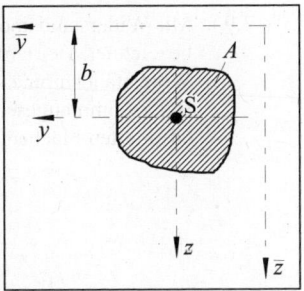

$$I_{\bar{y}} - I_y \mid b^2 A$$

Diese Formel gilt nur, wenn auf der **rechten Seite** das Flächenträgheitsmoment steht, das sich auf eine **Schwerachse**
des Querschnitts bezieht, während das Flächenträgheitsmoment auf der linken Seite für eine beliebige (zur
Schwerachse parallele) Achse gilt.

Bild 3.3.1V: Zum Satz von
STEINER

V 3.4   Bei der Anwendung des STEINERschen Satzes $I_{\bar{y}} = I_y + b^2 A$ für die Berechnung des
Schwerachsenträgheitsmoment (Flächenträgheitsmoment bezüglich der Schwerachse y) er-
kennen wir, dass der Abstand b zwischen den parallelen Achsen (Bild 3.3.1V) null ist; also
$I_{\bar{y}} = I_y$.
Jedes andere Flächenträgheitsmoment bezüglich einer anderen parallelen Achse mit dem
Achsabstand b ist größer als das Schwerachsenträgheitsmoment.

V 3.5 $$I_{\overline{yz}} = -\int_A \bar{y}\,\bar{z}\,dA \qquad \text{(Bild 3.2.1V)}$$

V 3.6   Jede Fläche hat zwei ausgezeichnete Achsen - die Hauptachsen - , für die das axiale Flächenträgheitsmoment Extremwerte annimmt. Für die Hauptachse 1 ist das größte Trägheitsmoment reserviert, für die Hauptachse 2 das kleinste Trägheitsmoment. Die auf die
Hauptachsen bezogenen Flächenträgheitsmomente heißen Hauptträgheitsmomente. Die
Hauptachsen stehen senkrecht aufeinander und für sie wird das Deviationsmoment zu null.

V 3.7   Das Deviationsmoment ist null ($I_{yz} = 0$) und das bedeutet: Jede Symmetrieachse ist eine
Hauptachse.

V 3.8   Bei solchen Querschnittsflächen sind die y- und z-Achse sowohl Symmetrieachse als auch
Hauptachse. Es gilt: Jede Achse durch den Schwerpunkt S ist eine Hauptachse, und für alle
diese Achsen sind die axialen Flächenträgheitsmomente gleich.

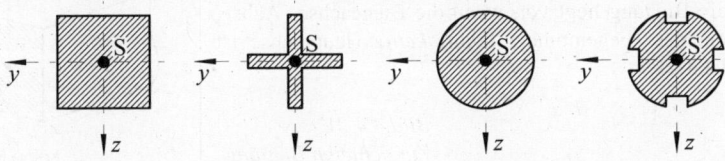

V 3.9   Mit Widerstandsmoment wird der Quotient aus Flächenträgheitsmoment und Randabstand bezeichnet. Bei einfachsymmetrischen Querschnitten gibt es ein größtes und ein kleinstes Widerstandsmoment, da es verschieden große Randabstände gibt.

Bei zusammengesetzten Querschnitten muß das Widerstandsmoment stets aus dem vorher ermittelten Flächenträgheitsmoment des Gesamtquerschnitts ermittelt werden. Hierbei gilt:

Nie Widerstandsmomente addieren!

$$W_{y_{ges}} = \frac{I_{y_{ges}}}{e}$$

($W_{y_{ges}}$: Widerstandsmoment des Gesamtquerschnitts bezüglich der y-Achse,

$I_{y_{ges}}$: Flächenträgheitsmoment des Gesamtquerschnitts bezüglich der y-Achse,

e: Randabstand).

☺ Antworten zu den Verständnisfragen (Biegung: Normalspannungen durch Biegemomente; Schiefe Biegung; Verformungen durch Biegemomente) von Seite 197:

V 4.1   Durch das Biegemoment.

V 4.2   Reine Biegung: Der Träger wird ausschließlich durch ein Biegemoment belastet (Biegemoment ist konstant über die Balkenlänge).
Querkraftbiegung: Das Biegemoment ist über die Balkenlänge nicht konstant, so dass immer auch eine Querkraft wirkt.

V 4.3   Biegespannungen sind Normalspannungen, die in jedem Querschnitt als Zug- und Druckspannungen vorhanden sind.

V 4.4   Bei gerader oder einachsiger Biegung wirkt das Biegemoment stets um eine der Hauptachsen des Querschnitts (Biegeachse ist eine Hauptachse) (Bild 4.4.1V).

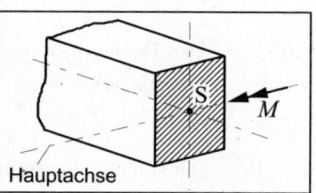

Bild 4.4.1V:
Zur geraden Biegung

Schiefe Biegung liegt vor, wenn die Biegeachse (Achse, um die das Biegemoment dreht) **keine** Hauptachse ist (Bild 4.4.2V).

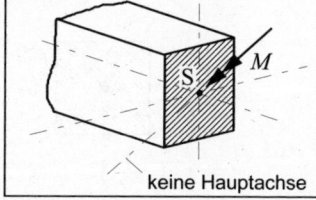

Bild 4.4.2V:
Zur schiefen Biegung

V 4.5 Bei gerader (einachsiger) Biegung beträgt die Biegenormalspannung in einem Punkt P (Koordinaten y und z) des Querschnitts (Bild 4.5.1V):

$$\sigma = \frac{M_y}{I_y}\, z.$$

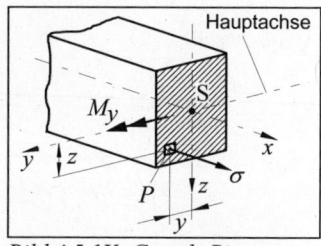

Bild 4.5.1V: Gerade Biegung

Bei schiefer Biegung beträgt die Biegenormalspannung in einem beliebigen Punkt des Querschnitts (Bild 4.5.2V):

$$\sigma = \frac{M_y\,I_z - M_z\,I_{yz}}{I_y\,I_z - I_{yz}^{\,2}}\, z - \frac{M_z\,I_y - M_y\,I_{yz}}{I_y\,I_z - I_{yz}^{\,2}}\, y$$

oder mit der folgenden Gleichung (Bild 4.5.3V)

$$\sigma = \frac{M_{\eta_H}}{I_{\eta_H}}\, \zeta - \frac{M_{\zeta_H}}{I_{\zeta_H}}\, \eta\,,$$

wobei die η_H- und ζ_H-Achse Hauptachsen sind.

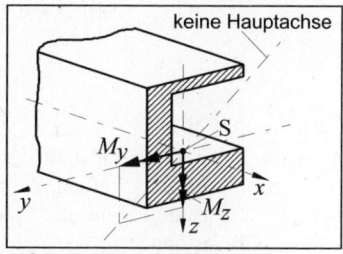

Bild 4.5.2V: Schiefe Biegung

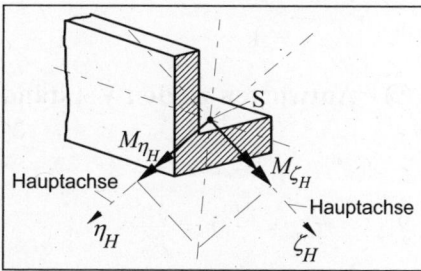

Bild 4.5.3V: Schiefe Biegung

V 4.6 Die Spannungs-Null-Linie ist eine Linie im Querschnitt, auf der alle Punkte normalspannungsfrei sind. Die Lage der Spannungs-Null-Linie in einem y,z-Koordinatensystem wird durch die Gleichung in der Form $z = f(y)$ bestimmt, indem wir $\sigma = 0$ setzen und nach z auflösen.

Die Spannungs-Null-Linie trennt die Querschnittsfläche in einen Zug- und einen Druckbereich.

Im Punkt mit der größten (senkrechten) Entfernung von der Spannungs-Null-Linie wirkt die absolut größte Normalspannung in einem Querschnitt.

V 4.7 $\quad w'' = -\dfrac{M}{EI}$

V 4.8 Das Produkt EI aus Elastizitätsmodul und Flächenträgheitsmoment ist die Biegesteifigkeit. Die sich ergebende Formänderung unter einer bestimmten Biegebeanspruchung nimmt um so kleinere Werte an, je steifer der Träger aufgrund seines Werkstoffs (E) und seiner Querschnittsform (I) ist.

V 4.9 $\quad w'' = -\dfrac{1}{\rho}$ $\qquad$: Krümmung der Balkenachse

$\qquad w'' = -\dfrac{M}{EI}$ $\qquad$: Differentialgleichung der Biegelinie

$\qquad w' = -\displaystyle\int \dfrac{M}{EI}\, dx + C_1$ $\qquad$: Neigungswinkel der Biegelinie

$\qquad w = -\displaystyle\int \left[\int \dfrac{M}{EI} dx \right] dx + C_1 x + C_2$ $\qquad$: Durchbiegung der Biegelinie

V 4.10 Bei linear-elastischen Verformungen dürfen Lösungen von Einzel-Belastungsfällen zu einer Gesamtlösung (gleichzeitiges Wirken aller Einzel-Belastungsfälle) superponiert (überlagert) werden. Zum Beispiel ergibt sich die Biegelinie eines Trägers infolge mehrerer Belastungen aus der Addition (bzw. Subtraktion) der Biegelinien infolge der einzelnen Belastungen.

☺ Antworten zu den Verständnisfragen (Torsion) von Seite 198:

V 5.1 $\quad \tau_{\max} = \dfrac{M_T}{I_p}\, r_a = \dfrac{M_T}{W_p}$

$\qquad$ (M_T : Torsionsmoment, I_p : polares Flächenträgheitsmoment, W_p : polares Widerstandsmoment, r_a : Radius des Querschnittsrandes).

$\qquad \tau_{\max}$ tritt am Querschnittsrand auf.

V 5.2 $\quad \varphi = \dfrac{M_T\, l}{G\, I_T}$

$\qquad$ (M_T : Torsionsmoment, l : Länge des Torsionsstabes, G : Schubmodul, I_T : Torsionsträgheitsmoment), bei kreis- und kreisringförmigen Querschnitten ist $I_T = I_p$.

V 5.3 Der Unterschied besteht darin: Bei Kreis- und Kreisringquerschnitt bleiben die Querschnitte **eben**, bei nichtkreisförmigen Querschnitten hingegen **verwölben** sich die Querschnittsflächen.

V 5.4 Den Ausdruck $G I_T$ nennen wir Torsionssteifigkeit. Je größer also das Produkt $G I_T$ ist, desto kleiner ist der Verdrehungswinkel eines Torsionsstabes.

V 5.5 $\vartheta = \dfrac{M_T}{G\,I_T}$ (Verdrehungswinkel pro Längeneinheit).

Häufige Verwendung: Für Vergleichszwecke. Um zum Beispiel die Formänderung zweier unterschiedlich langer Wellen beurteilen zu können, rechnen wir jeweils die spezifischen Verdrehungswinkel aus, vergleichen sie miteinander oder sehen zu, dass ein zulässiger spezifischer Verdrehungswinkel nicht überschritten wird.

V 5.6   Da das Gesetz der zugeordneten Schubspannungen gilt, treten die Schubspannungen im Querschnitt des Torsionsstabes und in den dazu senkrecht verlaufenden Längsschnitten in gleicher Größe auf.

V 5.7   Folgende Annahmen liegen zugrunde:

- Alle Querschnitte sind frei verwölbbar.
- Die Querschnittsabmessungen sind in Längsrichtung des Torsionsstabes konstant.
- Es wirkt ein Momentenvektor in Längsrichtung des Torsionsstabes.
- Die Wandstärke ist sehr klein.
- Die Schubspannungen sind über die Wandstärke konstant.

☺ Antworten zu den Verständnisfragen (Querkraftschub; Schubmittelpunkt) von Seite 198:

V 6.1   Es treten Schubspannungen in zwei zueinander senkrechten Schnittebenen (im Querschnitt und im Längsschnitt) auf, die gleich groß sind und entweder beide zur gemeinsamen Kante dieser Schnittebenen gerichtet oder beide von der Kante weggerichtet sind (zugeordnete Schubspannungen).

V 6.2 $\tau(z) = \dfrac{Q_z \cdot S_y(z)}{b(z) \cdot I_y}$

- Q_z ist die Querkraft in der Schnittfläche in z-Richtung und I_y das Flächenträgheitsmoment dieser Fläche bezüglich der durch den Flächenschwerpunkt (senkrecht zur z-Richtung) verlaufenden Hauptachse y (Biegeachse).
- $S_y(z)$ ist das statische Moment einer Teilquerschnittsfläche, die durch einen Schnitt bei z vom Gesamtquerschnitt abgetrennt wird, bezüglich der y-Achse (Biegeachse und Hauptachse).
- $b(z)$ ist die Breite des "abgeschnittenen" Querschnittsteiles im untersuchten Längsschnitt. Sie darf veränderlich sein.

V 6.3   Damit es bei der Querkraftbiegung zu keiner *Verdrehung des Trägers* kommt, muss die Wirkungsebene der Querkraftbelastung durch den Schubmittelpunkt gehen. Der Schubmittelpunkt ist derjenige Querschnittspunkt, in dem die Querkraft als Resultierende aller Querkraftschubspannungen wirkt.
Bei doppeltsymmetrischen Querschnitten fällt der Schubmittelpunkt mit dem Schwerpunkt zusammen und bei einfachsymmetrischen Querschnitten liegt er auf der Symmetrieachse.

☺ Antworten zu den Verständnisfragen (Knickung) von Seite 199:

V 7.1   Wenn ein auf Druck belasteter Stab bei einer kritischen Belastung plötzlich seitlich ausweicht, entsteht zusätzlich zu der Normalkraftbeanspruchung noch eine Biegebeanspruchung. Einen solchen Vorgang nennen wir *Knicken*. Die Druckkraft F_{krit}, bei der dieser Effekt möglich ist, heißt kritische Knicklast.

V 7.2 $F_{krit} = \dfrac{\pi^2}{s_K^2} EI_{min}$. Um ein "Instabilwerden" der Konstruktion zu vermeiden, werden wir mit der wirklichen zulässigen Last F_{zul} unterhalb der kritischen Last F_{krit} bleiben müssen. Den Quotienten aus F_{krit} und F_{zul} nennen wir die Knicksicherheit $v_K = \dfrac{F_{krit}}{F_{zul}}$.

V 7.3   Um eine Rechengröße zu erhalten, die angibt, in welchem Bereich der Knickung wir uns befinden, führen wir den Schlankheitsgrad λ in die Berechnung ein. Der Schlankheitsgrad λ ist das Verhältnis der freien Knicklänge zum Trägheitsradius: $\lambda = \dfrac{s_K}{i_{min}}$.

$i_{min} = \sqrt{\dfrac{I_{min}}{A}}$ ist der Trägheitsradius des Stabquerschnitts bezüglich der Achse mit dem kleinsten Flächenträgheitsmoment.

V 7.4   Der nur von Materialwerten abhängige Grenzschlankheitsgrad $\lambda_{min} = \pi \sqrt{\dfrac{E}{\sigma_P}}$ begrenzt die Gültigkeit der EULER-Formeln. Die EULERsche Knicktheorie setzt voraus, daß die kritische Knicklast erreicht wird, bevor der Druckstab den linear-elastischen Bereich verläßt. Die EULER-Formeln gelten also nur für Stäbe mit größerem Schlankheitsgrad als der Grenzschlankheitsgrad λ_{min}.

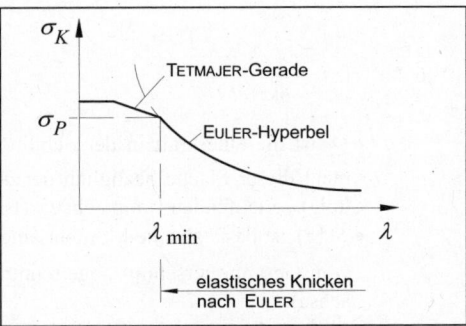

Bild 7.5.1V: σ_K-λ-Diagramm mit Gültigkeitsbereich der EULERschen Knicktheorie

V 7.5   Siehe Bild 7.5.1V.

V 7.6 $\sigma_K = a - b\lambda + c\lambda^2$.

a, b und c sind werkstoffabhängige konstante Faktoren.

V 7.7   Ermittlung der vorhandenen Knicksicherheit nach TETMAJER:

$$v_{\text{vorh}} = \frac{\sigma_K}{\sigma_{\text{vorh}}} = \frac{A\left(a - b\lambda + c\lambda^2\right)}{F}.$$

Ist $v_{\text{vorh}} \geq v_K$, so ist der Querschnitt ausreichend und die Berechnung beendet. Wenn die vorhandene Knicksicherheit v_{vorh} kleiner als die geforderte ist, wählen wir einen größeren Querschnitt und berechnen das neue λ_{vorh} und v_{vorh}, bis die geforderte Sicherheit v_K erreicht wird.

☺ Antworten zu den Verständnisfragen (Festigkeitshypothesen, Vergleichsspannung) von Seite 199:

V 8.1   Zur Ermittlung einer sogenannten Vergleichsspannung σ_V.

V 8.2   Um einen Vergleich von den Kennwerten einer einachsigen Beanspruchung (Zugversuch) zu zwei- oder dreiachsigen Spannungszuständen zu ermöglichen, wird als Maß für die Werkstoffbeanspruchung eine gleichwertige Vergleichsspannung herangezogen, die eine gedachte (hypothetische) einachsige Normalspannung darstellt.

V 8.3   Bei unterschiedlichen Belastungsfällen (z.B. ruhende Belastung und wechselnde Belastung) bei der Normalspannung σ und der Schubspannung τ.

☺ Antworten zu den Verständnisfragen (CASTIGLIANO, statisch unbestimmte Systeme) von Seite 200:

V 9.1   Die partielle Ableitung der in einem System gespeicherten Formänderungsenergie nach einer Kraft (bzw. einem Moment) ist gleich der Verschiebung (bzw. Winkeldrehung) des Kraftangriffspunktes (bzw. des Momentenangriffspunktes) in Kraftrichtung (bzw. in Momentendrehrichtung).

V 9.2   An der Stelle, an der keine äußere Kraft angreift, ist eine Hilfskraft F_H in der Richtung, in der die Verschiebung gesucht ist, anzubringen.

V 9.3   Ein einfach statisch unbestimmtes System ist so in ein statisch bestimmtes Hauptsystem umzuwandeln, dass die zu errechnende statisch Unbestimmte die Formänderung, die sich ohne ihr Vorhandensein einstellen würde, kompensiert.

Notizen

Computerunterstütztes Lösen von Aufgaben

In der Technischen Mechanik treten immer wieder Lösungsalgorithmen auf, die sich gut für eine Programmierung eignen. Im folgenden werden dem Studierenden die Möglichkeiten des sinnvollen Computereinsatzes in der Mechanik anhand zweier Programme demonstriert.

1. Ermittlung der Querschnittswerte von ebenen Flächen mit abschnittsweise geradliniger Begrenzung; Programm Querp

Mit dem Programm **Querp** lassen sich die Querschnittswerte (Flächeninhalt A, Schwerpunktlage $(\bar{y}_S, \bar{z}_S)$, axiale Flächenträgheitsmomente I_y und I_z, Deviationsmoment I_{yz}) von ebenen Querschnittsformen auch mit Aussparungen (Bild 1.1C und 1.2C) ermitteln, die durch abschnittsweise gerade Linien begrenzt sind (Vieleck; Polygon).

Diese Ermittlungen sind eine in der Technik ständig wiederkehrende Aufgabe, insbesondere bei statischen Berechnungen und bei Festigkeitsberechnungen.

Begrenzungslinien von Querschnittsflächen, die aus Kurven höherer Ordnung bestehen, lassen sich in der Praxis meistens immer mit ausreichender Genauigkeit durch Geradenzüge ersetzen, deren Eckpunkte entsprechend dicht liegen.

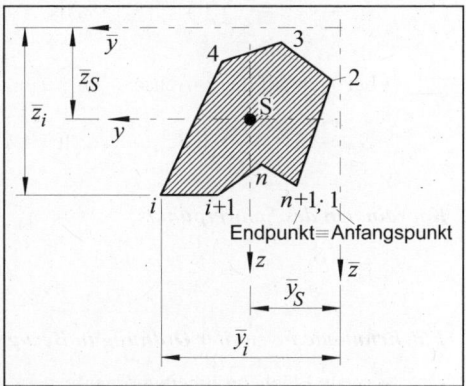

Bild 1.1C: n-Eck

Liegt nun eine Querschnittsfläche, deren Begrenzungslinie geschlossen ist und geradlinig von Eckpunkt zu Eckpunkt verläuft, also ein n-Eck, vor, so sind die Eckpunkte *fortlaufend* zu bezeichnen. Die Bezeichnung muss so vorgenommen werden, dass beim Umfahren des Randes *das Flächeninnere stets zur Linken liegt* (Bild

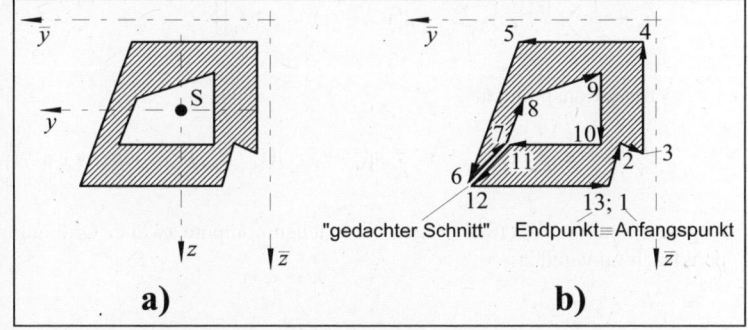

Bild 1.2C: Umwandlung eines Querschnitts mit Aussparung in ein 12-Eck
a) Querschnitt mit Aussparung
b) Umwandlung des Querschnitts (Bild 1.2Ca) in ein 12-Eck durch einen "gedachten Schnitt"

1.2Cb). Da die Begrenzungslinie ein geschlossener Geradenzug ist, fällt der Anfangspunkt 1 mit dem Endpunkt $n+1$ zusammen (Bild 1.1C und 1.2C).

Ein Querschnitt mit Aussparungen wird, wie Bild 1.2C zeigt, *aufgeschnitten gedacht* und damit auf ein n-Eck mit geschlossener, abschnittsweise geradliniger Begrenzungslinie zurückgeführt.

Für die Ermittlung der Querschnittswerte eines n-Ecks sind die Koordinaten der Eckpunkte in einem Bezugskoordinatensystem ($\bar{y}, \bar{z}$-System), also ($\bar{y}_1, \bar{z}_1$), ... ($\bar{y}_i, \bar{z}_i$), ... ($\bar{y}_n, \bar{z}_n$), als Berechnungsgrundlage erforderlich. Es gelten dann folgende Formeln (hier ohne Herleitung) (Bild 1.1C):

Flächeninhalt:

$$A = \frac{1}{2} \sum_{i=1}^{n} \left(\bar{y}_i \bar{z}_{i+1} - \bar{y}_{i+1} \bar{z}_i \right)$$

Statische Momente (Flächenmomente erster Ordnung):

- bezogen auf die $\bar{y}$-Achse:

$$S_{\bar{y}} = A \bar{z}_S = \frac{1}{6} \sum_{i=1}^{n} \left[\left(\bar{y}_i \bar{z}_{i+1} - \bar{y}_{i+1} \bar{z}_i \right) \left(\bar{z}_i + \bar{z}_{i+1} \right) \right]$$

- bezogen auf die $\bar{z}$-Achse:

$$S_{\bar{z}} = A \bar{y}_S = \frac{1}{6} \sum_{i=1}^{n} \left[\left(\bar{y}_i \bar{z}_{i+1} - \bar{y}_{i+1} \bar{z}_i \right) \left(\bar{y}_i + \bar{y}_{i+1} \right) \right]$$

Koordinaten des Schwerpunkts:

$$\bar{y}_S = \frac{S_{\bar{z}}}{A} \quad ; \quad \bar{z}_S = \frac{S_{\bar{y}}}{A}$$

Flächenmomente zweiter Ordnung in Bezug auf die Bezugsachsen $\bar{y}$ und $\bar{z}$:

- axiale Flächenträgheitsmomente

$$I_{\bar{y}} = \frac{1}{12} \sum_{i=1}^{n} \left[\left(\bar{y}_i \bar{z}_{i+1} - \bar{y}_{i+1} \bar{z}_i \right) \left[\left(\bar{z}_i + \bar{z}_{i+1} \right)^2 - \bar{z}_i \bar{z}_{i+1} \right] \right]$$

$$I_{\bar{z}} = \frac{1}{12} \sum_{i=1}^{n} \left[\left(\bar{y}_i \bar{z}_{i+1} - \bar{y}_{i+1} \bar{z}_i \right) \left[\left(\bar{y}_i + \bar{y}_{i+1} \right)^2 - \bar{y}_i \bar{y}_{i+1} \right] \right]$$

- Deviationsmoment

$$I_{\bar{y}\bar{z}} = -\frac{1}{12} \sum_{i=1}^{n} \left[\left(\bar{y}_i \bar{z}_{i+1} - \bar{y}_{i+1} \bar{z}_i \right) \left[\left(\bar{y}_i + \bar{y}_{i+1} \right) \left(\bar{z}_i + \bar{z}_{i+1} \right) - \frac{1}{2} \left(\bar{y}_i \bar{z}_{i+1} + \bar{y}_{i+1} \bar{z}_i \right) \right] \right]$$

Aus dem Satz von STEINER folgen die Flächenmomente zweiter Ordnung in Bezug auf die Schwerpunktsachsen y und z:

$$I_y = I_{\bar{y}} - \bar{z}_S^2 A$$

$$I_z = I_{\bar{z}} - \bar{y}_S^2 A$$

$$I_{yz} = I_{\bar{y}\bar{z}} + \bar{y}_S \bar{z}_S A .$$

Nachfolgend werden einige Programmausschnitte aus dem MATLAB-Programm `Querp.m` gezeigt. Das vollständige Programm steht auf der Homepage zum Buch, *www.harri-deutsch.de*.

```
function Flaeche=berechnen(Punkte)

        A=polyarea(Punkte(:,1), Punkte(:,2));     %Berechnung der Fläche
        Punkte=[Punkte; Punkte(1,:)];             %Anfangspunkt (i=1) =
                                                     Endpunkt (i=n+1)
        %Statische Momente

        Sq_y=0;    %Initialisierung der Variable
        Sq_z=0;

        for i=1:length(Punkte)-1
            Sq_y=Sq_y+1/6*((Punkte(i,1)*Punkte(i+1,2)-Punkte(i+1,1)*...
                Punkte(i,2))*(Punkte(i,2)+Punkte(i+1,2)));

            Sq_z=Sq_z+1/6*((Punkte(i,1)*Punkte(i+1,2)-Punkte(i+1,1)*...
                Punkte(i,2))*(Punkte(i,1)+Punkte(i+1,1)));
        end

        %Koordinaten des Schwerpunktes

        zq_s=Sq_y/A;
        yq_s=Sq_z/A;

        %Flächenmomente 2. Ordnung in Bezug auf die Achsen y und z

        I_yq=0;          I_zq=0;          I_yzq=0;

        for i=1:length(Punkte)-1
            %axiale Flächenträgheitsmomente

            I_yq=I_yq+(1/12*((Punkte(i,1)*Punkte(i+1,2)-Punkte(i+1,1)*...
                Punkte(i,2))*((Punkte(i,2)+Punkte(i+1,2))^2-...
                Punkte(i,2)*Punkte(i+1,2))));

            I_zq=I_zq+(1/12*((Punkte(i,1)*Punkte(i+1,2)-Punkte(i+1,1)*...
                Punkte(i,2))*((Punkte(i,1)+Punkte(i+1,1))^2-...
                Punkte(i,1)*Punkte(i+1,1))));

            %Zentrifugalmoment

            I_yzq=I_yzq-1/12*((Punkte(i,1)*Punkte(i+1,2)-Punkte(i+1,1)*...
                Punkte(i,2))*((Punkte(i,1)+Punkte(i+1,1))*(Punkte(i,2)+...
                Punkte(i+1,2))-1/2*(Punkte(i,1)*Punkte(i+1,2)+...
                Punkte(i+1,1)*Punkte(i,2))));

        end

        I_y=I_yq-zq_s^2*A;
        I_z=I_zq-yq_s^2*A;

        I_yz=I_yzq+yq_s*zq_s*A;

        Flaeche=[A, Sq_y, Sq_z, yq_s, zq_s, I_y, I_z, I_yz];

    end
```

Beschreibung des Programmablaufs

- Starten des Programms **Querp.m**.

- Eingabe der Koordinaten der Eckpunkte.

- Ausdruck der folgenden Querschnittswerte:

  Fläche A

  Schwerpunktskoordinate $\bar{y}_S$

  Schwerpunktskoordinate $\bar{z}_S$

  Flächenträgheitsmoment I_y

  Flächenträgheitsmoment I_z

  Deviationsmoment I_{yz}

Beispiel:

Für den Querschnitt (Bild 1.3C) sind mit dem Programm **Querp** die Lage des Schwerpunkts, die Flächenträgheitsmomente I_y und I_z sowie das Deviationsmoment I_{yz} zu berechnen.

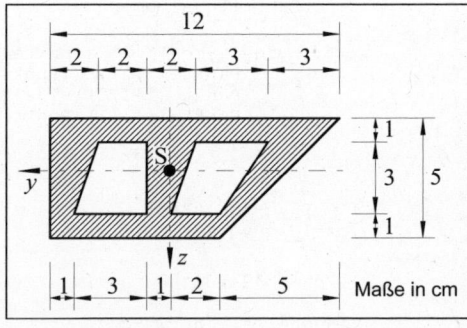

Bild 1.3C:
Querschnitt mit
Aussparungen

Lösung:

Da der Querschnitt Aussparungen hat, ist er durch einen "gedachten Schnitt" (Bild 1.3.1C) in ein 14-Eck zu verwandeln und so *fortlaufend* zu numerieren, dass beim Umfahren des Randes das *Flächeninnere stets zur Linken liegt* (siehe auch Seite 215).

Für die Programmbenutzung **Querp** sind dann die Koordinaten der Eckpunkte in einem Bezugskoordinatensystem $\bar{y}, \bar{z}$ (Bild 1.3.1C) erforderlich.

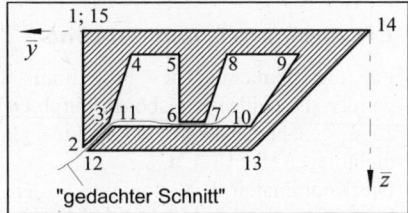

Die Koordinaten der 14 Eckpunkte und die Berechnung der Querschnittswerte sind nachfolgend angegeben.
Die Einheiten sind cm, cm^2 und cm^4.

Bild 1.3.1C: Durch "gedachten Schnitt" auf 14-Eck zurückgeführt

---

Programm **Querp**

Anzahl d. Eckpunkte n = 14

		yq 7 = 7	yq 11 = 11
		zq 7 = 4	zq 11 = 4
Eckpunkte:			
yq 1 = 12	yq 4 = 10	yq 8 = 6	yq 12 = 12
zq 1 = 0	zq 4 = 1	zq 8 = 1	zq 12 = 5
yq 2 = 12	yq 5 = 8	yq 9 = 3	yq 13 = 5
zq 2 = 5	zq 5 = 1	zq 9 = 1	zq 13 = 5
yq 3 = 11	yq 6 = 8	yq 10 = 5	yq 14 = 0
zq 3 = 4	zq 6 = 4	zq 10 = 4	zq 14 = 0

Querschnittswerte:

Fläche	A	=	32.500
Schwerpunktsabstand	yqs	=	7.097
Schwerpunktsabstand	zqs	=	2.179
Trägheitsmoment	Iy	=	84.370
Trägheitsmoment	Iz	=	334.275
Trägheitsmoment	Iyz	=	- 41.140

Aufgabe:

Für den Querschnitt (Bild 1.4C) sind mit dem Programm **Querp** der Flächeninhalt, die Lage des Schwerpunkts, die Flächenträgheitsmomente I_y und I_z sowie das Deviationsmoment I_{yz} zu berechnen.

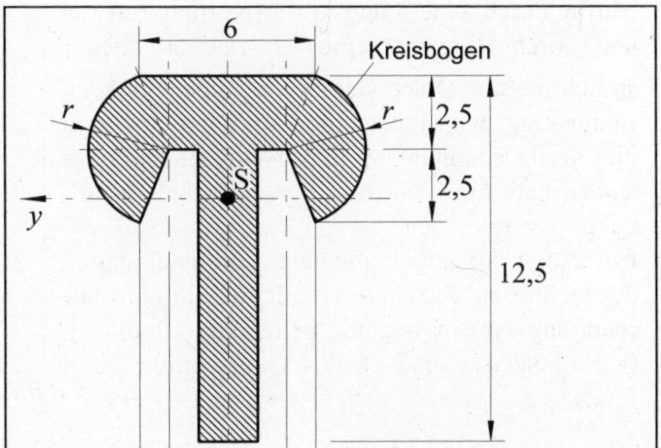

Bild 1.4C:
Einfach symmetrischer Querschnitt

Maße in cm

Querschnitt ist zur z-Achse symmetrisch!

Lösungshinweis und -ergebnis:

Für die Benutzung des Programms **Querp** werden die beiden Kreisbögen durch Geradenzüge genähert, deren Eckpunkte genügend dicht liegen (Bild 1.4.1C).

Die Koordinaten der Eckpunkte in den Kreisbögen können aus einer maßstäblichen Skizze abgemessen werden.

Nach Eingabe der Koordinaten des 24-Ecks (Bild 1.4.1C) liefert das Programm **Querp** folgendes Ergebnis.

$$A = 49,335 \text{ cm}^2$$

$$\bar{y}_S = 0\,; \quad \bar{z}_S = 4,189\,\text{cm}$$

$$I_y = 575,63 \text{ cm}^4$$

$$I_z = 232,72 \text{ cm}^4$$

$$I_{yz} = 0$$

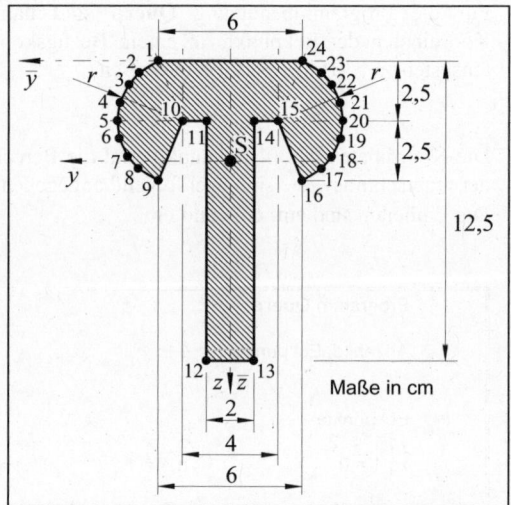

Bild 1.4.1C: Querschnittskontur durch Geradenzüge genähert; Polygon mit 24 Punkten

2. Ermittlung der Querschnittswerte und der Normalspannungen bei Biegung mit Normalkraftbeanspruchung beliebiger, aus Teilflächen zusammengesetzter Querschnitte; Programm Biegno

a) Fachliche Beschreibung

In technischen Fachgebieten, zum Beispiel im Stahlbau oder Maschinenbau, werden Träger häufig durch eine Längskraft (Normalkraft) N und durch Biegemomente M_y und M_z beansprucht. Zum Nachweis einer ausreichenden Bemessung des Querschnitts ist unter anderem die Normalspannung σ in verschiedenen Punkten zu berechnen und mit der zulässigen Spannung zu vergleichen.

Unter den allgemein üblichen Voraussetzungen der technischen Biegelehre gilt für die Normalspannung σ in einem beliebigen Punkt P (Koordinaten y und z) des Querschnitts (Bild 2.1C):

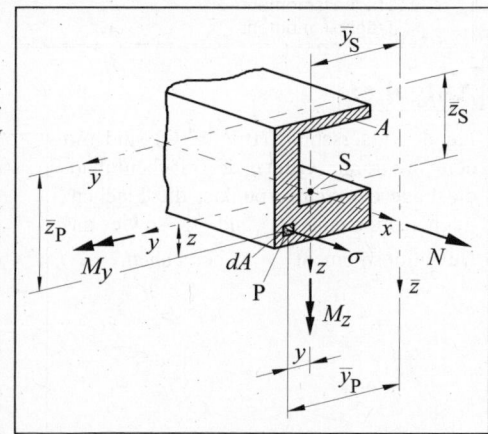

Bild 2.1C: Zur Normalspannungsberechnung

$$\sigma = \frac{N}{A} + \frac{M_y I_z - M_z I_{yz}}{I_y I_z - I_{yz}^2}\, z - \frac{M_z I_y - M_y I_{yz}}{I_y I_z - I_{yz}^2}\, y \tag{1}$$

Alle in Bild 2.1C für die Momente, die Koordinaten, die Kraft und die Spannung eingezeichneten Richtungen sind positiv, entgegengesetzte Richtungen sind negativ.

Die beiden zueinander rechtwinkligen Achsen $\bar{y}$ und $\bar{z}$ sind Bezugsachsen und ihre Lage ist frei wählbar (Bild 2.1C). Die Achsen y und z verlaufen parallel zu den Bezugsachsen $\bar{y}$ und $\bar{z}$ und gehen durch den Schwerpunkt S des zusammengesetzten Querschnitts.

Um die Normalspannung σ zu berechnen, müssen vorher folgende Werte berechnet werden:

- die Lage des Schwerpunkts S $(\bar{y}_S, \bar{z}_S)$ des zusammengesetzten Querschnitts
- die Querschnittswerte A, I_y, I_z und I_{yz} des zusammengesetzten Querschnitts.

Allgemein gilt für eine Querschnittsfläche (Bild 2.2C):

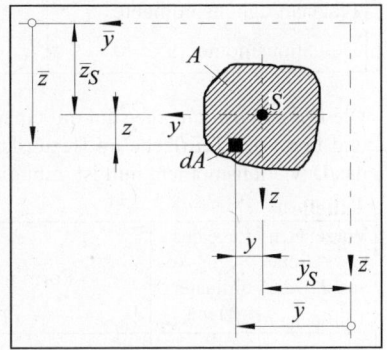

Flächeninhalt

$$A = \int_A dA$$

Lage des Schwerpunkts

$$\bar{y}_S = \frac{\int_A \bar{y}\, dA}{A} \quad ; \quad \bar{z}_S = \frac{\int_A \bar{z}\, dA}{A}$$

axiale Flächenträgheitsmomente bezogen auf die Schwerachsen y und z

$$I_y = \int_A z^2 dA \quad ; \quad I_z = \int_A y^2 dA$$

Bild 2.2C: Zur Definition der Querschnittswerte

Deviationsmoment bezogen auf die Schwerachsen y und z

$$I_{yz} = -\int_A y\, z\, dA$$

axiale Flächenträgheitsmomente und Deviationsmoment bezogen auf die $\bar{y}$- und $\bar{z}$-Achse (Satz von STEINER)

$$I_{\bar{y}} = I_y + \bar{z}_S^2 A$$

$$I_{\bar{z}} = I_z + \bar{y}_S^2 A$$

$$I_{\bar{y}\bar{z}} = I_{yz} - \bar{y}_S \bar{z}_S A .$$

Von besonderer Bedeutung sind die Hauptträgheitsachsen.

Von allen möglichen, gegenüber der y- bzw. z-Achse um den Winkel φ gedrehten Achsen η und ζ durch den Schwerpunkt des Gesamtquerschnitts gibt es stets zwei senkrecht aufeinanderstehende Achsen, nämlich die Hauptträgheitsachsen, für die das axiale Flächenträgheitsmoment I_η bzw. I_ζ den größten bzw. kleinsten Wert (Extremwerte) annimmt und das Deviationsmoment $I_{\eta\zeta}$ gleich null wird (Bild 2.3C).

Es gilt außerdem: Jede Symmetrieachse ist eine Hauptträgheitsachse.

Die Lage der Hauptträgheitsachsen wird mit dem Winkel φ^* angegeben; die dazugehörigen Trägheitsmomente (Extremwerte) werden Hauptträgheitsmomente genannt und mit I_1 und I_2 bezeichnet.

Die Hauptträgheitsachsen und Hauptträgheitsmomente werden für Stabilitätsuntersuchungen benötigt.

Der Querschnitt kann beliebig gestaltet sein. In den meisten Fällen wird man ihn in Teilflächen zerlegen können (Bild 2.3C). Diese Teilflächen können geometrische Grundformen - z.B. Dreieck, Rechteck, Kreis -, Profile oder auch zusammengesetzte Querschnitte sein, wobei folgende Werte - für die Berechnung der Fläche, des Schwerpunkts und der Trägheitsmomente für den Gesamtquerschnitt - bekannt sein müssen:

	bei 2 Teilflächen	bei n Teilflächen
Flächeninhalte	A_1 und A_2	A_1 bis A_n
Schwerpunktlagen	$\bar{y}_1, \bar{z}_1$ und $\bar{y}_2, \bar{z}_2$	$\bar{y}_1, \bar{z}_1$ bis $\bar{y}_n, \bar{z}_n$
axiale Flächenträgheitsmomente	I_{y_1}, I_{z_1} und I_{y_2}, I_{z_2}	I_{y_1}, I_{z_1} bis I_{y_n}, I_{z_n}
Deviationsmomente	I_{yz_1} und I_{yz_2}	I_{yz_1} bis I_{yz_n}

Die Deviationsmomente sind mit einem Vorzeichen behaftet. Das Vorzeichen richtet sich nach Lage und Form der Teilfläche im Bezugskoordinatensystem. Auskunft über Vorzeichen und darüber, ob das Deviationsmoment null ist, gibt die folgende Tabelle 1.

Tabelle 1

Vorzeichen bzw. Größe von I_{yz_i} der Teilfläche i	Lage des Bezugskoordinatensystems	Form und Lage der Teilfläche i im Bezugskoordinatensystems
positiv		
negativ	$\bar{y}$, $\bar{z}$	
null		alle einfach- oder doppeltsymmetrischen Querschnitte, z.B.

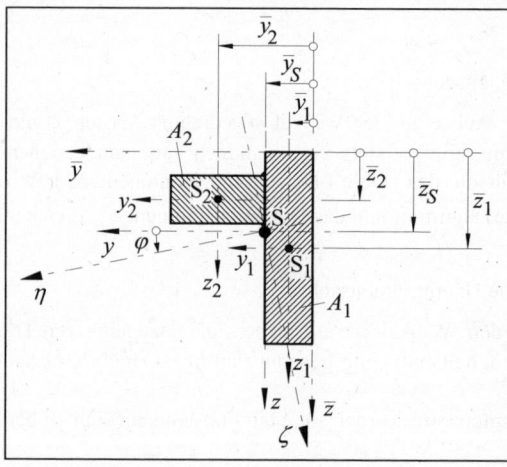

Bild 2.3C:
Aus zwei Teilflächen zusammengesetzter Querschnitt

Für den aus Teilflächen zusammengesetzten Querschnitt (Bild 2.3C) gelten folgende Beziehungen:

Tabelle 2

bei 2 Teilflächen	bei n Teilflächen
$A = A_1 + A_2$	$A = \sum\limits_{i=1}^{n} A_i$
$\bar{y}_S = \dfrac{A_1\,\bar{y}_1 + A_2\,\bar{y}_2}{A}$	
$\bar{z}_S = \dfrac{A_1\,\bar{z}_1 + A_2\,\bar{z}_2}{A}$	$\bar{y}_S = \dfrac{\sum\limits_{i=1}^{n} A_i\,\bar{y}_i}{A} \;\;;\;\; \bar{z}_S = \dfrac{\sum\limits_{i=1}^{n} A_i\,\bar{z}_i}{A}$
$I_y = I_{y_1} + A_1\left(\bar{z}_1 - \bar{z}_S\right)^2 + I_{y_2} + A_2\left(\bar{z}_2 - \bar{z}_S\right)^2$	$I_y = \sum\limits_{i=1}^{n} I_{y_i} + \sum\limits_{i=1}^{n} A_i\left(\bar{z}_i - \bar{z}_S\right)^2$
$I_z = I_{z_1} + A_1\left(\bar{y}_1 - \bar{y}_S\right)^2 + I_{z_2} + A_2\left(\bar{y}_2 - \bar{y}_S\right)^2$	$I_z = \sum\limits_{i=1}^{n} I_{z_i} + \sum\limits_{i=1}^{n} A_i\left(\bar{y}_i - \bar{y}_S\right)^2$
$I_{yz} = I_{yz_1} - A_1\left(\bar{y}_1 - \bar{y}_S\right)\left(\bar{z}_1 - \bar{z}_S\right) + I_{yz_2} - A_2\left(\bar{y}_2 - \bar{y}_S\right)\left(\bar{z}_2 - \bar{z}_S\right)$	$I_{yz} = \sum\limits_{i=1}^{n} I_{yz_i} - \sum\limits_{i=1}^{n} A_i\left(\bar{y}_i - \bar{y}_S\right)\left(\bar{z}_i - \bar{z}_S\right)$
Lage der Hauptträgheitsachsen	$\varphi^{*} = \dfrac{1}{2}\arctan\dfrac{2\,I_{yz}}{I_y - I_z}$
Hauptträgheitsmomente	$I_{1,2} = \dfrac{I_y + I_z}{2} \pm \sqrt{\left(\dfrac{I_y - I_z}{2}\right)^2 + I_{yz}^{\,2}}$

Zur Berechnung von A, $\bar{y}_S$, $\bar{z}_S$, I_y, I_z und I_{yz} eines aus n Teilflächen zusammengesetzten Querschnitts wird im Programm **Biegno** der folgende Algorithmus verwendet:

♦ Für den zusammengesetzten Querschnitt, gebildet aus Teilfläche A_1 und Teilfläche A_2, werden die Fläche, die Lage des Schwerpunkts sowie die axialen Flächenträgheitsmomente und das Deviationsmoment bezogen auf die Schwerachsen dieses zusammengesetzten Querschnitts (A_1 und A_2) entsprechend der Formeln aus Tabelle 2 ermittelt.

♦ Die ermittelten Querschnittswerte des aus A_1 und A_2 zusammengesetzten Querschnitts werden als Querschnittswerte einer neuen Teilfläche A_1 aufgefasst.

♦ Die nächste Teilfläche wird als neue Teilfläche A_2 angesehen, und der Algorithmus wird erneut durchlaufen.

Dieser Algorithmus wird bis zur n-ten Teilfläche abgearbeitet (siehe Unterfunktion `flaech_berech`, Seite 227).

Um unter anderem die Eingabe zu verkürzen, werden verschiedene Arten von Teilflächen (z.B. paarweise und symmetrisch angeordnete Teilflächen, Rechteck, Profil) unterschieden. Jedem Fall ist eine Kennzahl zugeordnet (siehe Tabelle 3), welche bei der Eingabe mit einzugeben ist.

Flächenträgheitsmomente von Teilflächen in Bezug auf ein und dieselbe Achse dürfen addiert und subtrahiert werden. Dies gilt analog auch für die Deviationsmomente von Teilflächen. Subtrahiert wird, wenn Teilflächen vom Gesamtquerschnitt abzuziehen sind. Damit das Programm **Biegno** dies erkennt, wird vereinbart, dass abzuziehende Teilflächen mit einer *negativen Kennzahl* einzugeben sind.

Tabelle 3

Kennzahlen für die verschiedenen Fälle der Anordnung und Formen von Teilflächen im Bezugskoordinatensystem $\bar{y}, \bar{z}$			
Teilfläche	Anordnung der Teilfläche	Eingabe	Kennzahl
Rechteck		b h $\bar{y}_i$ $\bar{z}_i$	1
Profil oder jede andere Flächenform		A_i (Vorzeichen von $\bar{y}_i$ I_{yz_i} und Auskunft $\bar{z}_i$ darüber, ob I_{yz_i} I_{y_i} null ist; siehe Ta- I_{z_i} belle 1) I_{yz_i}	2
zwei gleiche Profile oder zwei andere gleiche Flächenformen mit symmetrischer Anordnung; Symmetrieachse y_i parallel zur $\bar{y}$-Achse		A_T (für eine Fläche) $\bar{y}_i$ $\bar{z}_i$ h_z I_{y_T} (für eine Fläche) I_{z_T} (für eine Fläche)	3
zwei gleiche Profile oder zwei andere gleiche Flächenformen mit symmetrischer Anordnung; Symmetrieachse z_i parallel zur $\bar{z}$-Achse		A_T (für eine Fläche) $\bar{y}_i$ $\bar{z}_i$ h_y I_{y_T} (für eine Fläche) I_{z_T} (für eine Fläche)	4

Damit nun die Spannung σ in einem beliebigen Punkt des Gesamtquerschnitts nach Gleichung (1) berechnet werden kann, sind die Normalkraft N, die Momente M_y und M_z sowie die Koordinaten $(\bar{y}_P, \bar{z}_P)$ des Punktes P einzugeben (Bild 2.1C). Die Koordinaten des Punktes P werden im Programm **Biegno** in das y, z-Koordinatensystem mit $y = \bar{y}_P - \bar{y}_S$ und $z = \bar{z}_P - \bar{z}_S$ transformiert.

Innerhalb der Gesamtquerschnittsfläche können Punkte existieren, bei denen die Normalspannung $\sigma = 0$ wird. Um diese Punkte anzugeben, wird in Gleichung (1) y und z als ein Variablenpaar aufgefasst.

Mit $\sigma = 0$ folgt dann aus Gleichung (1)

$$z = \underbrace{\left(\frac{M_z I_y - M_y I_{yz}}{M_y I_z - M_z I_{yz}} \right)}_{m = \tan \beta} \cdot y + \underbrace{\left(-\frac{N}{A} \cdot \frac{I_y I_z - I_{yz}^2}{M_y I_z - M_z I_{yz}} \right)}_{n}$$

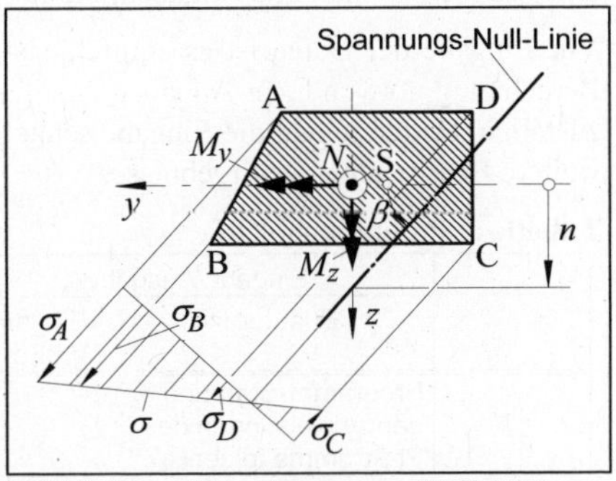

Dies ist die Funktion der Spannungs-Null-Linie. Sie entspricht einer Geradengleichung der Form $z = my + n$ (Bild 2.4C). Der Faktor m bei y ist die Steigung der Spannungs-Null-Linie:

$$m = \tan \beta = \frac{M_z I_y - M_y I_{yz}}{M_y I_z - M_z I_{yz}}.$$

Der Summand $n = -\dfrac{N}{A} \cdot \dfrac{I_y I_z - I_{yz}^2}{M_y I_z - M_z I_{yz}}$ gibt den Schnittpunkt der Spannungs-Null-Linie mit der z-Achse an.

Bild 2.4C: *Zur Spannungs-Null-Linie und Spannungsverteilung*

Das Programm **Biegno** berechnet die Gleichung der Spannungs-Null-Linie in der Form $z = my + n$. Es werden m und n sowie der Steigungswinkel β der Spannungs-Null-Linie ausgegeben.

Wenn nun die Lage der Spannungs-Null-Linie bekannt ist, erkennt man die Querschnittspunkte der größten und kleinsten Randspannung. Für die größte Randspannung ist der größte Abstand (senkrecht zur Spannungs-Null-Linie) von der Spannungs-Null-Linie maßgebend, für die kleinste Randspannung der kleinste Abstand; in Bild 2.4C Punkte A und C.

Verläuft die Spannungs-Null-Linie durch die Querschnittsfläche (Bild 2.4C), so trennt sie die Fläche in zwei Bereiche; der eine wird durch Zugspannungen und der andere durch Druckspannungen beansprucht. Berührt sie die Querschnittsfläche oder verläuft außerhalb, so erhält der Querschnitt nur Druck- oder nur Zugspannungen.

b) Benutzeranleitung

Die Eingabegrößen müssen in den Maßeinheiten eingegeben werden, die in Tabelle 4 aufgeführt sind. Die Einheiten der Ausgabewerte ergeben sich aus den Einheiten der Eingabedaten (Ausnahme sind die Winkel φ^* und β; Einheit bei der Ausgabe für die Winkel ist immer °).

Tabelle 4

Eingabewert	Einheit		Einheit	
Länge	mm		cm	
Fläche	mm^2	oder	cm^2	oder ....
Flächenträgheitsmoment	mm^4		cm^4	
Kraft	N		kN	
Biegemoment	N mm		kN cm	

Beschreibung des Programmablaufs

Der Programmablauf nach Tabelle 5 gestattet dem Anwender Aufgaben mit diesem Programm zu bearbeiten, ohne alle Einzelheiten des Programms kennen zu müssen.
Die Tabelle 5 enthält alle Angaben, die für eine Anwendung erforderlich sind.

Vor Eingabe der Daten ist es empfehlenswert eine Skizze des Gesamtquerschnitts mit den zu der Berechnung notwendigen Angaben anzufertigen und die Eingabedaten in einer Tabelle zusammenzustellen. Dadurch geht die Eingabe schneller und man hat auch eine bessere Dokumentation für die weitere Bearbeitung der Ergebnisse.

Tabelle 5: Programmablauf

	Eingabe/Ausgabe	
	Erläuterung	Eingabe-größe
	Programm-Start und den Anweisungen des Programms folgen	
	Kennzahl nach Tabelle 3	Kennzahl 1)
entsprechenden Fall aussuchen und Eingabedaten für die Teilfläche nacheinander eingeben	Rechteck, Kennzahl=1 siehe Tabelle 3	b h $\overline{y}_i$ $\overline{z}_i$
	Profil oder andere Flächenform, Kennzahl=2 siehe Tabelle 3	A_i $\overline{y}_i$ $\overline{z}_i$ I_{y_i} I_{z_i} I_{yz_i} 2)
	zwei gleiche Profile oder zwei andere Flächenformen mit symmetrischer Anordnung, Kennzahl=3 siehe Tabelle 3	A_T $\overline{y}_i$ $\overline{z}_i$ h_z I_{y_T} I_{z_T}
	zwei gleiche Profile oder zwei andere Flächenformen mit symmetrischer Anordnung, Kennzahl=4 siehe Tabelle 3	A_T $\overline{y}_i$ $\overline{z}_i$ h_y I_{y_T} I_{z_T}

	Eingabe/Ausgabe	
	Erläuterung	Eingabe-größe
je nach Wunsch Eingabe der Schnittgrößen und Berechnung der Spannungs-Null-Linie und der Spannung σ an den verschiedenen Punkten	Entscheidung darüber, ob nächste Teilfläche eingegeben werden soll.	
	Eingabe der Schnittkräfte; siehe Bild 2.1C	N M_y M_z

2) Das Deviationsmoment I_{yz_i} ist mit Vorzeichen nach Tabelle 1 einzugeben.

1) Falls die Teilfläche vom Gesamtquerschnitt abzuziehen ist, muss die Kennzahl mit *negativem Vorzeichen* eingegeben werden.

Es folgen einige Programmausschnitte aus dem MATLAB-Programm `Biegno.m`. Das vollständige Programm steht auf der Homepage zum Buch, *www.harri-deutsch.de.*

```
function Gesamtflaeche=flaech_berech (Flaechen)
%Vektor mit Geometriedaten:
%Flaeche=[A, y_quer, z_quer, I_y, I_z, I_yz, Kennzahl]

        Gesamtflaeche=Flaechen(1,:);
        Flaechen(1,:)=[];

    %Schrittweise Berechnung der Gesamtfläche durch Verknüpfung der bisher
    %berechneten Gesamtfläche und einer weiteren Teilfläche

    while length(Flaechen) > 0
        F1=Gesamtflaeche;
        F2=Flaechen(1,:);

        Gesamtflaeche(1)=F1(1)+F2(1);
        Gesamtflaeche(2)=(F1(1)*F1(2)+F2(1)*F2(2))/Gesamtflaeche(1);
        Gesamtflaeche(3)=(F1(1)*F1(3)+F2(1)*F2(3))/Gesamtflaeche(1);
        Gesamtflaeche(4)=F1(4)+F1(1)*(F1(3)-Gesamtflaeche(3))^2...
                    +F2(4)+F2(1)*(F2(3)-Gesamtflaeche(3))^2;
        Gesamtflaeche(5)=F1(5)+F1(1)*(F1(2)-Gesamtflaeche(2))^2...
                    +F2(5)+F2(1)*(F2(2)-Gesamtflaeche(2))^2;
        Gesamtflaeche(6)=F1(6)-F1(1)*(F1(3)-Gesamtflaeche(3))*(F1(2)... -
                    -Gesamtflaeche(2))+F2(6)-F2(1)*(F2(3)...
                    -Gesamtflaeche(3))*(F2(2)-Gesamtflaeche(2));
        Gesamtflaeche(7)=0;

        Flaechen(1,:)=[];
    end

    %Berechnung phi_stern, I1 und I2

    if Gesamtflaeche(4) ~= Gesamtflaeche(5)
        phi_stern = 0.5*atand(2*Gesamtflaeche(6)/(Gesamtflaeche(4)...
                    -Gesamtflaeche(5)));
    else
        phi_stern = 0;  %Ersatzwert, falls Phi* nicht berechnet wird
    end

    I1=(Gesamtflaeche(4)+Gesamtflaeche(5))*0.5+sqrt(((Gesamtflaeche(4...
        -Gesamtflaeche(5))*0.5)^2+Gesamtflaeche(6)^2);
    I2=(Gesamtflaeche(4)+Gesamtflaeche(5))*0.5-sqrt(((Gesamtflaeche(4)...
        -Gesamtflaeche(5))*0.5)^2+Gesamtflaeche(6)^2);

    Gesamtflaeche=[Gesamtflaeche, I1, I2, phi_stern];

    if phi_stern == 0
        disp(' ');
        disp('Formel für phi_stern versagt!');
    else
        disp(' ');
        disp('phi_stern wurde berechnet!');
    end

%[..]  Bildschirmausgabe

end
```

```
function [sigma, m, n]=berechnung (Lasten, Punkte, zus_flaeche)
     sigma=[];
     clc

     if isempty(Punkte)
          disp(' ');
          disp('Es wurden keine Punkte angegeben. Bitte geben Sie jetzt ...
              einen Punkt an: ');
          disp(' ');
          Punkte=punkt_eingeben(Punkte);
     end

     if isempty(Lasten)
          disp(' ');
          disp('Es wurden keine Lasten angegeben. Bitte geben Sie jetzt ...
              die Lasten an: ');
          disp(' ');
          Lasten=kraefte_eingeben;
     end

%Vektor zus_flaeche:
%A,     y_quer,    z_quer,    I_y,     I_z,     I_yz,     I1,     I2,     phi_stern

     %Punkte in y-z-Koordinatensystem transformieren
     punkte_t=[Punkte(:,1)-zus_flaeche(2), Punkte(:,1)-zus_flaeche(3)];

     %Geradengleichung der Spannungs-Null-Linie

     m=(Lasten(3)*zus_flaeche(4)-Lasten(2)*zus_flaeche(6))...
        /(Lasten(2)*zus_flaeche(5)-Lasten(3)*zus_flaeche(6));

     n=-1*Lasten(1)/zus_flaeche(1)*(zus_flaeche(4)*zus_flaeche(5)-...
        zus_flaeche(6)^2)/(Lasten(2)*zus_flaeche(5)-Lasten(3)*zus_flaeche(6));

     %Berechnung der Spannungen

     vor_y=(Lasten(3)*zus_flaeche(4)-Lasten(2)*zus_flaeche(6))...
             /(zus_flaeche(4)*zus_flaeche(5)-zus_flaeche(6)^2);
     vor_z=(Lasten(2)*zus_flaeche(5)-Lasten(3)*zus_flaeche(6))...
             /(zus_flaeche(4)*zus_flaeche(5)-zus_flaeche(6)^2);
     NA=Lasten(1)/zus_flaeche(1);

     s=size(Punkte);

     for i=1:s(1)
          temp=NA+vor_z*Punkte(i,2)-vor_y*Punkte(i,1);
          sigma=[sigma, temp];
     end
     disp(' ');
     disp('Berechnung abgeschlossen.');
     pause

end
```

Beispiel:

Der Querschnitt (Bild 2.5C) wird durch das Moment $M_y = 2000\,\text{kN cm}$ belastet. Mit dem Programm **Biegno** sind die Querschnittswerte A, $\bar{y}_S$, $\bar{z}_S$, I_y, I_z, I_{yz}, φ^*, I_1 und I_2, die Spannungs-Null-Linie und die Spannungsverteilung zu berechnen.

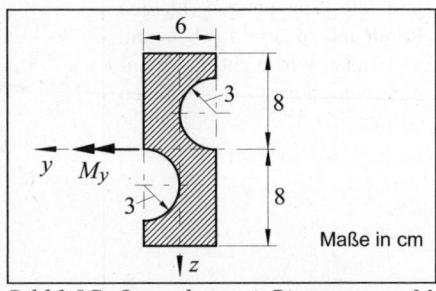

Bild 2.5C: Querschnitt mit Biegemoment M_y

Lösung:

Für die Benutzung des Programms **Biegno** ist erforderlich, dass wir zunächst den Querschnitt in Teilflächen aufteilen, ein Bezugskoordinatensystem $\bar{y}, \bar{z}$ festlegen (Bild 2.5.1C) und für jede Teilfläche die Eingabegrößen (bei Rechteck nur Breite, Höhe und Schwerpunktlage; sonst Flächeninhalt, Schwerpunktlage, Flächenträgheitsmomente und Deviationsmoment) entsprechend den Tabellen 5 und 3 für die Eingabe ermitteln.

Nachfolgend werden die eingegebenen Werte und die berechneten Größen gezeigt. Die Einheiten sind cm, cm^2, cm^4, kN cm, $°$ und kN/cm^2.

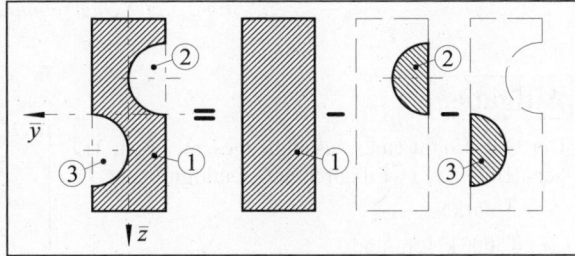

Bild 2.5.1C: Aufteilung des Querschnitts; Bezugskoordinatensystem $\bar{y}, \bar{z}$

```
Programm Biegno

   1. Teilfläche          Querschnittswerte:
Kennzahl = 1              Fläche              A    =    67.726
b    =    6               Schwerpunktsabstand yqs  =     0.000
h    =   16               Schwerpunktsabstand zqs  =     0.000
yqi  =    0
zqi  =    0               Trägheitsmomently        =  1729.917
                          Trägheitsmomentlz        =   185.904
   2. Teilfläche          Zentrifugalmoment   lyz  =   146.471
Kennzahl = - 2
Ai   =   14.137           Hauptträgheitsachsen Phi* =    5.371
yqi  =  - 1.7268          Hauptträgheitsmoment  I1  = 1743.689
zqi  =  - 3               Hauptträgheitsmoment  I2  =  172.132
lyi  =   31.8087
lzi  =    8.8938          Schnittkräfte:
lyzi =    0               N = 0
                          My = 2000
   3. Teilfläche          Mz = 0
Kennzahl = - 2
Ai   =   14.137           Spannungs-Null-Linie:  z = m y + n
yqi  =    1.7268          Steigung   m = - 0.79
zqi  =    3               Steigungswinkel d. Spannungs-Null-Linie, beta = - 38.23
lyi  =   31.8087          n = 0.00
lzi  =    8.8938
lyzi =    0               Ort und Größe der Spannung:
                          yqp   =   3
                          zqp   =   8
                          Sigma =  12.8381

                          Ort und Größe der Spannung:
                          yqp   =  - 3
                          zqp   =  - 8
                          Sigma =  - 12.8381
```

⇨ Punkt A
(Bild 2.5.2C)

⇨ Punkt B
(Bild 2.5.2C)

Sind die Spannungs-Null-Linie und die Spannungen in den Randpunkten A und B bekannt, so können wir leicht die Spannungsverteilung aufzeichnen (Bild 2.5.2C).

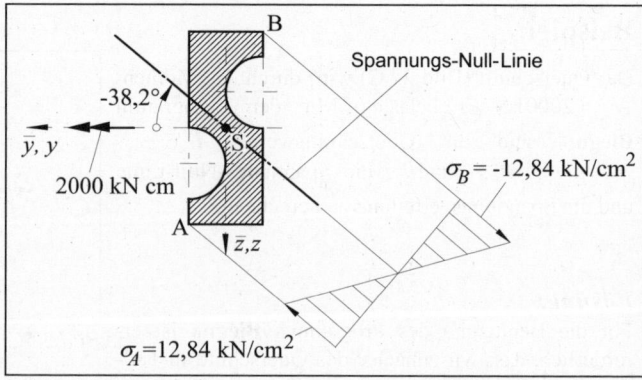

Bild 2.5.2C: Querschnitt mit Spannungsverteilung

Aufgabe:

Der Querschnitt eines zusammengeschweißten Trägers (Bild 2.6C) wird durch die Schnittgrößen

$N = -600\,\text{kN}$,

$M_y = 5000\,\text{kN cm}$ und

$M_z = -1000\,\text{kN cm}$ belastet.

Mit dem Programm **Biegno** sind $A, \bar{y}_S, \bar{z}_S$, I_y, I_z, I_{yz} und die Spannungsverteilung zu berechnen.

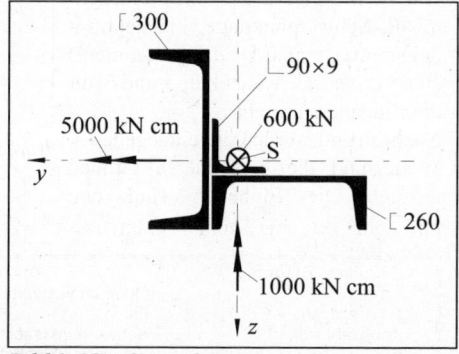

Bild 2.6C: Querschnitt mit Schnittgrößen N, M_y und M_z

Lösungsergebnisse:

$A = 122{,}6\,\text{cm}^2$

$\bar{y}_S = 8{,}85\,\text{cm}$

$\bar{z}_S = 3{,}73\,\text{cm}$

$I_y = 10317{,}61\,\text{cm}^4$

$I_z = 12013{,}20\,\text{cm}^4$

$I_{yz} = 3556{,}32\,\text{cm}^4$

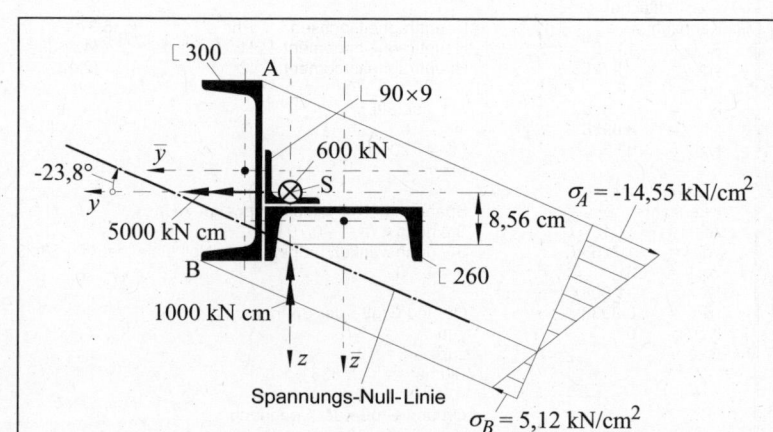

Bild 2.6.1C: Querschnitt mit Bezugskoordinatensystem $\bar{y}, \bar{z}$ und Spannungsverteilung

Aufgabe:

Ein Kragträger mit ⌐-Profil ist durch eine Kraft $F = 2,5\,\text{kN}$ belastet (Bild 2.7C).

Mit dem Programm **Biegno** sind die Querschnittswerte A, $\bar{y}_S$, $\bar{z}_S$, I_y, I_z, I_{yz}, φ^*, I_1 und I_2, die Spannungs-Null-Linie und die Spannungsverteilung an der Einspannstelle zu ermitteln.

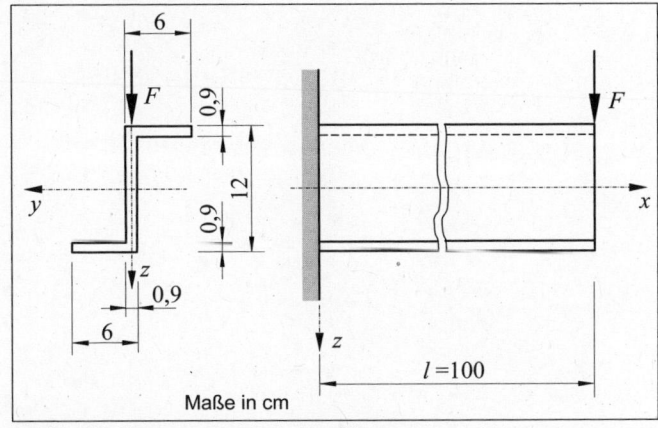

Maße in cm

Bild 2.7C: Kragträger mit ⌐-Profil

Lösungshinweise und -ergebnisse:

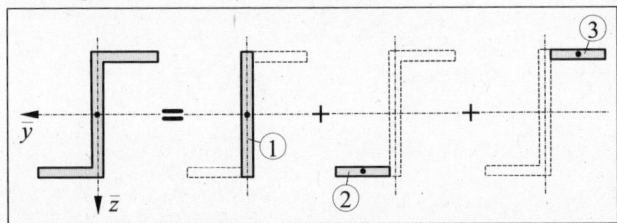

Einteilung des Querschnitts in 3 Teilflächen und Bezugskoordinatensystem $\bar{y}$, $\bar{z}$ festlegen (Bild 2.7.1C).

Bild 2.7.1C: Aufteilung des Querschnitts; Bezugskoordinatensystem $\bar{y}$, $\bar{z}$

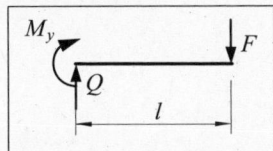

Bild 2.7.2C: Schnitt an der Einspannstelle

Schnittgrößen an der Einspannstelle: $\quad M_y + F\,l = 0$,

$$M_y = -F\,l = -2,5\,\text{kN}\cdot 100\,\text{cm} = -250\,\text{kN cm}.$$

Mit dem Programm **Biegno** werden folgende Ergebnisse ermittelt:
$A = 19,980\ \text{cm}^2$, $\quad \bar{y}_S = 0$, $\quad \bar{z}_S = 0$, $\quad I_y = 412,987\,\text{cm}^4$,

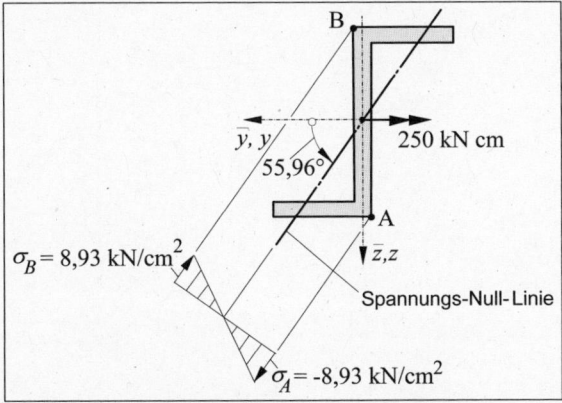

Bild 2.7.3C: Querschnitt mit Spannungsverteilung

$I_z = 103,247\,\text{cm}^4$, $\quad I_{yz} = -152,847\,\text{cm}^4$,

$\varphi^* = -22,312°$ (Lage der Hauptachsen)

$I_1 = 475,710\,\text{cm}^4$, $\quad I_2 = 40,523\,\text{cm}^4$,

$z = 1,48\,y + 0$ (Spannungs-Null-Linie)

$\beta = 55,96°$,

Spannung im Punkt A (Bild 2.7.3C):
$\bar{y} = -0,45\,\text{cm}$ und $\bar{z} = 6\,\text{cm}$,

$\sigma_A = -8,93\,\text{kN/cm}^2$.

Spannung im Punkt B (Bild 2.7.3C):
$\bar{y} = 0,45\,\text{cm}$ und $\bar{z} = -6\,\text{cm}$,

$\sigma_B = 8,93\,\text{kN/cm}^2$.

Notizen

Anhang:
Einige Grundbegriffe und Formeln der Festigkeitslehre

A1   Einheiten; Spannungen

♦ **Einheiten**

Größe	Formelzeichen	SI-Einheit		Beziehung
		Name	Zeichen	
Kraft	F	Newton	N	$1\,\text{N} = 1\,\text{kg}\,\text{m}/\text{s}^2$
Masse	m	Kilogramm	kg	
Spannung	$\sigma,\ \tau$		N/m^2	$1\,\text{N}/\text{m}^2 = 1\,\text{Pa}$
Druck	p	Pascal	Pa	$1\,\text{Pa} = 1\,\text{N}/\text{m}^2 = 1\,\text{kg}/(\text{m}\,\text{s}^2)$

♦ **Spannungsvektor** $\vec{t} = \lim\limits_{\Delta A \to 0} \dfrac{\Delta \vec{F}}{\Delta A} = \dfrac{d\vec{F}}{dA}$

Die Dimension der mechanischen Spannung ist $\dfrac{\text{Kraft}}{\text{Fläche}}$.

ΔA: Flächenelement

$\Delta \vec{F}$: am Flächenelement ΔA angreifende Schnittkraft

♦ Den Spannungsvektor $\vec{t}$ kann man in eine Komponente normal zur Schnittfläche (**Normalspannung** σ) und in eine Komponente in der Schnittfläche (**Schubspannung** τ) zerlegen.

σ: Normalspannung (senkrecht zur Schnittfläche)

τ: Schubspannung (in der Schnittfläche)

♦ **Ebener Spannungszustand**

$$\sigma(\varphi) = \frac{\sigma_x + \sigma_y}{2} + \frac{\sigma_x - \sigma_y}{2}\cos 2\varphi + \tau_{xy}\sin 2\varphi$$

$$\tau(\varphi) = -\frac{\sigma_x - \sigma_y}{2}\sin 2\varphi + \tau_{xy}\cos 2\varphi$$

$$\sigma_{1,2} = \frac{\sigma_x + \sigma_y}{2} \pm \sqrt{\left(\frac{\sigma_x - \sigma_y}{2}\right)^2 + \tau_{xy}^2}$$

$$\tau_{\max} = \pm\frac{\sigma_1 - \sigma_2}{2} = \pm\sqrt{\left(\frac{\sigma_x - \sigma_y}{2}\right)^2 + \tau_{xy}^2}$$

σ_x: Normalspannung in x-Richtung

σ_y: Normalspannung in y-Richtung

τ_{xy}: Schubspannung an der Stelle x in y-Richtung

φ: Schnittwinkel

$\sigma(\varphi)$: Normalspannung senkrecht zur Schnittfläche (Winkel φ)

$\tau(\varphi)$: Schubspannung in der Schnittfläche (Winkel φ)

$\sigma_{1,2}$: Hauptnormalspannungen

$\tau_{\max}$: Hauptschubspannung

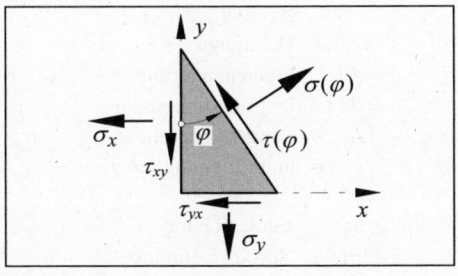

Bild 1.1A:
Spannungen in geneigten Schnittflächen

Zur Berechnung der **Lage der Hauptnormalspannungsebenen** stehen folgende Formeln zur Verfügung:

$$\tan 2\varphi^* = \frac{2\,\tau_{xy}}{\sigma_x - \sigma_y} \qquad (1.1)$$

$$\tan \varphi_1 = \frac{\sigma_1 - \sigma_x}{\tau_{xy}} = \frac{\sigma_y - \sigma_2}{\tau_{xy}} = \frac{\tau_{xy}}{\sigma_1 - \sigma_y} = \frac{\tau_{xy}}{\sigma_x - \sigma_2} \qquad (1.2)$$

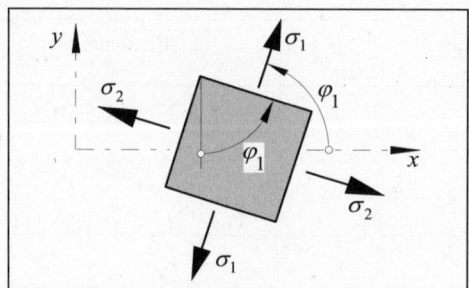

Bild 1.2A: Zur Lage des Winkels φ_1 für die Ebene der Hauptnormalspannung σ_1

φ^* : Winkel für die Lage der Hauptnormalspannungsebenen

φ_1 : Winkel zwischen x-Achse und Richtung der Hauptnormalspannung σ_1 (Bild 1.2A)

Die Verwendung der Gleichung (1.2) hat den Vorteil, dass der Winkel φ_1, der zwischen x-Achse und Richtung von σ_1 liegt (Bild 1.2A), direkt berechnet werden kann. Bei der Richtungsermittlung der Hauptnormalspannungen mit der Gleichung (1.1) muß die Zugehörigkeit des Winkels φ^* zu den Hauptnormalspannungen durch Einsetzen von φ^* in die Gleichung für $\sigma(\varphi)$ noch ermittelt werden.

A2 Verformungen

♦ **Dehnung** ε ist der Quotient aus Längenänderung durch ursprüngliche Länge.

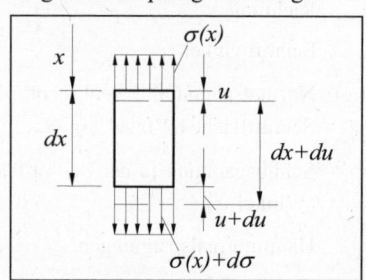

Bild 2.1A: Längenänderung eines Stabelements

$$\varepsilon = \frac{(dx + du) - dx}{dx} = \frac{du}{dx} \quad ; \quad \varepsilon = \frac{\Delta l}{l}$$

♦ **Verschiebung** u

$$du = \frac{\sigma(x)}{E}dx \quad ; \quad u = \frac{1}{E}\int \sigma(x)\,dx$$

ε : Dehnung
du : Längenänderung
dx : ursprüngliche Länge
Δl : Längenänderung
l : ursprüngliche Länge

u : Verschiebung
$\sigma(x)$: Normalspannung
E : Elastizitätsmodul

A3   Zusammenhang zwischen Spannungen und Verformungen

♦ **Elastizitätsgesetz**

$$\varepsilon = \frac{\sigma}{E} \quad ; \quad \gamma = \frac{\tau}{G} \quad ; \quad G = \frac{E}{2(1+\nu)}$$

♦ **HOOKEsches Gesetz** $\sigma = E \cdot \varepsilon$

E :   Elastizitätsmodul
G :   Schubmodul
γ :   Gleitung
ν :   Querdehnungszahl

♦ **Werkstoffkennwerte des Zugversuchs (DIN EN 10002 Teil 1)**

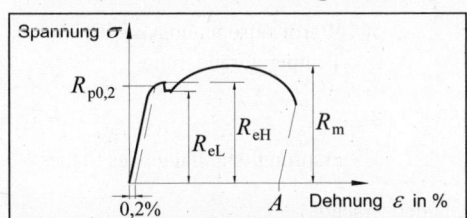

R_m :   Zugfestigkeit
R_{eH} :   Obere Streckgrenze
R_{eL} :   Untere Streckgrenze
$R_{p0,2}$:   Spannung an der 0,2 Dehngrenze
        mit 0,2% bleibender Dehnung
A :   Bruchdehnung

Bild 3.1A: Spannung-Dehnung-Diagramm mit Werkstoffkennwerten

♦ **Verallgemeinertes HOOKEsches Gesetz** für den ebenen Spannungszustand bei Berücksichtigung von Temperaturdehnungen

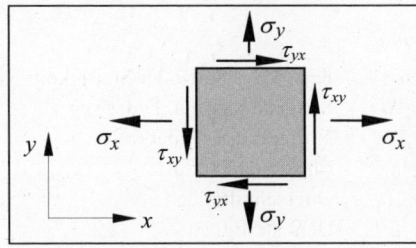

Bild 3.2A: Zweiachsiger Spannungszustand

$$\varepsilon_x = \frac{1}{E}\left(\sigma_x - \nu\sigma_y\right) + \alpha_T \Delta\vartheta$$

$$\varepsilon_y = \frac{1}{E}\left(\sigma_y - \nu\sigma_x\right) + \alpha_T \Delta\vartheta$$

$$\varepsilon_z = -\frac{\nu}{E}\left(\sigma_x + \sigma_y\right) + \alpha_T \Delta\vartheta$$

$$\gamma_{xy} = \frac{\tau_{xy}}{G}$$

ε_x :   Dehnung in x-Richtung
ε_y :   Dehnung in y-Richtung
ε_z :   Dehnung in z-Richtung
γ_{xy} :   Gleitung
ν :   Querdehnungszahl
α_T :   Wärmeausdehnungskoeffizient
$\Delta\vartheta$:   Temperaturänderung
E :   Elastizitätsmodul
G :   Schubmodul

A4   Zug und Druck in Stäben

♦ **Spannungsgleichung**

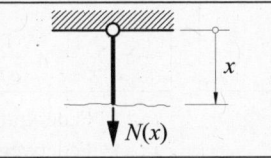

$$\sigma(x) = \frac{N(x)}{A(x)}$$

$\sigma(x)$:   Normalspannung an der Stelle x
$N(x)$:   Normalkraft an der Stelle x
$A(x)$:   Querschnittsfläche an der Stelle x

Bild 4.1A: Geschnittener Stab

♦ **Längenänderung** Δl infolge einer Normalkraftbelastung:

$$\varepsilon(x) = \frac{\sigma(x)}{E} = \frac{N(x)}{E A(x)}$$

$$\Delta l = \frac{1}{E} \int_0^l \frac{N(x)}{A(x)} dx.$$ Wenn Normalkraft und

Querschnittsfläche konstant sind, folgt:

$$\Delta l = \frac{N l}{E A}.$$

$\Delta l:$	Längenänderung des Stabes
$l:$	ursprüngliche Länge des Stabes
$N:$	Normalkraft
$A:$	Querschnittsfläche
$E:$	Elastizitätsmodul
$EA:$	Dehnsteifigkeit

♦ **Wärmedehnung** ε_T

$$\varepsilon_T = \alpha_T \Delta \vartheta$$

$\alpha_T:$ Wärmeausdehnungskoeffizient
$\Delta \vartheta:$ Temperaturänderung

♦ **Längenänderung** Δl_T infolge einer Temperaturänderung

$$\Delta l_T = \alpha_T \Delta \vartheta \, l$$

$l:$ ursprüngliche Länge des Stabes

♦ **"Steifigkeit"** eines Stabes (Stab wird durch eine Feder "ersetzt")

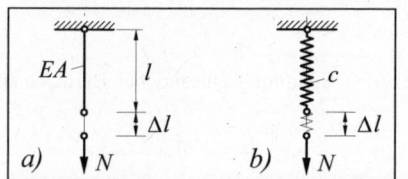

Bild 4.2A:
a) Stab
b) lineare Feder

Der linear elastische Stab kann durch eine lineare Feder (Federkraft ist proportional zum Federweg) (Bild 4.2A) mit der **Steifigkeit** (Federkonstante)

$$c = \frac{N}{\Delta l} = \frac{EA}{l}$$

"ersetzt" werden.

$c:$	Federkonstante oder Steifigkeit
$\Delta l:$	Längenänderung, Federweg
$N:$	Normalkraft, Federkraft
$E:$	Elastizitätsmodul
$A:$	Querschnittsfläche
$EA:$	Dehnsteifigkeit

♦ **"Steifigkeit"** beim Zusammenfassen *mehrerer* Federn zu einer *Ersatzfeder*:

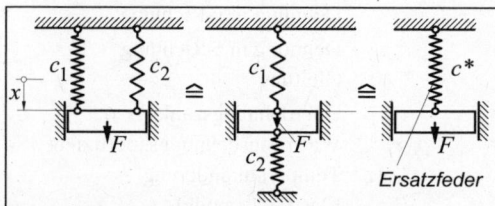
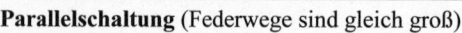

Bild 4.3A: Parallelschaltung von Federn

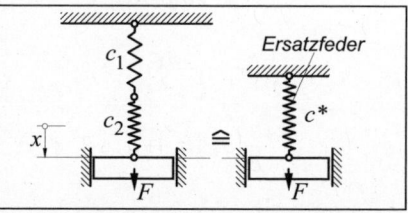

Bild 4.4A: Reihenschaltung von Federn

Parallelschaltung (Federwege sind gleich groß)

$$F = c_1 x + c_2 x = c^* x \quad \Rightarrow \quad c^* = c_1 + c_2$$

$$c^* = \sum_{i=1}^n c_i$$

Reihenschaltung (Federkräfte sind gleich)

$$x = x_1 + x_2 = \frac{F}{c_1} + \frac{F}{c_2} = \frac{F}{c^*} \quad \Rightarrow \quad \frac{1}{c^*} = \frac{1}{c_1} + \frac{1}{c_2}$$

$$\frac{1}{c^*} = \sum_{i=1}^n \frac{1}{c_i}; \quad \frac{1}{c^*} = \frac{c_1 + c_2}{c_1 \cdot c_2} \quad \Rightarrow \quad c^* = \frac{c_1 \cdot c_2}{c_1 + c_2}$$

$c^*:$	Steifigkeit der Ersatzfeder
$c_i:$	Steifigkeit der Feder i
$n:$	Anzahl der Federn

$F:$	Federkraft
$x:$	Federweg

A5 Flächenträgheitsmomente; Lage der Hauptachsen; Widerstands-momente

♦ **Axiale Flächenträgheitsmomente** und **Deviationsmoment** oder **Zentrifugalmoment** für ein beliebiges kartesisches Koordinatensystem

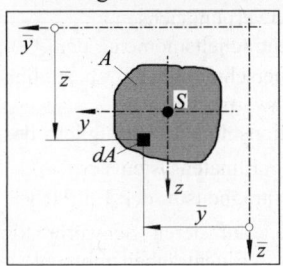

Bild 5.1A:
Zur Definition der Flächenträgheitsmomente

$$I_{\bar{y}} = \int_A \bar{z}^2 \, dA$$

$$I_{\bar{z}} = \int_A \bar{y}^2 \, dA$$

$$I_{\bar{y}\bar{z}} = -\int_A \bar{y}\,\bar{z} \, dA$$

$I_{\bar{y}}$: axiales Flächenträgheitsmoment bezüglich der $\bar{y}$-Achse

$I_{\bar{z}}$: axiales Flächenträgheitsmoment bezüglich der $\bar{z}$-Achse

$I_{\bar{y}\bar{z}}$: Deviationsmoment bezüglich des $\bar{y},\bar{z}$-Koordinatensystems

Mit Rücksicht auf weiterführende Betrachtungen (tensorielle Darstellung) in der höheren Mechanik wird das Deviationsmoment negativ definiert (siehe auch DIN 13316). Teilweise wird es in der Literatur mit positivem Vorzeichen angegeben, so dass der Vorzeichenunterschied beim Vergleich entsprechender Formeln zu beachten ist. $I_{\bar{y}\bar{z}}$ kann positiv, negativ oder auch gleich null werden. Es wird null, wenn mindestens eine der beiden Koordinatenachsen eine Symmetrieachse der Fläche ist.

♦ **Flächenträgheitsmomente paralleler Achsen (STEINERscher Satz)**

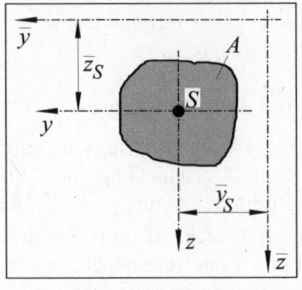

Bild 5.2A:
Zum Satz von STEINER

$$I_{\bar{y}} = I_y + \bar{z}_S^{\,2} A$$

$$I_{\bar{z}} = I_z + \bar{y}_S^{\,2} A$$

$$I_{\bar{y}\bar{z}} = I_{yz} - \bar{y}_S \bar{z}_S A$$

$I_{\bar{y}}$: axiales Flächenträgheitsmoment bezüglich der $\bar{y}$-Achse
$I_{\bar{z}}$: axiales Flächenträgheitsmoment bezüglich der $\bar{z}$-Achse
$I_{\bar{y}\bar{z}}$: Deviationsmoment bezüglich des $\bar{y},\bar{z}$-Koordinatensystems

♦ **axiale Widerstandsmomente**

$$W_y = \frac{I_y}{|z_{max}|}$$

$$W_z = \frac{I_z}{|y_{max}|}$$

W_y : Widerstandsmoment bezüglich y-Achse

W_z : Widerstandsmoment bezüglich z-Achse

z_{max} : größter Abstand eines Querschnitt-Randpunktes von der Schwerpunktachse y

y_{max} : größter Abstand eines Querschnitt-Randpunktes von der Schwerpunktachse z

♦ **Flächenträgheitsmomente eines aus *n* Teilflächen zusammengesetzten Querschnitts**

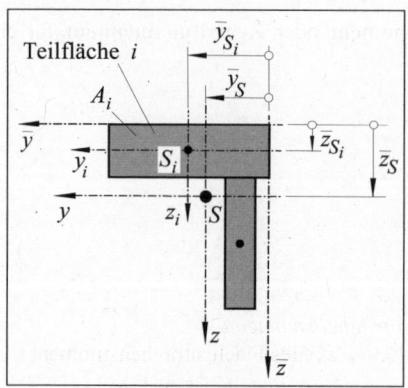

*Bild 5.3A: Aus n=2 Teilflächen zusamm-
mengesetzter Querschnitt*

I_y : Flächenträgheitsmoment der Gesamtquerschnittsfläche bezüglich
der Schwerpunktachse y

I_z : Flächenträgheitsmoment der Gesamtquerschnittsfläche bezüglich
der Schwerpunktachse z

I_{yz} : Deviationsmoment bezüglich des
y,z-Koordinatensystems

I_{y_i} : Flächenträgheitsm. der Teilfläche i
bezogen auf deren Schwerpunkt-
achse y_i (Eigenträgheitsmoment)

I_{z_i} : Flächenträgheitsm. der Teilfläche i
bezogen auf deren Schwerpunkt-
achse z_i (Eigenträgheitsmoment)

I_{yz_i} : Deviationsmoment der Teilfläche i
bezogen auf deren y_i,z_i-Schwer-
punktkoordinatensystem

A_i : Flächeninhalt der Teilfläche i

$\overline{y}_{S_i}$: Abstand der Schwerpunktachse z_i
der Teilfläche i zur Bezugsachse $\overline{z}$

$\overline{z}_{S_i}$: Abstand der Schwerpunktachse y_i
der Teilfläche i zur Bezugsachse $\overline{y}$

$\overline{y}_S$: Abstand der Schwerpunktachse z
zur Bezugsachse $\overline{z}$

$\overline{z}_S$: Abstand der Schwerpunktachse y
zur Bezugsachse $\overline{y}$

$$I_y = \sum_{i=1}^{n} I_{y_i} + \sum_{i=1}^{n} A_i \left(\overline{z}_{S_i} - \overline{z}_S \right)^2$$

$$I_z = \sum_{i=1}^{n} I_{z_i} + \sum_{i=1}^{n} A_i \left(\overline{y}_{S_i} - \overline{y}_S \right)^2$$

$$I_{yz} = \sum_{i=1}^{n} I_{yz_i} - \sum_{i=1}^{n} A_i \left(\overline{y}_{S_i} - \overline{y}_S \right) \left(\overline{z}_{S_i} - \overline{z}_S \right)$$

♦ **Flächen mit gleichem Flächenträgheitsmoment bezüglich ein und derselben Achse**

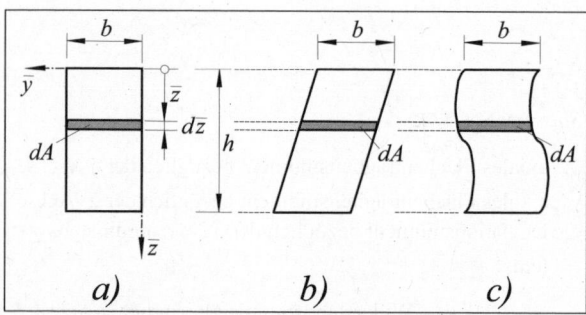

*Bild 5.4A: Flächen mit gleichem Flächenträgheitsmoment
bezüglich der $\overline{y}$-Achse*

Bild 5.4A zeigt, wie wir durch
parallele Verschiebung der Flächenstreifen dA zur $\overline{y}$-Achse aus
dem Rechteck a) ein Parallelo-
gramm b) oder die beliebige Form
c) mit dem gleichen Inhalt
$A = \int dA = b\,h$ herstellen können.

Alle Flächenstreifen dA behalten
ihre Größe und ihren Abstand von
der Bezugsachse $\overline{y}$ unverändert
bei, so dass folglich der Summen-
wert $I_{\overline{y}} = \int \overline{z}^2 dA$ (Flächenträgheitsmoment) nicht geändert wird.

Demnach gilt folgender Satz:

*Das Flächenträgheitsmoment bezüglich ein und derselben Achse ändert sich nicht, wenn ein-
zelne oder alle Teile der Fläche parallel zu dieser Achse verschoben werden.*

◆ **Flächenträgheitsmomente bei Drehung der Koordinatenachsen**

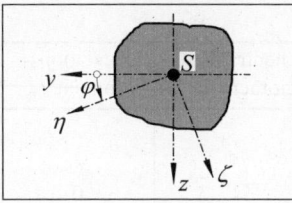

Bild 5.5A:
Drehung der Koordinatenachsen

$$I_\eta = \frac{I_y + I_z}{2} + \frac{I_y - I_z}{2}\cos 2\varphi + I_{yz}\sin 2\varphi \qquad (5.1)$$

$$I_\zeta = \frac{I_y + I_z}{2} - \frac{I_y - I_z}{2}\cos 2\varphi - I_{yz}\sin 2\varphi$$

$$I_{\eta\zeta} = -\frac{I_y - I_z}{2}\sin 2\varphi + I_{yz}\cos 2\varphi$$

I_η :	Flächenträgheitsmoment bezüglich der η-Achse
I_ζ :	Flächenträgheitsmoment bezüglich der ζ-Achse
$I_{\eta\zeta}$:	Deviationsmoment bezüglich des η, ζ-Koordinatensystems
φ :	Winkel zwischen y-Achse und η-Achse

◆ **Hauptträgheitsmomente**

$$I_{1,2} = \frac{I_y + I_z}{2} \pm \sqrt{\left(\frac{I_y - I_z}{2}\right)^2 + I_{yz}^{\;2}}$$

I_1 :	größtes axiales Flächenträgheitsmoment
I_2 :	kleinstes axiales Flächenträgheitsmoment

◆ **Lage der Hauptachsen (Hauptachsenrichtung)**

Zur Berechnung der Hauptachsenrichtungen stehen folgende Formeln zur Verfügung:

$$\tan 2\varphi^* = \frac{2 I_{yz}}{I_y - I_z} \qquad (5.2)$$

$$\tan \varphi_1 = \frac{I_1 - I_y}{I_{yz}} = \frac{I_z - I_2}{I_{yz}} = \frac{I_{yz}}{I_1 - I_z} = \frac{I_{yz}}{I_y - I_2} \quad (5.3)$$

φ^* :	Richtungswinkel für die Lage der Hauptachsen
φ_1 :	Winkel zwischen y-Achse und der Hauptachse 1 (Bild 5.6A)

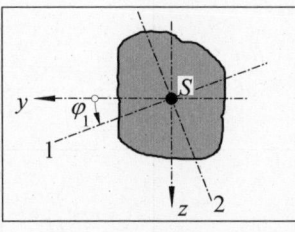

Bild 5.6A:
Zur Lage des Winkels φ_1 für die Hauptachsenrichtung 1

Die Verwendung der Gleichung (5.3) hat den Vorteil, dass der Winkel φ_1, der zwischen y-Achse und Hauptachse 1 liegt (Bild 5.6A), direkt berechnet werden kann. Wird Gleichung (5.2) benutzt, so muss die Zuordnung des Winkels φ^* zu den Hauptträgheitsmomenten durch Einsetzen von φ^* in die Gleichung (5.1) für I_η noch ermittelt werden.

♦ **Axiale Flächenträgheitsmomente, Deviationsmoment, Flächeninhalt und Lage des Schwerpunkts einiger Grundflächen**

Tabelle:

Querschnittsfläche; Lage des Schwerpunkts	Flächeninhalt A	Flächenträgheitsmoment I_y	Flächenträgheitsmoment I_z	Deviationsmoment I_{yz}
Rechteck $b \times h$	bh	$\dfrac{bh^3}{12}$	$\dfrac{hb^3}{12}$	0
Kreis, Durchmesser d	πr^2 $= \dfrac{\pi}{4}d^2$	$\dfrac{\pi}{4}r^4$ $= \dfrac{\pi}{64}d^4$	$\dfrac{\pi}{4}r^4$ $= \dfrac{\pi}{64}d^4$	0
Halbkreis $e = \dfrac{4r}{3\pi} = 0{,}4244\,r$	$\dfrac{\pi}{2}r^2$	$\left(\dfrac{\pi}{8} - \dfrac{8}{9\pi}\right)r^4$ $\approx 0{,}1098\,r^4$	$\dfrac{\pi}{8}r^4$ $\approx 0{,}3927\,r^4$	0
Viertelkreis $e = \dfrac{4r}{3\pi} = 0{,}4244\,r$	$\dfrac{\pi}{4}r^2$	$\left(\dfrac{\pi}{16} - \dfrac{4}{9\pi}\right)r^4$ $\approx 0{,}05488\,r^4$	$\left(\dfrac{\pi}{16} - \dfrac{4}{9\pi}\right)r^4$ $\approx 0{,}05488\,r^4$	$\left(\dfrac{4}{9\pi} - \dfrac{1}{8}\right)r^4$ $\approx 0{,}01647\,r^4$
Viertelkreis $e = \dfrac{4r}{3\pi} = 0{,}4244\,r$	$\dfrac{\pi}{4}r^2$	$\left(\dfrac{\pi}{16} - \dfrac{4}{9\pi}\right)r^4$ $\approx 0{,}05488\,r^4$	$\left(\dfrac{\pi}{16} - \dfrac{4}{9\pi}\right)r^4$ $\approx 0{,}05488\,r^4$	$\left(-\dfrac{4}{9\pi} + \dfrac{1}{8}\right)r^4$ $\approx -0{,}01647\,r^4$
Dreieck	$\dfrac{bh}{2}$	$\dfrac{bh^3}{36}$	$\dfrac{hb^3}{36}$	$\dfrac{b^2h^2}{72}$
Dreieck	$\dfrac{bh}{2}$	$\dfrac{bh^3}{36}$	$\dfrac{hb^3}{36}$	$-\dfrac{b^2h^2}{72}$
Dreieck	$\dfrac{bh}{2}$	$\dfrac{bh^3}{36}$	$\dfrac{hb^3}{48}$	0

Tabelle: (Fortsetzung) Axiale Flächenträgheitsmomente, Deviationsmoment, Flächeninhalt und Lage des Schwerpunkts einiger Grundflächen

Querschnittsfläche	Flächeninhalt A; Lage des Schwerpunkts	Flächenträgheitsmoment I_y	Flächenträgheitsmoment I_z	I_{yz}
	$A = b_a h_a - b_i h_i$	$\dfrac{1}{12}\left(b_a h_a^3 - b_i h_i^3\right)$	$\dfrac{1}{12}\left(h_a b_a^3 - h_i b_i^3\right)$	0
Kreisring r_m: mittlerer Radius	$A = \dfrac{\pi}{4}\left(d_a^2 - d_i^2\right)$ Für kleine Wandstärke $(\delta \ll r_m)$ gilt: $A = 2\,\pi r_m \delta$	$\dfrac{\pi}{64}\left(d_a^4 - d_i^4\right)$ Für kleine Wandstärke $(\delta \ll r_m)$ gilt: $\pi r_m^3 \delta\left(1+\left(\dfrac{\delta}{2r_m}\right)^2\right)$ $\approx \pi r_m^3 \delta$	$\dfrac{\pi}{64}\left(d_a^4 - d_i^4\right)$ Für kleine Wandstärke $(\delta \ll r_m)$ gilt: $\pi r_m^3 \delta\left(1+\left(\dfrac{\delta}{2r_m}\right)^2\right)$ $\approx \pi r_m^3 \delta$	0
Ellipse	$A = \pi a b$	$\dfrac{\pi}{4}\,b\,a^3$	$\dfrac{\pi}{4}\,a\,b^3$	0
Kreisausschnitt	$A = r^2 \beta$ $e = \dfrac{2\,r\sin\beta}{3\beta}$	$\dfrac{r^4}{8}\Bigg(2\beta + \sin 2\beta$ $- \dfrac{32\sin^2\beta}{9\beta}\Bigg)$	$\dfrac{r^4}{4}\left(\beta - \sin\beta\cos\beta\right)$	0
Kreisabschnitt	$A = \dfrac{r^2}{2}\left(2\beta - \sin 2\beta\right)$ $e = \dfrac{4r\sin^3\beta}{3\left(2\beta - \sin 2\beta\right)}$	$\dfrac{r^4}{144}\Bigg(36\beta - 9\sin 4\beta$ $- \dfrac{128\sin^6\beta}{2\beta - \sin 2\beta}\Bigg)$	$\dfrac{r^4}{48}\big(12\beta - 8\sin 2\beta$ $+ \sin 4\beta\big)$	0

A6 Biegung

♦ **Normalspannung** σ **bei Biege- und Normalkraftbeanspruchung**

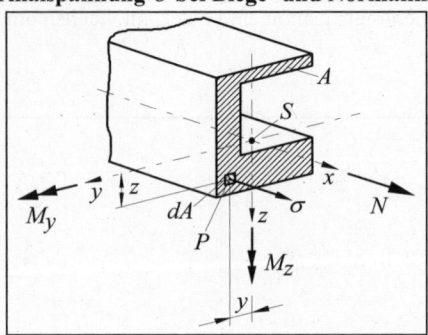

Bild 6.1A:
Zur Normalspannungsberechnung bei Biegung und Normalkraftbeanspruchung sowie zur Verformungsberechnung bei einachsiger und schiefer Biegung

σ : Normalspannung in einem Querschnittspunkt

N : Normalkraft

A : Flächeninhalt des Querschnitts

M_y : Biegemoment um die y-Achse

M_z : Biegemoment um die z-Achse

$$\sigma = \frac{N}{A} + \frac{M_y I_z - M_z I_{yz}}{I_y I_z - I_{yz}^2} z - \frac{M_z I_y - M_y I_{yz}}{I_y I_z - I_{yz}^2} y$$

I_y : Flächenträgheitsmoment bezüglich der Schwerpunktachse y

Wenn $I_{yz} = 0$ ist, folgt:

I_z : Flächenträgheitsmoment bezüglich der Schwerpunktachse z

$$\sigma = \frac{N}{A} + \frac{M_y}{I_y} z - \frac{M_z}{I_z} y \; .$$

I_{yz} : Deviationsmoment

Wenn $N = 0$, $M_z = 0$ und $I_{yz} = 0$ ist, folgt:

y u. z : Koordinaten eines Querschnittspunkts

$$\sigma = \frac{M_y}{I_y} z \quad \text{(einachsige Biegung)}.$$

W_y : Widerstandsmoment bezüglich der Schwerpunktachse y

$$|\sigma_{max}| = \frac{|M_y|}{W_y} \quad \text{mit} \quad W_y = \frac{I_y}{|z_{max}|}$$

z_{max} : größter Abstand eines Querschnitt-Randpunktes von der Schwerpunktachse y

♦ **Schiefe Biegung** (Bild 6.1A)
Schiefe Biegung tritt z. B. immer dann auf, wenn ein Träger durch die beiden Biegemomente M_y und M_z beansprucht ist, oder wenn die Biegeachse (Achse, um die das Biegemoment dreht) keine Hauptachse ist.

♦ **Differentialgleichung der Biegelinie** (Bild 6.1A)

• **bei schiefer Biegung**

$$w'' = -\frac{1}{E} \cdot \frac{M_y I_z - M_z I_{yz}}{I_y I_z - I_{yz}^2}$$

$$v'' = \frac{1}{E} \cdot \frac{M_z I_y - M_y I_{yz}}{I_y I_z - I_{yz}^2}$$

Anmerkung: Ist zum Beispiel $M_z = 0$ und $M_y \neq 0$ bei unsymmetrischen Querschnitten ($I_{yz} \neq 0$), so ist dennoch auch eine Verschiebung v in y-Richtung vorhanden.

• **bei einachsiger Biegung**
($M_z = 0$; $I_{yz} = 0$ (y und z sind Hauptachsen))

$$w'' = -\frac{M_y}{E I_y}$$

w : Verschiebung in z-Richtung

v : Verschiebung in y-Richtung

M_y : Biegemoment um die y-Achse

M_z : Biegemoment um die z-Achse

I_y : Flächenträgheitsmoment bezüglich der Schwerpunktachse y

I_z : Flächenträgheitsmoment bezüglich der Schwerpunktachse z

I_{yz} : Deviationsmoment

E : Elastizitätsmodul

$E I_y$: Biegesteifigkeit

♦ **Gleichung der Biegelinie, maximale Durchbiegung** und **Neigungswinkel** für verschiedene Lagerungs- und Belastungsfälle von Balken (**Standardfälle**)
Tabelle:

Lagerung, Belastungsfall und Verlauf der Biegelinie	Gleichung der Biegelinie (x vom linken Lager aus)	Durchbiegungen	Neigungswinkel
	$w(x) =$ $\dfrac{Fl^3}{6EI}\left[3\left(\dfrac{x}{l}\right)^2 - \left(\dfrac{x}{l}\right)^3\right]$	$w_{max} =$ $w(l) = \dfrac{Fl^3}{3EI}$	$w'_{max} =$ $w'(l) = \dfrac{Fl^2}{2EI}$
	$w(x) = \dfrac{M}{2EI}x^2$	$w_{max} =$ $w(l) = \dfrac{Ml^2}{2EI}$	$w'_{max} =$ $w'(l) = \dfrac{Ml}{EI}$
	$w(x) =$ $\dfrac{ql^4}{24EI}\left[6\left(\dfrac{x}{l}\right)^2 - 4\left(\dfrac{x}{l}\right)^3 + \left(\dfrac{x}{l}\right)^4\right]$	$w_{max} =$ $w(l) = \dfrac{ql^4}{8EI}$	$w'_{max} =$ $w'(l) = \dfrac{ql^3}{6EI}$
	$w(x) =$ $\dfrac{ql^4}{120EI}\left[10\left(\dfrac{x}{l}\right)^2 - 10\left(\dfrac{x}{l}\right)^3 + 5\left(\dfrac{x}{l}\right)^4 - \left(\dfrac{x}{l}\right)^5\right]$	$w_{max} =$ $w(l) = \dfrac{ql^4}{30EI}$	$w'_{max} =$ $w'(l) = \dfrac{ql^3}{24EI}$
	Für $0 \leq x \leq a$: $w(x) = \dfrac{Fa^3}{6EI}\left[3\left(\dfrac{x}{a}\right)^2 - \left(\dfrac{x}{a}\right)^3\right]$ Für $a \leq x \leq l$: $w(x) = \dfrac{Fa^3}{6EI}\left(3\dfrac{x}{a} - 1\right)$	$w(a) = \dfrac{Fa^3}{3EI}$ $w_{max} = w(l) =$ $\dfrac{Fa^3}{6EI}\left(3\dfrac{l}{a} - 1\right)$	$w'_{max} = w'(a) =$ $w'(l) = \dfrac{Fa^2}{2EI}$
	$0 \leq x \leq \dfrac{l}{2}$ $w(x) =$ $\dfrac{Fl^3}{48EI}\left[3\dfrac{x}{l} - 4\left(\dfrac{x}{l}\right)^3\right]$	$w_{max} =$ $w\left(\dfrac{l}{2}\right) = \dfrac{Fl^3}{48EI}$	$w'(0) =$ $-w'(l) = \dfrac{Fl^2}{16EI}$

Tabelle: (Fortsetzung)

Lagerung, Belastungsfall und Verlauf der Biegelinie	Gleichung der Biegelinie (x vom linken Lager aus)	Durchbiegungen	Neigungswinkel
Einzelkraft F im Abstand a	Für $0 \le x \le a$: $$w(x)=\frac{Fab^2}{6EI}\left[\left(1+\frac{l}{b}\right)\frac{x}{l}-\frac{x^3}{abl}\right]$$ Für $a \le x \le l$: $$w(x)=\frac{Fa^2b}{6EI}\left[\left(1+\frac{l}{a}\right)\frac{l-x}{l}-\frac{(l-x)^3}{abl}\right]$$	$$w(a)=\frac{Fa^2b^2}{3EIl}$$ Für $a>b$: $$w_{max}=\frac{Fb\sqrt{(l^2-b^2)^3}}{9\sqrt{3}EIl}$$ bei $$x_m=\sqrt{\frac{l^2-b^2}{3}}$$	$$w'(0)=\frac{Fab}{6EIl}(l+b)$$ $$w'(l)=-\frac{Fab}{6EIl}(l+a)$$
Gleichstreckenlast q	$$w(x)=\frac{ql^4}{24EI}\left[\frac{x}{l}-2\left(\frac{x}{l}\right)^3+\left(\frac{x}{l}\right)^4\right]$$	$$w_{Mitte}=w_{max}=$$ $$w\left(\frac{l}{2}\right)=\frac{5ql^4}{384EI}$$	$$w'(0)=$$ $$-w'(l)=\frac{ql^3}{24EI}$$
Moment M im Abstand a	Für $0 \le x \le a$: $$w(x)=\frac{Ml^2}{6EI}\left[\left(6\frac{a}{l}-3\left(\frac{a}{l}\right)^2-2\right)\frac{x}{l}-\left(\frac{x}{l}\right)^3\right]$$ Für $a \le x \le l$: $$w(x)=\frac{Ml^2}{6EI}\left[3\left(\frac{a}{l}\right)^2-\left(2+3\left(\frac{a}{l}\right)^2\right)\frac{x}{l}+3\left(\frac{x}{l}\right)^2-\left(\frac{x}{l}\right)^3\right]$$	$$w(a)=$$ $$\frac{Ml^2}{3EI}\left[3\left(\frac{a}{l}\right)^2-2\left(\frac{a}{l}\right)^3-\frac{a}{l}\right]$$	$$w'(0)=\frac{Ml}{6EI}\left[6\frac{a}{l}-3\left(\frac{a}{l}\right)^2-2\right]$$ $$w'(l)=\frac{Ml}{6EI}\left[3\left(\frac{a}{l}\right)^2-1\right]$$
Moment M am rechten Lager	$$w(x)=\frac{Ml^2}{6EI}\left[\frac{x}{l}-\left(\frac{x}{l}\right)^3\right]$$	$$w\left(\frac{l}{2}\right)=\frac{Ml^2}{16EI}$$ $$w_{max}=\frac{\sqrt{3}Ml^2}{27EI}$$ bei $x_m=\frac{l}{\sqrt{3}}$	$$w'(0)=\frac{Ml}{6EI}$$ $$w'(l)=-\frac{Ml}{3EI}$$ $$w'(l)=-2w'(0)$$
Dreieckslast q	$$w(x)=\frac{ql^4}{360EI}\left[7\frac{x}{l}-10\left(\frac{x}{l}\right)^3+3\left(\frac{x}{l}\right)^5\right]$$	$$w_{max}=$$ $$0,00652\frac{ql^4}{EI}$$ bei $x_m=0,5193\,l$	$$w'(0)=\frac{7ql^3}{360EI}$$ $$w'(l)=-\frac{ql^3}{45EI}$$

A7   Torsion

$$\vartheta = \frac{M_T}{G\,I_T}$$

$$\varphi = \frac{M_T\,l}{G\,I_T}$$

ϑ: spezifischer Verdrehungswinkel (Verdrehungswinkel pro Längeneinheit)

φ: Gesamtverdrehungswinkel, wenn M_T und I_T konstant sind

M_T: Torsionsmoment

G: Schubmodul

I_T: Torsionsträgheitsmoment

l: Stablänge

♦ **Torsion von kreiszylindrischen Stäben**

$$I_T = I_p \quad ; \qquad W_T = W_p$$

$$\tau(r) = \frac{M_T}{I_p}\,r \quad ; \qquad \tau_{max} = \frac{M_T}{I_p}\,r_a = \frac{M_T}{W_p}$$

$$W_p = \frac{I_p}{r_a}; \qquad \vartheta = \frac{M_T}{G\,I_p}; \qquad \varphi = \frac{M_T\,l}{G\,I_p}$$

$$I_p = \int_A r^2\,dA = \int_A \left(y^2 + z^2\right)\,dA = I_z + I_y$$

$\tau(r)$: Schubspannung in Abhängigkeit vom Radius r

I_p: polares Flächenträgheitsmoment

W_p: polares Widerstandsmoment

M_T: Torsionsmoment

τ_{max}: größte Schubspannung am Querschnittsrand

r_a: Radius des Querschnittsrandes

d_a: Außendurchmesser

G: Schubmodul

$G\,I_p$: Torsionssteifigkeit

I_y: Flächenträgheitsmoment bezüglich der Schwerpunktachse y

I_z: Flächenträgheitsmoment bezüglich der Schwerpunktachse z

dA: differentiell kleines Flächenelement

r: Abstand des Flächenelements dA vom Schwerpunkt

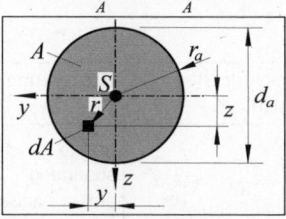

Bild 7.1A: Zur Definition des polaren Flächenträgheitsmomentes I_p

Kreisquerschnitt:

$$I_p = \frac{\pi}{2}\,r_a^{\,4} = \frac{\pi}{32}\,d_a^{\,4}; \quad W_p = \frac{\pi}{2}\,r_a^{\,3} = \frac{\pi}{16}\,d_a^{\,3}$$

♦ **Torsion von Stäben mit dünnwandigem geschlossenen Querschnitt**

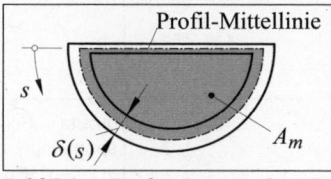

Bild 7.2A: Zu den BREDTschen Formeln

$$\tau(s) = \frac{M_T}{2\,A_m\,\delta(s)} \quad \text{(Erste BREDTsche Formel)}$$

$$\tau_{max} = \frac{M_T}{W_T} \qquad \text{mit} \quad W_T = 2\,A_m\,\delta_{min}$$

$$\vartheta = \frac{d\varphi}{dx} = \frac{M_T}{G\,I_T} = \frac{M_T}{G\cdot\dfrac{4\,A_m^{\,2}}{\displaystyle\oint \frac{ds}{\delta(s)}}} \qquad \left(\begin{array}{c} \text{Zweite} \\ \text{BREDTsche} \\ \text{Formel} \end{array} \right)$$

mit $\displaystyle I_T = \frac{4\,A_m^{\,2}}{\displaystyle\oint \frac{ds}{\delta(s)}}$

$\tau(s)$: Schubspannung

τ_{max}: maximale Schubspannung

ϑ: spezifischer Verdrehungswinkel

φ: Verdrehungswinkel

I_T: Torsionsträgheitsmoment

W_T: Torsionswiderstandsmoment

$\displaystyle\oint \frac{ds}{\delta(s)}$: Umlaufintegral (längs der Bogenlänge s einmal über den Umfang der Profil-Mittellinie integrieren (Bild 7.2A))

A_m: die von der Profil-Mittellinie eingeschlossene Fläche (Bild 7.2A)

$\delta(s)$: Wandstärke entlang der Profil-Mittellinie in Abhängigkeit von s

δ_{min}: kleinste Wandstärke

G: Schubmodul

$G\,I_T$: Torsionssteifigkeit

♦ Torsion von Stäben mit dünnwandigem offenen Querschnitt

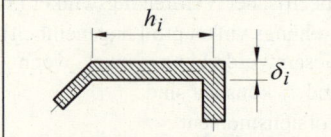

Bild 7.3A:
Aus schmalen Rechtecken zusammengesetztes offenes Profil

$$I_T \approx \frac{1}{3}\sum_{i=1}^{n} h_i\,\delta_i^{\,3}$$

$$W_T \approx \frac{I_T}{\delta_{max}} \quad ; \quad W_T \approx \frac{1}{3\,\delta_{max}}\sum_{i=1}^{n} h_i\,\delta_i^{\,3}$$

$$\tau_{max} = \frac{M_T}{W_T} = \frac{M_T}{I_T}\,\delta_{max}$$

I_T :   Torsionsträgheitsmoment
W_T :   Torsionswiderstandsmoment
h_i :   Länge des Teilrechtecks i
δ_i :   Wandstärke des Teilrechtecks i
τ_{max} :   maximale Schubspannung
δ_{max} :   größte Wandstärke

♦ Torsionsträgheitsmomente und Torsionswiderstandsmomente
Tabelle:

Querschnittsfläche	Torsionsträgheitsmoment I_T	Torsionswiderstands-moment W_T	Bemerkungen
Kreis ⊘ r, d	$I_T = I_p = \dfrac{\pi}{2}r^4 = \dfrac{\pi}{32}d^4$	$W_T = W_p = \dfrac{\pi}{2}r^3 = \dfrac{\pi}{16}d^3$	größte Schubspannung τ_{max} am äußeren Rand
dickwandiger Kreisring d_i, d_a	$\dfrac{\pi}{32}\left(d_a^4 - d_i^4\right)$	$\dfrac{\pi}{16}\cdot\dfrac{d_a^4 - d_i^4}{d_a}$	größte Schubspannung τ_{max} am äußeren Rand
Ellipse b, b, a, a	$\dfrac{\pi a^3 b^3}{a^2 + b^2}$	$\dfrac{\pi a\, b^2}{2}$ Voraussetzung: $b \le a$	größte Schubspannung τ_{max} in den Enden der kleinen Achse
gleichseitiges Dreieck a, a, h, a	$\dfrac{a^4}{46{,}19} \approx \dfrac{h^4}{26}$	$\dfrac{a^3}{20} \approx \dfrac{h^3}{13}$	τ_{max} tritt in der Mitte der Seiten auf. In den Ecken ist $\tau = 0$.
Quadrat a, a	$0{,}1407\,a^4$	$0{,}208\,a^3$	τ_{max} tritt in der Mitte der Seiten auf. In den Ecken ist $\tau = 0$.

Tabelle: (Fortsetzung)

Querschnittsfläche	Torsionsträgheitsmoment I_T	Torsionswiderstands-moment W_T	Bemerkungen
Rechteck 	Für $n = \dfrac{h}{b} \geq 1$ $c_1 h b^3 = c_1 n b^4$ Faktor: $c_1 = \dfrac{1}{3}\left(1 - \dfrac{0,630}{n} + \dfrac{0,052}{n^5}\right)$	Für $n = \dfrac{h}{b} \geq 1$ $\dfrac{c_1}{c_2} h b^2 = \dfrac{c_1}{c_2} n b^3$ Faktoren: $c_1 = \dfrac{1}{3}\left(1 - \dfrac{0,630}{n} + \dfrac{0,052}{n^5}\right)$ und $c_2 = 1 - \dfrac{0,65}{1+n^3}$	τ_{max} tritt im Bereich der größten Seite auf. In den Ecken ist $\tau = 0$.
dünnwandiger geschlossener Querschnitt 	$\dfrac{4 A_m^2}{\oint \dfrac{ds}{\delta(s)}}$	$2\, A_m\, \delta_{min}$	A_m ist die von der Profil-Mittellinie eingeschlossene Fläche. $\oint \dfrac{ds}{\delta(s)}$ ist das Umlaufintegral längs der Profil-Mittellinie. τ_{max} tritt an der Stelle der kleinsten Wandstärke δ_{min} auf.
dünnwandiger Kreisring r_m: mittlerer Radius	$2\,\pi r_m^3\,\delta$	$2\,\pi r_m^2\,\delta$	
schmales Rechteck $\delta \ll h$ 	$\dfrac{1}{3}\, h\, \delta^3$	$\dfrac{1}{3}\, h\, \delta^2$	
aus schmalen Rechtecken zusammengesetzter offener Querschnitt 	$\approx \dfrac{1}{3}\sum\limits_{i=1}^{n} h_i\, \delta_i^3$	$\approx \dfrac{I_T}{\delta_{max}}$ $\approx \dfrac{1}{3}\cdot\dfrac{\sum\limits_{i=1}^{n} h_i\, \delta_i^3}{\delta_{max}}$	größte Schubspannung τ_{max} in dem Querschnittsteil mit der größten Wandstärke δ_{max}

Tabelle: (Fortsetzung)

Querschnittsfläche	Torsionsträgheitsmoment I_T	Torsionswiderstands-moment W_T	Bemerkungen
offener dünn-wandiger Kreisring r_m: mittlerer Radius	$\dfrac{2}{3}\pi r_m \delta^3$	$\dfrac{2}{3}\pi r_m \delta^2$	τ_{max} in P
dünnwandiger Rechteck-Hohlquer-schnitt	$\dfrac{4(bh)^2}{2\left(\dfrac{b}{\delta_1}+\dfrac{h}{\delta_2}\right)}$	$2\,b\,h\,\delta_{min}$	τ_{max} bei δ_{min}
Elliptischer Ring	$\dfrac{\pi}{16}\cdot\dfrac{n^3\left(a^4-a_i^4\right)}{n^2+1}$	$\dfrac{\pi}{16}\cdot\dfrac{n\left(a^4-a_i^4\right)}{a}$	Voraussetzung: $n=\dfrac{b}{a}=\dfrac{b_i}{a_i}\geq 1.$ τ_{max} in P_1, in P_2: $\tau_2=\dfrac{\tau_{max}}{n}.$
Regelmäßiges Sechseck	$0{,}1154\ b^4 = 1{,}0386\ a^4$	$0{,}1889\ b^3 = 0{,}9815\ a^3$	τ_{max} in den Sei-tenmitten
Regelmäßiges Achteck	$0{,}108\ b^4 = 3{,}67\ a^4$	$0{,}185\ b^3 = 2{,}60\ a^3$	τ_{max} in den Sei-tenmitten

A8 Lage der Schubmittelpunkte von dünnwandigen Profilen

♦ Weist der Querschnitt *eine Symmetrieachse* auf, so liegt der Schubmittelpunkt M auf ihr.

♦ Hat der Querschnitt *zwei Symmetrieachsen*, fällt der Schubmittelpunkt M mit dem Schwerpunkt S zusammen.

♦ Bei Querschnitten mit *Punktsymmetrie* (Zentralsymmetrie = Deckungsgleichheit mit sich selbst bei Drehung um 180° um den Schwerpunkt) fällt der Schubmittelpunkt M mit dem Schwerpunkt S zusammen.

♦ Bei *dünnwandig offenen Profilen* liegt der Schubmittelpunkt M meist außerhalb der Querschnittsfläche (auf Seite gegenüber der Öffnung).

Querschnitt	Lage des Schubmittelpunktes M	Querschnitt	Lage des Schubmittelpunktes M
	M liegt im Schnittpunkt der Profilmittellinien		$e = \dfrac{1}{1+\left(\dfrac{h_1}{h_2}\right)^3 \dfrac{t_1}{t_2}}\, a$
		$t = konst.$	$e = \dfrac{1}{2\left(1+\sqrt{2}\right)}h$
	(gilt für alle sternartigen Profile)	$t = konst.$	$e = \dfrac{b}{2}\cdot\dfrac{3b+2h}{3b+h}$
	$S \equiv M$		$e = 2r_m\,\dfrac{\sin\beta-\beta\cos\beta}{\beta-\sin\beta\cos\beta}$ r_m: mittlerer Radius
	$e = \dfrac{3t_1 b^2}{6bt_1+ht_2}$		$e = 2r_m$ r_m: mittlerer Radius

A9   Querkraftschub

$$\tau(z) = \frac{Q_z \cdot S_y(z)}{b(z) \cdot I_y}$$

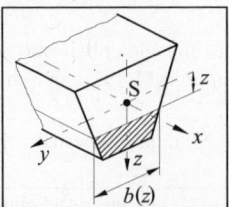

Bild 9.1A: Zur Spannungsgleichung bei Schub aus
Querkraft infolge Biegung

$Q(z)$:   Querkraft in z-Richtung

$S_y(z)$: statisches Moment einer Teilquerschnittsfläche bezüglich der y-
Achse, die durch eine Parallele zur
y-Achse bei z vom Gesamtquerschnitt abgeschnitten wird

$b(z)$:   Schnittbreite der abgeschnittenen
Teilquerschnittsfläche (Bild 9.1A)

I_y :   Flächenträgheitsmoment bezüglich
der y-Achse (Hauptachse)

(y und z sind Hauptachsen durch den
Schwerpunkt)

A10 Knickung

$$\lambda = \frac{s_K}{i_{min}}$$

$$i_{min} = \sqrt{\frac{I_{min}}{A}}$$

λ :   Schlankheitsgrad

s_K :   freie Knicklänge

i_{min} : kleinster Trägheitsradius

I_{min} : kleinstes Flächenträgheitsmoment

A :   Flächeninhalt des Querschnitts

♦   **Elastische Knickung nach EULER**

$$\lambda_{min} = \pi \cdot \sqrt{\frac{E}{\sigma_p}}$$

Werkstoff	λ_{min}	Gültigkeitsbereich
S235	105	$\lambda > 105$
E335	89	$\lambda > 89$
EN-GJL	80	$\lambda > 80$
Holz	100	$\lambda > 100$

λ_{min} : Grenzschlankheitsgrad für die Gültigkeit der EULERschen Knick-
theorie (EULER-Formeln gelten nur
für Stäbe mit größerem Schlankheitsgrad als λ_{min})

$$F_{krit} = \frac{\pi^2}{s_K^2} E I_{min} \quad ; \quad \nu_K = \frac{F_{krit}}{F_{zul}}$$

$$\sigma_K = \frac{F_{krit}}{A} \quad ; \quad \sigma_K = \frac{\pi^2}{\lambda^2} E$$

Bild 10.2A zeigt die Auftragung der Knickspannung σ_K über dem Schlankheitsgrad λ
(EULER-Hyperbel).

σ_p :   Proportionalitätsgrenze (im Druckbereich)

F_{krit} : kritische Knicklast nach EULER

F_{zul} : zulässige Kraft

σ_K :   kritische Knickspannung

ν_K :   Knicksicherheit

E :   Elastizitätsmodul

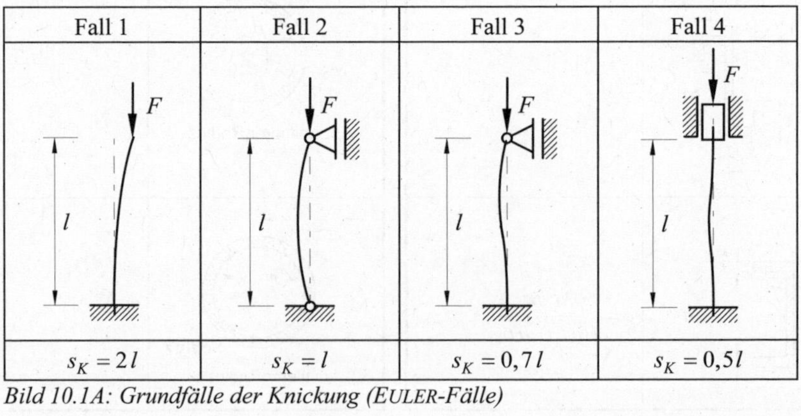

Fall 1	Fall 2	Fall 3	Fall 4
F l	F l	F l	F l
$s_K = 2\,l$	$s_K = l$	$s_K = 0{,}7\,l$	$s_K = 0{,}5\,l$

Bild 10.1A: Grundfälle der Knickung (EULER-Fälle)

◆ **Nichtelastische Knickung nach TETMAJER**

Die Knickung im nichtelastischen Bereich mit $\lambda < \lambda_{min}$ wird durch eine auf experimentellen Ergebnissen basierenden Formel von TETMAJER erfasst:

$$\sigma_K = a - b\,\lambda + c\,\lambda^2.$$

σ_K : kritische Knickspannung

Die werkstoffabhängigen konstanten Faktoren a, b und c sind der folgenden Tabelle zu entnehmen.

a,b,c : werkstoffabhängige Faktoren (siehe folgende Tabelle)

Werkstoff	a	b	c	Gültigkeitsbereich
	\multicolumn{3}{c}{N / mm^2}	
S235	240	0	0	$0 < \lambda < 60$
	310	1,14	0	$60 < \lambda < 105$
E335	335	0,62	0	$0 < \lambda < 89$
EN-GJL	776	12	0,053	$0 < \lambda < 80$
Nadelholz	29,3	0,194	0	$0 < \lambda < 100$

$$F_K = \sigma_K \cdot A = \left(a - b\lambda + c\lambda^2\right)A$$

$$F_{zul} = \frac{F_K}{v_K} = \frac{A}{v_K}\left(a - b\lambda + c\lambda^2\right)$$

$$v_{vorh} = \frac{F_K}{F} = \frac{\sigma_K}{\sigma_{vorh}}$$

F_K : Knicklast nach TETMAJER

F_{zul} : zulässige Kraft

F : vorhandene Kraft

v_K : Knicksicherheit

v_{vorh} : vorhandene Knicksicherheit

σ_{vorh} : vorhandene Druckspannung F/A

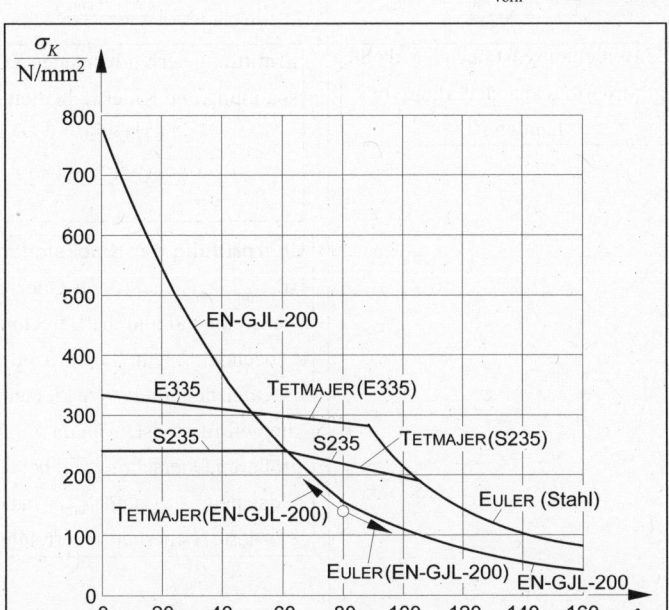

Im Bild 10.2A sind die vollständigen aus TETMAJER-Geraden (-Parabel) und EULER-Hyperbeln zusammengesetzten Kurven für die Knickspannung σ_K für verschiedene Werkstoffe aufgetragen.

Bild 10.2A: Knickspannung σ_K in Abhängigkeit vom Schlankheitsgrad λ für verschiedene Werkstoffe

Für die Berechnung nach TETMAJER gelten auch die vier in Bild 10.1A zusammengestellten Grundfälle.

♦   **Übersicht der Vorgehensweise bei Knickberechnungen**

	Berechnung von Knickstäben nach	
Berechnungsver- fahren	**EULER**	**TETMAJER**
Fall 1: Belastbarkeits- rechnung (Knickstab liegt in all seinen Abmes-sungen vor) ertragbare Bela-stung = ?	$\lambda_{\text{vorh}} = \dfrac{s_K}{i_{\min}}$	
	$\lambda_{\text{vorh}} \geq \lambda_{\min}$	$\lambda_{\text{vorh}} < \lambda_{\min}$
	$F_{zul} = \dfrac{\pi^2}{v_K\, s_K^2} E\,I_{\min}$	$F_{zul} = \dfrac{A}{v_K}\left(a - b\lambda + c\lambda^2\right)$
Fall 2: Entwurfsrech-nung (die Querschnitts-abmessungen müssen für eine zu übertragende Last ermittelt wer-den) Zu beachten ist, dass in jedem Falle <u>zunächst</u> nach EULER ge-rechnet wird!	Ermittle das erforderliche Flächenträgheitsmoment nach EULER : $I_{\text{erf}} = \dfrac{F_{\text{vorh}}\, v_K\, s_K^2}{\pi^2 E}$. Berechne nach Festlegung der Querschnittsmaße $\lambda_{\text{vorh}} = \dfrac{s_K}{i_{\min}}$.	
	$\lambda_{\text{vorh}} \geq \lambda_{\min}$	$\lambda_{\text{vorh}} < \lambda_{\min}$
	Die Berechnung ist beendet, da die geforderte Knicksicherheit vor-handen ist.	Ermittlung der vorhandenen Knick-spannung und Knicksicherheit nach TETMAJER: $v_{\text{vorh}} = \dfrac{\sigma_K}{\sigma_{\text{vorh}}} = \dfrac{A\left(a - b\lambda + c\lambda^2\right)}{F}$.
		Überprüfung der Knicksicherheit : Ist $v_{\text{vorh}} \geq v_K$, so ist der Querschnitt ausreichend und die Berechnung beendet. Wenn die vorhandene Knicksicherheit v_{vorh} kleiner als die geforderte ist, wählen wir einen größeren Querschnitt und berechnen das neue λ_{vorh} und v_{vorh}, bis die geforderte Sicherheit v_K erreicht wird.

Hinweis: Bei Stabilitätsuntersuchungen müssen wir uns häufig an branchentypische Vorschriften halten. So sind z.B. im Bauwesen (Stahlbau, Stahlbetonbau) andere Berechnungsverfah-ren für die Knickung vorgeschrieben.

A11 Dünnwandige Behälter (Membranschalen) unter Innendruck

♦ **Dünnwandiger zylindrischer Behälter (Rohr)**

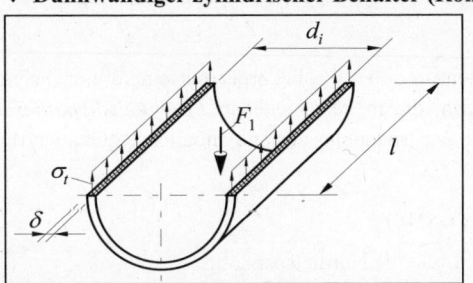

p :   Innendruck

d_i :   Innendurchmesser

δ :   Wanddicke

F_1 :   Resultierende aller auf der gesamten Oberfläche vertikal angreifenden Innendruckkräfte (Bild 11.1A)

σ_t :   Tangentialspannung (Umfangsspannung)

Bild 11.1A: Tangentialspannung im Längsschnitt

Aus der Gleichgewichtsbedingung an der Halbschale (Bild 11.1A) erhalten wir:

$$F_1 - \sigma_t \, 2 \, l \, \delta = 0$$

$$p \, d_i \, l - 2 \, \sigma_t \, l \, \delta = 0 \quad \Rightarrow \quad \boxed{\sigma_t = \frac{p \, d_i}{2 \, \delta}} \quad (\textbf{\textit{"Kesselformel"}}).$$

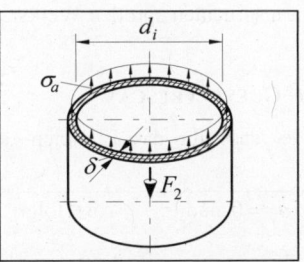

p :   Innendruck

d_i :   Innendurchmesser

δ :   Wanddicke

F_2 :   Resultierende aller auf der gesamten Oberfläche vertikal angreifenden Innendruckkräfte (Bild 11.2A)

σ_a :   Axialspannung (Längsspannung)

Bild 11.2A: Axialspannung im Schnitt quer zur Zylinderlängsachse

Analog folgt (Bild 11.2A):

$$F_2 - \sigma_a \, d_i \, \pi \, \delta = 0$$

$$p \, d_i^2 \, \frac{\pi}{4} - \sigma_a \, d_i \, \pi \, \delta = 0 \quad \Rightarrow \quad \boxed{\sigma_a = \frac{p \, d_i}{4 \, \delta}} \quad (\textbf{\textit{"Kesselformel"}}).$$

♦ **Dünnwandiger Kugelbehälter**

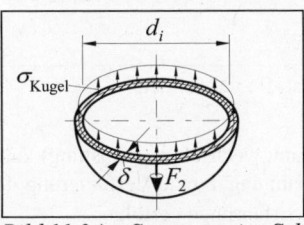

p :   Innendruck

d_i :   Innendurchmesser

δ :   Wanddicke

F_2 :   Resultierende aller auf der gesamten Oberfläche vertikal angreifenden Innendruckkräfte (Bild 11.3A)

σ_{Kugel} : Spannung im Schnitt durch den Mittelpunkt des Kugelkessels

Bild 11.3A: Spannung im Schnitt durch den Kugelmittelpunkt

Beim Kugelbehälter gibt es keinen Längsschnitt. Alle Schnitte durch den Kugelmittelpunkt (Bild 11.3A) sind Schnitte entsprechend dem in Bild 11.2A. Deshalb gilt für die Spannung im Kugelbehälter:

$$\boxed{\sigma_{\text{Kugel}} = \frac{p \, d_i}{4 \, \delta}} \quad (\textbf{\textit{"Kesselformel"}}).$$

A12 Festigkeitshypothesen, Vergleichsspannung

Bei mehrachsigen und ungleichartigen Spannungszuständen lautet der Spannungsnachweis

$$\sigma_V \leq \sigma_{zul} \ .$$

Die zulässige Spannung σ_{zul} basiert auf Versuchen an einem Probekörper mit einem einachsigen Spannungszustand. σ_V ist die *Vergleichsspannung*, die in verschiedenen *Festigkeitshypothesen* entwickelt wurde und eine einzige, dem einachsigen Spannungszustand möglichst gleichwertige Spannung darstellen soll.

♦ **Normalspannungshypothese (nach RANKINE, LAMÉ)**

Für den Bruch ausschlaggebend ist die größte auftretende Normalspannung.

$$\sigma_{V_N} = \sigma_1$$

Für den ebenen Spannungszustand gilt:	Wenn $\sigma_x = \sigma$, $\sigma_y = 0$ und $\tau_{xy} = \tau$ ist, folgt:
$\sigma_{V_N} = \sigma_1 = \dfrac{\sigma_x + \sigma_y}{2} + \sqrt{\left(\dfrac{\sigma_x - \sigma_y}{2}\right)^2 + \tau_{xy}^2}$.	$\sigma_{V_N} = \sigma_1 = \dfrac{\sigma}{2} + \sqrt{\left(\dfrac{\sigma}{2}\right)^2 + \tau^2}$.

Die Normalspannungshypothese trifft in der Regel nur bei zugbeanspruchten spröden Werkstoffen (z.B. Gußeisen, Glas, Stein) zu.

♦ **Schubspannungshypothese (nach COULOMB, SAINT-VÉNANT, GUEST, TRESCA)**

Der Schubspannungshypothese liegt die Vorstellung zugrunde, dass für das Eintreten des Fließens die größte auftretende Schubspannung maßgebend ist.

Für den ebenen Spannungszustand gilt:	Wenn $\sigma_x = \sigma$, $\sigma_y = 0$ und $\tau_{xy} = \tau$ ist, folgt:
$\sigma_{V_S} = \sqrt{(\sigma_x - \sigma_y)^2 + 4\tau_{xy}^2}$.	$\sigma_{V_S} = \sqrt{\sigma^2 + 4\,\tau^2}$.

Diese Hypothese ist brauchbar für zähe Werkstoffe (z.B. Stahl) mit ausgeprägter Streckgrenze.

♦ **Gestaltänderungsenergiehypothese (nach HENCKY, VON MISES, HUBER)**

Der Gestaltänderungsenergiehypothese liegt die Annahme zugrunde, dass die Materialbeanspruchung durch die Gestaltänderung (Formänderung) und nicht durch die Volumenänderung (Raumänderung) hervorgerufen wird.

Für den ebenen Spannungszustand gilt:	Wenn $\sigma_x = \sigma$, $\sigma_y = 0$ und $\tau_{xy} = \tau$ ist, folgt:
$\sigma_{V_G} = \sqrt{\sigma_x^2 + \sigma_y^2 - \sigma_x\,\sigma_y + 3\,\tau_{xy}^2}$.	$\sigma_{V_G} = \sqrt{\sigma^2 + 3\,\tau^2}$.

Diese Hypothese wird gegenwärtig am häufigsten für zähe Werkstoffe verwendet.

❏ **Anmerkungen**

Bei unterschiedlichen Belastungsfällen (z.B. ruhende Belastung und wechselnde Belastung) kann mit dem Anstrengungsverhältnis α_0 als Koeffizient der Schubspannung τ eine Verfeinerung der Festigkeitshypothesen und eine bessere Anpassung an praktische Erfahrungen erfolgen.

Liegt bei der Normalspannung σ und bei der Schubspannung τ der gleiche Belastungsfall (beide entweder ruhend, schwellend oder wechselnd) vor, so ist das Anstrengungsverhältnis $\alpha_0 = 1$.

Bei der Berechnung von Wellen hat sich die Gestaltänderungsenergiehypothese bewährt, so dass mit dem Anstrengungsverhältnis α_0 folgt: $\sigma_{V_G} = \sqrt{\sigma^2 + 3(\alpha_0 \tau)^2}$.

Zur Vertiefung sei hier auf Bücher über Maschinenelemente verwiesen.

A13 Zugfestigkeit R_m, Streckgrenze $R_{p0,2}$ und Bruchdehnung A_5 einiger Werkstoffe

Werkstoffgruppe	Kurzname	Zugfestigkeit R_m in N/mm²	Streckgrenze $R_{p0,2}$ in N/mm²	Bruchdeh- nung A_5 in %	Anwendungen
Allgemeine Baustähle nach DIN EN 10025 (früher DIN 17100)	S235J2G3	370 - 450	215 -235	25	Anlagenteile des Maschinen- und Fahrzeugbaus
	S355J2G3	490 630	315 -355	20	
	E360	670 - 830	325 -365	10	
Vergütungsstähle DIN EN 10083 (früher DIN 17200)	C45E	580 - 770	305	15	Wellen, Schrauben, Fahrwerksteile
	30CrNiMo8	1250	1050	9	
Einsatzstähle DIN EN 10084 (früher DIN 17210)	C10E	640	390	16	Getriebeteile, Gelenke
	16MnCr5	880	635	10	
Federstähle DIN 17221	60 Si Cr 7	1320 - 1570	1130	6	Tellerfedern, Blattfe- dern, Federringe
	50 CrV 4	1370 - 1670	1180	6	
Nichtrostende Stähle DIN EN 10088 (früher DIN 17440)	X6Cr17	450 - 600	270	18	Chemischer Appara- tebau, Medizintechnik
	X20Cr13	750 - 950	550	10	
Gusseisen mit Lamel- lengraphit DIN EN 1561 (früher DIN 1691)	EN-GJL-100	100	-	-	Gehäuse, Laufbuchsen
	EN-GJL-350	350	220	-	
Gusseisen mit Kugel- graphit DIN EN 1563	EN-GJS-400-18	400	250	18	Getriebeteile, Kurbelwellen, Armaturen
	EN-GJS-800-2	800	480	2	

A14 Zulässige Spannungen für Kran-Stahltragwerke

Zulässige Spannungen in **B a u t e i l e n** beim Allgemeinen Spannungsnachweis und Stabilitäts- nachweis nach DIN 15018 Teil 1 (Krane):

Stahlsorte der Bauteile		Lastfall	zulässige Vergleichs- spannung	zulässige Zugspannung	zulässige Druck- spannung	zulässige Schub- spannung
Kurzname	nach		$\sigma_{z\,zul}$ N/mm²		$\sigma_{d\,zul}$ N/mm²	τ_{zul} N/mm²
S235 *)	DIN EN 10025	H	160		140	92
		HZ	180		160	104
S355	DIN EN 10025	H	240		210	138
		HZ	270		240	156
*) Alle Gütegruppen, Erschmelzungs- und Vergießungsarten.						

A15 Ausgewählte Werkstoffkennwerte

Angegeben sind Richtwerte. Genaue Werte sind den Regelwerken, z.B. DIN-Normen oder Europäischen Normen (EN), zu entnehmen.

Werkstoff	Dichte ρ in kg/dm^3	Elastizitätsmodul E in N/mm^2	Schubmodul G in N/mm^2	Querdehnungszahl ν in [-]	Wärmeausdehnungskoeffizient α in 1/K
Stahl	7,85	$21 \cdot 10^4$	$8,1 \cdot 10^4$	0,30	$12 \cdot 10^{-6}$
Gusseisen	7,2	$(6,4...18) \cdot 10^4$	$(2,5...5) \cdot 10^4$	0,26	$12 \cdot 10^{-6}$
Aluminium	2,7	$7,1 \cdot 10^4$	$2,7 \cdot 10^4$	0,34	$23,9 \cdot 10^{-6}$
Kupfer	8,96	$12,5 \cdot 10^4$	$4,6 \cdot 10^4$	0,34	$16,8 \cdot 10^{-6}$
Messing (60% Cu, 40% Zn)	8,47	$10 \cdot 10^4$	$3,7 \cdot 10^4$	0,36	$18 \cdot 10^{-6}$
Titan	4,5	$10,8 \cdot 10^4$	$4 \cdot 10^4$	0,36	$8,5 \cdot 10^{-6}$
Beton	2,32	$(2,2...3,9) \cdot 10^4$	$1,5 \cdot 10^4$	0,15...0,22	$(5,4...14,2) \cdot 10^{-6}$
Holz in Faserrichtung: Eiche	0,3...0,7 (Fichte)	$1,3 \cdot 10^4$			$4,9 \cdot 10^{-6}$
Fichte		$1,0 \cdot 10^4$			$5,4 \cdot 10^{-6}$
quer zur Faser: Eiche		$0,16 \cdot 10^4$			$54,4 \cdot 10^{-6}$
Fichte		$0,08 \cdot 10^4$			$34,1 \cdot 10^{-6}$

A16 Anwendung des Energieprinzips bei Biegebeanspruchung (CASTIGLIANO, MOHRsches Arbeitsintegral, Kraftgrößenverfahren)

Bei der Beanspruchung eines elastischen Systems treten Verformungen auf. Die äußeren Kräfte verrichten zur Verformung eines Körpers eine **äußere Formänderungsarbeit** W_a. Im Innern des Körpers wird diese Arbeit als **innere Formänderungsenergie** W_F gespeichert. Unter Berücksichtigung des Energieerhaltungssatzes gilt für einen elastisch deformierbaren Körper

$$\boxed{W_a = W_F}.$$

Die Anwendung des Energieprinzips hat den Vorteil, dass die Berechnung bei ungleichmäßig dicken, abgewinkelten und gekrümmten Trägern besonders einfach ist.

◆ **Satz von CASTIGLIANO***

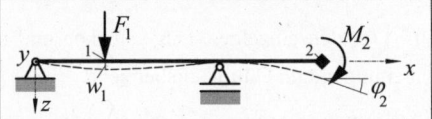

Bild 18.1A:
Verschiebung und Verdrehung infolge der Belastung

Der **1. Satz von CASTIGLIANO** lautet: $\dfrac{\partial W_F}{\partial F_i} = w_i$ und $\dfrac{\partial W_F}{\partial M_i} = \varphi_i$.

Die partielle Ableitung der Formänderungsenergie W_F nach der Kraft F_i ist gleich der Verschiebung w_i des Kraftangriffspunktes i in Richtung der Wirkungslinie dieser Kraft F_i.

Die partielle Ableitung der Formänderungsenergie W_F nach dem Moment M_i ist gleich dem Verdrehwinkel φ_i des Momentenangriffspunktes i in Drehrichtung des Momentes M_i.

- Anwendung auf statisch bestimmt gelagerte Systeme

Für auf Biegung beanspruchte Träger folgt aus der Formänderungsenergie eines Biegebalkens

$$W_F = \int_0^l \frac{M_y^2(x)}{2EI}\,dx \quad \text{und} \quad \frac{\partial W_F}{\partial F_i} = w_i \quad \text{sowie} \quad \frac{\partial W_F}{\partial M_i} = \varphi_i$$

für die Berechnung der Verschiebungen und Verdrehungen infolge von Biegung

$$\boxed{w_i = \int_0^l \frac{M_y(x)}{EI}\cdot\frac{\partial M_y(x)}{\partial F_i}\,dx} \quad \text{und} \quad \boxed{\varphi_i = \int_0^l \frac{M_y(x)}{EI}\cdot\frac{\partial M_y(x)}{\partial M_i}\,dx}.$$

Werden Verformungen an einer Stelle gesucht, an der keine äußere Belastung wirkt, so ist dort eine Hilfskraft F_H in der Richtung, in der die Verschiebung gesucht ist, anzubringen bzw. ein Hilfsmoment M_H, falls eine Verdrehung zu bestimmen ist (Bild 18.3A).

---

* CASTIGLIANO, Carlo Alberto, 1847 – 1884, italienischer Ingenieur

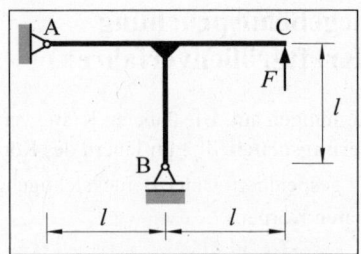

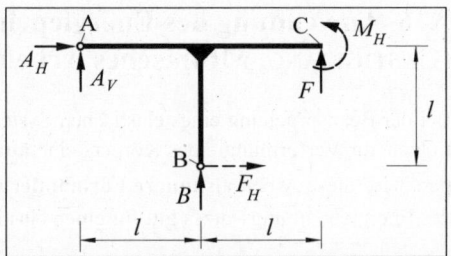

Bild 18.2A: Bestimmung der Ver-
schiebung von B und
der Verdrehung in C

Bild 18.3A: Freigeschnittenes System für das
System nach Bild 18.2A mit den
Hilfsgrößen F_H und M_H

Die Berechnung ist in folgenden Schritten durchzuführen:

1. Freischneiden (Freimachen), notwendige Hilfsgrößen einführen, eventuell Auflagerreaktionen ermitteln.

2. Bestimmung der Biegemomentenfunktion $M_y(x_i)$ in den einzelnen Trägerstücken und tabellarische Erfassung der Momente $M_y(x_i)$, Ableitungen und Gültigkeitsbereiche.

3. Ausrechnen der Integrale, wobei die eventuell eingeführten Hilfsgrößen F_H und M_H Null zu setzen sind. Die Hilfsgrößen werden nur bis zum Bilden der Ableitungen benötigt.

- Anwendung auf statisch unbestimmt gelagerte Systeme

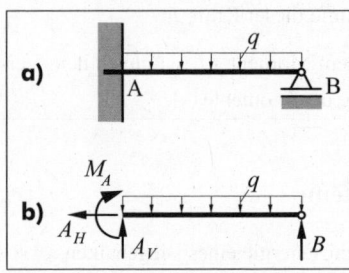

Bild 18.4A: a) Einfach statisch
unbestimmtes System
b) Freikörperbild
(4 unbekannte
Lagerreaktionen)

Wenn die *m* statischen Gleichgewichtsbedingungen nicht ausreichen, um die *n* Lagerreaktionen zu ermitteln, liegt ein (*n-m*)-**fach statisch unbestimmtes Problem** vor, zu dessen Lösung Formänderungsbetrachtungen notwendig sind. Führen wir ***n-m* Lagerreaktionen** als äußere unbekannte Belastungen (**statisch Unbestimmte**) ein, von denen wir wissen, dass sie keine Verformungen hervorrufen (im System nach Bild 18.4A wählen wir z.B. die Kraft *B* als statisch Unbestimmte), so können wir mit dem Satz von Castigliano aus Gleichungen der Form $\boxed{\dfrac{\partial W_F}{\partial X_i} = 0}$ die statisch Unbestimmten ermitteln. Mit X_i bezeichnen wir die *i*-**te statisch Unbekannte** (Kraft oder Moment).

Bei der Berechnung sind folgende Schritte durchzuführen:

1. Freischneiden (Freimachen), eventuell notwendige Hilfsgrößen einführen, Gleichgewichtsbedingungen formulieren.

2. Wahl der statisch Unbestimmten, Biegemomentenfunktionen und die benötigten Ableitungen tabellarisch aufschreiben.

3. Ausrechnen der Integrale, wobei die eventuell eingeführten Hilfsgrößen F_H und M_H Null zu setzen sind. Die Hilfsgrößen werden nur bis zum Bilden der Ableitungen benötigt.

◆ Arbeitssatz (MOHR*sches Arbeitsintegral)

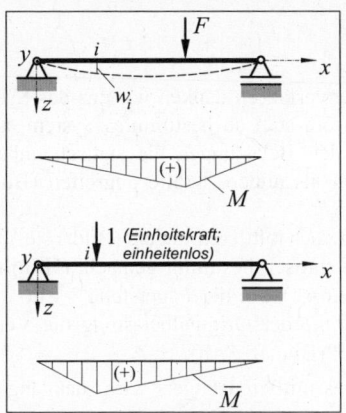

Die bei der Lösungsmethode nach CASTIGLIANO immer wieder vorkommenden Integrale können wir ein für alle Mal lösen (siehe untenstehende Tabelle) und dadurch die Rechnung weitgehend schematisieren. Dies gelingt mit Hilfe des **MOHRSCHEN**

Arbeitsintegrals (Arbeitssatz) $\boxed{w_i = \int\limits_l \dfrac{M\,\bar{M}}{EI}\,dx}$ (Bild 18.5A).

Für den Verdrehungswinkel φ_i gilt analog $\boxed{\varphi_i = \int\limits_l \dfrac{M\,\bar{M}}{EI}\,dx}$.

M : Momentenfunktion infolge der Originalbelastung

$\bar{M}$: Momentenfunktion infolge der Einheitskraft 1 bei Verschiebung oder des Einheitsmomentes 1 bei Verdrehung

Bild 18.5A: Zum Arbeitssatz (MOHRsches Arbeitsintegral)

w_i : Verschiebung an der Stelle i

φ_i : Verdrehung an der Stelle i

EI : Biegesteifigkeit

Tabelle der Integrale $\int\limits_l M\,\bar{M}\,dx$ **für häufig auftretende Momentenlinien-Kombinationen:** Alle

Diagramme haben die Länge l. Die Scheitel der quadratischen Parabeln sind mit ∘ gekennzeichnet. Für die Anwendung der Formeln ist es gleichgültig, welches der Diagramme M und welches $\bar{M}$ ist.

M \ $\bar{M}$	$\bar{M}_1$ ▭	$\bar{M}_2$ ◺	$\bar{M}_1$ ▱ $\bar{M}_2$
M_1 ▭	$M_1 \cdot \bar{M}_1 \cdot l$	$\dfrac{1}{2} M_1 \cdot \bar{M}_2 \cdot l$	$\dfrac{1}{2} M_1\left(\bar{M}_1 + \bar{M}_2\right) l$
M_2 ◿	$\dfrac{1}{2} M_2 \cdot \bar{M}_1 \cdot l$	$\dfrac{1}{3} M_2 \cdot \bar{M}_2 \cdot l$	$\dfrac{1}{6} M_2\left(\bar{M}_1 + 2\bar{M}_2\right) l$
M_1 ◺	$\dfrac{1}{2} M_1 \cdot \bar{M}_1 \cdot l$	$\dfrac{1}{6} M_1 \cdot \bar{M}_2 \cdot l$	$\dfrac{1}{6} M_1\left(2\bar{M}_1 + \bar{M}_2\right) l$
M_1 ▱ M_2	$\dfrac{1}{2}\left(M_1 + M_2\right)\bar{M}_1 \cdot l$	$\dfrac{1}{6}\left(M_1 + 2M_2\right)\bar{M}_2 \cdot l$	$\dfrac{1}{6}\Big[M_1\left(2\bar{M}_1 + \bar{M}_2\right) + M_2\left(\bar{M}_1 + 2\bar{M}_2\right)\Big] l$
M_2 ◞ (Parabel)	$\dfrac{2}{3} M_2 \cdot \bar{M}_1 \cdot l$	$\dfrac{5}{12} M_2 \cdot \bar{M}_2 \cdot l$	$\dfrac{1}{12} M_2\left(3\bar{M}_1 + 5\bar{M}_2\right) l$
M_1 ◜ (Parabel)	$\dfrac{2}{3} M_1 \cdot \bar{M}_1 \cdot l$	$\dfrac{1}{4} M_1 \cdot \bar{M}_2 \cdot l$	$\dfrac{1}{12} M_1\left(5\bar{M}_1 + 3\bar{M}_2\right) l$
M_2 ◞ (Parabel)	$\dfrac{1}{3} M_2 \cdot \bar{M}_1 \cdot l$	$\dfrac{1}{4} M_2 \cdot \bar{M}_2 \cdot l$	$\dfrac{1}{12} M_2\left(\bar{M}_1 + 3\bar{M}_2\right) l$
M_1 ◝ (Parabel)	$\dfrac{1}{3} M_1 \cdot \bar{M}_1 \cdot l$	$\dfrac{1}{12} M_1 \cdot \bar{M}_2 \cdot l$	$\dfrac{1}{12} M_1\left(3\bar{M}_1 + \bar{M}_2\right) l$

---

* MOHR, Otto, 1835 – 1918, deutscher Altmeister der Technischen Mechanik

◆ Kraftgrößenverfahren

- Einfach statisch unbestimmtes System

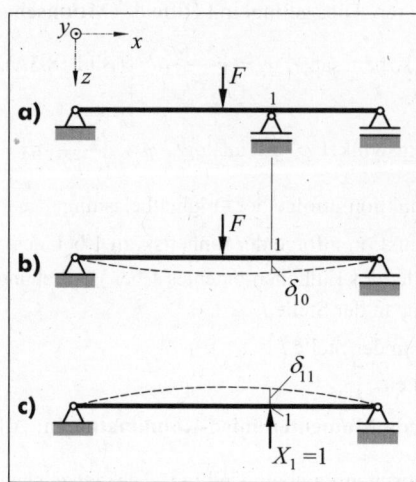

Beim Kraftgrößenverfahren denken wir uns das System aufgelöst in ein statisch bestimmtes System, an welchem außer den Belastungen die statisch unbestimmten Größen als äußere Kräfte angreifen (Bild 18.6A).

Durch Wegnahme des mittleren Lagers (Bild 18.6Aa) wird das System statisch bestimmt gemacht (**Hauptsystem**) (Bild 18.6Ab). An der Lagerstelle 1 tritt am Hauptsystem infolge der Originalbelastung die Verschiebung δ_{10} auf (Bild 18.6Ab).

Das Entfernen des mittleren Lagers wird rückgängig gemacht, indem wir die **statisch Unbestimmte** X_1 anbringen.

Zunächst nehmen wir $X_1 = 1$ (Einheitskraft 1 ist einheitenlos) an. Die daraus ergebende Durchbiegung an der Lagerstelle 1 bezeichnen wir mit δ_{11} (Bild 18.6Ac).

Da am Gesamtsystem bei 1 durch das vorhandene Lager eine Durchbiegung verhindert wird, muss die Durchbiegung infolge X_1 derjenigen infolge der Originalbelastung am Hauptsystem entgegengesetzt gleich groß sein. Dabei ist die Durchbiegung infolge der wirklich vorhandenen Kraft X_1 gleich dem X_1-fachen Wert von δ_{11} infolge $X_1 = 1$. Die Größe δ_{11} stellt dann die Durchbiegung je Einheit der Kraft X_1 dar.

Bild 18.6A:

a) einfach statisch unbestimmtes System (Gesamtsystem)

b) statisch bestimmt gemachtes Hauptsystem mit Originalbelastung

c) statisch bestimmt gemachtes System mit der statisch Unbestimmten $X_1 = 1$

Folglich ist die Gesamtdurchbiegung δ_1 an der Stelle 1 des Hauptsystems wegen der Kompatibilitätsbedingung gleich Null, so dass gilt

$$\boxed{\delta_1 = 0 = \delta_{10} + \delta_{11} \cdot X_1}.$$

Daraus folgt die statisch Unbestimmte $\boxed{X_1 = -\dfrac{\delta_{10}}{\delta_{11}}}.$

Leitlinien zum Lösen von Mechanik-Aufgaben

➢ *Systematisch* vorgehen: • Verstehen der Aufgabe
                        • Lösungsplan
                        • Lösung
                        • Lösung kontrollieren.

➢ Aufgabenstellung genau durchlesen und studieren. Denn was nützt die Ermittlung einer nicht benötigten Größe!

➢ Zielbewußte Aktivität entfalten. ***Ohne Nachdenken kein Einfall!***

➢ Einordnen der Aufgabe in das entsprechende Teilgebiet. Häufig helfen auch die Anfertigung von Prinzipskizzen, das Aufteilen der Gesamtaufgabe in Teilaufgaben, das Vergleichen mit ähnlichen bereits gelösten Aufgaben und die vorübergehende Vereinfachung der Aufgabe (Behandlung von Sonderfällen) zum Finden der Lösungsansätze.

➢ Übersichtlich und sauber arbeiten. Der Lösungsgang muss sich jederzeit leicht überprüfen lassen.

➢ Zur Lösung erforderliche Skizzen nicht zu klein und möglichst maßstäblich zeichnen.

➢ Bei den Freikörperbildern auf Vollständigkeit achten (alle Kräfte und Momente eintragen und benennen).

➢ Erst mit der Berechnung beginnen, wenn über den Lösungsplan mit den dabei anzuwendenden Gesetze und Formeln Klarheit besteht.

➢ Bei anzuwendenden Standard-Formeln prüfen, ob sie auf den vorliegenden Fall wirklich zutreffen und unbedingt auf den Sinn der Größen in den Formeln achten.

➢ Beim Einsetzen von Zahlenwerten in die Formeln ist darauf zu achten, dass die Einheiten zusammenpassen oder gegebenenfalls auf die erforderlichen Einheiten umgerechnet werden müssen.

➢ Ist das Ergebnis einer Lösung eine Gleichung, dann überprüft man diese Beziehung durch Anwendung auf einen leicht überblickbaren Sonderfall.

➢ Jedes Ergebnis ist stets kritisch und mit dem "gesunden Menschenverstand" zu überprüfen und zu deuten, zum Beispiel ob es überhaupt technisch realisierbar ist.

➢ Durch Fehler nicht entmutigen lassen, sondern sich bemühen, aus ihnen zu lernen und sie beim nächsten Mal zu vermeiden.

Schematischer Verlauf einer Festigkeitsberechnung

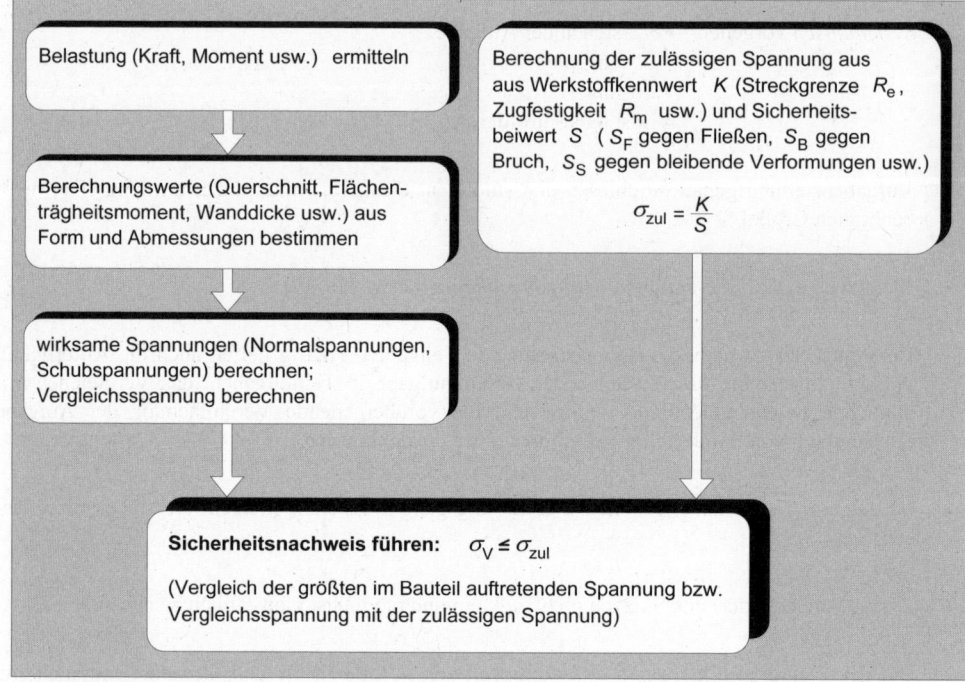

Je nach Aufgabenstellung und gegebenen Werten lassen sich

- die zulässige Belastung (Lastbegrenzung), z. B. $F = A \cdot \sigma_{zul}$,

- die erforderlichen Abmessungen (Dimensionierung), z. B. $A = \dfrac{F}{\sigma_{zul}}$,

- der erforderliche Werkstoffkennwert (Werkstoffauswahl), z. B. $R_m = S_B \cdot \sigma_V$,

- die vorhandene Sicherheit (Sicherheitsanalyse), z. B. $S_F = \dfrac{R_e}{\sigma_V}$

berechnen.

Hinweis:

Außer diesem obigen Schema können je nach Erfordernis (Dauerfestigkeit, Betriebsfestigkeit) noch andere technische Berechnungsvorschriften und Normen Anwendung finden. Einige seien hier genannt:

Für den Maschinenbau ist das die FKM-Richtlinie (FKM: Forschungskuratorium Maschinenbau), für den Stahlbau die DIN 18800 und Eurocode 3 sowie die DIN 15018 (Stahltragwerke) für den Kranbau.

Gegenüberstellung von neuen und alten Werkstoffbezeichnungen (Auswahl)

Baustähle nach DIN EN 10025	
neu: DIN EN 10025	alt: DIN 17100
S235JR	St 37-2
S235J2G3	St 37-3 N
S355J2G3	St 52-3 N
E335	St 60-2
E360	St 70-2

Vergütungsstähle nach DIN EN 10083	
neu: DIN EN 10083	alt: DIN 17200
C45E	Ck 45
30CrNiMo8	30 CrNiMo 8

Einsatzstähle nach DIN EN 10084	
neu: DIN EN 10084	alt: DIN 17210
C10E	Ck 10
16MnCr5	16 MnCr 5

Gusseisen mit Lamellengraphit nach DIN EN 1561	
neu: DIN EN 1561	alt: DIN 1691
EN-GJL-100	GG 10
EN-GJL-350	GG 35

Gusseisen mit Kugelgraphit nach DIN EN 1563	
neu: DIN EN 1563	alt: DIN 1693
EN-GJS-400-18	GGG 40
EN-GJS-800-2	GGG 80

Die wichtigsten Grundlagen und Formeln aus der Statik werden nachfolgend hier noch mal wieder-
gegeben, da die Festigkeitslehre aufs engste mit der Statik verknüpft ist.

Einige Grundlagen und Formeln aus der Statik

S1   Kräfte, Lagerungen, Freimachen, Axiome, Schnitt-
prinzip

Kräfte und Kraftarten

Die Einzelkraft ist eine *vektorielle* Größe und ist
durch drei Bestimmungsstücke zu beschreiben
1. Betrag (Größe) der Kraft,
2. Richtung der Kraft (Wirkungslinie und
   Richtungssinn),
3. Angriffspunkt der Kraft.

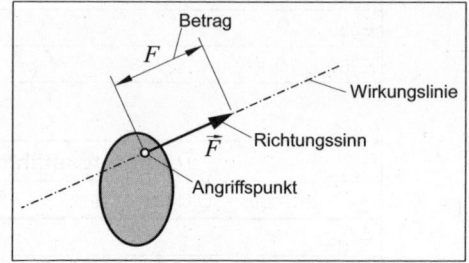

Darstellung einer Einzelkraft

Kraftart	Symbol	Dimension (beispielhaft)	Bemerkung	Beispiel
Einzelkraft		N kN MN	wirkt auf einem Punkt (Idealisierung, da Kräfte nur auf Flächen wirken)	Stabkräfte, Lagerkräfte
Linienkraft (Streckenlast)		N/m kN/m MN/m	wirkt längs einer Linie (Idealisierung)	Gewichtskraft eines Trägers
Flächenkraft		N/m^2 kN/m^2 MN/m^2	wirkt flächenhaft verteilt	Schneelast, Windlast, Erddruck, Flächenlager
Volumenkraft		N/cm^3 kN/m^3 MN/m^3	wirkt räumlich verteilt an allen Elementen eines Körpers	Schwerkraft, spezifische Gewichte

Lagerungen in der Ebene

Lagerung	Symbol	freigemachte Lagerstelle	Anzahl der unbe-kannten Lagerreak-tionen (Fesseln)
Loses Lager (einwertig) Seil			1

Lagerung	Symbol	freigemachte Lagerstelle	Anzahl der unbek. Lagerreaktionen
Lose Lager (einwertig) Pendel-stütze Rollkufe			1
Feste Lager (zweiwertig)			2
"verschiebliche Einspannung" **Parallelführungen (zweiwertig)**			2
Einspannung (dreiwertig)			3

Verbindungselement zwischen zwei Körpern in der Ebene

Verbindungselement	freigemachte Verbindungsstelle (Verbindungsreaktionen)	Anzahl der Verbindungsreaktionen
Momentengelenk (Gelenk) ① G ② zwischen den beiden Körpern bestehen die Gesetzmäßigkeiten nach dem Wechselwirkungsgesetz (actio = reactio)	G_x $\quad$ G_z G_z $\quad$ G_x	2

Lagerungen im Raum

Lagerung	freigemachte Lagerstelle	Anzahl der unbek. Lagerreaktionen
einwertiges Lager Verbindungsstück	nur <u>eine</u> Kraft in Längsachsenrichtung des Verbindungsstückes	1

Lagerung	freigemachte Lagerstelle	Anzahl der unbekannten Lagerreaktionen (Fesseln)
zweiwertiges Lager		2
dreiwertige Lager Kugel in Gelenkpfanne (Kugelgelenk)		3
sechswertiges Lager Einspannung		6

Das Freimachen

Freimachen heißt:
Wir nehmen die Nachbarkörper, die den zu betrachtenden Körper berühren, Stück für Stück weg und bringen als Ersatz dafür an den Berührungsstellen diejenigen Kräfte an, die von den weggenommenen Körpern auf den betrachteten Körper wirken.
Oder anders ausgedrückt:
Unter dem **Freimachen** des betrachteten Körpers verstehen wir das Loslösen (durch gedankliches Schneiden) dieses Körpers von seinen Bindungen und Ersatz der Wirkung der Bindungen bzw. Auflager auf den Körper durch die Reaktionskräfte.

Bauteillagerung und Lagerungsteile	*Beispiel*	
	mechanisches System	*Freikörperbild*
● **Loslager** nehmen nur Kräfte senkrecht zur Stützfläche auf. ● Ein **Festlager** kann eine Lagerkraft beliebiger Größe und Richtung aufnehmen. Beim Freimachen (Kräfte in einer Ebene) ersetzen wir die Lagerkraft durch zwei senkrecht aufeinander stehende Komponenten, z.B. einer Horizontalkomponente und einer Vertikalkomponente.		

freigemachter Träger

Axiome der Statik

Das Gleichgewichtsaxiom

Zwei Kräfte sind im Gleichgewicht, wenn sie auf derselben Wirkungslinie liegen, entgegengesetzt gerichtet und gleich groß sind.

Es gilt die Vektorgleichung

$$\vec{F}_1 + \vec{F}_2 = 0 \quad \text{beziehungsweise}$$

$$\vec{F}_1 = -\vec{F}_2 .$$

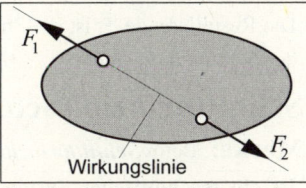

Zur Zweikräfte-Gleichgewichtsgruppe

Das Reaktionsaxiom (Wechselwirkungsgesetz)

Wird von Körper K_1 auf den Körper K_2 die Kraft $\vec{F}_{2,1}$ ausgeübt (actio), so wirkt der Körper K_2 mit der Kraft $\vec{F}_{1,2} = -\vec{F}_{2,1}$ (reactio) auf K_1 in der gleichen Wirkungslinie zurück.

Dieses Naturgesetz $\boxed{\text{actio} = \text{reactio}}$ wurde zuerst von NEWTON aufgestellt.

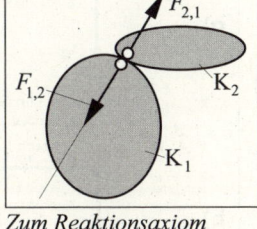

Zum Reaktionsaxiom

Das Axiom von der Verschiebbarkeit einer Kraft auf ihrer Wirkungslinie

Die Wirkung einer Kraft auf einen *starren Körper* ist von der Lage des Kraftangriffspunktes auf der Wirkungslinie unabhängig. Das bedeutet, ein Kraftvektor ist *linienflüchtig* und lässt sich beliebig entlang seiner Wirkungslinie verschieben.

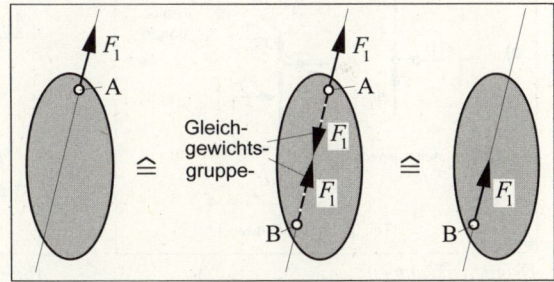

Zur Kraftverschiebung; Gleichgewichtsgruppe $\vec{F}_1, -\vec{F}_1$ (gestrichelt) anbringen, dann heben sich die in A angreifenden Kräfte auf

Das Axiom vom Kräfteparallelogramm

Die Wirkung zweier Kräfte $\vec{F}_1$ und $\vec{F}_2$ auf einen gemeinsamen Angriffspunkt A ist gleich der Wirkung einer einzigen Kraft $\vec{R}$, die sich als von A ausgehende Diagonale des mit den Vektoren $\vec{F}_1$ und $\vec{F}_2$ gebildeten Parallelogramms ergibt.

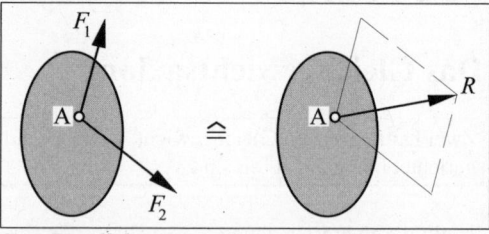

Die Resultierende $\vec{R}$ ist die Summe der beiden Vektoren $\vec{F}_1$ und $\vec{F}_2$: $\boxed{\vec{R} = \vec{F}_1 + \vec{F}_2}$.

Zum Parallelogramm-Axiom

Schnittprinzip (Schnittmethode oder Schnittverfahren)

Merke: Beim *Schnittprinzip* wird folgender *Erfahrungssatz* angewendet:

Ist ein mechanisches System (Gesamtsystem) im Gleichgewicht, dann ist auch jedes durch einen Schnitt abgetrennte Teil unter Wirkung aller an ihm angreifenden Kräfte und Momente, einschließlich der Schnittreaktionen im Gleichgewicht.

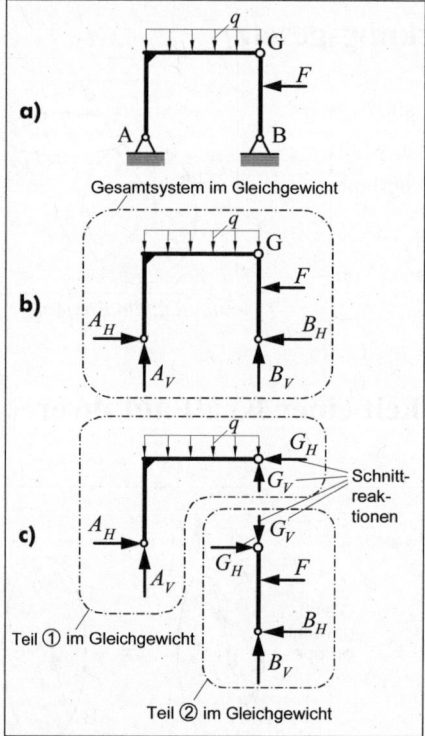

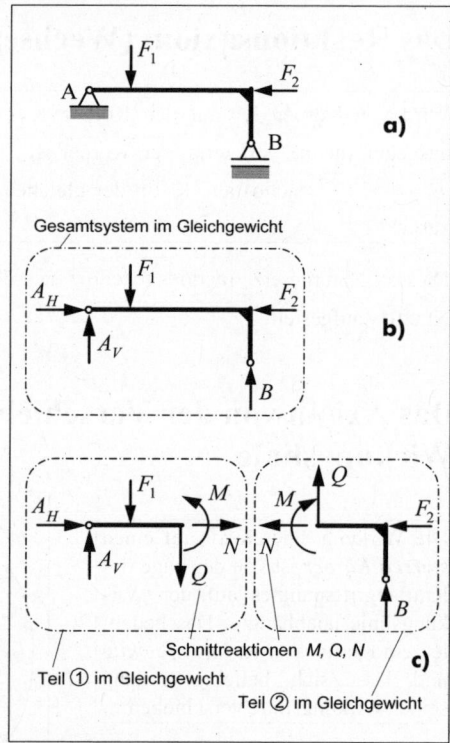

Dreigelenkrahmen
a) Prinzipskizze
b) Gesamtsystem freigemacht und im
*   Gleichgewicht*
c) Gesamtsystem durch Schnitt in 2 Teile zerlegt; jedes Teil für sich im Gleichgewicht

Abgewinkelter Träger
a) Prinzipskizze
b) Gesamtsystem freigemacht und im
*   Gleichgewicht*
c) Gesamtsystem durch Schnitt in 2 Teile zerlegt; jedes Teil für sich im Gleichgewicht

S2 Zentrales Kräftesystem

Diesen Sonderfall können wir sowohl *zeichnerisch* als auch *analytisch* behandeln.

Zusammensetzung und Zerlegen von Kräften in der Ebene, Komponentendarstellung

Ein zentrales Kräftesystem können wir durch die Resultierende

$$\vec{R} = \vec{F}_1 + \vec{F}_2 + \dots + \vec{F}_n = \sum \vec{F}_i$$ ersetzen.

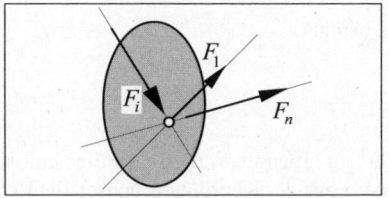

Zentrales ebenes Kräftesystem, Lageplan

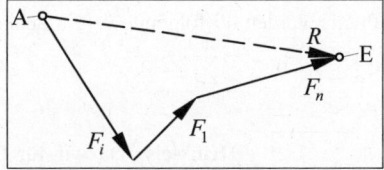

Zeichnerische Ermittlung der Resultierenden, Kräfteplan

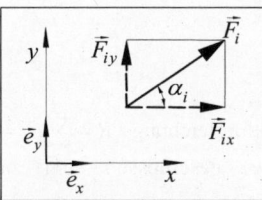

Zerlegung einer Kraft in Komponenten

$$\vec{F}_i = \vec{F}_{ix} + \vec{F}_{iy}$$

$$\vec{F}_i = F_{ix}\,\vec{e}_x + F_{iy}\,\vec{e}_y$$

$$F_{ix} = F_i \cos\alpha_i \; ; \qquad F_{iy} = F_i \sin\alpha_i$$

$$F_i = \sqrt{F_{ix}^2 + F_{iy}^2} \; ; \qquad \tan\alpha_i = \frac{F_{iy}}{F_{ix}}$$

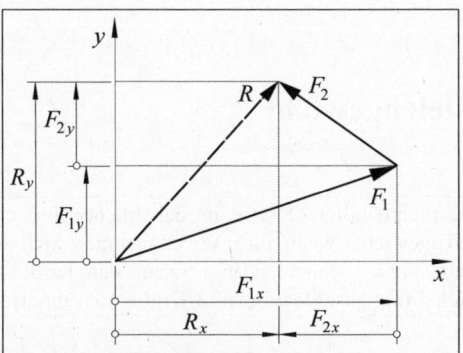

Zwei Kräfte und deren Resultierende R im kartesischen Koordinatensystem

Koordinaten der Resultierenden R für n Kräfte:

$$R_x = \sum_{i=1}^{n} F_{ix} = \sum_{i=1}^{n} F_i \cos\alpha_i \, ,$$

$$R_y = \sum_{i=1}^{n} F_{iy} = \sum_{i=1}^{n} F_i \sin\alpha_i$$

Betrag und Richtung der Resultierenden:

$$R = \sqrt{R_x^2 + R_y^2} \; ; \qquad \tan\alpha_R = \frac{R_y}{R_x} \, .$$

Gleichgewicht in der Ebene

Gleichgewichtsbedingung:

> Kräfte, die in der Ebene an einem Punkt angreifen, sind im Gleichgewicht, wenn die Vektorsumme aller Kräfte (d. h. die Resultierende) Null ist.
>
> $$\vec{R} = \sum \vec{F_i} = \vec{0}$$

Diese Vektorgleichung lässt sich durch zwei skalare Gleichungen *(Gleichgewichtsbedingungen)* in Koordinaten ausdrücken:

$$\sum F_{ix} = 0, \qquad \sum F_{iy} = 0.$$

In der Praxis werden oft folgende vereinfachende Symbole benutzt:

$$\sum \rightarrow = 0, \qquad \sum \uparrow = 0.$$

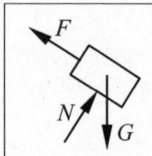

*Zur Gleichge-
wichtsbedingung*

Hinweis: Da wir für Gleichgewicht nur irgendwie $\vec{R} = \vec{0}$ erfüllen müssen, können wir durch geschickte Wahl der Lage der Koordinatenachsen die Rechnung vereinfachen. Zum Beispiel bei der glatten schiefen Ebene:

$$\sum \diagdown = 0, \qquad \sum \diagup = 0.$$

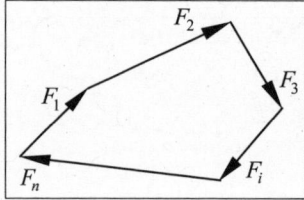

*Gleichgewicht, Krafteck gleich-
sinnig geschlossen*

Geometrisch bedeutet die Vektorgleichung $\vec{R} = \sum \vec{F_i} = \vec{0}$, dass das Krafteck (Kräftezug) **geschlossen** sein muss ($\vec{R} = \vec{0}$).

Drei nichtparallele Kräfte im Gleichgewicht

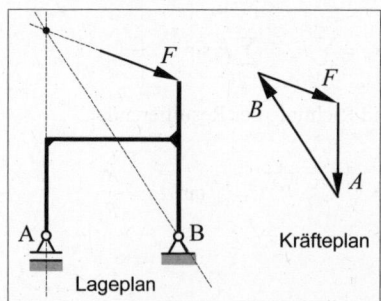

*Gleichgewicht bei drei nichtparallelen
Kräften*

> Drei nichtparallele Kräfte in der Ebene sind im Gleichgewicht, wenn ihre Wirkungslinien sich in einem Punkt schneiden und wenn das Krafteck **gleichsinnig geschlossen** ist (3-Kräfte-Verfahren).

Räumliches zentrales Kräftesystem

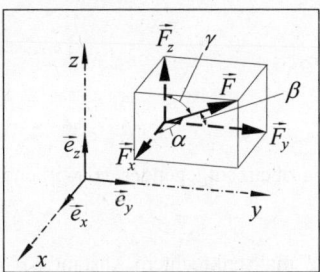

Vektor in einem kartesischen Koordinatensystem

Es gilt:

$$\vec{F} = \vec{F}_x + \vec{F}_y + \vec{F}_z \,,$$

$$\vec{F} = F_x \vec{e}_x + F_y \vec{e}_y + F_z \vec{e}_z \,.$$

Oft schreiben wir dies auch in der Form eines einspaltigen matriziellen Vektors (Spaltenvektor) $\underline{F} = \begin{bmatrix} F_x \\ F_y \\ F_z \end{bmatrix}$.

Für den Betrag der Kraft und die Richtungskosinus gilt:

$$F = \sqrt{F_x^2 + F_y^2 + F_z^2} \,,$$

$$\cos\alpha = \frac{F_x}{F} \,, \qquad \cos\beta = \frac{F_y}{F} \,, \qquad \cos\gamma = \frac{F_z}{F} \,.$$

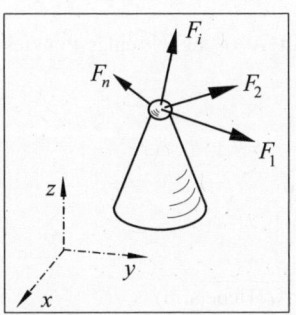

n-Kräfte an einem Punkt im Raum

$$\vec{R} = \vec{F}_1 + \vec{F}_2 + \ldots + \vec{F}_n = \sum_{i=1}^{n} \vec{F}_i \,.$$

In **Komponentendarstellung**:

$$\vec{R} = R_x \vec{e}_x + R_y \vec{e}_y + R_z \vec{e}_z \,.$$

$$R_x = F_{1x} + F_{2x} + \ldots + F_{nx} = \sum_{i=1}^{n} F_{ix}$$

$$R_y = F_{1y} + F_{2y} + \ldots + F_{ny} = \sum_{i=1}^{n} F_{iy} \,.$$

$$R_z = F_{1z} + F_{2z} + \ldots + F_{nz} = \sum_{i=1}^{n} F_{iz}$$

$$R = \sqrt{R_x^2 + R_y^2 + R_z^2} \,, \qquad \cos\alpha_R = \frac{R_x}{R} \,, \qquad \cos\beta_R = \frac{R_y}{R} \,, \qquad \cos\gamma_R = \frac{R_z}{R} \,.$$

Liegt **Gleichgewicht** vor, so bedeutet das vektoriell:

$$\vec{R} = \sum_{i=1}^{n} \vec{F}_i = \vec{0} \,.$$

Aus dieser Vektorgleichung erhalten wir die folgenden drei skalaren **Gleichgewichtsbedingungen**:

$$\sum F_{ix} = 0$$
$$\sum F_{iy} = 0 \,.$$
$$\sum F_{iz} = 0$$

S3   Allgemeines Kräftesystem

Allgemeines Kräftesystem in der Ebene

Kräftepaar und Moment des Kräftepaares

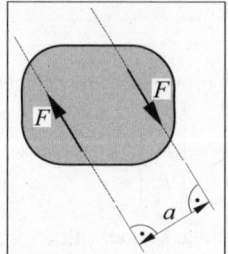

Ein *Kräftepaar* besteht aus zwei gleich großen, entgegengesetzt wirkenden Kräften auf parallelen Wirkungslinien.

$$M = F \cdot a$$ (Betrag der Kraft F mal senkrechtem Abstand a)

Kräftepaar

Moment einer Kraft, Versatzmoment (Parallel-verschiebung einer Kraft), Momentensatz

◆ Moment einer Kraft (statisches Moment)

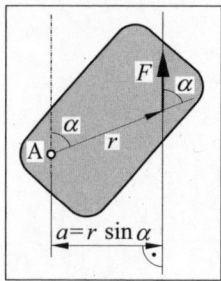

Das statische Moment einer Einzelkraft $\vec{F}$ bezüglich eines Punktes A ist das Vektorprodukt

$$\vec{M}_A = \vec{r} \times \vec{F}.$$

$$M_A = r \cdot F \sin \alpha = F \underbrace{r \sin \alpha}_{a} = F\,a$$

Zum Moment einer Ein-
zelkraft

$$\boxed{\text{Kraft } mal \text{ senkrechtem Abstand } a \text{ (Hebelarm)}}$$

◆ Versatzmoment (Parallelverschiebung einer Kraft)

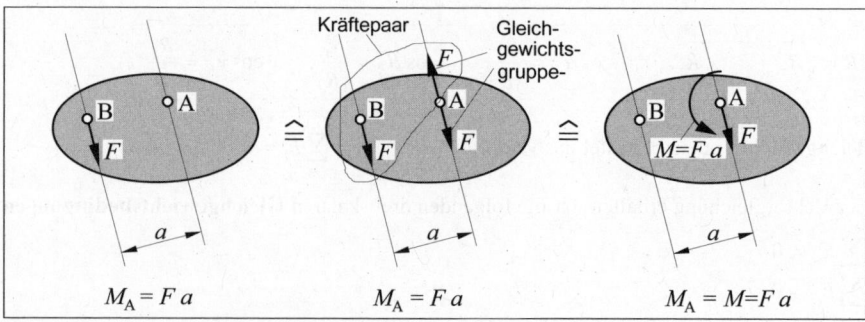

Zur Parallelverschiebung einer Kraft (Versatzmoment)

◆ Momentensatz

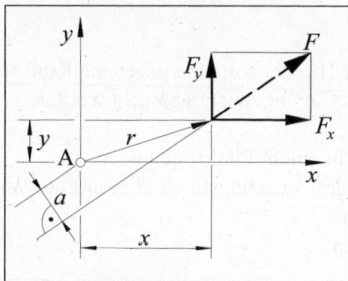

$$\vec{M}_A = \vec{r} \times \vec{F} = \left(x \cdot \vec{e}_x + y \cdot \vec{e}_y \right) \times \left(F_x \cdot \vec{e}_x + F_y \cdot \vec{e}_y \right),$$

$$\vec{M}_A = \begin{vmatrix} \vec{e}_x & x & F_x \\ \vec{e}_y & y & F_y \\ \vec{e}_z & 0 & 0 \end{vmatrix} = \vec{e}_z \left(x F_y - y F_x \right),$$

$$\boxed{M_A = F_y \cdot x - F_x \cdot y}.$$

Zum Momentensatz

Der Momentensatz lautet:

Das Moment einer Kraft F ist gleich der algebraischen Summe der Momente ihrer Komponenten, bezogen auf den gleichen Punkt A: $\boxed{M_A = F \cdot a = F_y \cdot x - F_x \cdot y}$.

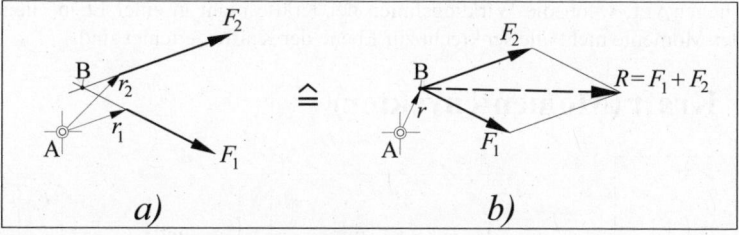

Zum Momentensatz der ebenen Statik

$$\boxed{\vec{M}_A = \vec{r} \times \vec{R} = \vec{r}_1 \times \vec{F}_1 + \vec{r}_2 \times \vec{F}_2}.$$

Für n Kräfte lautet der **Momentensatz** der ebenen Statik:

$$\vec{M}_A = \vec{r} \times \vec{R} = \sum_{i=1}^{n} \vec{r}_i \times \vec{F}_i$$

Das Moment der von Null verschiedenen Resultierenden einer ebenen Kraftgruppe ist gleich der Summe der Momente der einzelnen Kräfte für denselben Bezugspunkt.

Gleichgewichtsbedingungen im ebenen Kräftesystem

$\displaystyle\sum_{i=1}^{n} F_{ix} = 0$	$\displaystyle\sum \rightarrow = 0$	*Summe aller Kraftkomponenten in der angegebenen Richtung (hier horizontal) gleich Null*
$\displaystyle\sum_{i=1}^{n} F_{iy} = 0$ oder	$\displaystyle\sum \uparrow = 0$	*Summe aller Kraftkomponenten in der angegebenen Richtung (hier vertikal) gleich Null*
$\displaystyle\sum_{i=1}^{n} M_{iz} = 0$	$\left(\displaystyle\sum M \right)_A = 0$	*Summe aller Momente um einen beliebigen Bezugspunkt A gleich Null*

Alternativ können wir auch an Stelle von *zwei* Kraft- und *einer* Momentengleichgewichtsbedingung mit *einer* Kraft- und *zwei* Momentengleichgewichtsbedingungen oder nur mit *drei* Momentengleichgewichtsbedingungen arbeiten.

Gleichgewicht bei vier Kräften in der Ebene (Verfahren nach CULMANN)

Das Verfahren nach CULMANN wird zeichnerisch durchgeführt. Hierbei soll eine gegebene Kraft mit drei unbekannten Kräften, deren Wirkungslinien festliegen, ins Gleichgewicht gebracht werden.

Einschränkungen:
- Die Wirkungslinien dürfen sich nicht in einem Punkt schneiden.
- Kein Schnittpunkt der vorgegebenen drei Wirkungslinien darf auf der Wirkungslinie der gegebenen Kraft liegen.
- Maximal je zwei parallele Wirkungslinien.

> Bei Gleichgewicht müssen die Resultierenden je zweier nicht paralleler Kräfte gleich große Gegenkräfte sein, deren Wirkungslinie die CULMANNsche Gerade c ist.

Allgemeines Kräftesystem im Raum

Räumliche Probleme liegen vor, wenn die Wirkungslinien der Kräfte nicht in einer Ebene liegen oder die Drehachsen der Momente nicht alle senkrecht zur Ebene der Kräfte gerichtet sind.

Moment einer Kraft (Momentenvektor)

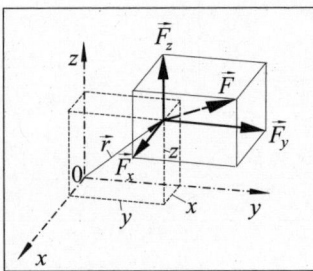

Zum Moment einer Kraft im Raum (kartesisches Koordinatensystem)

$$\vec{M}_0 = \vec{r} \times \vec{F} \quad \text{mit} \quad \vec{r} = \begin{bmatrix} x \\ y \\ z \end{bmatrix} \quad \text{und} \quad \vec{F} = \begin{bmatrix} F_x \\ F_y \\ F_z \end{bmatrix}.$$

In Form einer Determinante können wir schreiben:

$$\vec{M}_0 = \begin{bmatrix} M_x \\ M_y \\ M_z \end{bmatrix} = \vec{r} \times \vec{F} = \begin{vmatrix} \vec{e}_x & x & F_x \\ \vec{e}_y & y & F_y \\ \vec{e}_z & z & F_z \end{vmatrix},$$

$$\vec{M}_0 = \vec{e}_x \left(F_z\, y - F_y\, z \right) + \vec{e}_y \left(F_x\, z - F_z\, x \right) + \vec{e}_z \left(F_y\, x - F_x\, y \right).$$

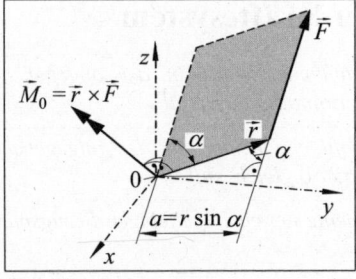

Zum Momentenvektor

Der Vektor $\vec{M}_0$ steht senkrecht auf der von $\vec{r}$ und $\vec{F}$ aufgespannten Ebene und dessen Drehsinn wird festgelegt durch das von $\vec{r}$, $\vec{F}$ und $\vec{M}_0$ gebildete Rechtssystem (Schraubenregel). Sein Betrag entspricht der von $\vec{r}$ und $\vec{F}$ aufgespannten Parallelogrammfläche (Kraft *mal* Hebelarm):

$$\boxed{M_0 = r\, F \sin\alpha = F\, a}.$$

Der Hebelarm a ist das Lot von 0 auf die Wirkungslinie von $\vec{F}$.

Gleichgewichtsbedingungen

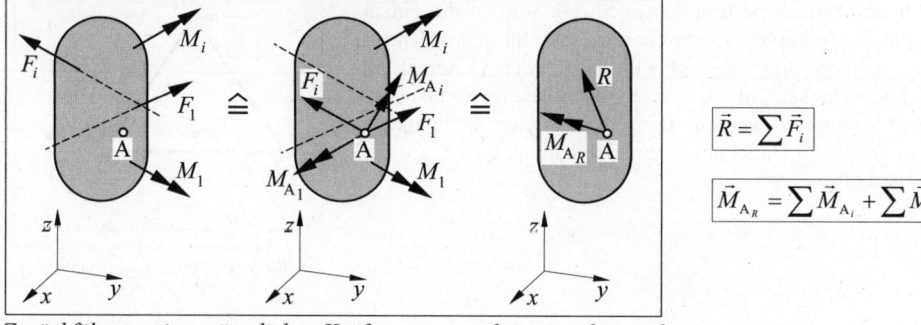

$$\vec{R} = \sum \vec{F}_i$$

$$\vec{M}_{A_R} = \sum \vec{M}_{A_i} + \sum \vec{M}_i$$

Zurückführung eines räumlichen Kräftesystems auf eine resultierende Kraft und ein resultierendes Moment

Soll Gleichgewicht vorhanden sein, muss die resultierende Kraft $\vec{R}$ und das resultierende Moment $\vec{M}_{A_R}$ verschwinden. Die *Gleichgewichtsbedingungen* lauten:

$$\sum \vec{F}_i = 0 \, , \qquad \sum \vec{M}_{A_i} + \sum \vec{M}_i = 0.$$

In skalarer Komponentenform lauten die ***Gleichgewichtsbedingungen***:

$\sum F_{ix} = 0$	*Summe aller Kraftkomponenten in x-Richtung gleich Null*	
$\sum F_{iy} = 0$	*Summe aller Kraftkomponenten in y- Richtung gleich Null*	
$\sum F_{iz} = 0$	*Summe aller Kraftkomponenten in z- Richtung gleich Null*	
$\sum M_{ix}^{(A)} = 0$	*Summe aller Momente um die x-Achse gleich Null*	bezüglich eines
$\sum M_{iy}^{(A)} = 0$	*Summe aller Momente um die y-Achse gleich Null*	beliebigen
$\sum M_{iz}^{(A)} = 0$	*Summe aller Momente um die z-Achse gleich Null*	Punktes A

S4   Ebenes Fachwerk

Statische Bestimmtheit beim Fachwerk

Wird ein Fachwerk, ausgehend von einem Fachwerk aus drei Stäben, jeweils durch den Anschluss zweier weiterer Stäbe und der daraus folgenden Bildung eines neuen Knotenpunktes gebildet, so entsteht ein *„Dreieckfachwerk"* oder auch *„einfaches Fachwerk"* genannt.

Hierbei besteht zwischen der Stabzahl und der Knotenzahl folgende Beziehung:

$$s = 2k - a,$$

$\quad s \qquad$ Anzahl der Stäbe,

$\quad k \qquad$ Anzahl der Knotenpunkte,

$\quad a \qquad$ Anzahl der Auflagerreaktionen.

Knotenpunktverfahren

Bei einem statisch bestimmten Fachwerk werden die einzelnen Fachwerksknoten freigeschnitten und für jeden Knoten das Freikörperbild gezeichnet. Da jeder Knoten im Gleichgewicht sein muss, können die Gleichgewichtsbedingungen formuliert werden. Die Gleichgewichtsbedingungen liefern genügend Gleichungen zur Berechnung aller Stab- und Auflagerkräfte.

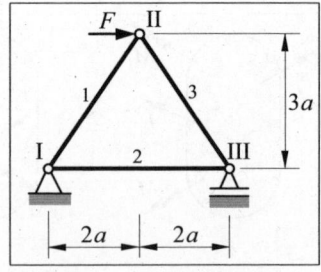

Einfaches ebenes Fachwerk

RITTERsches Schnittverfahren

Falls erforderlich, zuerst Lagerreaktionen berechnen.

Beim RITTERschen Schnittverfahren müssen entweder *drei* Stäbe geschnitten werden, die nicht alle zum gleichen Knoten gehören oder der Schnitt ist durch *einen* Stab und *ein* Gelenk zu führen.

Aus den Gleichgewichtsbedingungen für ein abgeschnittenes Teil können wir die Kräfte in den geschnittenen Stäben berechnen.

Nullstäbe erkennen

Stäbe eines belasteten Fachwerks, die nicht beansprucht werden, nennen wir Nullstäbe. Scheinbar nutzlos, erfüllen sie doch ihren Zweck, z.B. zur Verringerung der freien Knicklänge anderer Stäbe. Es ist von Vorteil, solche Stäbe bereits vor Beginn der Stabkraftberechnung zu erkennen.

Folgende drei Fälle sind zu unterscheiden:

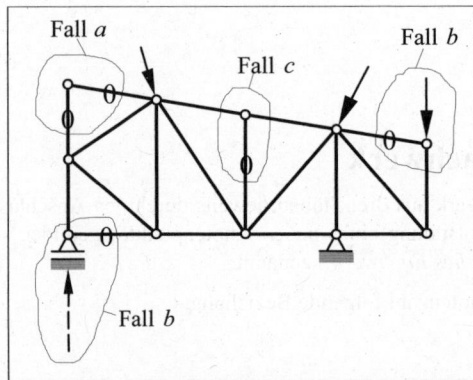

Fallunterscheidung bei Nullstäben (Nullstäbe sind durch Nullen gekennzeichnet)

Fall *a*:
Zwei Stäbe, die an einem **unbelasteten** Knoten angeschlossen sind und ungleiche Richtungen haben, sind Nullstäbe.

Fall *b*:
Sind an einem **belasteten** Knoten zwei richtungsungleiche Stäbe angeschlossen und greift die äußere Kraft in Richtung des einen Stabes an, so ist der andere ein Nullstab.

Fall *c*:
Sind an einem **unbelasteten** Knoten drei Stäbe angeschlossen, von denen zwei die gleiche Richtung haben, so ist der dritte Stab ein Nullstab.

S5 Schnittgrößen am Balken

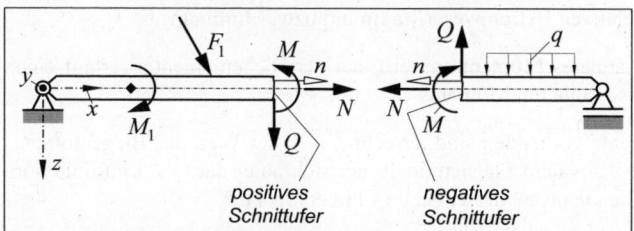

Skizze zur Vorzeichenfestlegung der Schnittgrößen N, Q und M; positive Schnittgrößen N, Q, M an den Schnittufern

Durch das Trennen des Balkens erhalten wir zwei Schnittufer. Ein Schnittufer heißt positiv, bei dem die äußere Flächennormale *n* (als äußere Flächennormale bezeichnet man einen Vektor, der auf der Oberfläche des Körpers senkrecht steht und nach außen, also nicht in das Körperinnere weist) in die positive *x*-Richtung zeigt. Weist die äußere Flächennormale *n* eines Schnittufers in negative *x*-Richtung, so heißt es negativ.

Es wird nun folgende **Vorzeichenfestlegung** für die Schnittgrößen *N*, *Q* und *M* getroffen:

> Die Schnittgrößen *N*, *Q* und *M* sind dann positiv, wenn sie am positiven Schnittufer **in** die positiven Koordinatenrichtungen und am negativen Schnittufer **gegen** die positiven Koordinatenrichtungen zeigen.

Differentielle Zusammenhänge zwischen Belastung und Schnittgrößen

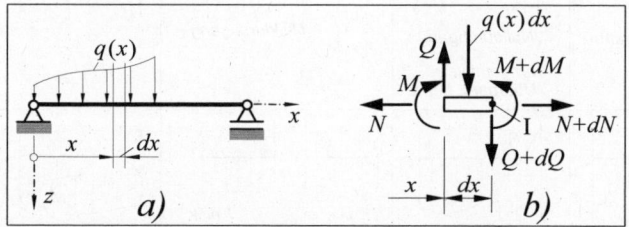

$$\frac{dQ}{dx} = -q(x)$$

$$\frac{dM}{dx} = Q$$

$$\frac{d^2 M}{dx^2} = -q(x)$$

a) vertikal kontinuierlich belasteter gerader Balken
b) Freikörperbild des herausgeschnittenen Balkenelements

Wichtige Aussagen zu den Schnittgrößen *Q* und *M*

Die folgenden Aussagen sind für die Kontrolle der ermittelten Schnittgrößenverläufe nützlich und sie können zum Teil sogar eine aufwendige Rechnung ersparen.

> Bei Balken mit Streckenlast- und / oder Einzelkraftbelastung, welche **senkrecht** zur Balkenachse angreift, und / oder bei äußerer Momentenbelastung besteht zwischen Biegemoment *M* und Querkraft *Q* folgender Zusammenhang:
>
> - Die Tangentensteigung des Biegemomentenverlaufs entspricht dem entsprechenden Wert der Querkraft ($Q = \dfrac{dM}{dx}$). Das bedeutet z.B.: In Feldern, in denen die *Steigung* des Biegemomentenverlaufs konstant, also der *M*-Verlauf geradlinig ist, dort ist die Querkraft konstant.
> - An Stellen, an denen eine senkrecht zur Balkenachse wirkende Einzelkraft angreift, hat der Querkraftverlauf einen Sprung um den Betrag der Einzelkraft und der Biegemomentenverlauf einen Knick (sprunghafte Änderung der Tangentensteigung).

Außerdem gilt:

- An den Stellen, an denen die Querkraft ihr Vorzeichen wechselt (Nulldurchgang), besitzt das Biegemoment einen relativen Extremwert (Maximum bzw. Minimum).

- An Stellen, an denen ein äußeres Moment angreift, hat der Biegemomentenverlauf einen Sprung um den Betrag dieses äußeren Moments.

- Falls keine äußeren Momente vorhanden sind, errechnet sich der Wert des Biegemoments an einer beliebigen Stelle x aus dem Flächeninhalt, der sich unter der Querkraftlinie vom linken oder rechten Balkenende bis zu dieser Stelle x hin erstreckt.

Übersichtstabellen zu den Schnittgrößen Q und M in Abhängigkeit von Belastung, Lagerung und Verbindungsart

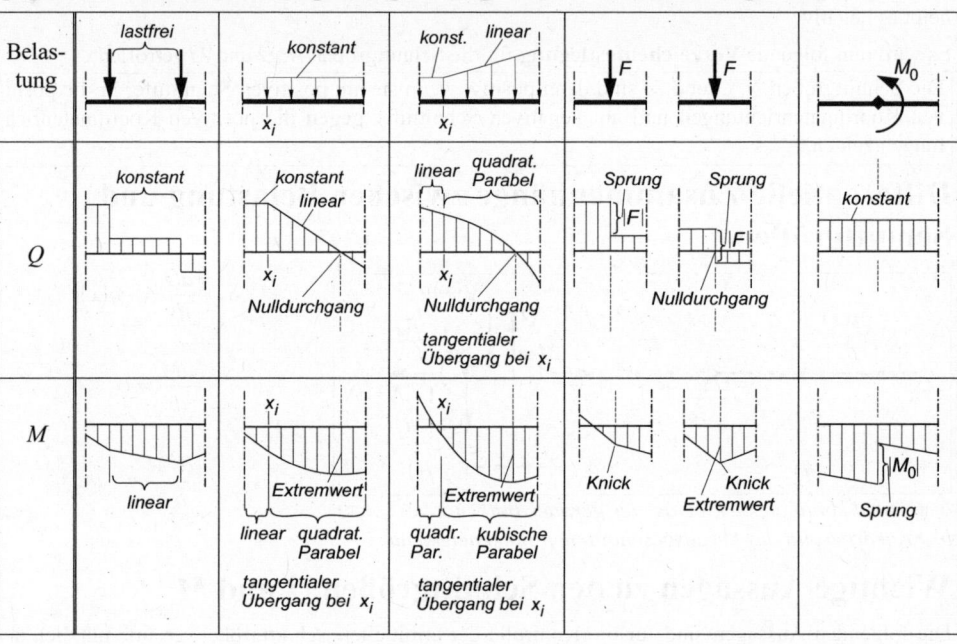

S6 Der Schwerpunkt
Massen- bzw. Gewichtsschwerpunkt

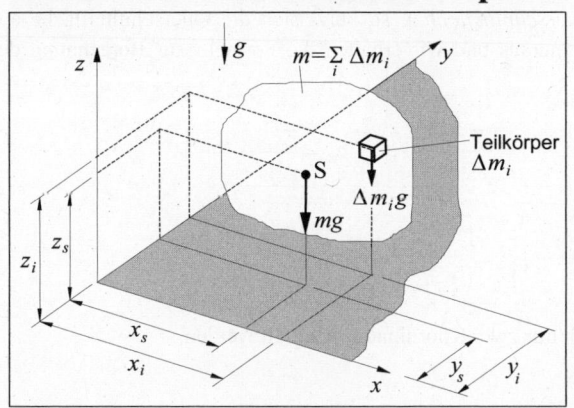

$$x_S = \frac{\sum_i x_i \, \Delta m_i}{m}$$

$$y_S = \frac{\sum_i y_i \, \Delta m_i}{m}$$

$$z_S = \frac{\sum_i z_i \, \Delta m_i}{m}$$

Mit $mg = G$ und $\sum_i \Delta m_i g = \sum_i \Delta G_i$

folgen die Koordinaten des Gewichtsschwerpunktes, die identisch mit den Koordinaten des Massenschwerpunktes sind:

Körper im räumlichen Koordinatensystem

$$x_S = \frac{\sum_i x_i \, \Delta G_i}{G}, \qquad y_S = \frac{\sum_i y_i \, \Delta G_i}{G}, \qquad z_S = \frac{\sum_i z_i \, \Delta G_i}{G}.$$

Volumenschwerpunkt

Für den **homogenen** Körper mit der Dichte $\rho =$ konstant, $m = \rho V$ und $\Delta m_i = \rho \, \Delta V_i$ folgen die Koordinaten des Volumenschwerpunktes

$$x_S = \frac{\sum_i x_i \, \Delta V_i}{V}, \qquad y_S = \frac{\sum_i y_i \, \Delta V_i}{V}, \qquad z_S = \frac{\sum_i z_i \, \Delta V_i}{V}.$$

Volumenschwerpunkt und Massenschwerpunkt sind nur für den homogenen Körper identisch.

Handelt es sich um einen Körper, dessen Figur mathematisch geschlossen angegeben werden kann, so können wir in obiger Gleichung statt der Summenzeichen Integralzeichen schreiben:

$$x_S = \frac{\int_V x \, dV}{V}, \qquad y_S = \frac{\int_V y \, dV}{V}, \qquad z_S = \frac{\int_V z \, dV}{V}.$$

Flächenschwerpunkt

$$x_S = \frac{\sum_i x_i \, \Delta A_i}{A}, \qquad y_S = \frac{\sum_i y_i \, \Delta A_i}{A}, \qquad z_S = \frac{\sum_i z_i \, \Delta A_i}{A}.$$

Für unendlich viele unendlich kleine Teilflächen gehen die obigen Summen in Integrale über:

$$x_S = \frac{\int_A x \, dA}{A}, \qquad y_S = \frac{\int_A y \, dA}{A}, \qquad z_S = \frac{\int_A z \, dA}{A}.$$

Für Flächenschwerpunkte **ebener** Flächen müssen natürlich nur zwei Koordinaten bestimmt werden. Bei **Ausschnittsflächen** gehen die Flächeninhalte dieser Teilflächen mit **negativem Vorzeichen** in die Formeln ein.

Linienschwerpunkt

Stellen wir uns eine Linie aus einem unendlich dünnen massebelegten Draht mit konstantem Querschnitt vor (*Volumen = Länge·Querschnittsfläche*), so kürzt sich die Querschnittsfläche aus den allgemeinen Schwerpunktsformeln heraus und wir erhalten die Formeln zur Berechnung des Linienschwerpunktes:

$$x_S = \frac{\sum_i x_i \, \Delta l_i}{l} \quad , \qquad y_S = \frac{\sum_i y_i \, \Delta l_i}{l} \quad , \qquad z_S = \frac{\sum_i z_i \, \Delta l_i}{l} \quad ,$$

$$x_S = \frac{\int_l x \, dl}{l} \quad , \qquad y_S = \frac{\int_l y \, dl}{l} \quad , \qquad z_S = \frac{\int_l z \, dl}{l} \quad .$$

Bei einer **ebenen** Linie müssen natürlich nur zwei Koordinaten ermittelt werden.

Regeln von PAPPUS und GULDIN bei Rotationskörpern

Oberflächenberechnung von drehsymmetrischen Körpern

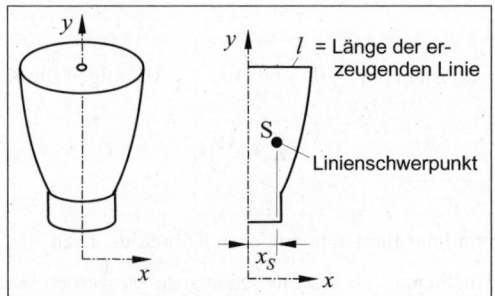

l = Länge der erzeugenden Linie

S

Linienschwerpunkt

x_S

Rotiert eine ebene Linie um eine in ihrer Ebene liegende Achse, welche die Linie nicht schneidet, so ist die von der Linie beschriebene Fläche (Oberfläche) gleich dem Produkt aus der Länge *l* der Linie und dem Weg $2\,\pi x_S$ ihres Schwerpunktes für eine Umdrehung.

$$O = 2\,\pi x_S \cdot l$$

Zur Oberflächenberechnung eines massiven Rotationskörpers

Volumenberechnung von drehsymmetrischen Körpern

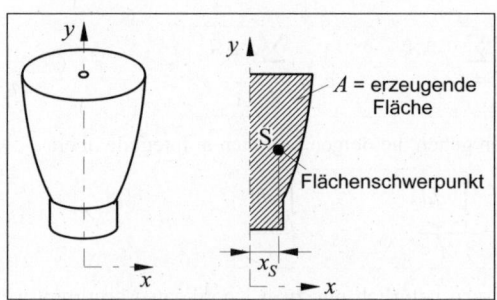

A = erzeugende Fläche

S

Flächenschwerpunkt

x_S

Rotiert eine ebene Fläche um eine in ihrer Ebene liegende, sie nicht schneidende Achse, so ist das von der erzeugenden Fläche *A* beschriebene Volumen gleich dem Produkt aus dem Inhalt *A* der Fläche und dem Weg $2\,\pi x_S$ ihres Schwerpunktes für eine Umdrehung.

$$V = 2\,\pi x_S \cdot A$$

Zur Volumenberechnung eines Rotationskörpers

Tabellen mit Schwerpunktkoordinaten

● Tabelle: Schwerpunktkoordinaten homogener Körper

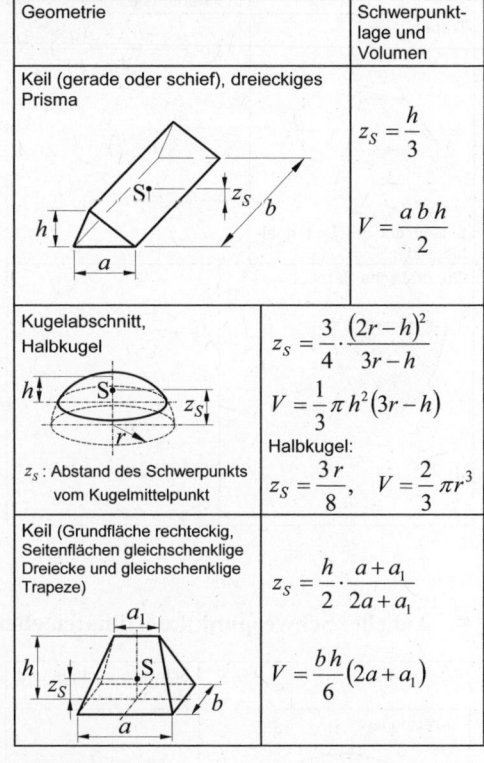

Geometrie	Schwerpunktlage und Volumen	Geometrie	Schwerpunktlage und Volumen
Zylinder, Prisma (gerade oder schief) A_G: Grundfläche S liegt auf der Verbindungslinie der beiden Schwerpunkte der Begrenzungsflächen	$z_S = \dfrac{h}{2}$ $V = A_G\, h$	Keil (gerade oder schief), dreieckiges Prisma	$z_S = \dfrac{h}{3}$ $V = \dfrac{a\, b\, h}{2}$
Kegel, Pyramide (gerade oder schief) A_G: Grundfläche	$z_S = \dfrac{h}{4}$ $V = \dfrac{1}{3} A_G\, h$	Kugelabschnitt, Halbkugel z_S: Abstand des Schwerpunkts vom Kugelmittelpunkt	$z_S = \dfrac{3}{4}\cdot\dfrac{(2r-h)^2}{3r-h}$ $V = \dfrac{1}{3}\pi\, h^2 (3r - h)$ Halbkugel: $z_S = \dfrac{3r}{8},\quad V = \dfrac{2}{3}\pi r^3$
Gerader Kreiskegelstumpf	$z_S = \dfrac{h}{4}\cdot\dfrac{r_1^2 + 2r_1 r_2 + 3r_2^2}{r_1^2 + r_1 r_2 + r_2^2}$ $V = \dfrac{1}{3}\pi\, h\left(r_1^2 + r_1 r_2 + r_2^2\right)$	Keil (Grundfläche rechteckig, Seitenflächen gleichschenklige Dreiecke und gleichschenklige Trapeze)	$z_S = \dfrac{h}{2}\cdot\dfrac{a + a_1}{2a + a_1}$ $V = \dfrac{b\, h}{6}\left(2a + a_1\right)$

● Tabelle: Schwerpunktkoordinaten ebener Flächen

Geometrie	Schwerpunktlage und Flächeninhalt	Geometrie	Schwerpunktlage und Flächeninhalt
Dreieck S liegt im Schnittpunkt der Seitenhalbierenden	$y_S = \dfrac{a + b}{3}$ $z_S = \dfrac{h}{3}$ $A = \dfrac{1}{2} b\, h$	Kreisausschnitt	$e = \dfrac{2\, r \sin\beta}{3\,\beta}$ $A = r^2 \beta$
Halbkreis, Viertelkreis	$e = \dfrac{4\, r}{3\,\pi}$ (für Halb- und Viertelkreis) Halbkreis: $A = \dfrac{\pi}{2} r^2$ Viertelkreis: $A = \dfrac{\pi}{4} r^2$	Kreisabschnitt	$e = \dfrac{4r \sin^3 \beta}{3(2\beta - \sin 2\beta)}$ $A = \dfrac{r^2}{2}(2\beta - \sin 2\beta)$

● **Tabelle: (Fortsetzung) Schwerpunktkoordinaten ebener Flächen**

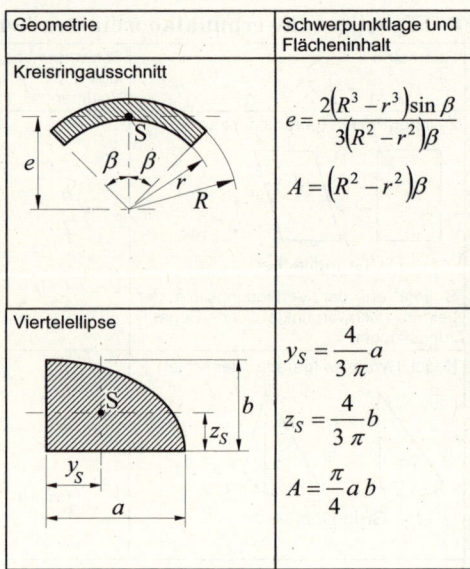

Geometrie	Schwerpunktlage und Flächeninhalt	Geometrie	Schwerpunktlage und Flächeninhalt
Trapez S liegt auf der Seitenhalbierenden	$y_S = \dfrac{a^2 - b^2 + d(a+2b)}{3(a+b)}$ $z_S = \dfrac{h(a+2b)}{3(a+b)}$ $A = \dfrac{a+b}{2}\,h$	**Kreisringausschnitt**	$e = \dfrac{2(R^3 - r^3)\sin\beta}{3(R^2 - r^2)\beta}$ $A = (R^2 - r^2)\beta$
Quadratische Parabel	$z_S = \dfrac{3}{5}\,h$ $A = \dfrac{4}{3}\,b\,h$	**Viertelellipse**	$y_S = \dfrac{4}{3\,\pi}\,a$ $z_S = \dfrac{4}{3\,\pi}\,b$ $A = \dfrac{\pi}{4}\,a\,b$

● **Tabelle: Schwerpunktkoordinaten ebener Linien**

Geometrie	Schwerpunktlage und Linienlänge	Geometrie	Schwerpunktlage und Linienlänge
Kreisbogen	$e = \dfrac{r\sin\beta}{\beta}$ $l = 2\,r\,\beta$	**Viertelkreisbogen**	$e = \dfrac{2\sqrt{2}}{\pi}\,r = 0{,}9003\,r$ $l = \dfrac{1}{2}\,r\,\pi$
Halb- und Viertel-kreisbogen	$e = \dfrac{2\,r}{\pi} = 0{,}6366\,r$ (für Halbkreis- und Viertelkreisbogen) Halbkreisbogen: $l = r\,\pi$ Viertelkreisbogen: $l = \dfrac{1}{2}\,r\,\pi$	**Dreiecksumfang**	y_S $= \dfrac{b_1(2a+c) + ab_2 + b^2}{2(a+b+c)}$ $z_S = \dfrac{h}{2}\cdot\dfrac{a+c}{a+b+c}$ $l = a+b+c$

S7 Haftung und Reibung

● **Haftung (Haftreibung)**

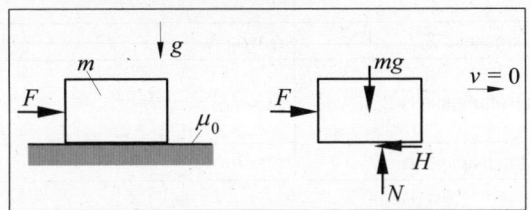

Die Haftungskraft H zeichnen wir **entgegengesetzt zu der Bewegungsrichtung ein**, die auftreten würde, wenn der Körper ins Rutschen geriete.

$$|H| \le \mu_0 N \quad \text{mit} \quad H_0 = \mu_0 N$$

Zur Haftung (ruhender Körper auf rauer Unterlage)

● **Reibung (Gleitreibung)**

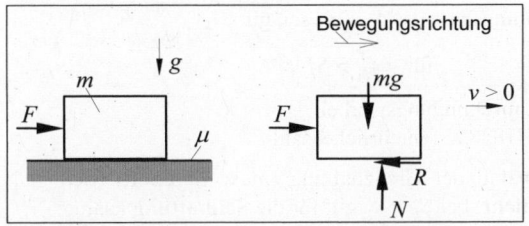

Die Reibkraft R ist proportional der Normalkraft N und **immer entgegengesetzt der Bewegungsrichtung einzutragen**.

$$R = \mu N \quad \text{mit} \quad \mu < \mu_0$$

Zur Reibung (Körper gleitet auf rauer Unterlage)

● **Näherungswerte für Haftungs- und Reibungskoeffizienten**

Materialpaarung	Haftungskoeffizient μ_0		Reibungskoeffizient $\mu < \mu_0$	
	trocken	geschmiert	trocken	geschmiert
Stahl auf Stahl	0,15	0,1	0,1	0,01
Stahl auf Gusseisen	0,2	0,1	0,16	0,01
Holz auf Metall	0,7	0,1	0,5	0,08
Autoreifen auf Straße	0,7	0,45	0,5	0,3
Bremsbelag - Stahl			0,5	0,4
Ski auf Schnee	0,2		0,04	

● **Haftungs- und Reibungswinkel**

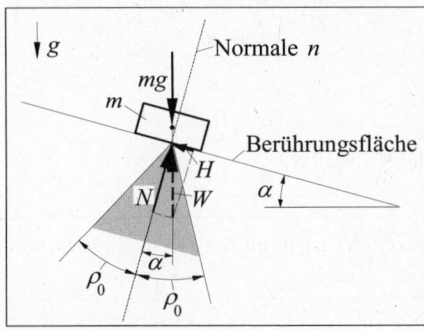

Freikörperbild einer Masse auf rauer schiefer Ebene; Haftungskeil mit dem Öffnungswinkel $2\rho_0$

Der Körper befindet sich in Ruhe, wenn die Kraft W innerhalb des Haftungskeils liegt.

Im Grenzzustand Haften/Gleiten liegt die Resultierende W auf dem Rand des Haftungskeils ($\alpha = \rho_0$).

Bewegt sich der Körper (Gleitreibung), so liegt die Kraft W außerhalb des Haftungskeils und es liegt kein Gleichgewicht vor.

Haftungswinkel ρ_0, $\tan\rho_0 = \mu_0 = \dfrac{H_0}{N}$

Reibungswinkel ρ, $\tan\rho = \mu = \dfrac{R}{N}$

Zusammenfassung der möglichen Fälle:

	Lage der resultierenden Kraft W an der Berührungsfläche	Größe der Haft- bzw. Reibkraft
Haftung (Ruhezustand)	innerhalb des Haftungskeils $2\rho_0$	$H < \mu_0\, N$
Grenzzustand, Grenzhaftung $\alpha = \rho_0$, maximale Haftung	auf dem Rand des Haftungskeils $2\rho_0$	$H = H_0 = \mu_0\, N$
Reibung (Körper rutscht)	außerhalb des Haftungskeils $2\rho_0$	$R = \mu\, N$

Seilhaftung und Seilreibung

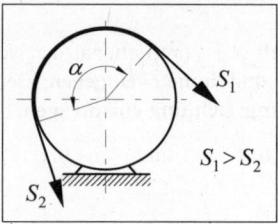

Haftung bzw. Reibung zwischen Seil und Zylinder

Unter der Annahme, dass das Seil auf dem feststehenden Zylinder reibt (**Seilreibung**) und das $S_1 > S_2$ sei, gilt:

$$S_1 = S_2 \cdot e^{\mu\alpha} \quad \text{für} \quad S_1 > S_2.$$

α : Umschlingungswinkel
$e = 2,71828...$: natürliche Zahl

Für den Grenzfall der Grenzhaftung (max. Haftkraft) (Seil gleitet gerade noch **nicht**) bei $S_1 > S_2$ gilt für die **Seilhaftung** analog:

$$S_1 = S_2 \cdot e^{\mu_0\,\alpha} \quad \text{für} \quad S_1 > S_2.$$

S8 Das biegeschlaffe Seil

Seile übertragen ausschließlich Zugkräfte, die in jedem Punkt die Richtung der Tangente der Seillinie (Seilkurve) haben.

◆ **Linienlast am Seil**

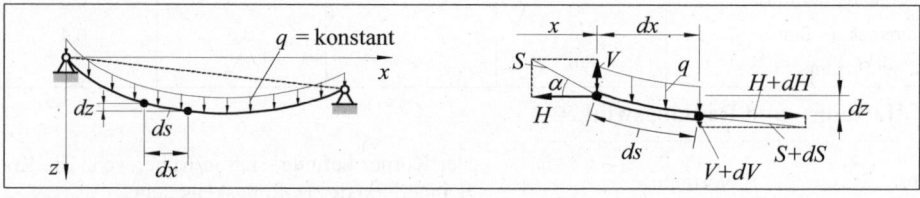

Seil und freigeschnittenes Seilelement

q : Gewicht pro Längeneinheit des Seils

H : Horizontalzug (horizontale Komponente der Seilkraft S)

Die Horizontalkomponente der Seilkraft S (Horizontalzug H) ist in einem nur durch eine konstante Linienlast belasteten Seil konstant.

Seillinie (Kettenlinie):

$$z'' = -\frac{q}{H} \cdot \frac{ds}{dx}.$$

Seil mit beliebigem Durchhang

Wir betrachten ein homogenes Seil gleichen Querschnitts mit konstanter Belastung q (z.B. das Eigengewicht) und der Länge L. Den Zusammenhang zwischen den Koordinaten x und z und dem Differential der Bogenlänge ds drücken wir durch die folgenden Gleichungen aus.

Mit $ds^2 = dx^2 + dz^2 = dx^2 \left[1 + \left(\dfrac{dz}{dx} \right)^2 \right] = dx^2 \left[1 + (z')^2 \right]$ $\Rightarrow$ $\boxed{\dfrac{ds}{dx} = \sqrt{1 + (z')^2}}$ folgt:

$$\boxed{z'' = -\frac{q}{H} \sqrt{1 + (z')^2}}\ . \qquad H = konstant \quad \text{(Horizontalzug)}$$

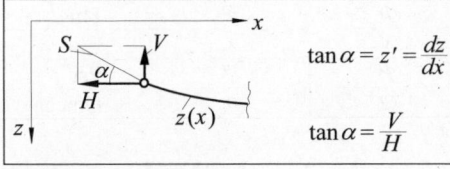

$\tan\alpha = z' = \dfrac{dz}{dx}$

$\tan\alpha = \dfrac{V}{H}$

$\boxed{S = H\sqrt{1 + (z')^2}}$ (Seilkraft)

$\boxed{z = -\dfrac{H}{q}\cosh\left(-\dfrac{q}{H} x + C_1 \right) + C_2}$

Zerlegung der Seilkraft S

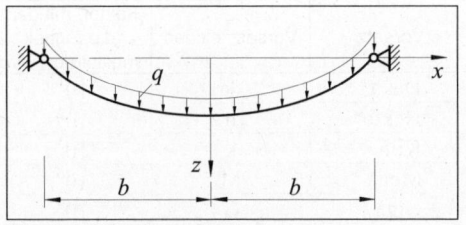

$$\boxed{z = \frac{H}{q} \left[\cosh\left(\frac{q}{H} b \right) - \cosh\left(\frac{q}{H} x \right) \right]}$$

Zur Lage des Koordinatensystems

Die Gesamtlänge L des Seils: $\boxed{L = 2 \dfrac{H}{q} \sinh\left(\dfrac{q}{H} b \right)}$.

Seil mit geringem Durchhang

Bei flach gespannten Seilen (geringer Durchhang) ist die Ableitung $z' \ll 1$, das heißt:

$$\boxed{ds \approx dx}\ .$$

Die Differentialgleichung der Seilkurve lautet: $\boxed{z'' = -\dfrac{q}{H}}$. $H = konstant$ (Horizontalzug)

Durch zweimaliges Integrieren erhalten wir die **Seillinie** bei konstanter Linienlast:

$$\boxed{z = -\frac{1}{2} \cdot \frac{q}{H} x^2 + C_1 x + C_2}\ .$$

Das griechische Alphabet

Buchstabe		Benennung	Buchstabe		Benennung
groß	klein		groß	klein	
A	α	Alpha	N	ν	Ny
B	β	Beta	Ξ	ξ	Xi
Γ	γ	Gamma	O	o	Omikron
Δ	δ	Delta	Π	π	Pi
E	ε	Epsilon	P	ρ	Rho
Z	ζ	Zeta	Σ	σ	Sigma
H	η	Eta	T	τ	Tau
Θ	ϑ	Theta	Y	υ	Ypsilon
I	ι	Jota	Φ	φ	Phi
K	κ	Kappa	X	χ	Chi
Λ	λ	Lambda	Ψ	ψ	Psi
M	μ	My	Ω	ω	Omega

Vorsätze und Vorsatzzeichen für dezimale Teile und Vielfache von Einheiten

Vorsatz	Vorsatzzeichen	Faktor, mit dem die Einheit multipliziert wird	Vorsatz	Vorsatzzeichen	Faktor, mit dem die Einheit multipliziert wird
Atto	a	10^{-18}	Deka	da	10^1
Femto	f	10^{-15}	Hekto	h	10^2
Piko	p	10^{-12}	Kilo	k	10^3
Nano	n	10^{-9}	Mega	M	10^6
Mikro	μ	10^{-6}	Giga	G	10^9
Milli	m	10^{-3}	Tera	T	10^{12}
Zenti	c	10^{-2}	Peta	P	10^{15}
Dezi	d	10^{-1}	Exa	E	10^{18}

Beispiele:

Vorsatz	Kurzzeichen	Beispiel	
Mega	M	$1\,Mg = 10^6\,g = 10^3\,kg = 1\,t$	; (1 Megagramm)
Kilo	k	$1\,kg = 10^3\,g = 1000\,g$	; (1 Kilogramm)
Hekto	k	$1\,hl = 10^2\,l = 100\,l$	; (1 Hektoliter)
Deka	da	$1\,dam = 10\,m$	; (1 Dekameter)
Dezi	d	$1\,dm = 10^{-1}\,m = 0,1\,m$	; (1 Dezimeter)
Zenti	c	$1\,cm = 10^{-2}\,m = 0,01\,m$	; (1 Zentimeter)
Milli	m	$1\,mm = 10^{-3}\,m = 0,001\,m$	; (1 Millimeter)
Mikro	μ	$1\,\mu m = 10^{-6}\,m = 0,000001\,m$	; (1 Mikrometer)
Nano	n	$1\,ns = 10^{-9}\,s$	; (1 Nanosekunde)
Piko	p	$1\,pF = 10^{-12}\,F$	; (1 Pikofarad)

Einheitennamen und Einheitenzeichen

Größe	Einheit		Beziehung	Früher gebräuchliche Einheit und Beziehung
	Name	Zeichen		
Länge l	Meter	m		
Masse m	Kilogramm	kg	$1\,\text{kg} = 1000\,\text{g}$	
Zeit t	Sekunde	s	$1\,\text{min} = 60\,\text{s}$	
Temperatur T	Kelvin	K		$1\,\text{grad} = 1\,\text{K} = 1\,°\text{C}$
Celsius-Temperatur ϑ	Grad Celsius	°C	$1\,°\text{C} = 1\,\text{K}$	
ebener Winkel	Radiant Grad	rad °	$1\,\text{rad} = 1\dfrac{\text{m}}{\text{m}},\quad 1° = \dfrac{\pi}{180}\text{rad}$	
Kraft F	Newton	N	$1\,\text{N} = 1\dfrac{\text{kg m}}{\text{s}^2}$	Kilopond kp $1\,\text{kp} = 9{,}81\,\text{N} \approx 10\,\text{N}$
Druck, mechanische Spannung p, σ, τ	Newton / Quadratmeter — Pascal	$\dfrac{\text{N}}{\text{m}^2}$ — Pa	$1\,\text{Pa} = 1\dfrac{\text{N}}{\text{m}^2} = 1\dfrac{\text{kg}}{\text{m s}^2}$ $1\dfrac{\text{N}}{\text{mm}^2} = 10^6\dfrac{\text{N}}{\text{m}^2} = 10^6\,\text{Pa}$ $= 1\,\text{MPa} = 10\,\text{bar}$	$1\dfrac{\text{kp}}{\text{mm}^2} \approx 10\dfrac{\text{N}}{\text{mm}^2}$ Meter Wassersäule mWS $1\,\text{mWs} \approx 0{,}1\,\text{bar}$
Drehmoment M, Biegemoment M, Torsionsmoment M_T	Newtonmeter	Nm	$1\,\text{Nm} = 1\dfrac{\text{kg m}^2}{\text{s}^2}$	Kilopondmeter kpm $1\,\text{kpm} \approx 10\,\text{Nm}$
Energie E Arbeit W	Joule	J	$1\,\text{J} = 1\,\text{Nm} = 1\dfrac{\text{kg m}^2}{\text{s}^2}$	Kilopondmeter kpm $1\,\text{kpm} \approx 10\,\text{J}$
Leistung P	Watt	W	$1\,\text{W} = 1\dfrac{\text{J}}{\text{s}} = 1\dfrac{\text{Nm}}{\text{s}}$ $1\,\text{W} = 1\dfrac{\text{kg m}^2}{\text{s}^3}$	$\dfrac{\text{Kilopondmeter}}{\text{Sekunde}}\ \dfrac{\text{kpm}}{\text{s}}$ $1\dfrac{\text{kpm}}{\text{s}} = 9{,}81\,\text{W}$; Pferdestärke PS; $1\,\text{PS} = 735{,}7\,\text{W}$
Massenträgheitsmoment J	Kilogrammmeterquadrat	kg m²	$1\,\text{kg m}^2$	Kilopondmetersekundequadrat kpm s² $1\,\text{kpm s}^2 \approx 10\,\text{kg m}^2$
Wärmeausdehnungskoeffizient α_T	Eins durch Kelvin	$\dfrac{1}{\text{K}}$	$\dfrac{1}{\text{K}} = \text{K}^{-1}$	$\dfrac{1}{\text{grd}} = \dfrac{1}{°\text{C}} = \dfrac{1}{\text{K}}$
Wärme	Joule	J	$1\,\text{J} = 1\,\text{Nm} = 1\dfrac{\text{kg m}^2}{\text{s}^2}$	Kalorie cal $1\,\text{cal} = 4{,}1868\,\text{J}$
Frequenz eines periodischen Vorganges	Hertz	Hz	$1\,\text{Hz} = \dfrac{1}{\text{s}}$	
Impuls $F\,\Delta t$	Newtonsekunde	Ns	$1\,\text{Ns} = 1\dfrac{\text{kg m}}{\text{s}}$	Kilopondsekunde kps $1\,\text{kps} \approx 10\,\text{Ns}$

Einige Formeln aus der Mathematik

Binomische Formel	$(a \pm b)^2 = a^2 \pm 2ab + b^2$, $\qquad (a \pm b)^3 = a^3 \pm 3a^2b + 3ab^2 \pm b^3$ $a^2 - b^2 = (a+b)(a-b)$
Potenzen	$a^1 = a$, $\quad a^0 = 1 \;\; (a \neq 0)$, $\quad 1^b = 1$ $a^{-b} = \dfrac{1}{a^b}$, $\quad a^{-1} = \dfrac{1}{a}$, $\quad a^b a^c = a^{b+c}$ $a^c b^c = (ab)^c$, $\quad (a^b)^c = a^{bc}$, $\quad \dfrac{a^b}{a^c} = a^{b-c}$, $\quad \dfrac{a^c}{b^c} = \left(\dfrac{a}{b}\right)^c$
Wurzeln	$a = \sqrt[b]{c} = c^{\frac{1}{b}}$, wenn $a^b = c$ und $c > 0$, b positiv ganz $\sqrt[2]{c} = \sqrt{c}$, $\quad \sqrt[1]{c} = c$, $\quad \sqrt[b]{1} = 1$, $\quad \sqrt[b]{c^b} = c$, $\quad \sqrt[b]{c^a} = c^{\frac{a}{b}}$, $\quad \sqrt[ab]{d^{ac}} = \sqrt[b]{d^c}$ $\sqrt[ab]{c} = \sqrt[a]{\sqrt[b]{c}} = \sqrt[b]{\sqrt[a]{c}}$, $\quad \sqrt[a]{c} \cdot \sqrt[b]{c} = \sqrt[ab]{c^{a+b}}$, $\quad \sqrt[c]{ab} = \sqrt[c]{a} \cdot \sqrt[c]{b}$, $\quad \sqrt[c]{\dfrac{a}{b}} = \dfrac{\sqrt[c]{a}}{\sqrt[c]{b}}$
Logarithmen	$b = \log_a c$, wenn $a^b = c$ und $a, c > 0$ $a = 10$, Dekadischer (Briggscher) Logarithmus $\log_{10} c = \lg c$ $a = e$, Natürlicher Logarithmus $\log_e c = \ln c$ mit $e = 2{,}718281828$ $\log_a 1 = 0$, $\quad \log_a a^b = b$, $\quad a^{\log_a c} = c$ $\log_a\left(\dfrac{1}{b}\right) = -\log_a b$, $\quad \log_a(bc) = \log_a b + \log_a c$, $\quad \log_a\left(\dfrac{b}{c}\right) = \log_a b - \log_a c$ $\log_a b^c = c \log_a b$, $\quad \log_a \sqrt[c]{b} = c^{-1} \log_a b$ Umrechnung zwischen verschiedenen Basen: $\log_a c = \log_a b \, \log_b c$, $\quad \log_a b = 1/\log_b a$ $\lg c = \ln c \, \lg e$, $\quad \ln c = \lg c \, \ln 10$, $\quad \lg e = 1/\ln 10 = 0{,}4343$, $\quad \lg c = 0{,}4343 \cdot \ln c$
Quadratische Gleichung	$x^2 + ax + b = 0$ (Normalform) Lösungen: $\quad x_{1,2} = -\dfrac{a}{2} \pm \sqrt{\left(\dfrac{a}{2}\right)^2 - b}$
Winkel-beziehung	Bilden g_1, g_2 die Schenkel des Winkels α, g_3, g_4 die Schenkel des Winkels β und stehen die Schenkel von α und β paarweise senkrecht aufeinander, dann gilt $\alpha = \beta$.
Strahlensätze	*Strahlensätze* beschreiben die Relationen der Abschnitte a_i auf Parallelen p_1, p_2 und a_{ij} auf nicht parallelen Geraden g_1, g_2. $\dfrac{a_{22}}{a_{21}} = \dfrac{a_{12}}{a_{11}}$, $\qquad \dfrac{a_{22} - a_{21}}{a_{21}} = \dfrac{a_{12} - a_{11}}{a_{11}}$ $\dfrac{a_2}{a_1} = \dfrac{a_{22}}{a_{21}}$, $\qquad \dfrac{a_2}{a_1} = \dfrac{a_{12}}{a_{11}}$

Häufig benutzte Formelzeichen

Lateinische Buchstaben

A	Flächeninhalt
A	Bruchdehnung
b	Breite
c	Federkonstante oder Steifigkeit
c^*	Steifigkeit der Ersatzfeder
d	Durchmesser
E	Elastizitätsmodul
EA	Dehnsteifigkeit
EI	Biegesteifigkeit
F	Kraft
F_{krit}	kritische Knicklast nach EULER
F_K	Knicklast nach TETMAJER
F_{zul}	zulässige Kraft
G	Schubmodul
GI_T	Torsionssteifigkeit
h	Höhe
I	Flächenträgheitsmoment, Deviationsmoment
I_p	polares Flächenträgheitsmoment
I_T	Torsionsträgheitsmoment
l	ursprüngliche Länge
Δl	Längenänderung
m	Masse
M	Biegemoment
M_T	Torsionsmoment
n	Anzahl
N	Normalkraft
p	Druck
Q	Querkraft
r	Radius
r_m	mittlerer Radius
R_m	Zugfestigkeit
R_{eH}	Obere Streckgrenze
R_{eL}	Untere Streckgrenze
$R_{p0,2}$	Spannung an der 0,2 Dehngrenze mit 0,2 % bleibender Dehnung
s_K	freie Knicklänge
u	Verschiebung

W	Widerstandsmoment
W_p	polares Widerstandsmoment
W_T	Torsionswiderstandsmoment

Griechische Buchstaben

α_0	Anstrengungsverhältnis
α_T	Wärmeausdehnungskoeffizient
γ	Gleitung
δ	Wandstärke, -dicke
δ_{max}	größte Wandstärke
ε	Dehnung
ϑ	spezifischer Verdrehungswinkel
$\Delta\vartheta$	Temperaturänderung
λ	Schlankheitsgrad
λ_{min}	Grenzschlankheitsgrad
λ_{vorh}	vorhandener Grenzschlankheitsgrad
v	Querdehnungszahl, Verschiebung
v_K	Knicksicherheit
v_{vorh}	vorhandene Knicksicherheit
π	Kreiszahl ($\pi = 3{,}14159\ldots$)
ρ	Dichte
σ	Normalspannung
$\sigma_{1,2}$	Hauptnormalspannung
σ_a	Axialspannung
$\sigma_{d\,zul}$	zulässige Druckspannung
σ_K	kritische Knickspannung
σ_p	Proportionalitätsgrenze
σ_t	Tangentialspannung
σ_{vorh}	vorhandene Normalspannung
σ_{V_N}	Vergleichsspannung Normalspannungshypothese
σ_{V_S}	Vergleichsspannung Schubspannungshypothese
σ_{V_G}	Vergleichsspannung Gestaltänderungsenergiehypothese
σ_{zul}	zulässige Spannung
$\sigma_{z\,zul}$	zulässige Zugspannung
τ	Schubspannung
τ_{max}	Hauptschubspannung, maximale Schubspannung
τ_{zul}	zulässige Schubspannung
φ	Gesamtverdrehwinkel, Winkel

Forscher und Lehrer auf dem Gebiet der Festigkeitslehre

Bach, Carl von (1847-1931), Altmeister der experimentell begründeten Festigkeitslehre. Professor an der Technischen Hochschule Stuttgart.

Bernoulli, Jakob I. (1654-1705), Professor der Mathematik in Basel. Mitglied der berühmten niederländischen Gelehrtenfamilie *Bernoulli*, die in drei Generationen acht Gelehrte von Weltrang hervorgebracht hat. In der Festigkeitslehre untersuchte er die Funktion der elastischen Linie des Balkens, wobei er die Hypothese vom Ebenbleiben der Querschnitte einführte.

Bredt, Rudolph (1842-1900), deutscher Ingenieur und Inhaber einer Maschinenfabrik. 1896 hat er die *Bredt*sche Formel veröffentlicht.

Castigliano, Alberto (1847-1884), italienischer Ingenieur, ist bekannt geworden durch seine Sätze, die die differentielle Abhängigkeit der Formänderungsarbeit eines Systems von den Kräften und Verschiebungen ausdrücken (Sätze von *Castigliano*).

Cauchy, Augustin Louis (1789-1857), französischer Mathematiker und Physiker. *Cauchy* schuf unter anderem die Grundlagen der Elastizitätstheorie (Spannungsbegriff und statische Gleichungen für das Körperelement).

Clapeyron, Benoit Paule Emile (1799-1864), französischer Ingenieur und Theoretiker der Ingenieurmechanik. *Clapeyron*s Bedeutung für die Festigkeitslehre liegt in der Entwicklung einer sehr eleganten und einfachen Berechnungsmethode für kontinuierliche Träger.

Coulomb, Charles Augustin de (1736-1806), französischer Physiker und Ingenieur. Vielseitiger Forscher. Untersuchungen über Reibung, Torsion und Festigkeit. *Coulomb* stellte 1773 eine Bruchhypothese für sprödes Material auf.

d'Alembert, Jean le Rond (1717-1783), französischer Physiker und Mathematiker. Das *d'Alembert*sche Prinzip führt die dynamischen Probleme der Mechanik auf die Statik zurück.

Engesser, Friedrich (1848-1931), Professor an der TH Karlsruhe, bedeutender Bauingenieur, förderte wesentlich die allgemeine Stabilitätstheorie.

Euler, Leonhard (1707-1783), Schweizer Mathematiker und Physiker. Begründer der Variationsrechnung. Einer der größten Mathematiker aller Zeiten. *Euler* förderte die Theorie des Balkens. Er bestimmte den Elastizitätsmodul aus der Durchbiegung des Balkens und entwickelte eine Theorie der elastischen Knickung.

Föppl, August (1854-1924), Professor für Technische Mechanik an der TH München und Leiter des Festigkeitslaboratoriums. Führte die Vektorrechnung in die Mechanik ein. Mehrere Lehrbücher über die Elastizitäts- und Festigkeitslehre.

Galilei, Galileo (1564-1642), gilt als Vater der modernen Naturwissenschaften. *Galilei* stellte die ersten systematischen Überlegungen zur Festigkeit der Körper an.

Hencky, H., formulierte 1923 die Gestaltänderungsenergiehypothese.

Hertz, Heinrich (1857-1894), deutscher Physiker. In der Festigkeitslehre lieferte *Hertz* eine Theorie des Stoßes sowie eine Theorie der Härte (nach ihm benannte Formel zur *Hertz*schen Pressung).

Hooke, Robert (1635-1703), englischer Physiker und Naturforscher in Oxford und London. Viele mechanische Erfindungen. Begnadeter Experimentator. Die für die Festigkeitslehre bedeutende Entdeckung war das nach ihm benannte Gesetz von der Proportionalität zwischen Spannung und Dehnung.

Huber, Maksymilian Tytus (1872-1950), formulierte die Gestaltänderungsenergiehypothese.

Kármán, Theodore von (1881-1963), bedeutender Aerodynamiker. Professor an den Hochschulen in Göttingen, Aachen, USA. In der Festigkeitslehre: Plastizität (Theorie des Walzvorganges, Fließverhalten der Werkstoffe und kritische Betrachtungen über die Festigkeitshypothesen), Theorie der Formänderung dünnwandiger Rohre.

Kirchhoff, Gustav Robert (1824-1887), hervorragender theoretischer Physiker. Stellte die Theorie biegesteifer Platten (*Kirchhoff*sche Plattentheorie) auf.

Lagrange, Joseph Louis de (1736-1813), großer französischer Mathematiker, Astronom und Physiker. Gab der Mechanik einen einheitlichen Aufbau (Bewegungsgleichungen, Prinzipien der allgemeinen Mechanik).

Lamé, Gabriel (1795-1870), französischer Physiker und Ingenieur. Professor an der Sorbonne in Paris. Ausbau der Elastizitätstheorie. *Lamé* vertrat die Normalspannungshypothese.

Maxwell, James Clerk (1831-1879), hervorragender englischer Physiker. In der Elastizitätstheorie stellte er den Verschiebungssatz auf (*Maxwell*scher Verschiebungssatz).

Mises, Richard Edler von (1883-1953), Physiker und Mathematiker. Professor in Straßburg, Dresden, Berlin, Istanbul und USA. Formulierung der Gestaltänderungsenergiehypothese.

Mohr, Otto (1835-1918), deutscher Altmeister der Technischen Mechanik. Entwicklung vieler graphischer Verfahren, z. B. *Mohr*scher Spannungskreis. Festigkeitshypothesen.

Navier, Louis Marie Henri (1785-1836), französischer Ingenieur. Professor in Paris. Begründer der wissenschaftlichen Elastizitätslehre und der Baumechanik. Er führte die neutrale Faserschicht am Biegeträger ein, entwickelte eine Knickformel, untersuchte die Biegung von Platten und beschäftigte sich mit der Torsionstheorie.

Newton, Isaac (1643-1727), englischer Naturforscher. Bahnbrechend für die neuere Mathematik und Naturwissenschaft. Entdecker des Gesetzes der Gravitation.

Pascal, Blaise (1623-1662), französischer Philosoph und Mathematiker. Begründer der Wahrscheinlichkeitsrechnung.

Poisson, Siméon Denis (1781-1840), französischer Mathematiker und Physiker. *Poisson* stellte die elastischen Grundgleichungen für das Raumelement isotroper Körper auf.

Prandtl, Ludwig (1875-1953), Ingenieur und Professor in Hannover und Göttingen. *Prandtl* leistete in der Festigkeitslehre wertvolle Beiträge zur Plastizitätstheorie. Membran- oder Seifenhautgleichnis (Torsionstheorie).

Rankine, William John Macquorn (1820-1872), englischer Professor für Ingenieurwesen und Bergbau in Glasgow. Vielseitiger Forscher. *Rancine* vertrat die einfachste Fließ- oder Bruchhypothese, die Hypothese der größten Normalspannung.

Ritz, Walter (1878-1909), deutscher Mathematiker. Das von ihm erprobte Rayleigh-*Ritz*sche Verfahren läßt sich in der Festigkeitslehre mit Vorteil auf den Balken und den Knickstab anwenden.

Saint-Vénant, Barré de (1797-1886), französischer Physiker und Ingenieur. Arbeiten über die Balkenbiegung, die allgemeine Theorie der Torsion und über die Theorie des plastischen Fließens.

Steiner, Jakob (1796-1863), Schweizer Geometer, Professor an der Universität Berlin. Nach ihm wird der bekannte Verschiebungssatz für Flächenträgheitsmomente, der auch für Massenträgheitsmomente gilt, benannt.

Tetmajer, Ludwig von (1850-1905), Professor in Zürich und Wien. Verfechter der expermentell begründeten Festigkeitslehre. Zahlreiche Untersuchungen an Knickstäben im *elastisch-plastischen* Bereich, also bei *kleinen* Schlankheitsgraden. Er stellte empirische Formeln auf (*Tetmajer*sche Gerade).

Tresca, Henri Edouard (1814-1885), veröffentlichte ab 1864 die Grundlagen für eine Plastizitätstheorie metallischer Werkstoffe. Formulierung der Schubspannungshypothese.

Wöhler, August (1819-1914), zahlreiche Tätigkeiten im Eisenbahnbau. Umfangreiche Versuche über das Verhalten der Werkstoffe bei Dauer- und Schwingungsbeanspruchungen (*Wöhler*-Kurve).

Young, Thomas (1773-1829), englischer Arzt, Physiker und Philosoph. Er untersuchte u. a. die elastischen Eigenschaften von Metallen. Die Proportionalitätskonstante zwischen Spannung und Dehnung, $E = \sigma / \varepsilon$, wird in den angelsächsischen Ländern nach ihm *Young*scher Modul genannt, bei uns *Elastizitätsmodul*.

Literatur

Lehrbücher zur Technischen Mechanik (Auswahl)

ASSMANN, B.; SELKE, P.:

Technische Mechanik (3 Bände).
München: Oldenbourg Verlag

BERGER, J.:

Technische Mechanik für Ingenieure (3 Bände).
Braunschweig / Wiesbaden: Verlag Vieweg

BIRNBAUM, H.; DENKMANN, N.:

Taschenbuch der Technischen Mechanik.
Frankfurt am Main: Verlag Harri Deutsch

BÖGE, A.:

Technische Mechanik.
Braunschweig / Wiesbaden: Verlag Vieweg

DANKERT, H.; DANKERT, J.:

Technische Mechanik (computerunterstützt).
Stuttgart: Verlag Teubner

GÖLDNER, H.; HOLZWEISSIG, F.:

Leitfaden der Technischen Mechanik.
Leipzig: Fachbuchverlag Leipzig

GROSS, D.; HAUGER, W.; SCHNELL, W.;
SCHRÖDER, J.:

Technische Mechanik (3 Bände).
Berlin: Springer-Verlag

HAGEDORN, P.:

Technische Mechanik (3 Bände).
Frankfurt am Main: Verlag Harri Deutsch

HAHN, H.G.:

Technische Mechanik.
München: Hanser Verlag

HOLZMANN, G.; MEYER, H.; SCHUMPICH, G.: Technische Mechanik (3 Bände).
Stuttgart: Verlag Teubner

KNAPPSTEIN, G.:

Statik
insbesondere Schnittprinzip
Frankfurt a. M.: Verlag Harri Deutsch

KNAPPSTEIN, G.:

Kinematik und Kinetik
Arbeitsbuch mit ausführlichen Aufgabenlösungen,
Grundbegriffen, Formeln, Fragen, Antworten.
Frankfurt am Main: Verlag Harri Deutsch

MAGNUS, K.; MÜLLER-SLANY, H.H.:

Grundlagen der Technischen Mechanik.
Stuttgart: Verlag Teubner

MAYR, M.:

Technische Mechanik.
München: Hanser Verlag

Sachwortverzeichnis

T

U

G. Knappstein

**Statik
insbesondere Schnittprinzip**

3., überarb. und erw. Aufl. 2007,
263 Seiten, zahlr. Abb., Beispiele und
Übungsaufgaben mit Lösungen, kart.,

ISBN 978-3-8171-1803-8

Das Buch bietet die notwendigen Grundbegriffe und Grundlagen der Statik sowie zahlreiche ausführlich gelöste Beispiele. Die Schnittmethode (Schnittprinzip oder Schnittverfahren) wird besonders ausführlich behandelt, da die Erfahrung zeigt, dass viele Studierende diese in der technischen Mechanik so grundlegende, wichtige Arbeitsmethode nur unzureichend gelernt und die Anwendung nicht verstanden haben.

Da viele Studienanfänger oft den Weg von der Problemstellung zur Lösung verlieren, wenn man ihn nicht systematisch anlegt, sind ergänzend Leitlinien zum Lösen von Mechanik-Aufgaben als grundsätzliches Lösungsverfahren angegeben.

Das Buch wendet sich in erster Linie an Studierende der Ingenieurwissenschaften an Fachhochschulen und Universitäten. Es entspricht dem Lehrstoff im Grundlagenfach *Statik starrer Körper*.

In dieser Neuauflage wurde ein Abschnitt *Aufgaben mit ausführlichen Lösungen* aufgenommen sowie eine Reihe von Ergänzungen, die dem besseren Verständnis dienen.

G. Knappstein

Kinematik und Kinetik

3., überarb. und erw. Aufl. 2010,
234 Seiten, zahlr. Abb., kart.,

ISBN 978-3-8171-1857-1

Dieses Lehrbuch behandelt alle Teilgebiete der Kinematik und Kinetik. Es ist so strukturiert, dass die drei Komponenten *Grundbegriffe und Formeln*, *Aufgaben mit Lösungen* sowie *Fragen und Antworten* immer aufeinander folgen. So besteht eine ausgewogene Verbindung von Theorie und gelösten Übungsaufgaben.

Der Inhalt beschränkt sich auf das Notwendige und wird durch viele Bilder leicht verständlich.

In dieser Auflage wurde das Kapitel *Schwingungen* vollkommen überarbeitet und eine Zusammenstellung der Formeln ergänzt.